Rundfunktechnisches Handbuch

II. Teil

Die physikalischen Grundlagen, die Konstruktion und die Schaltung von Spezialempfängern für den Rundfunk.

Mit 416 Abbildungen

von

Dr. Heinrich Wigge
Professor für Physik und Funkentelegraphie
am Polytechnikum Cöthen

BERLIN W 10
VERLAG VON M. KRAYN
1927

Druck von Paul Dünnhaupt, Cöthen-Anhalt

Dieses Buch widme ich

meinem Vater

zum 70. Geburtstag.

Vorwort für den II. Band.

In dem Zeitraum, der zwischen der Veröffentlichung des I. und II. Bandes liegt, hat die Radiotechnik eine bedeutende Ausdehnung erlebt. Besonders auffallend ist die Fülle der Spezialschaltungen, die in dieser Zeit erfunden worden sind. Das ist ein beredtes Zeugnis dafür, daß das Empfangsproblem noch keine endgültige Lösung gefunden hat. So sucht man für jeden speziellen Verwendungszweck des Empfangsapparates nach der besten Lösung. Der erste Teil des II. Bandes beschäftigt sich mit dem Ordnen dieser vielen Spezialschaltungen nach einheitlichen Gesichtspunkten. Dabei ist besonderer Wert auf erschöpfende Darstellung der physikalischen Vorgänge gelegt worden, die den betreffenden Spezialschaltungen zugrunde liegen. Vor allen Dingen sind auch die möglichen störenden Nebenerscheinungen jeweils klargelegt und die Mittel angegeben, die zu ihrer Beseitigung dienen. Das Studium soll eben den Leser, der auf den im ersten Bande entwickelten Grundlagen aufbaut, befähigen, gute Spezialempfänger zu bauen und womöglich vorauszuberechnen, bei denen störende, mit dem betreffenden Schaltungsprinzip verknüpfte Nebenerscheinungen unterdrückt werden. Die ersten sechs Kapitel des II. Bandes dienen dieser Aufgabe. Sie behandeln das Hochfrequenzverstärkerproblem, den Transponierungsempfänger, die Pendelrückkopplung und den Reflexempfänger. Der Doppelgitterröhre wurde wegen ihrer Wichtigkeit ein eigenes Kapitel gewidmet, welches auch die Verwendung dieser Röhrenart in den wichtigsten Spezialschaltungen berücksichtigt, so daß dieses Kapitel gewissermaßen als Ergänzung zu den vorhergehenden zu betrachten ist. Anschließend gibt das sechste Kapitel einen Überblick über die bisher bekannten Spezialröhrenkonstruktionen und ihre Verwendung in der Rundfunktechnik. Das Schlußkapitel ist der praktischen Herstellung von Mehrröhrengeräten gewidmet, sei es, daß diese dem Empfang im Hause oder auf der Reise oder zum Experimentieren dienen.

Die Fülle des Stoffes ließ es geboten erscheinen, noch einen dritten Band abzutrennen, dem dann die Behandlung von Störungen, kurzen Wellen, Amateursendern und der Meßtechnik vorbehalten bleibt.

Zum Schluß ist es mir eine angenehme Pflicht, dem Verlag für das stets gezeigte Entgegenkommen und für die gute Ausstattung des Buches zu danken, ebenfalls meinem Vater, der sich der Mühe unterzog, die Korrektur zu lesen.

Cöthen, den 7. Januar 1927.

Der Verfasser.

Inhaltsverzeichnis des II. Bandes.

Seite

Kapitel I.

Das Problem des H. F. Verstärkers.

Kapitel II.

Transponierungsempfänger.

Kapitel III.

Die Pendelrückkopplung.

Kapitel IV.

Reflexempfänger.

Kapitel V.

Die Doppelgitterröhre.

Kapitel VI.

Spezialröhren.

Kapitel VII.

Mehrröhrengeräte.

1. Kapitel.

Das Hochfrequenzverstärkerproblem.

§ 1. Streukopplungen in Hochfrequenzverstärkerkreisen.

Für große Reichweiten ist eine mehrstufige Hochfrequenzverstärkung erforderlich. Sobald jedoch mehrere Hochfrequenzverstärkerröhren hintereinander geschaltet werden, zeigt es sich, daß der Verstärker sehr zur Selbsterregung neigt, wenn er einigermaßen wirksam sein soll. Diese Schwingneigung hat ihren Grund in den abgestimmten Schwingungskreisen, die sich zwischen je zwei aufeinanderfolgenden Röhren befinden. Man kann zwar die Röhren auch durch Drosselspulen, Widerstände und Kapazitaten koppeln, jedoch sind diese Verfahren nur fur lange Wellen angebracht Bei kürzeren liefern sie sehr ungunstige Ergebnisse, so daß es keinen Zweck hat, auf dem Wege uber aperiodische Kopplungen eine Losung des Problems zu suchen. Man muß vielmehr danach trachten, die abgestimmten Kopplungskreise zu behalten, also entweder mit Sperrkreiskopplung oder mit abgestimmten Transformatoren zu arbeiten, und sodann deren schadlichen Einfluß auf die Schwingneigung bekampfen. Diese rührt von Kopplungen mannigfacher Art her, die zwischen den abgestimmten Kreisen entstehen können. Dazu kommt, daß der Hochfrequenzverstärker sehr empfindlich ist und schon ganz geringe zurückgekoppelte Energien zur Erregung des Selbstschwingens ausreichen. Diese Kopplungen müssen unschadlich gemacht werden. Das ist jedoch erst möglich, wenn man ihre Ursachen und Wirkungen kennt.

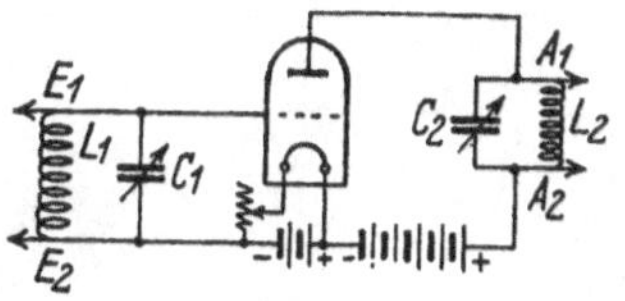

Fig. 1.

In Fig. 1 ist die einfachste Form einer Hochfrequenzverstärkerstufe abgebildet. Ein abgestimmter Schwingungskreis liegt am Gitter der Röhre, der andere im Anodenkreis. Der letztere enthält außerdem noch die Anodenbatterie. Da diese aber dem Anodenwechselstrom im allgemeinen keinen nennenswerten Widerstand entgegensetzt, kann man sie unbeachtet lassen oder, wenn man ganz sicher gehen will, durch einen großen Kondensator kurz schließen.

Es kommt dann darauf an, daß die Spannung zwischen den Punkten A_1 und A_2, welche zur nächsten Röhre führen, möglichst groß wird. Wegen der Verstärkerwirkung ist die Energie im Schwingungskreis L_2 C_2 größer als im Schwingungskreis L_1 C_1. Sobald Kopplungen zwischen den beiden Kreisen vorhanden sind, muß daher der Einfluß des Schwingungskreises L_2 C_2 auf den Schwingungskreis L_1 C_1 größer sein, als umgekehrt der des Schwingungskreises $L_1 C_1$ auf den Schwingungskreis $L_2 C_2$, was aber gleichbedeutend mit einer Rückkopplung ist. Jede Kopplung zwischen beiden Kreisen ist also Rückkopplung. Diese kann auf zweierlei Art geschehen, nämlich erstens durch induktive und zweitens durch kapazitive Einwirkung.

A. Induktive Kopplungen.

In Fig. 2 sind die Kraftlinien eingezeichnet, welche die beiden Spulen L_1 und L_2 durchsetzen. Abgesehen hiervon, sind noch überall dort

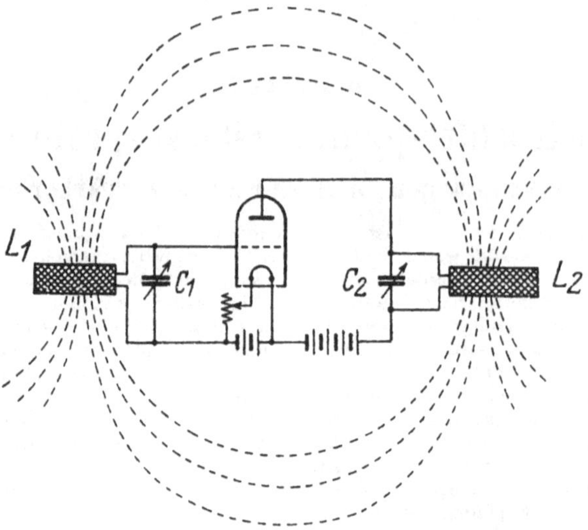

Fig. 2.

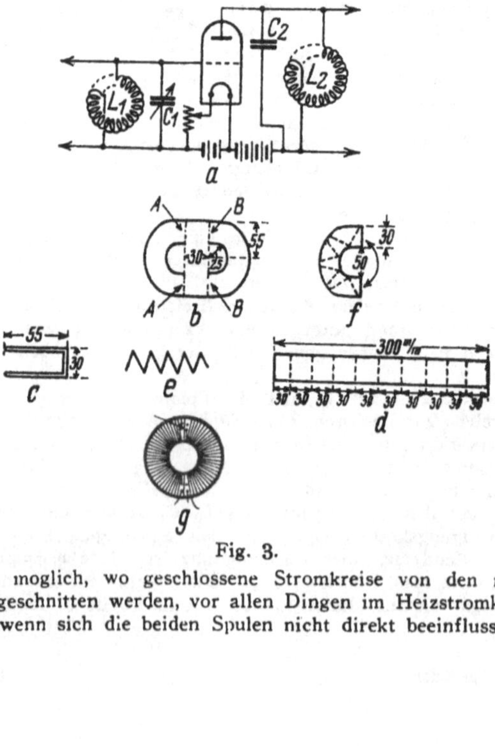

Fig. 3.

Induktionen möglich, wo geschlossene Stromkreise von den magnetischen Kraftlinien geschnitten werden, vor allen Dingen im Heizstromkreis. Dieser kann, auch wenn sich die beiden Spulen nicht direkt beeinflussen, doch als

Zwischenträger wirken, besonders dann, wenn er von Selbstinduktionen erregt wird, die später folgenden Verstärkerstufen angehören.

Zunächst soll nur die induktive Wirkung der Spulen aufeinander besprochen werden. Man kann gegenseitige Kopplung dadurch verhindern, daß man ihnen eine ringförmige Gestalt gibt, also die Form von sogenannten Toroiden. In diesem Falle verlaufen die magnetischen Kraftlinien, wie Fig. 3 a zeigt, vollkommen innerhalb der Spulen selbst, so daß eine Fernwirkung gar nicht möglich ist. Solche Spulen sind jedoch nicht leicht zu wickeln. Ein verhältnismäßig einfaches Rezept ist in Fig. 3 angegeben. Man schneidet zunächst aus Karton einen Ring nach Fig. 3 b und biegt diesen längs der punktierten Linien so, daß, von der Seite gesehen, Fig. 3 c entsteht. Sodann schneiden wir uns einen Kartonstreifen nach Fig. 3 d, ritzen ihn ebenfalls längs der punktierten Linien ein und knicken ihn nach Fig. 3 e. Diesen Streifen verwenden wir, um unserem Halbring größere Festigkeit zu verleihen, indem wir ihn nach Fig. 3 f in den Halbring einkleben. Diesen können wir leicht bewickeln. Wir wickeln halb so viel Draht darauf, wie die ganze Spule haben soll. Dann konstruieren wir uns auf dieselbe Weise noch einen zweiten Spulenkörper, wobei darauf zu achten ist, daß auf beiden Halbringen die Wicklung in demselben Sinne verläuft. Beide Halbringe können einfach zusammengeklebt werden, worauf noch die Drahtenden zu verbinden sind. (Fig. 3 g.) Will man die toroidale Form für die Konstruktion eines Transformators verwenden, so wickelt man die Primärspule vor dem Zusammenkleben auf einen Halbring.

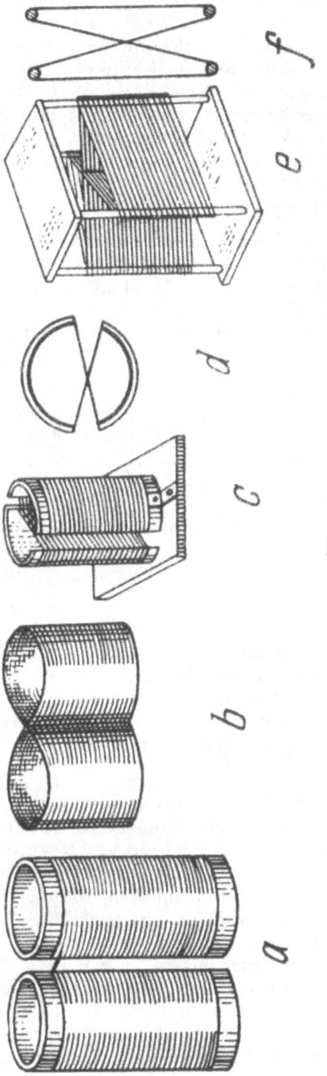

Fig. 4.

Bei diesen Ringspulen werden also die Kraftlinien innerhalb des Ringes festgehalten, so daß keine Fernwirkung entstehen kann. Es lassen sich jedoch auch andere Formen von Spulen finden, bei denen dasselbe Ziel auf bequemere Weise erreicht wird. In Fig. 4 sind eine Reihe solcher Spulenformen wiedergegeben. Fig. 4 a zeigt die Binokelform. Es werden zwei Spulenkörper verwendet. Die Wicklung wird erst auf den einen, dann auf den anderen Spulenkörper aufgebracht, und zwar auf beide im entgegengesetzten Wicklungssinn. Wenn die linke Spule dann oben z. B. einen Nordpol hat, muß die rechte einen Südpol haben. Die beiden Spulen sind mit zwei Stabmagneten zu vergleichen, die mit den ungleichnamigen Polen aufeinandergelegt werden. Auf diese Weise werden die magnetischen Kraftlinien auf dem kürzesten Wege vom einen Pol zum andern gehen, wodurch ihre Fernwirkung wesentlich eingeschränkt wird. Statt erst die eine Spule und dann die andere zu wickeln, kann man die ganze Wicklung so anordnen, daß man immer gleichzeitig auf beide Spulenkörper eine Windung in Form einer Acht auflegt (Fig. 4 b). Dasselbe Endziel kann man auch mit einem einzigen zylinderförmigen Spulenkörper erreichen, wenn man ihn in der Längsrichtung durchschneidet und die beiden so entstehenden Hälften als Spulenkörper betrachtet. Fig. 4 c zeigt die Ansicht, Fig. 4 d einen Querschnitt. Zu einer körperlosen Spule dieser Art gelangt man nach Fig. 4 e und 4 f, wenn man die ganze Wicklung um vier feststehende Stäbe aus Isoliermaterial herumwickelt.

Dadurch, daß sich der Kraftlinienfluß dieser Spulen beinahe unmittelbar an den Enden schließt, werden schädliche Dämpfungen durch in der Nähe befindliche Metallteile vermieden. Das ist von Bedeutung. Um nämlich die Spulen gegen kapazitive Kopplungen zu schützen, muß man sie metallisch einkapseln. Bei gewöhnlichen Spulen ist das nicht ohne Wirbel-

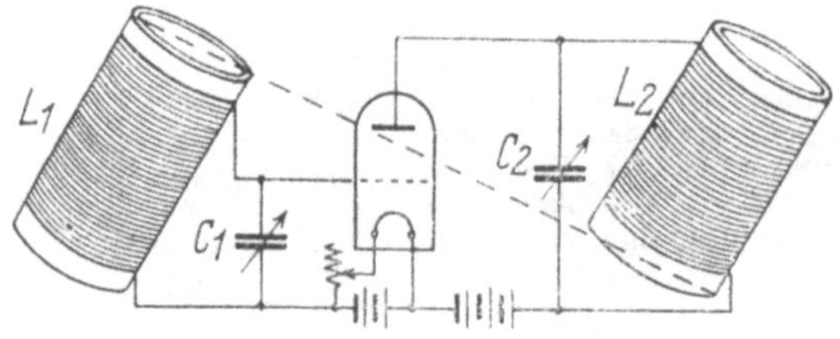

Fig. 5.

stromverluste, also schädliche Dämpfungen möglich. Die Ringspule und die in Fig. 4 angedeuteten Abarten derselben gestatten aber die Anwendung dieses Kunstgriffes, ohne daß schädliche Dämpfungen auftreten können. Man muß nur dafür sorgen, daß der magnetische Kraftlinienfluß sich vollständig innerhalb der Einkapselung schließt.

Immerhin ist diese Form von Spulen ziemlich unbequem, so daß man meistens versuchen wird, normale Spulen zu verwenden und sie so anzuordnen, daß eine Einwirkung der Kraftlinien nicht möglich ist. Das bedeutet, daß die Kraftlinien, die von einer Spule ausgehen, die Windungen der anderen Spule nicht durchsetzen dürfen. Ist das aber unvermeidlich, so müssen die Kraftlinien die Windungen in zwei entgegengesetzen Richtungen durchschneiden, so daß sich ihre Wirkungen aufheben. Eine Spulenanordnung nach dem ersteren Verfahren ist in Fig. 5 abgebildet. Hier sind die Spulen unter einem Winkel von 60 Grad gegeneinander geneigt und in einer solchen Entfernung angeordnet, daß die Ebene, die man durch den oberen Begrenzungskreis der ersten Spule legen kann, zugleich den unteren Begrenzungskreis der zweiten enthält. Diese Anordnung ist durch den später zu besprechenden Neutrodyne-Empfänger bekannt geworden.

Fig. 6 zeigt eine Spulenanordnung, bei der die Kraftlinien jeder Spule die beiden benachbarten Spulen zwar treffen, jedoch keine Induktionswirkung auf sie ausüben. Bei dieser Anordnung kommt es natürlich sehr darauf an, daß die Spulen genau in derselben Achsenrichtung angeordnet sind. Liegen sie nämlich unsymmetrisch, z. B.

wenn die zweite Spule etwas tiefer angebracht wird als die erste, dann werden in der einen Richtung mehr Kraftlinien durch die erste Spule hindurchgeschickt (in unserem Beispiel nach oben), als in der

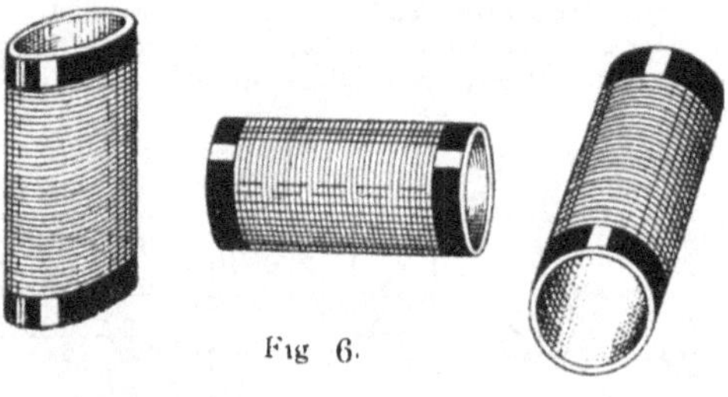

Fig. 6.

anderen. Infolgedessen heben sich ihre Wirkungen nicht auf, und es entsteht eine elektromotorische Kraft der Induktion, also eine Rückkopplung.

B. Kapazitive Kopplungen.

Kapazitive Kopplungen zwischen den beiden Schwingungskreisen können entstehen durch die Kapazitäten innerhalb der Röhre, nämlich die Kapazitäten zwischen Gitter und Anode, Gitter und Heizfaden und Anode und Heizfaden. Zu diesen Kapazitäten gehören auch diejenigen zwischen den entsprechenden Zuleitungen und zwischen den Röhrenfüßen und Röhrensockeln, die meist sogar größer sind als die Kapazitäten zwischen den Metallteilen innerhalb der Röhre. In Fig. 7 sind die Röhrenkapazitäten gestrichelt eingezeichnet. Man sieht, daß

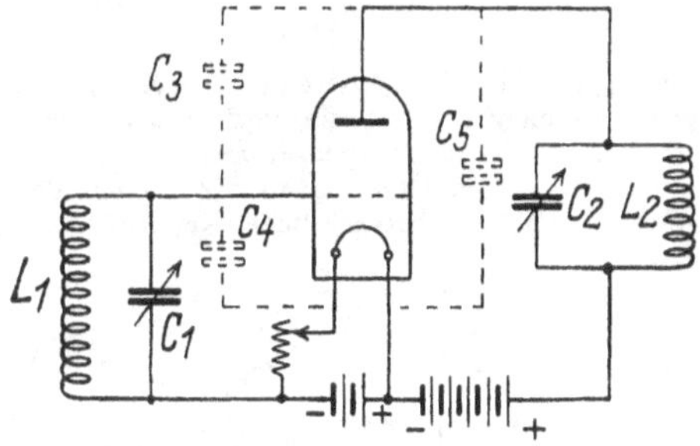

Fig. 7.

die Kapazität zwischen Gitter und Heizfaden parallel zu dem viel größeren Kondensator C_1, die Anodenheizfadenkapazität parallel zu dem Kondensator C_2 geschaltet ist. Für die Kopplung kommt also nur die Kapazität C_{ag} zwischen Anode und Gitter in Frage. Das Ersatzschaltbild ist in Fig. 8 angegeben. Man erkennt, daß man es hier mit einer sehr gebräuchlichen Art der kapazitiven Kopplung zweier Schwingungskreise zu tun hat. Selbst wenn diese Röhrenkapazität nicht vorhanden wäre, würden die beiden Schwingungskreise kapazitiv gekoppelt sein. Die Windungsflächen der einzelnen Spulen können nämlich ebenfalls als Belegungen eines Kondensators aufgefaßt werden. Sobald die Spulen weit voneinander entfernt werden, sind die gegenseitigen Kapazitäten allerdings ziemlich klein, aber an deren Stelle treten die Kapazitäten zwischen Spulen und Erde. Das Wort Erde ist

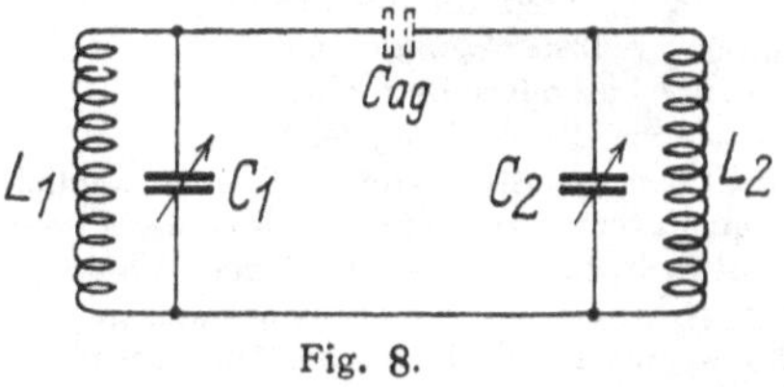

Fig. 8.

nicht wörtlich zu nehmen. Damit sind alle größeren Metallteile gemeint, deren Kapazität gegen Erde beträchtlich sein kann, oder die direkt mit der Erde leitend verbunden sind. Dazu gehören z. B. die Batterien oder auch der Stanniolbelag des Schaltbrettes. Diese gegenseitigen Kapazitäten sind als Hochfrequenzwiderstände aufzufassen, also als leitende Bahnen für die Hochfrequenzströme. Auf diese Weise sind die beiden Schwingungskreise dann streng genommen durch ein ganzes Netz von

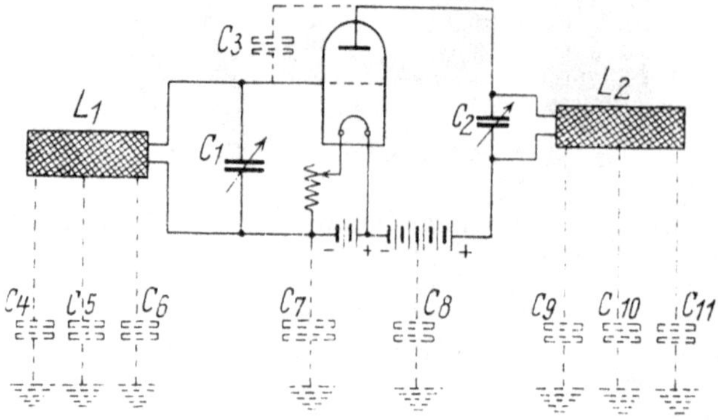

Fig. 9.

Kapazitätskreisen miteinander verkoppelt. In Fig. 9 ist eine Anordnung von solchen kapazitiven Kopplungen eingezeichnet, wie sie vorkommen kann.

Man sieht in dieser Figur, daß auch die Kondensatoren C_1 und C_2 störend wirken können, wenn sie nahe beieinander stehen. Zwischen den äußeren Platten der Kondensatoren kann eine beträchtliche Kapazität entstehen, welche, da die obere Platte von C_1 mit dem Gitter, die obere von C_2 mit der Anode verbunden ist, der Röhrenkapazität zwischen Gitter und Anode parallel liegt und damit deren koppelnde Wirkung verstärkt. Daraus folgt allein schon, daß man die Dreh kondensatoren so weit voneinander entfernen muß, wie es irgend geht, weil sie eine der wesentlichsten Quellen für die Störungen durch Selbsterregung darstellen.

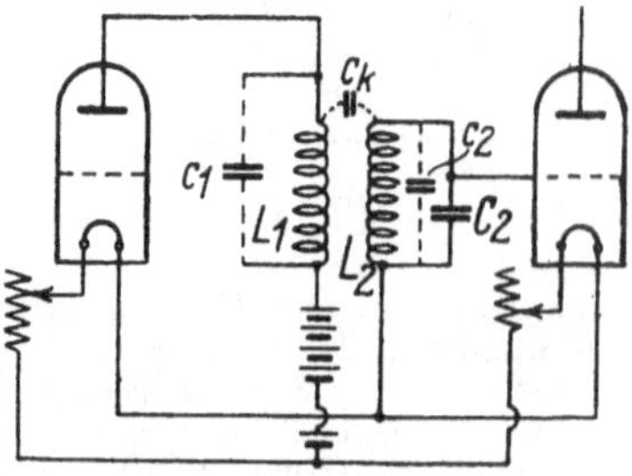

Fig. 10.

Eine besondere Betrachtung verdient noch die Wirkung der Kapazität in den Transformatoren. Sobald nämlich zwei aufeinanderfolgende Hochfrequenzverstärkerstufen miteinander durch Transformatoren gekoppelt sind, sind auch die Kopplungen durch Windungskapazität zu berücksichtigen. In Fig. 10 ist ein solcher Transformator gezeichnet. Die Anodenkreisspule ist mit ihrem unteren Ende an die Anodenbatterie angeschlossen, während die Sekundarspule im Gitterkreis der nächsten Röhre liegt und mit ihrem unteren Ende am Heizfaden oder an der Heizbatterie endigt. Da wir die Batterien für die Hochfrequenz als Kurzschluß betrachten können, so besitzen die mit ihnen verbundenen Enden beider Spulen dasselbe Hochfrequenzpotential, können also als direkt miteinander verbunden angesehen werden. Eine Kapazität ist also zwischen diesen Spulenenden nicht vorhanden. Wir können sie uns vielmehr an den oberen Spulenenden konzentriert denken. Außer dieser Kapazität, die durch die Kapazitätsflächen der Wicklungslage der beiden Spulen entsteht, besitzt jede Spule noch eine gewisse Eigenkapazität, die so wirkt wie ein kleiner Kondensator, den man der Spule parallel geschaltet hat. Man sieht aus Fig. 10, daß die beiden Kreise, denen die beiden Spulen angehören, nicht nur induktiv miteinander gekoppelt sind, sondern auch kapazitiv. Wenn dann z. B. in der Sekundärspule durch magnetische Induktion eine Spannung hervorgerufen wird, so kann diese über die gegenseitige Kapazität Ck einen Strom durch die Primärspule treiben, welcher dem ursprünglichen Primärstrom entgegengesetzt gerichtet ist. Es ist möglich, daß die kapazitive Kopplung der induktiven Kopplung entgegenarbeitet. Man beobachtet dann, daß die Sekundärspannung, die man ja möglichst groß haben möchte, zunächst mit der

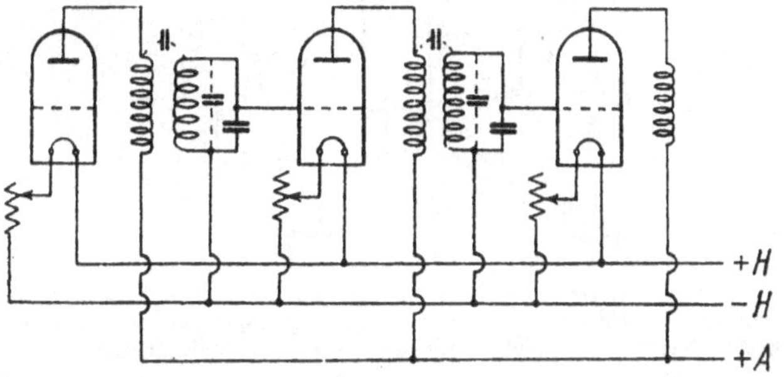

Fig. 11.

Windungszahl wachst, dann aber mit wachsender Windungszahl wieder abnimmt, weil die kapazitive Kopplung größeren Einfluß gewinnt. Allerdings ist es auch möglich, daß die kapazitive Kopplung in demselben Sinne wirkt wie die induktive. Das geschieht, wenn man den Richtungssinn der induktiven Kopplung ändert, indem man vielleicht eine Spule mit umgekehrtem Wicklungssinn verwendet.

Betrachtet man diese Verhältnisse im Rahmen des ganzen Hochfrequenzverstärkers, so kann man aus Fig. 11 erkennen, daß die gegenseitige Kapazität zwischen den beiden Spulen in demselben Sinne wirkt, wie die Gitter-Anodenkapazität der Röhre. Die Eigenkapazität der Primärspule liegt ferner parallel mit der Anoden-Heizfadenkapazität der ersten Röhre und die Kapazität der zweiten Spule mit dem Drehkondensator des Gitterkreises. Durch die kapazitiven Wirkungen zwischen den Transformatorenspulen werden also auch die Röhrenkapazitäten verstarkt.

Die Tatsache, daß die induktive Kopplung der kapazitiven entgegenwirken kann, führt unter Umständen dazu, daß die Kopplungen sich gegenseitig aufheben. Doch ist es zwecklos, dies Verfahren systematisch auszubauen, weil diese Kopplungen sich zu sehr mit der Frequenz ändern. Derselbe Effekt wird manchmal bei Rückkopplungsempfängern störend empfunden, weil die Kapazität zwischen Rückkopplungsspule und Gitterspule der induktiven Rückkopplung entgegenwirkt und zwar um so mehr, je näher die Spulen einander gebracht werden. Man beobachtet sehr oft, daß bei kurzen Wellen die Schwingung wieder aussetzt, wenn die Kopplung zu fest wird.

§ 2. Bekämpfung der Schwingneigung durch künstliche Dämpfung.

Man kann die Schwingneigung eines Hochfrequenzverstärkers am einfachsten und primitivsten bekämpfen, indem man eine künstliche Dämpfung in einen der Schwingungskreise einbaut, so daß die rückgekoppelte Energie durch dieselbe aufgezehrt wird. Wir erinnern uns daran, daß man die Rückkopplung als negativen Widerstand auffassen kann. Selbsterregung tritt nur ein, wenn der negative Widerstand größer ist als der positive. Man kann sie also verhindern durch Vergrößern des

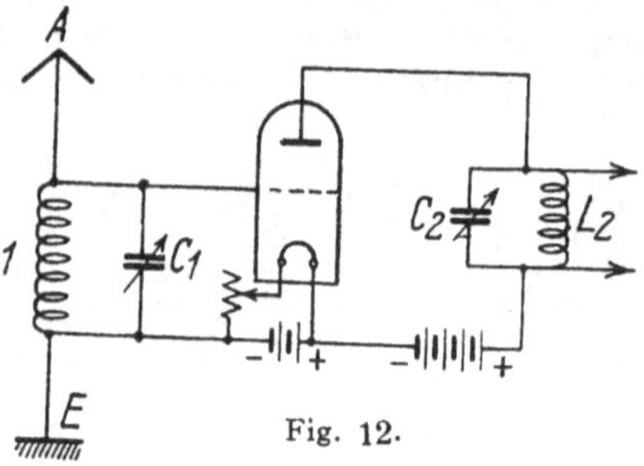

Fig. 12.

letzteren. Nun ist aber bei allen diesen Verfahren zu beachten, daß die Schwingneigung lediglich von der Kopplung zwischen Anodenkreis und Gitterkreis abhangt und nichts mit der Güte der Verstärkung zu tun hat. Es kann also ein Empfanger sehr wohl bis dicht an die Schwinggrenze eingestellt sein und doch nur außerordentlich geringe Verstärkung ergeben.

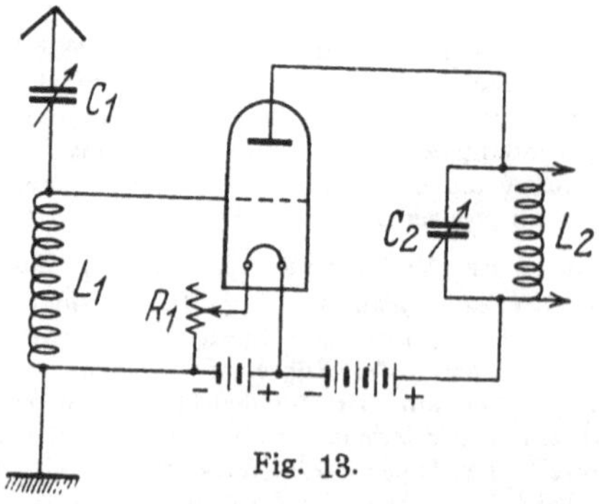

Fig. 13.

Andererseits kann ein richtig bemessener Verstärker sehr hohe Verstärkungsziffern aufweisen und doch noch sehr weit von der Schwinggrenze entfernt sein. Das folgt theoretisch sofort aus dem Diagramm Fig. 459 Bd. I. Der Verstärker arbeitet am besten in der Nähe des Lotes Mbl—Mgr. Es ist also ein Irrtum, wenn man die Verstärkung etwa danach einschätzt, wie nahe man sich an der Schwinggrenze befindet. Bringt man in solchem Falle noch eine künstliche Dämpfung an, so wird der Empfang natürlich noch erheblich schlechter. Künstliche Dämpfung ist also, allgemein angewendet, ein zweifelhaftes Heilmittel. Trotzdem kann man aber gute Resultate erzielen, wenn der Empfänger richtig konstruiert und auf besten Empfang berechnet ist.

Es ist nicht nötig, daß die künstliche Dämpfung durch ohmsche Widerstände erzielt wird. In Fig. 12 ist der Gitterkreis einer Hochfrequenzverstärkerröhre direkt mit der Antenne verbunden. Infolge der sehr festen Kopplung ist die Dämpfung groß und die Schwingneigung gering, wenn die Antenne kleiner wird. Man sieht, daß eine Veränderung in der Antennenabstimmung die Stabilität des Hochfrequenzverstärkers außerordentlich beeinflußt. Die in Fig. 13 abgebildete Schaltung neigt viel eher zum Selbstschwingen, weil die Dämpfung des Gitterkreises kleiner ist.

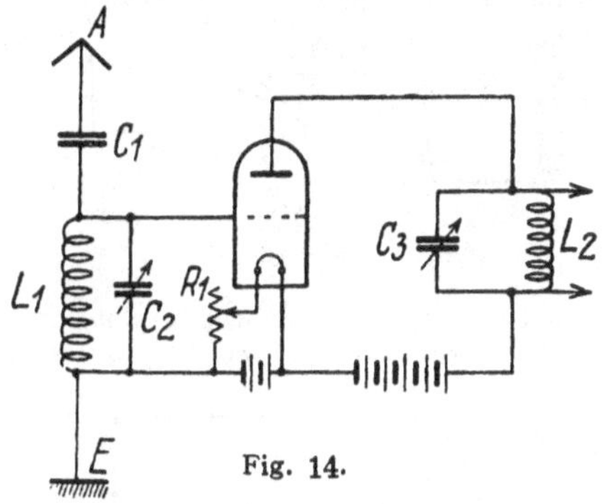

Fig. 14.

In Fig 14 ist eine Schaltung abgebildet, bei welcher der Empfänger von der Antenne nahezu unabhängig ist. Diese Schaltung ist von Scott Taggart „konstante Antennenabstimmung" genannt. Die Fig. 15 zeigt einen Sekundärempfänger, für welchen dasselbe gilt, was für den Audion-

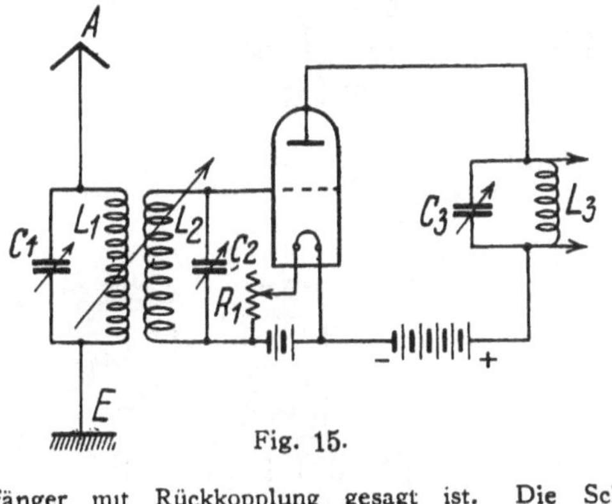

Fig. 15.

sekundärempfänger mit Rückkopplung gesagt ist. Die Schwingneigung hängt in erster Linie von der Kopplung zwischen L_1 und L_2 und von der Abstimmung ab. Sobald die Kopplung fest ist, wird die Dämpfung des Gitterkreises größer sein und damit die Schwingneigung geringer. Dieselben Verhältnisse liegen vor, wenn man zwei Röhren durch beiderseitig abgestimmte Transformatoren koppelt.

Bei positiver Gitterspannung fließt zwischen Gitter und Heizfaden ein Gitterstrom. Die Strecke Gitter—Heizfaden hat dann einen ohmschen Widerstand, der parallel zum Gitterkondensator liegt. Man kann diese positive Vorspannung erfolgreich dadurch erzielen, daß man nach

Fig. 16 parallel zur Heizbatterie ein Potentiometer schaltet, an welchem man die richtige Vorspannung abgreift, wodurch der Gitterstrom und damit die Dämpfung einreguliert wird. Wenn man allerdings die Gitterspannung von 0 bis 6 Volt, also bis zum vollen Betrage der Batteriespannung

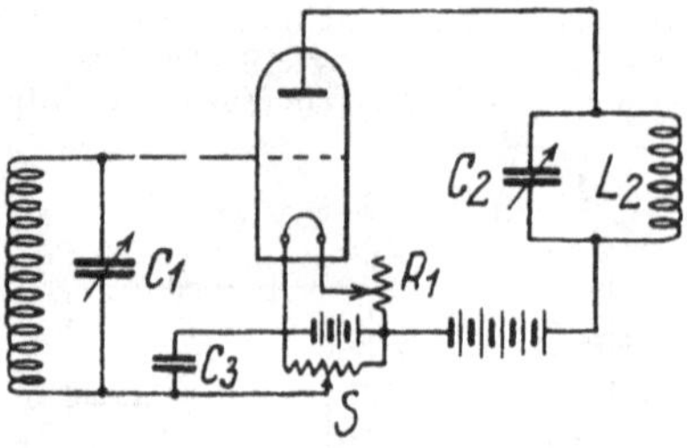

Fig. 16.

einregulieren will, so ist es erforderlich, daß man den Heizwiderstand in die Zuleitung vom Heizfaden zum positiven Pol der Batterie einschaltet.

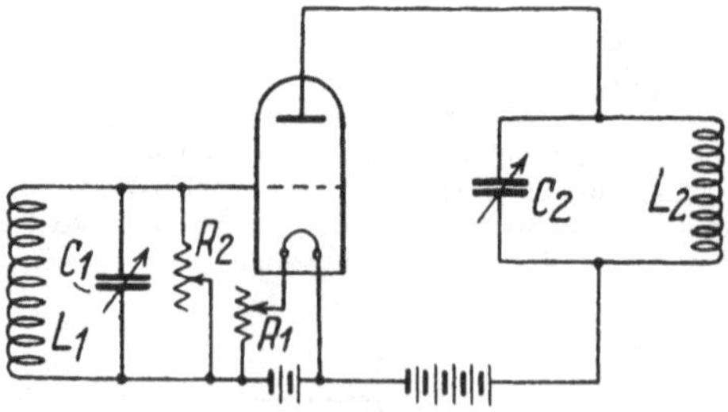

Fig. 17.

Damit der Hochfrequenzstrom nicht durch den Potentiometerwiderstand fließt, schließt man diesen am besten durch einen großen Kondensator

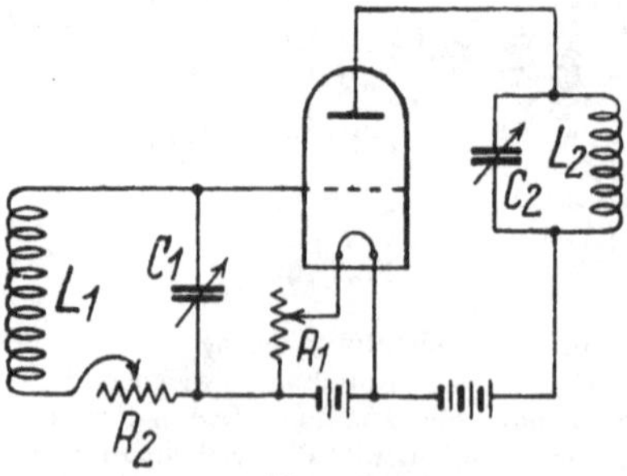

Fig. 18.

kurz. Denselben Erfolg kann man übrigens erzielen, wenn man parallel zum Gitterkreis einen veränderlichen Widerstand R_1 von 100 000 bis 5 Millionen Ohm schaltet. (Fig. 17.) In Fig. 18 ist ein Widerstand von 20 bis 50 Ohm direkt in den Gitterkreis eingeschaltet. Ebensogut kann man diesen Dämpfungswiderstand in den Anodenkreis legen (Fig. 19) oder nach Fig. 20 parallel zum Sperrkreis. Man muß übrigens beachten, daß dem Sperrkreis der innere Röhrenwiderstand, also die Strecke Heizfaden—Anode, parallel geschaltet ist, die eine nicht unbedeutende Dämpfungsvergrößerung darstellt, demnach in Parallele zu setzen ist mit der Wirkung der positiven Gitterspannung. Hieraus ist auch die eigentümliche Erscheinung zu erklären, die man bei Sperrkreisverstärkern häufig beobachtet, daß nämlich die Röhre schwingt, wenn man die Heizung zurückstellt. Dann wird

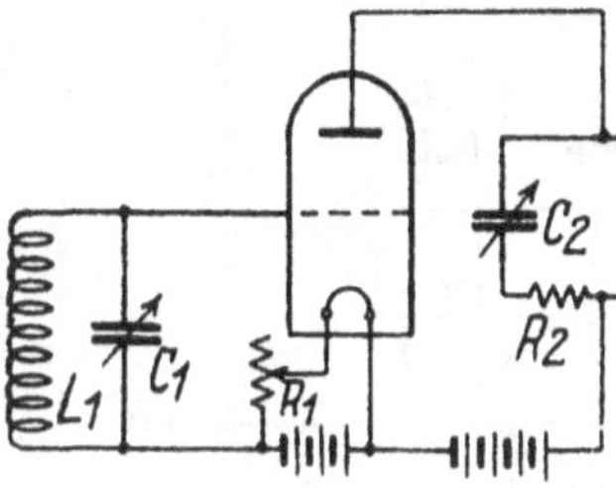

Fig. 19.

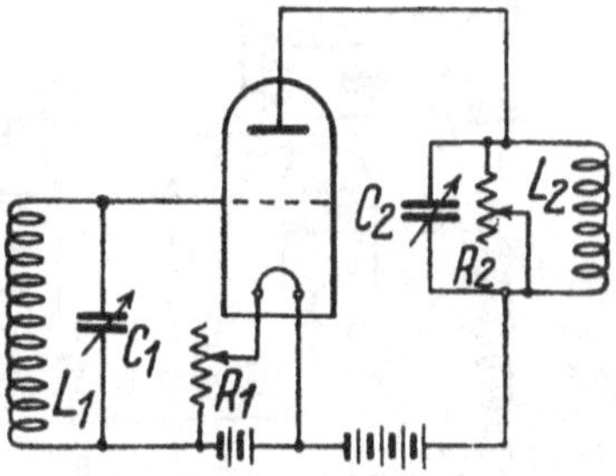

Fig. 20.

der innere Widerstand der Röhre vergroßert und damit die Dampfung verkleinert.

Nun wirkt jede Art der Energieentziehung dampfend auf einen Schwingungskreis ein, so daß außer den eben angegebenen Methoden noch eine ganze Reihe anderer denkbar sind. Von Bedeutung ist hier vor allem

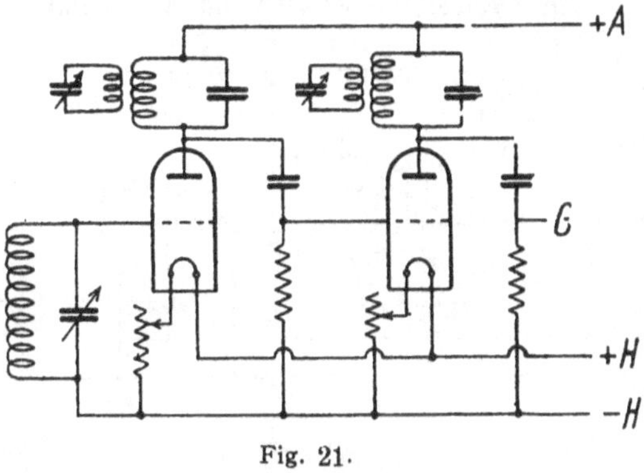

Fig. 21.

das Verfahren der Bremskreise. Man kann mit einem der beiden Schwingungskreise, Anodenkreis oder Gitterkreis, einen Stromkreis koppeln. Macht man die Kopplung fester, so wird die Energieentziehung größer. Die Bremswirkung läßt sich besonders gut einregulieren, wenn man die Bremskreise abstimmt. Dann wird im Falle der Resonanz die Energieentziehung und damit die Dämpfung am größten sein. Fig. 21 zeigt ein solches Verfahren. Ebensogut kann man, wie schon gesagt, die Bremskreise mit dem Gitterkreis koppeln. Ein ahnliches Verfahren benutzt der Cockaday-Empfänger. (Bd. I, Seite 304.)

Die Sperrkreisschaltungen sind nur sehr wirksam, wenn es sich dabei tatsächlich um eine vollkommene Parallelschaltung einer Selbstinduktion mit einer Kapazität handelt, d. h., wenn sich der Strom so teilt, daß ein Teil durch die Selbstinduktion, der andere durch den Kondensator fließt. Eine Änderung tritt ein, wenn man die Selbstinduktionsspule anzapft, so daß der vorher rein kapazitive Zweig nunmehr auch noch einen Teil der Selbstinduktionsspule enthält, während der andere Zweig durch den übrigen Teil der Selbstinduktionsspule gebildet wird. Eine solche Sperr-

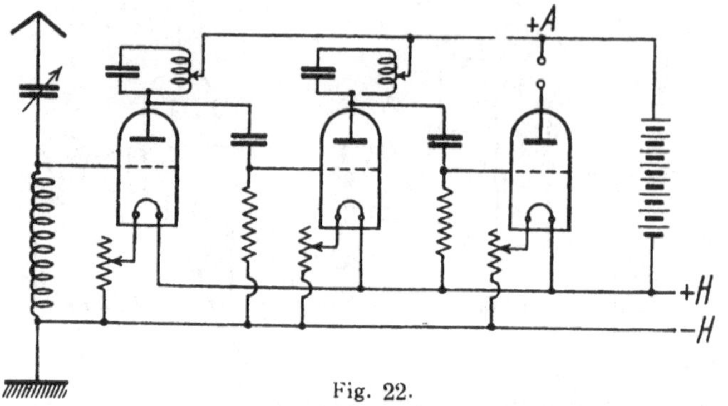

Fig. 22.

kreisschaltung ist in Fig. 22 abgebildet. Hier wird der Sperrkreis auch bei exakter Abstimmung keine vollkommene Sperre mehr darstellen, so daß durch den vergrößerten Anodenstrom auch die Dämpfung vergrößert wird. Durch eine angezapfte Selbstinduktionsspule im Sperrkreis könnte man also die Dampfung beliebig einstellen. In Fig. 23 ist dieses Prinzip dazu benutzt worden, Sperrkreis-' und Transformatorenkopplung

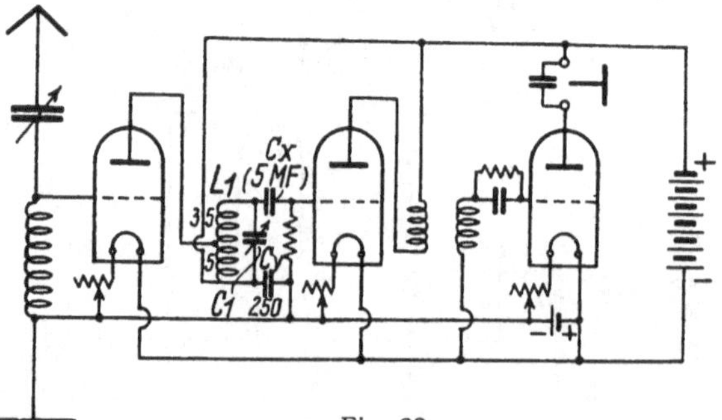

Fig. 23.

miteinander zu kombinieren, so daß gewissermaßen eine Autotransformation entsteht. Der Sperrkreis ist gleichzeitig Gitterkreis der nächsten Röhre. Natürlich können die beiden Belegungen des Gitterkondensators nicht direkt mit Gitter und Heizfaden der zweiten Röhre verbunden werden, weil die positive Anodengleichspannung am Sperrkreis liegt. Die Verbindung zum Gitter wird deshalb durch einen Kondensator von etwa 5 MF hergestellt, während die Verbindung mit dem Heizfaden durch einen Kondensator von 250 cm Kapazitat bewirkt wird. Damit die negativen Gitteraufladungen abfließen können, verbindet man das Gitter mit der Kathode durch einen Gitterwiderstand von 1 bis 5 Millionen Ohm.

In einem gewöhnlichen Rückkopplungsempfänger wirkt die Rückkopplung wie ein negativer Widerstand. Kehrt man die Richtung der Rückkopplung um, so wird natürlich keine Vermehrung, sondern eine Verringerung der Energie eintreten. Man könnte dann also eine umgekehrte Rückkopplung mit der Einschaltung eines positiven Widerstandes vergleichen, denn sie bedeutet ja ebenso wie die Bremskreise eine Energieentziehung. In Fig 24 wird durch umgekehrte Rückkopplung tatsächlich

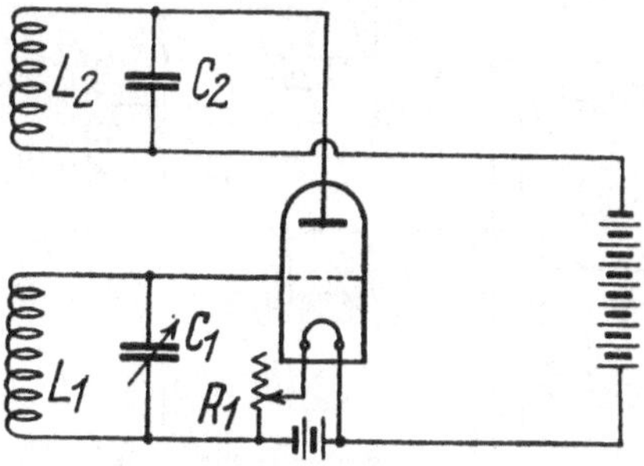

Fig. 24.

eine dampfende Wirkung erreicht, sofern die Kopplung lose ist. Macht man sie fester, so wird die umgekehrte magnetische Induktionswirkung übertroffen durch die kapazitive Kopplung zwischen den Spulen L_1 und L_2, welche in demselben Sinne wirkt wie die kapazitive Kopplung innerhalb der Röhre. Es wird also die Schwingneigung bei fester Kopplung wieder zunehmen. Deshalb ist eine solche Kopplung, wie sie Fig. 24 zeigt, nicht sehr praktisch. Die Wirkung wird besser, wenn man

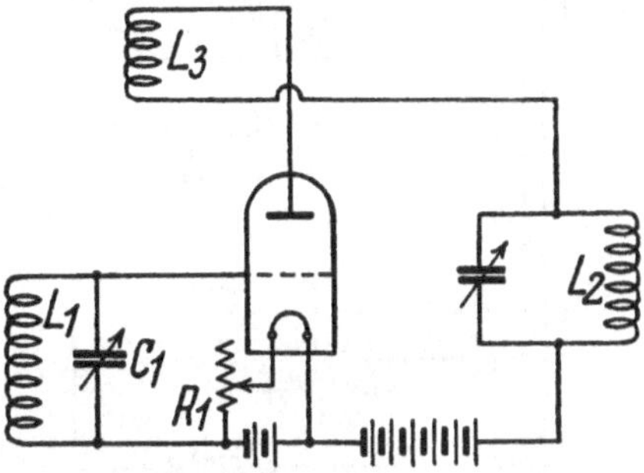

Fig. 25.

den Anodenkreis nicht abstimmt. Eine gute Lösung zeigt Fig. 25. Hier ist eine besondere Rückkopplungsspule vorhanden, welche mit dem abgestimmten Anodenkreis in Serie geschaltet ist. Die umgekehrte Rückkopplungsspule L_r kann in diesem Falle sehr klein gehalten werden.

Bei allen Verfahren, die eine umgekehrte Rückkopplung vom Anodenkreis aus zum Ziel haben, besteht immer die bereits oben erwähnte Gefahr, daß die die Schwingneigung vergrößernde kapazitive Kopplung zwischen Anode und Gitter ebenfalls gesteigert wird. Diesen Nachteil vermeidet die sogenannte „Monophase-Schaltung", welche in Fig 26a abgebildet ist. Hier ist die umgekehrte Rückkopplung durch eine kleine

Spule erreicht, welche in den negativen Zweig der Heizleitung eingefügt ist. Die umgekehrte Rückkopplung wird dabei gleichzeitig mit einem

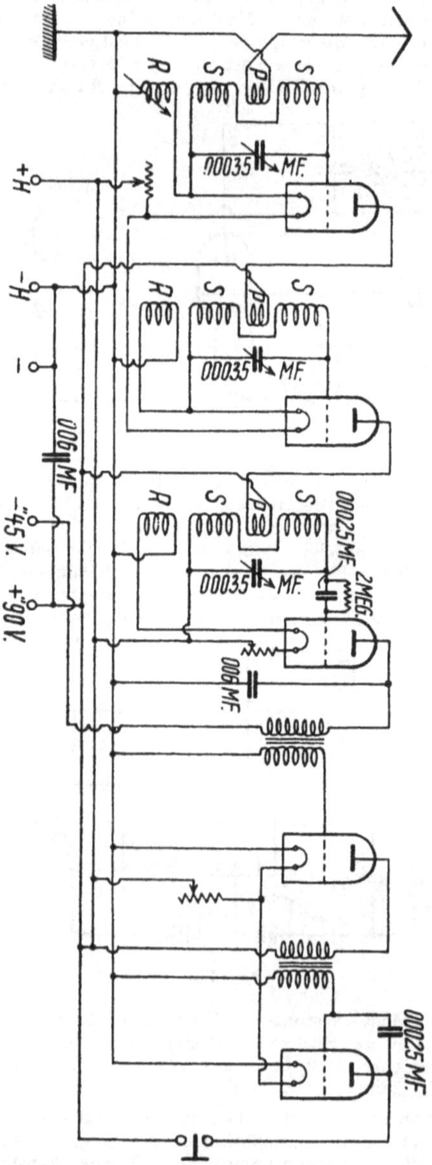

Fig. 26a.

Bremskreis verbunden. Dieser wird durch umgekehrte Rückkopplungsspule, Heizfaden, Heizwiderstand und Heizbatterie gebildet. Wenn man einen solchen Empfänger so einstellt, daß für lange Wellen die Schwingneigung gerade aufgehoben wird, dann verhindert diese Einstellung auch bei kürzeren Wellen die Selbsterregung, denn sowohl die umgekehrte Rückkopplung als auch die Bremskreisdampfung nehmen mit der Frequenz zu.

Die Transformatoren haben bei dieser Schaltung ein sehr hohes Übersetzungsverhältnis. Man wickelt sie auf Zylinder von 15 cm Länge und 7 cm Durchmesser. Die Wicklungsanordnung für den Spulensatz der ersten Stufe ist aus Fig. 26 b zu erkennen. Die umgekehrte Rückkopplung

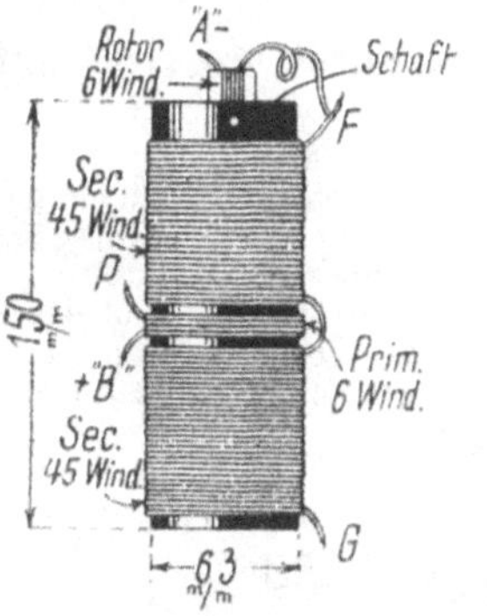

Fig. 26b.

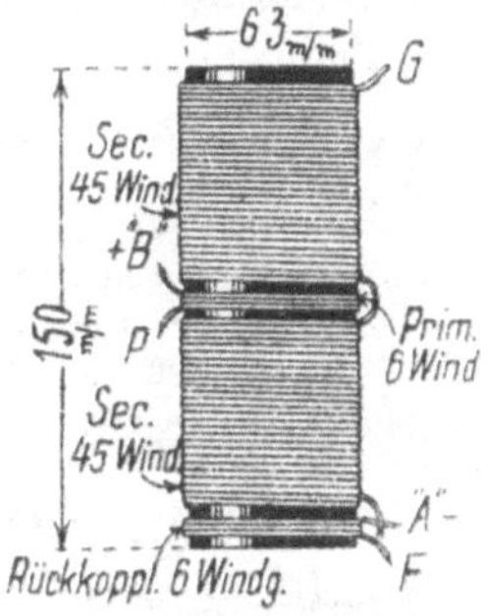

Fig. 26c.

ist veränderlich, während bei den übrigen Stufen eine feste Anordnung genügt, so daß die Spulen nach Fig. 26 c gewickelt werden können.

Bei den zuletzt besprochenen Verfahren wirkt die Gegenrückkopplung auf den Gitterkreis. Im Gegensatz dazu steht die in Fig. 27 dargestellte

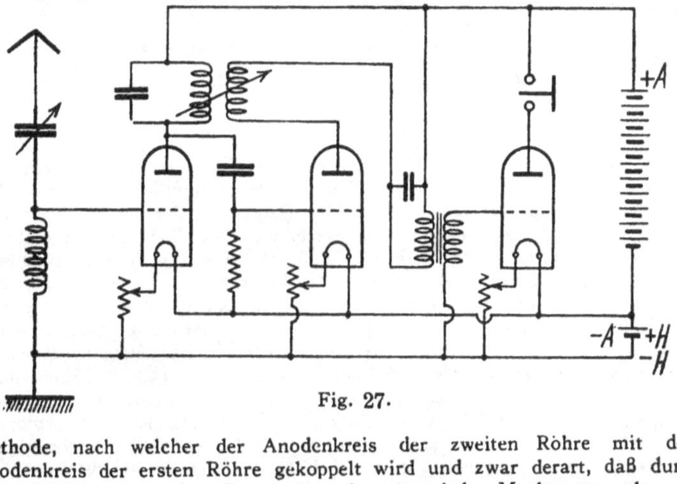

Fig. 27.

Methode, nach welcher der Anodenkreis der zweiten Röhre mit dem Anodenkreis der ersten Röhre gekoppelt wird und zwar derart, daß durch diese Rückkopplung der Sperrkreis gebremst wird. Macht man also die Rückkopplung ganz lose, so wird der Empfänger schwingen; macht man sie fester, so wird er stabiler. Dieses Verfahren wird gern und häufig angewandt, wenn es sich nur um eine einzige Stufe Hochfrequenzverstärkung handelt. Da jedoch der Sperrkreis gleichzeitig Gitterkreis der zweiten Röhre ist, so bedeutet die Schaltung Fig. 27 keine prinzipielle Neuerung. Die

Rückkopplungsspule entzieht dem Sperrkreis Energie, wirkt also genau so wie jede in den Anodenkreis eingeführte Dämpfung.

Am radikalsten könnte man künstliche Dämpfung durch Verringerung des Heizstromes erzielen. Das zeigt jedoch mit aller Deutlichkeit die Schwächen aller Versuche, durch künstliche Dämpfungen die Schwingneigung zu bekämpfen. Alle derartigen Verfahren arbeiten wirksam nur auf Kosten der Verstärkung.

§ 3. Bekämpfung der Schwingneigung durch Verzicht auf Abstimmung.

Die Gefahr der Selbsterregung ist in einem Empfänger dadurch gegeben, daß Gitter- und Anodenkreis aufeinander abgestimmt sind. Bei der Sperrkreisschaltung ist jeder Sperrkreis gleichzeitig Gitterkreis der folgenden Röhre. Anstatt nun die Kreise künstlich zu dämpfen und damit die rückgekoppelte Energie zu verzehren, kann man auch auf Abstimmung verzichten. In Fig. 28 ist z. B. ein Verfahren angegeben, bei welchem die

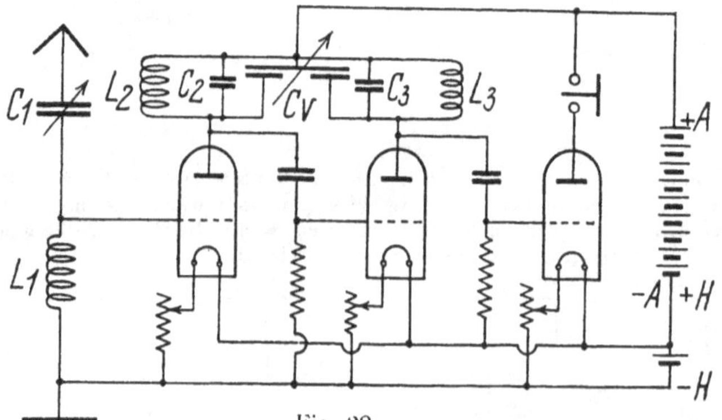

Fig. 28.

beiden Sperrkreise gegeneinander und gegen die Empfangswelle durch den Kondensator C_V, welcher aus drei Teilen besteht, verstimmt werden. Der Kondensator ist so gestaltet, daß der eine Stator mit der einen Anode, der andere Stator mit der anderen Anode verbunden ist. Die durch den Rotor und je einem Stator gebildeten Kapazitäten sind je einem Sperrkreiskondensator parallel geschaltet. Man stimmt die Sperrkreise zunächst so ab, daß vollkommene Abstimmung herrscht, wenn die Teilkapazitaten von C_V gleich groß sind. Verstellt man jetzt den Kondensator, so werden die beiden Sperrkreise nach verschiedenen Seiten hin verstimmt. Die Eigenwelle des einen Sperrkreises wird großer, die des anderen kleiner werden als die Empfangswelle. Man kann durch diese Anordnung die Verstimmung so fein regulieren, daß sie nicht größer wird, als zur Verhinderung der Selbsterregung unbedingt nötig ist. Man kann mit diesem Verfahren zwei Hochfrequenzverstärkerstufen beherrschen. Meist wird die Verstimmung jedoch ziemlich groß sein müssen.

Ungefährdet kann man beliebig viele Hochfrequenzverstarkerstufen aneinanderreihen, wenn man auf Abstimmung in den Anodenkreisen überhaupt verzichtet, wenn man die Kondensatoren wegläßt. Zwar ist unter-Umständen auch dann Selbsterregung möglich, wenn namlich die Spulen genügend groß sind, so daß sie mit ihrer Eigenkapazität und der Röhrenkapazität zwischen Anode und Kathode Schwingungskreise bilden, welche ungefähr auf die ankommende Welle abgestimmt sein können. Aber die Anodenkreisspulen lassen sich dabei so bemessen, daß diese zufällige Resonanz vermieden wird. Eine solche Schaltung ist in Fig. 29 abgebildet. Allerdings läßt sich durch dieses Verfahren nur eine außerordentlich geringe Verstärkung erzielen. In Wirklichkeit bedeutet es auch eine

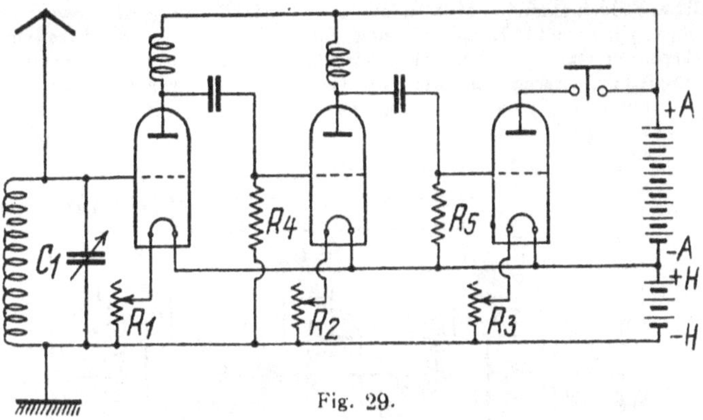

Fig. 29.

unnötig weit getriebene Vorsichtsmaßregel. Es würde vollkommen genugen, wenn man die Anordnung so träfe, daß immer ein abgestimmter und ein nicht abgestimmter, also aperiodischer Anodenkreis aufeinanderfolgen. Eine solche Schaltung hat Scott Taggart entwickelt (Fig. 30) und T. A. T.-

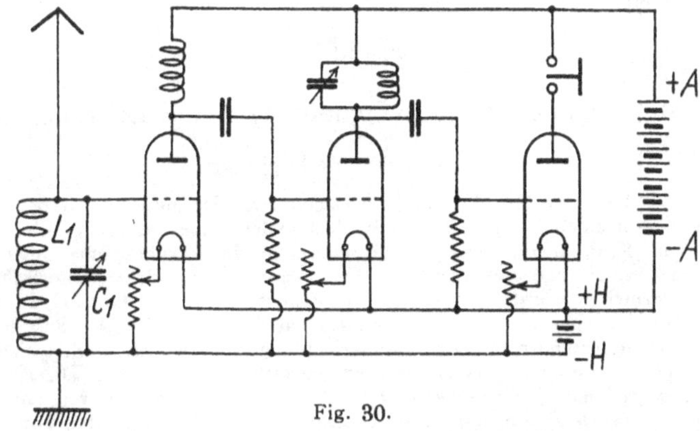

Fig. 30.

System genannt, das heißt „tuned — aperiodic — tuned", und bedeutet: abgestimmt — aperiodisch — abgestimmt. Bei diesem Empfänger wird in den Verstarkerstufen, welche den abgestimmten Sperrkreis enthalten, immer eine sehr gute Verstärkung erzielt, wahrend die dazwischenliegenden Stufen mit der aperiodischen Anodenkreisspule keine wesentliche Verstarkung ergeben können. Scott Taggart hat die Wirkungsweise seiner Schaltung sehr treffend durch das Vorwärtsschreiten eines Hinkenden veranschaulicht.

Eine andere Empfangsschaltung, welche besonders bei kurzen Wellen gute Resultate ergibt und zum Teil auf Abstimmung verzichtet, ist in Fig. 31 angegeben. Sie geht von dem gewöhnlichen Widerstandsverstärker aus, der bekanntlich für kurze Wellen nur sehr geringe Verstärkungsziffern ergibt, weil die Kapazität zwischen Gitter und Heizfaden schließlich einen ziemlich kleinen Hochfrequenzwiderstand darstellt, so daß sich längs des Gitterwiderstandes kein nennenswerter Spannungsabfall ausbilden kann. Man kann den Nachteil vermeiden, wenn man zwischen Gitter und Heizfaden den Silitstab durch einen abgestimmten Sperrkreis ersetzt. Durch die Kopplungskondensatoren C_k kann die Schwingneigung einreguliert werden. Der in Fig. 31 wiedergegebene Empfänger benutzt die Reinartzrückkopplung.

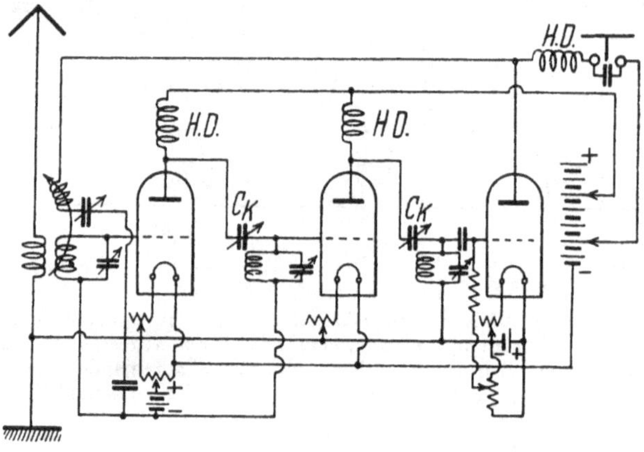

Fig. 31.

§ 4. Beseitigung der Schwingneigung durch Entkopplung.

A. Theorie der Entkopplung.

I. Man kann die Rückkopplung zwischen zwei Stromkreisen so deuten, daß von dem einen Stromkreis aus in dem andern eine zusätzliche elektromotorische Kraft erzeugt wird. Will man nun die Rückkopplung unwirksam machen, so bedeutet das, daß diese zusätzlichen elektromotorischen Kräfte vernichtet werden müssen. Im Prinzip ist diese Aufgabe so zu lösen, daß man eine zweite Kopplung zwischen den beiden Kreisen anbringt, welche die erstere aufhebt. Die zweite Kopplung ruft also elektromotorische Kräfte hervor, die denen der ersteren entgegengesetzt gleich sind. Die Kopplungen selbst können nur induktiv sein oder auf einer Stromverzweigung beruhen. Zu der letzteren Kopplungsart gehören auch die kapazitive und die direkte oder galvanische Kopplung (siehe Band I S. 31). Beim Hochfrequenzverstärker handelt es sich um kapazitive Kopplung durch die Röhrenkapazitäten. Die Entkopplung kann dann geschehen durch eine zweite Kopplung, die entweder induktiv ist oder auf Stromverzweigung beruht. Wir wollen zuerst die induktive Entkopplung betrachten. In Fig. 32 bedeutet $C_1 L_1 r_1$ den Gitterkreis, $C_2 L_2 r_2$ den Anodenkreis, der erstere liegt zwischen Gitter G und Kathode K, der zweite zwischen Anode A und Batterie B. Der Kopplungskondensator C_{ag} ist die Röhrenkapazität zwischen Anode und Kathode. Wir koppeln nun die beiden

Spulen L_1 und L_2 induktiv, um dadurch zu erreichen, daß eine im Gitterkreis vorhandene Schwingung nicht mehr auf den Anodenkreis und umgekehrt eine im Anodenkreis vorhandene nicht mehr auf den Gitterkreis einwirken kann.

Auf den Gitterkreis wirkt von außen her irgendwie eine sinusförmige EMK $\mathfrak{E}$ ein, die in ihm einen Strom J_1 zur Folge hat und einen Strom J_k durch den aus den drei Kondensatoren C_1, C_{ag} und C_2

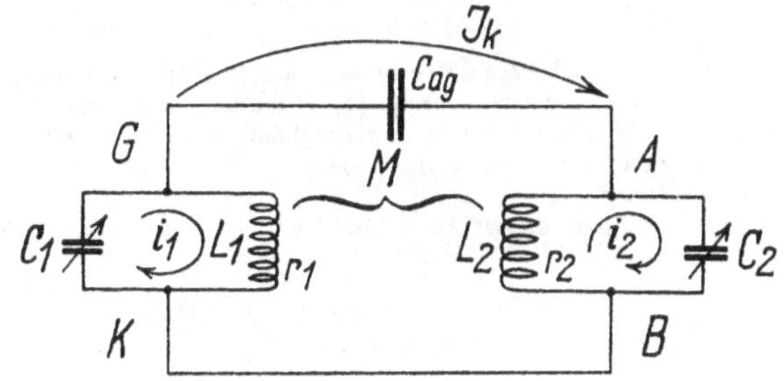

Fig. 32.

bestehenden Kopplungskreis treibt. Für die drei Kreise gelten dann nach den Kirchhoffschen Regeln folgende Gleichungen:

1) $$\mathfrak{E} = \mathfrak{J}_1\left(j\,\omega\,L_1 + r_1 + \frac{1}{j\,\omega\,C_1}\right) + j\,\omega\,M\,I_2 + \frac{\mathfrak{J}_k}{j\,\omega\,C_1}$$

2) $$0 = \mathfrak{J}_2\left(j\,\omega\,L_2 + r_2 + \frac{1}{j\,\omega\,C_2}\right) + j\,\omega\,M\,I_1 + \frac{\mathfrak{J}_k}{j\,\omega\,C_2}$$

3) $$0 = \frac{\mathfrak{J}_1}{j\,\omega\,C_1} + \frac{\mathfrak{J}_2}{j\,\omega\,C_2} + \mathfrak{J}_k\left(\frac{1}{j\,\omega\,C_1} + \frac{1}{j\,\omega\,C_{ag}} + \frac{1}{j\,\omega\,C_2}\right)$$

Aus der dritten Gleichung folgt:

4) $$\mathfrak{J}_k = \mathfrak{J}_1\frac{\frac{1}{C_1}}{\frac{1}{C_1}+\frac{1}{C_2}+\frac{1}{C_{ag}}} - \mathfrak{J}_2\frac{\frac{1}{C_2}}{\frac{1}{C_1}+\frac{1}{C_2}+\frac{1}{C_{ag}}}$$
$$= \frac{-\mathfrak{J}_1}{1+\frac{C_1}{C_2}+\frac{C_1}{C_{ag}}} - \frac{\mathfrak{J}_2}{1+\frac{C_2}{C_1}+\frac{C_2}{C_{ag}}}$$

Setzen wir diesen Wert für $\mathfrak{J}_k$ in die Gleichungen 1) und 2) ein, so gehen diese über in:

1a) $$\mathfrak{E} = \mathfrak{J}_1\left(j\,\omega\,L_1 + r_1 + \frac{1}{j\,\omega\,C_1}\left(1 - \frac{1}{1+\frac{C_1}{C_2}+\frac{C_1}{C_{ag}}}\right)\right)$$
$$+ \mathfrak{J}_2\left(j\,\omega\,M - \frac{1}{j\,\omega\left(C_1 + C_2 + \frac{C_1 C_2}{C_{ag}}\right)}\right)$$

$$2a)\qquad 0 = \mathfrak{J}_2 \left(j\omega L_2 + r_2 + \frac{1}{j\omega C_2} \left(1 - \frac{1}{1 + \frac{C_2}{C_1} + \frac{C_2}{C_{ag}}} \right) \right) + \mathfrak{J}_1 \left(j\omega M - \frac{1}{j\omega \left(C_1 + C_2 + \frac{C_1 C_2}{C_{ag}} \right)} \right)$$

Die Bedingung dafür, daß beide Kreise entkoppelt sind, daß also die erste Gleichung nur $\mathfrak{J}_1$ und die zweite nur $\mathfrak{J}_2$ enthält, ist die, daß das Kopplungsglied, das ja in beiden Gleichungen gleich ist, verschwindet. Daß es aber in beiden Kreisen gleich sein muß, folgt schon daraus, daß die Einwirkung des ersten Kreises auf den zweiten gleich der des zweiten auf den ersten ist. Die Bedingung für die Entkopplung ist also:

$$j\omega M - \frac{1}{j\omega \left(C_1 + C_2 + \frac{C_1 C_2}{C_{ag}} \right)} = 0$$

oder

$$5)\qquad \boxed{\omega^2 = - \frac{1}{M \left(C_1 + C_2 + \frac{C_1 C_2}{C_{ag}} \right)}}$$

Diese Gleichung kann nur dann erfüllt sein, wenn M negativ ist, wenn also die Anodenkreisspule im umgekehrten Sinne gewickelt ist, wie die Gitterspule, oder wenn ihre Anschlüsse vertauscht werden. Aus der Gleichung 5) können wir sofort einen großen Nachteil dieser Entkopplung erkennen, namlich die außerordentlich starke Frequenzabhangigkeit. M ist umgekehrt proportional dem Quadrat der Frequenz, ist also sehr kritisch in der Einstellung und muß für jede Welle von neuem ermittelt werden. Gleichzeitig erkennen wir aus den Gleichungen 1a) und 2a), daß für die Abstimmung in den beiden Kreisen nicht deren Eigenkapazitäten C_1 und C_2 maßgebend sind, sondern statt deren die Werte:

$$C_1 + \frac{C_2 C_{ag}}{C_2 + C_{ag}} \quad \text{bzw.} \quad C_2 + \frac{C_1 C_{ag}}{C_1 + C_{ag}}.$$

Das heißt also, die Eigenkapazität jedes Kreises wird um die Serienschaltung der beiden anderen vergrößert. Die Eigenfrequenzen der beiden Kreise sind also:

$$6)\qquad \omega_1 = \sqrt{\frac{1}{L_1 \left(C_1 + \frac{C_2 C_{ag}}{C_2 + C_{ag}} \right)}}$$

$$7)\qquad \omega_2 = \sqrt{\frac{1}{L_3 \left(C_2 + \frac{C_1 C_{ag}}{C_1 + C_{ag}} \right)}}$$

Die genaue Abstimmung beider Kreise ist also nicht ganz leicht, weil die Kondensatoreneinstellung jedes Kreises von der des anderen abhängig ist.

II. Statt nun die beiden Kreise direkt aufeinander induzieren zu lassen, ist vorgeschlagen worden, zu diesem Zweck einen besonderen Hilfskreis zu verwenden. In Fig. 33 ist $C_3 L_3 r_3$ der Hilfskreis, der mit dem Gitterkreis durch die Kopplung M, mit dem Anodenkreis durch die Kopplung N verbunden ist. Die Kirchhoffschen Gleichungen lauten dann:

8) $$\mathfrak{E} = \mathfrak{J}_1\left(j\omega L_1 + r_1 + \frac{1}{j\omega C_1}\right) + j\omega M \mathfrak{J}_3 + \frac{\mathfrak{J}_k}{j\omega C_1}$$

9) $$0 = \mathfrak{J}_2\left(j\omega L_2 + r_2 + \frac{1}{j\omega C_2}\right. + j\omega N \mathfrak{J}_3 + \frac{\mathfrak{J}_k}{j\omega C_2}$$

10) $$0 = \frac{\mathfrak{J}_1}{j\omega C_1} + \frac{\mathfrak{J}_2}{j\omega C_2} + \mathfrak{J}_k\left(\frac{1}{j\omega C_1} + \frac{1}{j\omega C_2} + \frac{1}{j\omega C_{ag}}\right)$$

11) $$0 = \mathfrak{J}_3\left(j\omega L_3 + r_3 + \frac{1}{j\omega C_3}\right) + j\omega M \mathfrak{J}_1 + j\omega N \mathfrak{J}_2$$

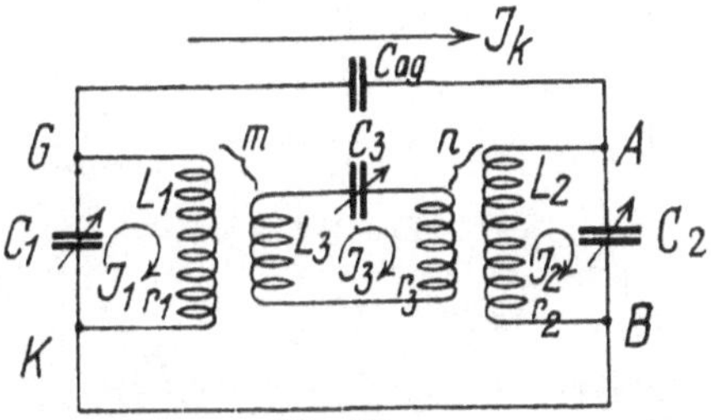

Fig. 33

Rechnet man aus den beiden letzten Gleichungen $\mathfrak{J}$ und $\mathfrak{J}_3$ aus und setzt die Werte in die Gleichungen 8) und 9) ein, so bekommt man als Bedingung für die Entkopplung:

12) $$0 = \frac{\omega^2 M . N}{j\omega L_2 + r_3 + \frac{1}{j\omega C_3}} - \frac{1}{j\omega\left(C_1 + C_2 + \frac{C_1 C_2}{C_{ag}}\right)}$$

Hier ist der erste Ausdruck komplex, der zweite imaginär. Die Differenz kann also nie verschwinden. Mithin ist durch einen Hilfskreis in dieser Form eine absolute Entkopplung nicht möglich. Doch wird der Grad der Entkopplung für viele Zwecke ausreichen. Wenn jedoch in die Verbindungsleitung $\mathfrak{J}_k$, also in Serie zur Kopplungskapazität, ein ohmscher Widerstand R_k geschaltet würde, dann müßte man in der Gleichung 12) den Wert $\frac{1}{C_{ag}}$ ersetzen durch $\frac{1}{C_{ag}} + j\omega R_k$. Dadurch würde auch das zweite Glied komplex und die Gleichung könnte erfüllt werden, das heißt, dann wäre bei geeigneter Wahl von R_k, C_3 und M oder N eine vollständige Entkopplung beider Kreise möglich. Da aber dies Verfahren noch umständlicher und frequenzabhängiger ist als das vorige, ist es für die Entkopplung von Hochfrequenzverstärkern nicht zu empfehlen.

III. Wir wenden uns nun den praktisch wichtigeren Entkopplungsverfahren durch Stromverzweigung zu. Das Vorbild für dieselben ist die sogenannte Wheatstonesche Brücke, Fig. 34. Die Zweige GK und AS sind entkoppelt, wenn die Gleichung erfüllt ist:

13) $$\frac{R_1}{R_2} = \frac{R_3}{R_4}.$$

Hierin sind R_1, R_2, R_3, R_4 Widerstande, die aus ohmschen, induktiven und kapazitiven Widerständen zusammengesetzt sind. Wenn im Zweig GK, Fig. 34 a, eine RMK $\mathfrak{E}$ wirksam ist, so bleibt das Instrument im Kreis AS stromlos, sobald die Bedingung 13 erfüllt ist; umgekehrt bleibt dann in Fig. 34b das Instrument im Zweig GK stromlos, wenn die EMK im Zweig AS wirkt. Es ist also gleichgültig, ob wir vom Gitterkreis oder vom Anodenkreis ausgehen. Praktisch kommt es darauf an, daß die

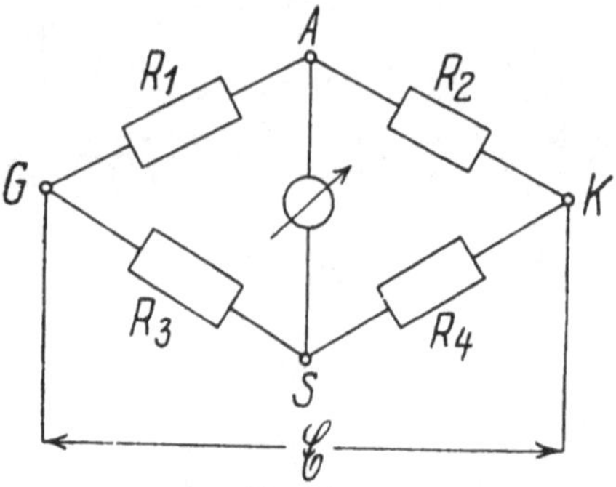

Fig. 34a.

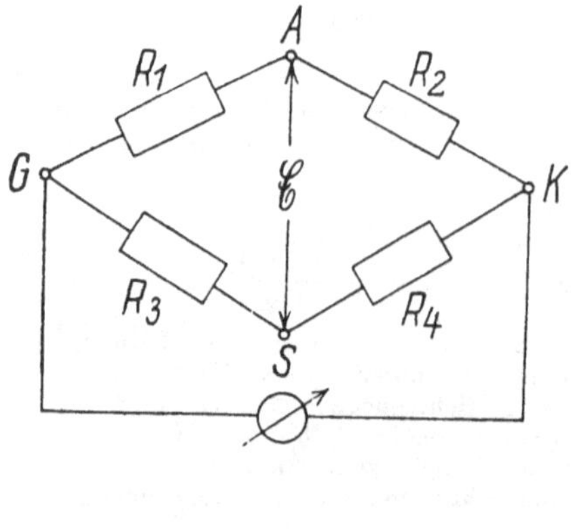

Fig. 34b.

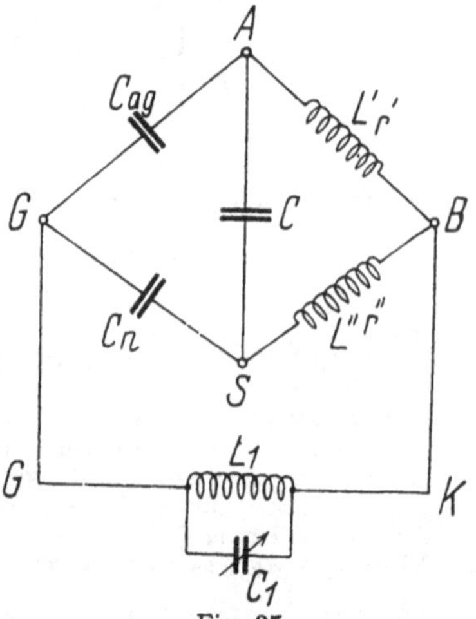

Fig. 35.

Anodenwechselspannung ohne Wirkung auf den Gitterkreis bleibt (also Fig. 34b). Die Bedingungen sind aber dieselben wie für den umgekehrten Fall (Fig. 34a).

IV. In Fig. 35 würde eine vollkommene Entkopplung der Kreise GK und AS gegeben sein, wenn:

14) $$\frac{\frac{1}{j\omega C_{ag}}}{j\omega L' + r'} = \frac{\frac{1}{j\omega C_n}}{j\omega L'' + r''}$$

$$= \frac{1}{-\omega^2 C_{ag} L' + j\omega r' + C_{ag}} = \frac{1}{-\omega^2 C_n L'' + j\omega r'' + C_n}.$$

Setzen wir die reellen und die imaginären Teile für sich gleich, so ergibt sich die Bedingung

$$15)\qquad \frac{C_{ag}}{C_n} = \frac{L''}{L'} = \frac{r''}{r'}$$

Da diese Bedingung von der Frequenz unabhängig ist, ergibt sich die Möglichkeit einer vollständig frequenzunabhängigen Entkopplung dieser beiden Zweige. Voraussetzung dabei ist, daß die beiden Teilspulen nicht aufeinander induzieren. Sobald aber L' und L'' Teile einer Spule L sind, die also in B angezapft ist, ist das nicht mehr der Fall. Es muß dann die gegenseitige Induktion berücksichtigt werden.

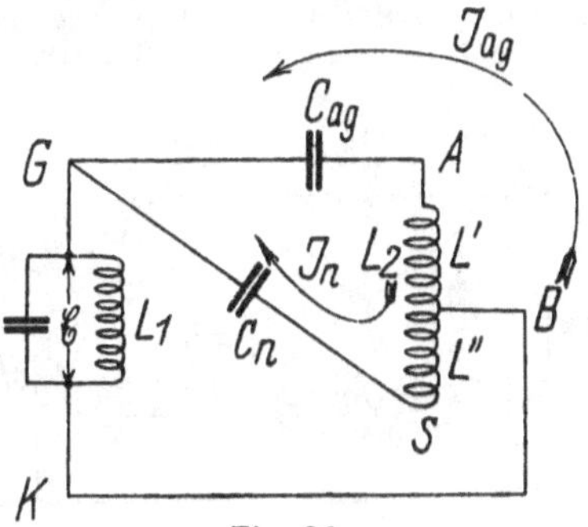

Fig. 36.

V. Aus Fig. 36 können wir folgende Gleichungen für die Ströme ablesen

$$16)\qquad \mathfrak{E} = \mathfrak{J}_{ag}\left(\frac{1}{j\,\omega\,C_{ag}} + j\,\omega\,L' + r'\right) - \mathfrak{J}_n\,j\,\omega\,M$$

$$17)\qquad \mathfrak{E} = \mathfrak{J}_n\left(\frac{1}{j\,\omega\,C_n} + j\,\omega\,L'' + r''\right) - \mathfrak{J}_{ag}\,j\,\omega\,M,$$

wo M die gegenseitige Induktion der beiden Spulenteile von L aufeinander darstellt. Es ergibt sich.

$$18)\qquad \mathfrak{J}_{ag} = \mathfrak{E}\,\frac{j\,\omega\,L'' + r'' + j\,\omega\,M + \dfrac{1}{j\,\omega\,C_n}}{\left(j\,\omega\,L' + r' + \dfrac{1}{j\,\omega\,C_{ag}}\right)\left(j\,\omega\,L'' + r'' + \dfrac{1}{j\,\omega\,C_n}\right) + \omega^2 M^2}$$

$$19)\qquad \mathfrak{J}_n = \mathfrak{E}\,\frac{j\,\omega\,L' + r' + j\,\omega\,M + \dfrac{1}{j\,\omega\,C_{ag}}}{\left(j\,\omega\,L' + r' + \dfrac{1}{j\,\omega\,C_{ag}}\right)\left(j\,\omega\,L'' + r'' + \dfrac{1}{j\,\omega\,C_n}\right) + \omega^2 M^2}.$$

Damit nun die Wirkung auf AS aufgehoben wird, müssen die von $\mathfrak{J}_{ag}$ in AB und die von $\mathfrak{J}_n$ in SB induzierten elektromotorischen Kräfte gleich und entgegengesetzt gerichtet sein. Es muß also die Bedingung erfüllt sein

$$20)\qquad \mathfrak{J}_{ag}(j\,\omega\,L' + r') - j\,\omega\,M\,\mathfrak{J}_n = \mathfrak{J}_n\,(j\,\omega\,L'' + r'') - j\,\omega\,M\,\mathfrak{J}_{ag}$$

Setzen wir hier die Werte aus 18) und 19) ein, so ergibt sich die Entkopplungsbedingung:

21) $$\frac{C_{ag}}{C_n} = \frac{L'' + M}{L' + M} = \frac{r}{r'}.$$

Da die Kopplung durch die ohmschen Widerstande nur wenig zu bedeuten hat, richtet sich die Größe des Neutralisierungskondensators nach der Zapfstelle. Ganz exakt wird die Entkopplung immer dann erreicht sein, wenn man die Spule L_2 genau in der Mitte anzapft und $C_n = C_{ag}$ macht. Dann sind auch die ohmschen Widerstande gleich. In jedem Falle ist auch diese Entkopplung von der Frequenz unabhangig.

VI. Meist wird parallel zur Spule L_2 noch ein Kondensator C_2 geschaltet sein. Dadurch ändern sich die Verhältnisse jedoch nicht. Nach Fig. 37 soll in der Spule L' die von A nach B gerichtete EMK $\mathfrak{E}AB$ und

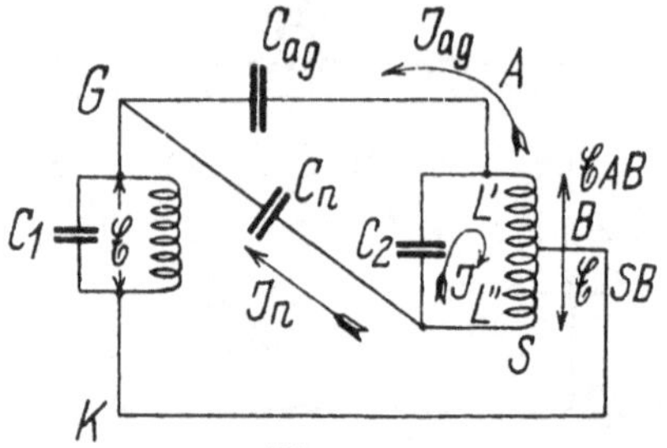

Fig. 37.

in der Spule L'' die von B nach S gerichtete EMK $\mathfrak{E}BS$ hervorgerufen werden. Beide sollen entgegengesetzt gleich sein, mit anderen Worten, ihre Summe soll verschwinden. Nach den Kirchhoffschen Regeln ergeben sich folgende Gleichungen:

22) $$\mathfrak{E} = \frac{\mathfrak{J}_{ag}}{j\omega C_{ag}} + \mathfrak{E}AB$$

23) $$\mathfrak{E} = \frac{\mathfrak{J}_n}{j\omega C_n} + \mathfrak{E}SB$$

24) $$0 = \frac{\mathfrak{J}}{j\omega C} + \mathfrak{E}SB - \mathfrak{E}AB$$

25) $$\mathfrak{E}AB = (\mathfrak{J}_{ag} - \mathfrak{J})(j\omega L' + r') - j\omega M(\mathfrak{J}_n + \mathfrak{J}).$$

26) $$\mathfrak{E}BS = (\mathfrak{J}_n + \mathfrak{J})(\mathfrak{J}\omega L'' + r'') - j\omega M(\mathfrak{J}_{ag} - \mathfrak{J}).$$

Die Entkopplungsbedingung gibt sofort aus 24): J=O. Aus 22) und 23) ergibt sich:

27) $$\frac{\mathfrak{J}_{ag}}{\mathfrak{J}_n} = \frac{C_{ag}}{C_n},$$

aus 25) und 26):

28) $$\mathfrak{J}_{ag}[j\omega(L' + M) + r'] = \mathfrak{J}_n[j\omega(L'' + M) + r''].$$

Aus 27) und 28) findet man dann wieder die Entkopplungsbedingung 21). Dieses Verfahren gilt als das günstigste und einfachste zur Entkopplung von Hochfrequenzverstärkern und wird hauptsächlich wegen der Frequenzunabhängigkeit bevorzugt. Die Brückenschaltung von Scott-Taggart (s. d.) beruht auf diesem Prinzip. Fast stets wird in der Praxis dabei die Spule L_2 in der Mitte angezapft, so daß der Neutralisierungskondensator C_n der Röhrenkapazität gleich gemacht werden muß.

Bei genauer Betrachtung findet man jedoch, daß die Verhältnisse in Wirklichkeit wesentlich ungünstiger liegen. Der Zweig AS wird zwar vollständig entkoppelt, aber dieser ist ja gar nicht der Anodenkreis, sondern der Zweig AB. Betrachten wir die Verhältnisse von diesem Standpunkt aus, so ergibt sich Folgendes. Durch den Anodenwechselstrom entsteht zwischen A und B die Anodenwechselspannung $\mathfrak{E}a$. Diese induziert über C_{ag} eine Gitterspannung $\mathfrak{E}'$ im Gitterkreis. Durch die Entkopplungsschaltung soll dann im Gitterkreis eine entgegengesetzt gleiche EMK hervorgerufen werden, so daß sich beide aufheben.

Die Bedingungen dafür müssen dieselben sein, für die sich das Verschwinden von $\mathfrak{E}AB$ aus den Gleichungen 22)—26) ergibt. Man findet:

29)
$$(j\omega L' + r')(j\omega L'' + r'') + \omega^2 M^2 + \\ + \frac{1}{j\omega\left(C + \frac{C_n C_{ag}}{C_n + C_{ag}}\right)} \cdot \frac{C_n C_{ag}}{C_n + C_{ag}}\left(\frac{j\omega L' + r'}{C_n} - \frac{j\omega M}{C_{ag}}\right) = 0.$$

Für den Fall, daß die Spule in der Mitte angezapft wird und $C_n = C_{ag}$ ist, kann die Gleichung durch $j\omega L' + r' - j\omega M$ dividiert werden. Es ergibt sich dann, weil

$$j\omega L' + r' = j\omega L'' + r'',$$

30)
$$j\omega(L' + M) + r' + \frac{1}{j\omega^2\left(C + \frac{C_{ag}}{2}\right)} = 0.$$

Diese Gleichung kann nur erfüllt werden, wenn $r' = 0$ gesetzt wird, wenn man also den ohmschen Widerstand vernachlässigt. Der Ausdruck $2\,(L'+M)$ bedeutet die Selbstinduktion der ganzen Sperrkreisspule L_2, so daß sich aus 30) die Bedingung ergibt:

31)
$$\omega^2 = \frac{1}{L_2\left(C + \frac{C_{ag}}{2}\right)}.$$

Diese Bedingung besagt, daß der Sperrkreis genau auf die Betriebsfrequenz abgestimmt wird, wobei die Sperrkreiskapazität aus dem Drehkondensator C und den beiden in Serie geschalteten Kapazitäten C_n und C_{ag} besteht. Für die Entkopplung sind danach folgende Bedingungen zu erfüllen:

1. Die Spule L_2 muß in der Mitte angezapft sein.
2. Der Neutralisierungskondensator C_n muß gleich der Röhrenkapazität C_{ag} gemacht werden.
3. Die Spule L_2 muß möglichst wenig gedämpft sein.
4. Der Sperrkreis muß auf die Betriebsfrequenz abgestimmt werden.

Die Entkopplung ist frequenzunabhängig. Man sieht jedoch, daß eine absolute Entkopplung wie bei der Entkopplung des Zweiges AS nicht möglich ist. Es bleibt die allerdings geringfügige und ungefährliche Kopplung durch den ohmschen Widerstand, den wir vernachlässigt haben. Das gilt übrigens auch für die beiden nächsten Methoden, die wir betrachten wollen.

VII. In dem folgenden Verfahren wird nur die eine Spulenhälfte L' der Anodenkreisspule durch einen Kondensator abgestimmt. Wir gehen von der zwischen A und B liegenden Anodenspannung $\mathfrak{E}a$ aus. (Fig. 38.) Diese treibt den Strom $\mathfrak{J}_{ag}$ durch die Röhrenkapazität C_{ag} und durch den Gitterkreis, dessen Widerstand wir mit $\mathfrak{R}_g$ bezeichnen wollen. Vom Anodenstrom wird nun in der Spule L'' eine elektromotorische Kraft induziert, welche einen Strom $\mathfrak{J}_n$ zur Folge hat, der durch C_n und

$\mathfrak{R}_g$ fließt und dem Strom $\mathfrak{J}_{ag}$ entgegengesetzt gerichtet ist. Sind beide Ströme gleich, dann heben sie sich im Gitterkreis auf. Die Einwirkung auf diesen ist verschwunden, beide Kreise sind entkoppelt. Nach den Kirchhoffschen Regeln ergeben sich aus Fig. 38 folgende Gleichungen:

$$\mathfrak{E}_a = \mathfrak{J}_{ag}\left(\frac{1}{j\,\omega\,C_{ag}} + R_g\right) - \mathfrak{J}_n\,R_g \tag{32}$$

$$\mathfrak{E}_a = \mathfrak{J}_a\,(j\,\omega L' + r') + j\,\omega M\,\mathfrak{J}_n \tag{33}$$

$$0 = \mathfrak{J}_n\left(j\,\omega L'' + r'' + \frac{1}{j\,\omega C_n} + \mathfrak{R}_g\right) + j\,\omega M\,\mathfrak{J}_a - \mathfrak{J}_{ag}\,\mathfrak{R}_g. \tag{34}$$

Die beiden Kreise sind entkoppelt, wenn $\mathfrak{J}_{ag} = \mathfrak{J}_n$ ist. Als Bedingung hierfür ergibt sich aus diesen Gleichungen:

$$\omega^2 = \frac{L'\,C_{ag} - M\,C_n}{C_n\,C_{ag}\,(L'L'' - M^2)}, \tag{35}$$

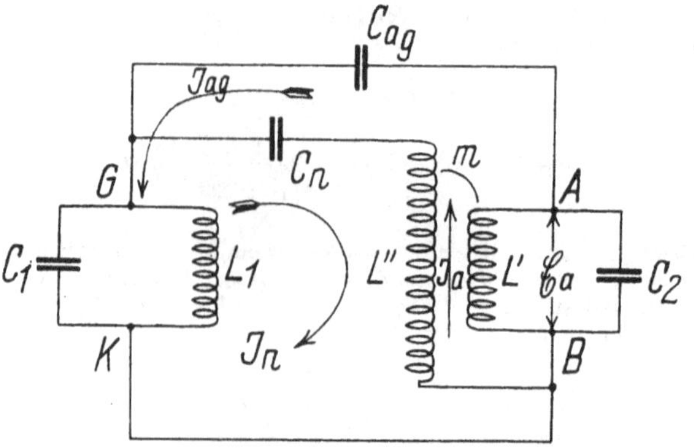

Fig. 38.

wenn man die ohmschen Widerstände vernachlässigt. Das bedeutet, daß die Entkopplung sowohl durch C_n, als auch durch M, welches ja hier variabel ist, bewirkt werden kann, daß ferner die Entkopplung für jede Frequenz von neuem eingestellt werden muß, also frequenzabhängig ist. Das ist ein großer Nachteil dieser Anordnung. Trotzdem ist sie ziemlich gebräuchlich.

Tatsächlich ist in diesem Falle die Frequenzabhängigkeit auch nicht sehr gefährlich. Man muß sich nämlich Folgendes fragen: Wächst die im Gitterkreis induzierte Spannung sehr schnell an, wenn man nach der Entkopplung die Welle ändert? Es zeigt sich, daß es nicht der Fall ist. Eine absolute Entkopplung ist auch gar nicht nötig. Es genügt, wenn die induzierte Spannung so klein ist, daß keine Selbsterregung eintritt. Der Spielraum von der absoluten Entkopplung bis zur Schwinggrenze steht uns ja zur Verfügung. Unter diesen Verhältnissen reicht diese Art der Entkopplung aus.

VIII. An Stelle der Anodenkreisspule L_2' kann auch die Entkopplungsspule L″ durch einen Kondensator C_2 abgestimmt werden. Die Schaltung ist in Fig. 39 wiedergegeben. Ein Vergleich dieser Abbildung mit Fig. 38 läßt sofort erkennen, daß sie nichts Neues gegen jene bietet. Kopplungs-

und Entkopplungszweig sind vertauscht. Die Voraussetzung für die Entkopplung ist dieselbe wie im vorigen Abschnitt, nämlich

$$\mathfrak{J}_{ag} = \mathfrak{J}_n .$$

Die Rechnung gestaltet sich ähnlich. Als Bedingung für die Entkopplung ergibt sich:

36) $$\omega^2 - \frac{L'C_{ag} - MC_n}{C_n C_{ag}(L'L'' - M^2)} \cdot \frac{M}{L} - j\omega \frac{\mathfrak{R}_g M^2}{L'L'' - M^2} = 0.$$

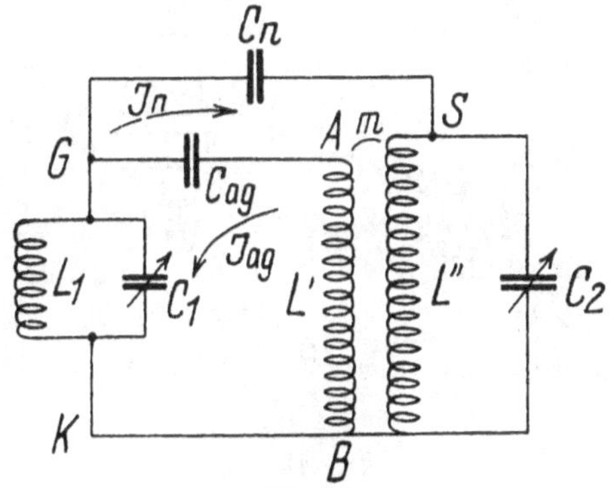

Fig. 39.

Eine vollständige Entkopplung ist also überhaupt nicht möglich, weil das imaginäre Glied in dieser Gleichung nicht verschwinden kann und dazu vom Gitterkreiswiderstand $\mathfrak{R}_g$ abhängt. Es handelt sich bei dieser Entkopplung also nur um eine rohe Annäherung. Trotzdem ist die Schaltung

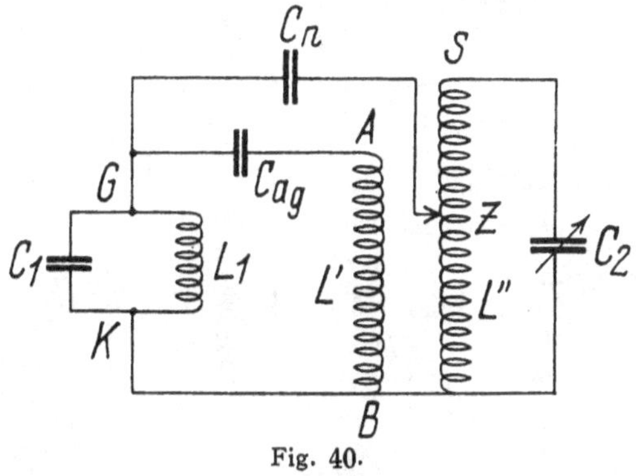

Fig. 40.

für die Entkopplung des Hochfrequenzverstärkers die populärste geworden. Sie stammt von Hazeltine und ist von diesem Neutrodyneschaltung genannt worden.

Man kann übrigens die Verhältnisse noch etwas verbessern, wenn man den Entkopplungskondensator C_n nicht mit dem Endpunkt S der Spule L″ verbindet, sondern diese anzapft. Dann ist es annähernd möglich, von L′ aus in L″ eine solche EMK zu induzieren, daß der von B bis zur Zapfstelle abgegriffene Teil der Anodenwechselspannung $\mathfrak{E}a$ entgegengesetzt gleich ist, so daß bei Gleichheit der Kondensatoren C_n und C_{ag} auch die Ströme $\mathfrak{J}_n$ und $\mathfrak{J}_{ag}$ gleich werden. Die Schaltung zeigt Fig 40.

IX. Die Entkopplung ist stets gegenseitig. Wenn der Zweig A B keine Wirkung mehr auf den Zweig GK ausübt, dann muß auch die Einwirkung von GK auf AB aufhören. Infolgedessen sind die in den Abschnitten VI bis IX beschriebenen Verfahren umkehrbar. Praktisch spielt allerdings das im Abschnitt VIII beschriebene in seiner Umkehrung keine Rolle, weil der Gitterkreis stets abgestimmt ist. Fig. 41 zeigt

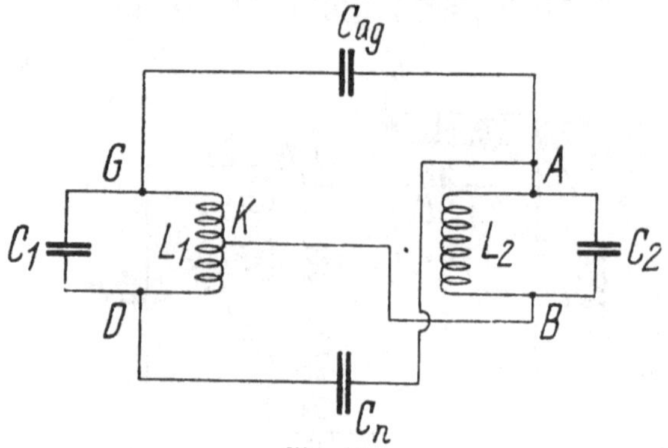

Fig. 41.

die Umkehrung der Fig. 37. Die Gitterkreisspule ist in der Mitte bei K angezapft und mit der Kathode und der Heizbatterie, also dem Punkt B des Anodenkreises, verbunden, während das dem Gitter abgewandte Spulenende D über den Neutralisierungskondensator C_n mit der Anode verbunden wird. Bei Gleichheit der Kondensatoren und bei Abstimmung des Gitterkreises

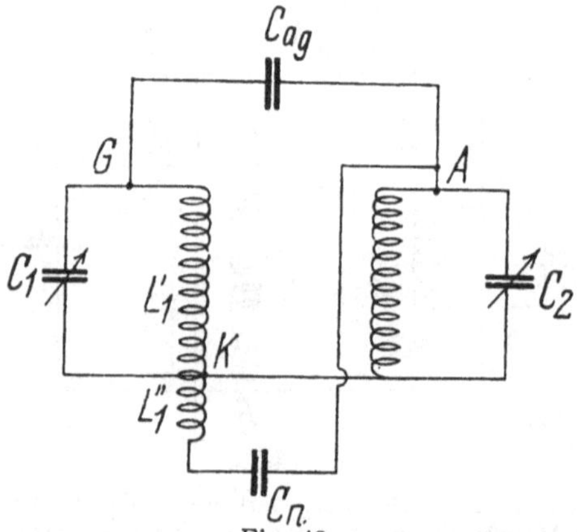

Fig. 42.

sind beide Kreise entkoppelt. Stimmt man also nur den zwischen Gitter und Kathode liegenden Spulenteil GK ab, so gelangt man zur Schaltung der Fig. 42, welche eine Umkehrung der Fig. 38 darstellt. Diese Entkopplung liefert dieselbe Annaherung, wie die der Fig. 38.

X. Alle in den Abschnitten V—IX behandelten Entkopplungsverfahren bauen sich auf der in Fig. 35 dargestellten Brückenschaltung auf. Zwischen A und G muß stets ein Kondensator liegen, nämlich die Röhrenkapazitat

C_{ag}. Man kann nun aber auch die Spulen durch Kondensatoren ersetzen, so daß die ganze Brücke jetzt ausschließlich durch Kondensatoren gebildet wird. Fig. 43 zeigt die Schaltung. Die Bedingung für Stromlosigkeit des Zweiges AB lautet

$$\frac{C_n}{C_{ag}} = \frac{C''}{C'} . \tag{37}$$

Sie ist also auch von der Frequenz unabhängig. Zudem ist die Schaltung für Gitterkreis und Anodenkreis vollkommen symmetrisch. In Fig. 44 sind

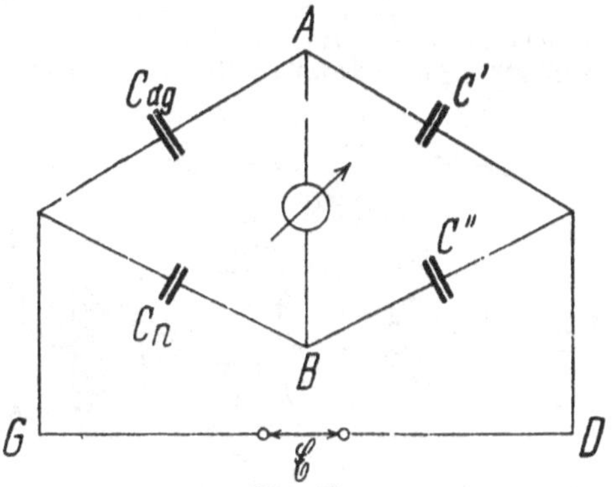

Fig 43.

die beiden Kreise eingezeichnet. Man erkennt sofort die Schwierigkeit, diese Schaltung auf den Hochfrequenzverstärker anzuwenden. Sie liegt darin, daß in Wirklichkeit B und K leitend verbunden sind, während diese beiden Punkte in Fig 44 durch den Kondensator C″ getrennt sind, und

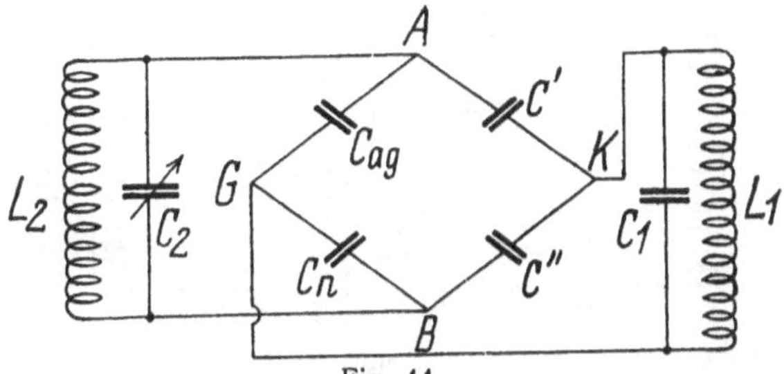

Fig. 44.

kann praktisch dadurch überwunden werden, daß man den Gitterkreis nicht von K aus an die Kathode anschließt, sondern erst von B aus, so daß der Kondensator C″ mit zum Gitterkreis gehört.

Gehen wir vom Anodenkreis aus, so ergibt sich als einzige Möglichkeit die Schaltung, die in Fig. 45 dargestellt ist. Denn wenn man analog den Fig. 38 und 39 die Anodenkreisselbstinduktion nur parallel zu C′ oder C″ schalten würde, könnte die Anodengleichspannung nicht an die Anode gelangen. Jedoch ist auch Fig. 45 unbrauchbar, denn aus den Gleichungen.

$$\mathfrak{E}_a = \mathfrak{J}_{ag}\left(\frac{1}{j\,C_{ag}} + R_g\right) - \mathfrak{J}_n R_g \tag{38}$$

$$\text{39)} \qquad \mathfrak{E}_a = \mathfrak{J}\left(\frac{1}{j\omega C''} + \frac{1}{j\;C'}\right) - \frac{\mathfrak{J}_n}{j\omega C''}$$

$$\text{40)} \qquad 0 = \frac{\mathfrak{J}_{ag}}{C_{ag}} + \frac{\mathfrak{J}_n}{C_n} + \frac{\mathfrak{J}}{C'}$$

folgt, wenn $\mathfrak{J}_n = \mathfrak{J}_{ag}$, daß

$$\text{41)} \qquad \left(\frac{1}{C_n} + \frac{1}{C_{ag}}\right)\frac{C'}{C''} + \frac{1}{C''} + \frac{1}{C_n} = 0$$

sein müßte, was unmöglich ist. Man kann ja schon aus der Schaltung selbst sehen, daß $\mathfrak{J}_{ag}$ und $\mathfrak{J}_n$ in derselben Richtung durch $\mathfrak{R}_g$ fließen müssen.

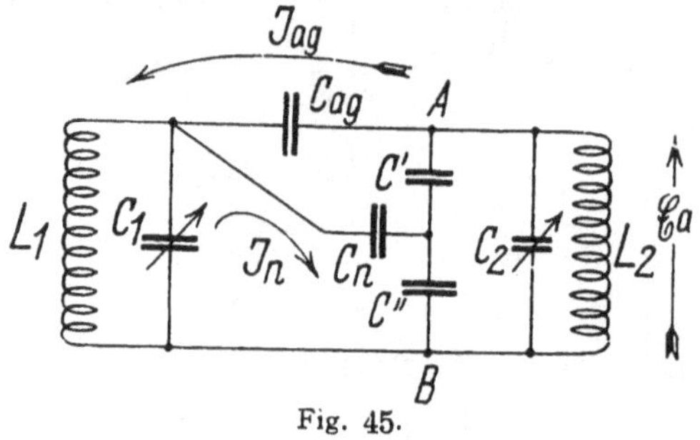

Fig. 45.

XI. Leichter ist die Entkopplung am Gitterkreis anzubringen, weil ja am Gitter keine Gleichspannung zu liegen braucht. Fig. 46 zeigt die Schaltung.

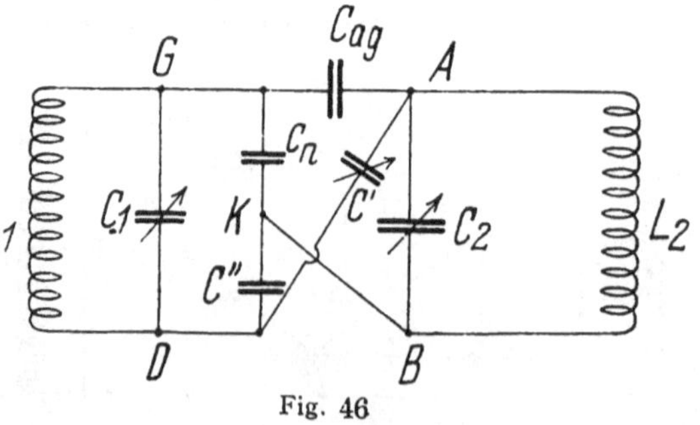

Fig. 46

Sie stimmt mit Fig. 44 überein, und wenn die Bedingungsgleichung 37) für die Kondensatoren erfüllt ist, sind die Kreise AB und GD frequenzunabhängig entkoppelt. Nun liegt die Gitterspannung nicht zwischen G und D, sondern zwischen G und K. Da aber die z. B. aus der Antenne zugeführte Spannung zwischen G und D liegt, so wird die Gitterspannung etwas kleiner sein. Diese Schaltung ist mit der in Fig. 41 wiedergegebenen zu vergleichen; die Spulen L_1' und L_1'' sind durch die Kondensatoren C_n und C'' ersetzt. Sie wird Isofarad-Schaltung genannt. Der Name soll wohl andeuten, daß die Entkopplung nur durch Kondensatoren geschieht.

Damit sind die Entkopplungsmöglichkeiten erschöpft.

B. Neutrodyne-Schaltungen.

Die in dem vorigen Abschnitt besprochenen Entkopplungsschaltungen können sämtlich auf den Hochfrequenzverstärker zur Entkopplung von Anodenkreis und Gitterkreis angewendet werden. Die einfachste war die Schaltung der Fig. 36, die auch gleichzeitig die Grundlage für die Entkopplungsschaltungen der Fig. 37 bis 42 ist. Die Spulen L_1 und L_2 können nun entweder zwei verschiedene sein, die induktiv

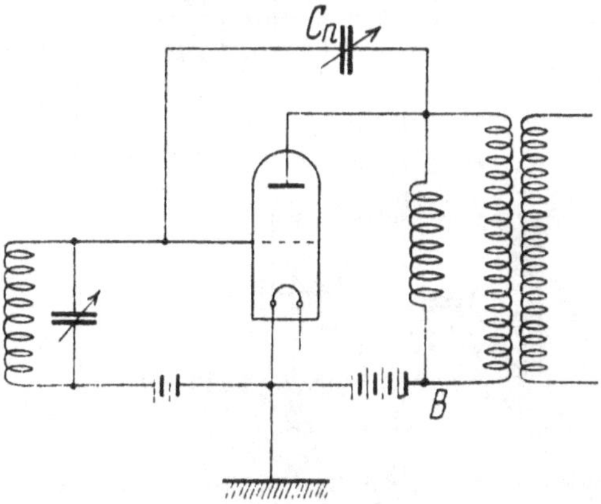

Fig. 47a.

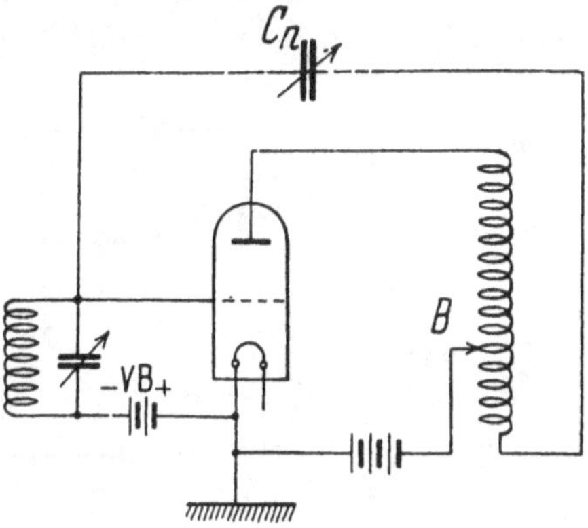

Fig. 47b.

miteinander gekoppelt sind, oder sie sind Teile einer einzigen Spule, die in B angezapft ist. Beide Verfahren sind von Robert zur Entkopplung des Hochfrequenzverstärkers verwendet worden. Die entsprechenden Schaltungen sind in Fig. 47a und 47b wiedergegeben. Diesem Verfahren haftet der Mangel an, daß im Anodenkreis nicht mit Abstimmung gearbeitet wird. Sobald man ihn abstimmt, also die Spule L_2 durch einen Kondensator C_2 überbrückt (Fig. 37), gelangt man zu der bekannten Brückenschaltung von Scott-Taggart (Fig. 48). Wir sahen, daß Voraussetzung für die gute Wirkungsweise die genaue Abstimmung des Sperrkreises auf die Frequenz und die Übereinstimmung des Kondensators C_n mit der Röhrenkapazität C_{ag} ist. Der Kondensator C_n muß dann also sehr klein sein. Man könnte aber auch die Verwendung eines so kleinen Kondensators vermeiden, wenn man parallel zu C_{ag} einen Drehkondensator schaltet, der groß gegen C_{ag} sein muß. Man hätte dann nur dafür zu sorgen, daß dieser Kondensator, vermehrt um C_{ag}, gleich C_n wird. Die Schaltung hat dann das Aussehen von Fig. 49. Der Nachteil

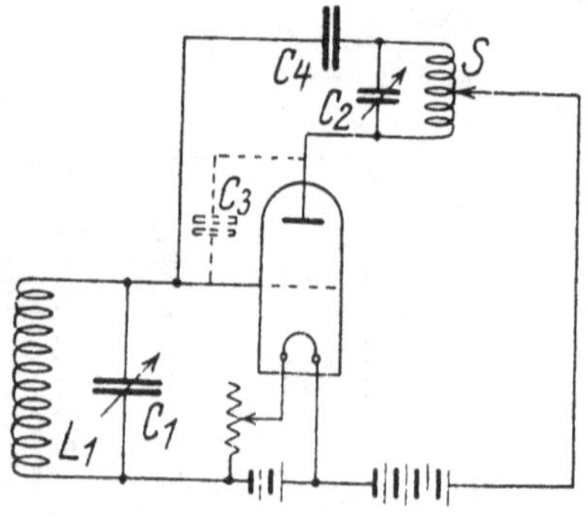

Fig. 48.

der Brückenschaltung ist der, daß jetzt im Anodenkreis gar kein Sperrkreis mehr vorhanden ist. Denn ein Sperrkreis besteht aus zwei parallelen Zweigen, von denen der eine Selbstinduktion, der andere eine Kapazität enthalt. Der Anodenkreis in Fig. 48 und 49 besteht jedoch aus einem

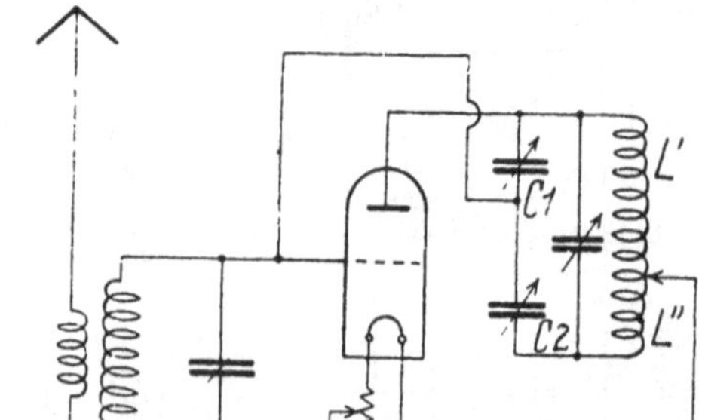

Fig. 49.

Zweig, welcher die Spule L' enthält, und einem zweiten Parallelzweig, welcher die Spule L_2' und die Kondensatoren enthält. Eine nahezu vollkommene Absperrung und damit eine sehr hohe Anodenwechselspannung kann also auf diesem Wege nicht erreicht werden. Trotzdem ist diese Schaltung sehr beliebt, weil sie vollständig frequenzunabhängig ist und daher, einmal richtig eingestellt, für alle Wellen bestehen bleiben kann.

Wenn wir den vollständigen Sperrkreis erhalten wollen, müssen wir das Entkopplungsverfahren der Fig. 38 anwenden. Bei demselben wird nur der eine Teil der Spule, nämlich der zwischen Anode und Batterie liegende, abgestimmt, so daß zwischen Anode und Batterie wirklich ein Sperrkreis liegt. Ein Verstärker, der nach diesem Prinzip gebaut ist, ist in Fig. 50 wiedergegeben. Es ist der Neutrodyne-Empfänger von Cowper. An dieser Schaltung ist interessant, daß man die Spule L_2, sowohl an den Pluspol der Anodenbatterie als auch an die Heizbatterie

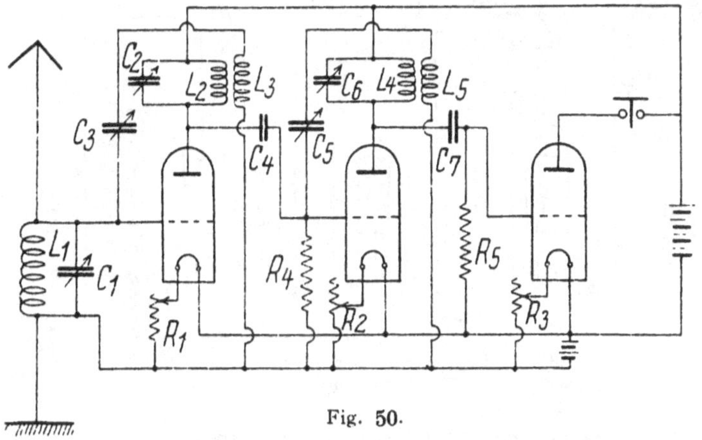

Fig. 50.

anschließen kann. Da die Reihenfolge des Kondensators C_n und der Spule L_2' gleichgültig ist, kann man auch die Spule mit dem Gitter und den Kondensator C_n mit der Erde oder einer Batterie verbinden. Diese

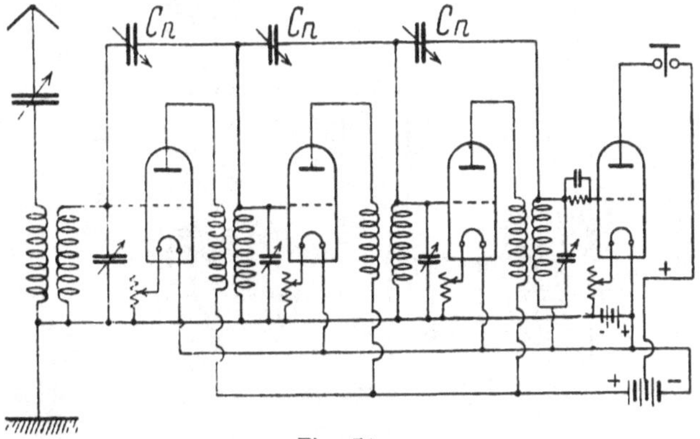

Fig. 51.

verschiedenen Möglichkeiten bedeuten eine große Erleichterung bei dem praktischen Zusammenbau des Empfängers. Es lassen sich dadurch unnütze Längen bei der Leitungsverlegung leicht und einfach vermeiden.

Der Entkopplungsschaltung Fig. 39 entspricht der Neutrodyne-Empfänger von Hazeltine. Die Spulen L_2' und L_2'' gehören nicht mehr zu einer einzigen Spule, sondern sind durch die Batterien voneinander getrennt. Die Spule L_2' ist bei B mit dem Pluspol der Anodenbatterie verbunden, während die Spule L_2'', die die Sekundärspule des Hochfrequenztransformators und daher gleichzeitig Gitterspule der nächsten Röhre ist, zwischen Gitter der nächsten Röhre und negativem Heizbatteriepol liegt. Für die Wirkungsweise ist die Trennung der beiden Spulen durch die Batterien jedoch gänzlich belanglos, da diese für die Hochfrequenz-

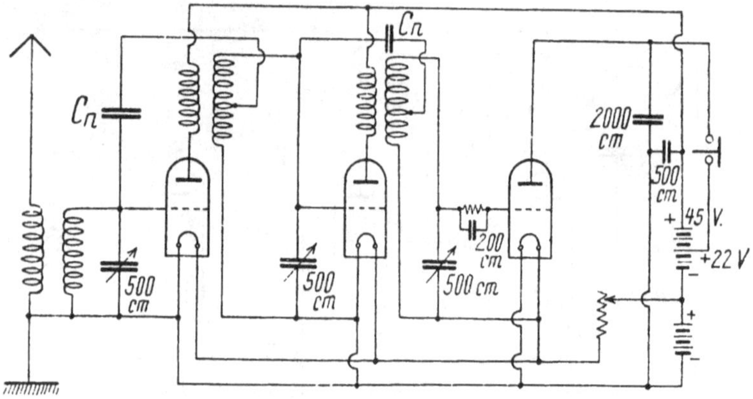

Fig. 52.

ströme als nahezu widerstandslos angesehen werden können. Um ganz sicher zu gehen, kann man die Batterien noch durch große Kondensatoren überbrücken, welche verhindern sollen, daß vielleicht durch die

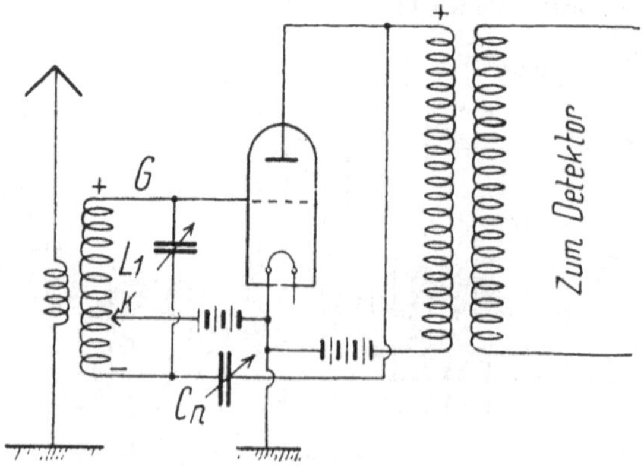

Fig. 53.

inneren Widerstande der Batterien Kopplungen zwischen den einzelnen Röhrenkreisen eintreten können. Wenn man die Hochfrequenztransformatoren mit dem Übersetzungsverhältnis 1 : 1 versieht, ergibt sich eine Hochfrequenzverstärkerschaltung nach Fig. 51. Sie ist sehr leicht zu montieren, jedoch nicht die beste, da die Abgleichung nur sehr roh geschehen kann. Fig. 52 zeigt einen Neutrodyne-Empfänger nach dem Verfahren von Hazeltine, bei welchem die Sekundärspule des Transformators angezapft ist, entsprechend der Fig. 40.

Verlegt man die Brückenschaltung in den Gitterkreis, so ergibt sich das Verfahren von Rice, welches in Fig. 53 dargestellt ist. Es hat dieselben Nachteile wie die Brückenschaltung von Scott-Taggart. Während bei letzterer die Anodenwechselspannung zu klein ausfällt, wird bei der ersteren die Gitterspannung zu klein, denn von der in der

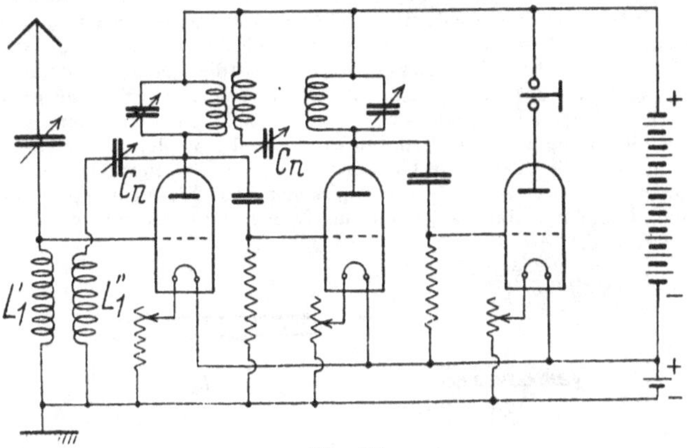

Fig. 54.

Gitterkreisspule L_1 erzeugten Spannung gelangt ja nur die Halfte an das Gitter, nämlich die zwischen G und K.

Die Schaltung von Cowper kann man ebenfalls auf den Gitterkreis anwenden. Dann erhält man eine Schaltung, welche der Fig. 42 ent-

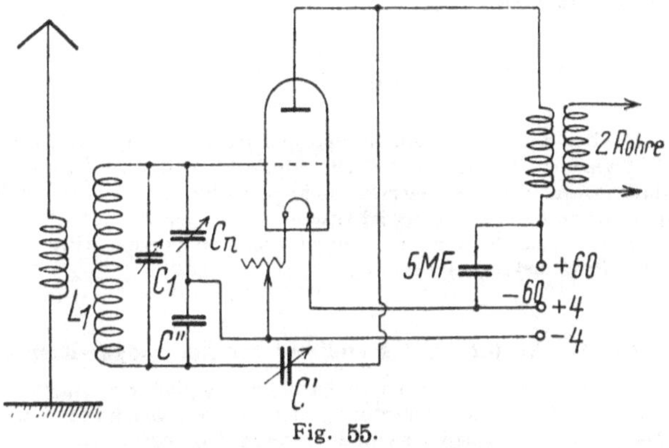

Fig. 55.

spricht. Sie ist in Fig. 54 wiedergegeben. Es ist hierbei sowohl angängig, daß die beiden Spulen L_1' und L_1'' Teile ein und derselben Selbstinduktionsspule sind, als auch, dass sie aus zwei getrennten Teilen bestehen, die nur induktiv miteinander gekoppelt sind. Man kann diese Schaltung mit derjenigen der Fig. 50 vergleichen. Der Entkopplungskondensator und die Entkopplungsspule sind in Serie geschaltet; nur liegt diese Serienschaltung bei Fig. 54 parallel zum Anodenkreis, wobei die Entkopplungsspule induktiv mit der Gitterspule gekoppelt ist, während in

Fig. 50 die Serienschaltung parallel zum Gitterkreis liegt und die Spule mit der Anodenkreisspule gekoppelt ist.

Eine von der Frequenz vollkommen unabhängige Entkopplungsschaltung besitzt der Isofaradempfänger. Er ist in Fig. 55 dargestellt. Da bei dieser Schaltung ebenso wie derjenigen der Fig. 53, nicht die volle zur Verfügung stehende Spannung an das Gitter gelangt, stellt auch sie keine ideale Lösung dar. Man kann allerdings den Kondensator C″ sehr groß machen gegen C_n. Dann muß aber auch C′ groß sein gegen die Röhrenkapazität C_{ag}, was ja leicht zu erreichen ist. Es gelangt dabei fast die ganze Spannung der Spule L_1 auch an das Gitter, und die Neutralisierung ist frequenzunabhängig. Ein Nachteil ergibt sich jedoch nach Fig. 55 daraus, daß man diese Schaltung nur für verhältnismäßig große Wellen benutzen kann; denn wenn auch die zum Gitterkondensator C_1 parallel liegenden, in Serie geschalteten Kondensatoren C″ und C_n wegen der Kleinheit von C_n nur klein sind, also die Anfangskapazität des Kondensators C_1 nur um weniges

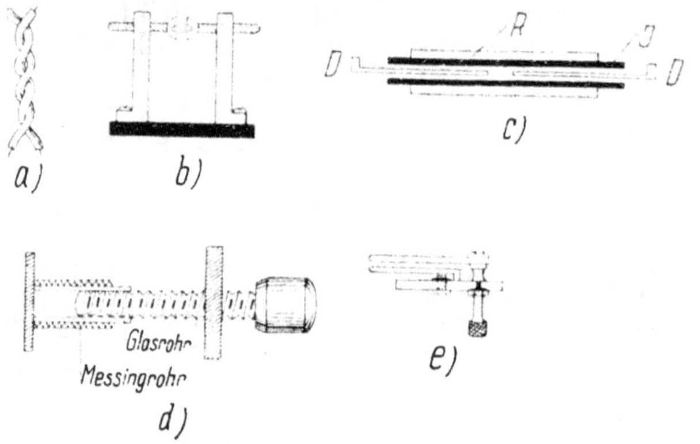

Fig. 56

erhöhen, so wird doch die Anodenkreiskapazität durch die Serienschaltung C′ und C″ wesentlich vergrößert. Die kleinste Welle, für die ein Empfänger dann brauchbar ist, ergibt sich aus der Anodenkreisspule und dem Kapazitätswert der Serienschaltung C′ C″. Ob der Anodenkreis einen Sperrkreis enthält oder mit einem darauffolgenden Gitterkreis gekoppelt ist, dürfte belanglos sein.

C. Praktische Winke für die Herstellung von Neutrodyne-Empfängern.

Bei allen hier beschriebenen Neutrodyne-Empfängern spielen kleine Kondensatoren von der Größenordnung der Röhrenkapazitäten eine große Rolle. Das sind die Ausgleichskondensatoren C_n, deren Größe etwa 10 bis 20 cm beträgt. Solche kleinen Kondensatoren müssen besonders hergestellt werden. Es gibt verschiedene Wege, die man dabei einschlagen kann. In Fig. 56 sind eine Reihe von praktischen Vorschlägen angegeben. Fig. 56a zeigt eine primitive Methode. Die beiden Zuführungsdrähte sind isoliert. Man kann dann den Kondensator selbst sparen, indem man die Drähte an den Enden etwas verdrillt. Die Kapazität zwischen den Drähten reicht vollkommen aus. Man kann sie auch sehr fein regulieren, indem man die Drahtenden mehr oder weniger weit zusammendreht. Fig. 56b zeigt einen kleinen Kondensator, der aus den Flächen zweier

Schraubenköpfchen gebildet wird. Dadurch, daß man die Entfernung zwischen den Schraubenköpfchen reguliert, kann man die Kapazität einstellen. In Fig. 56 c wird der Kondensator aus den beiden Drähten D und dem Metallröhrchen R gebildet. Die Drähte sind durch ein Röhrchen I aus Isoliermaterial von dem Metallröhrchen getrennt. Indem man die Drähte D mehr oder weniger weit in das Röhrchen R hineinschiebt, vergrößert oder verkleinert man die Kapazität. Diese besteht eigentlich aus den in Serie geschalteten Kapazitäten zwischen dem einen Draht D und dem Röhrchen R, sowie zwischen dem Röhrchen R und dem anderen Draht D. In Fig. 56 d ist ein ähnliches Verfahren angegeben. Hier besteht der Kondensator aus einer Blechhülse B und einem Schräubchen S, welche durch eine isolierende

Fig. 57a.

Fig. 57b.

Hülle, B, ein Stück Hohlschlauch oder ein Stückchen Glasrohr, getrennt sind. Dadurch, daß man das Schräubchen in das Messingröhrchen hineinschraubt, vergrößert man die Kapazität zwischen beiden, die wegen des Schraubengewindes sehr fein einreguliert werden kann. In Fig. 56 e ist endlich ein solch kleiner Kondensator abgebildet, der aus zwei Metallplatten besteht, die drehbar gegeneinander verschoben werden können. Es handelt

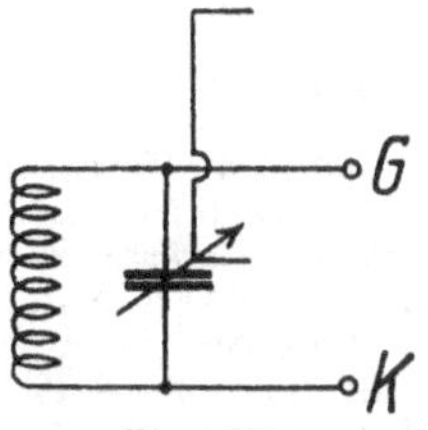

Fig. 57c.

sich hierbei mit anderen Worten um einen richtigen Drehkondensator, dessen Rotor und Stator aus je einer halbkreisförmigen Platte bestehen. Mit diesem Kondensator sind allerdings ganz kleine Kapazitäten nicht zu erreichen. Da er aber bequem zu handhaben ist, wird man ihn dort verwenden, wo es angängig ist. In Fig. 57 ist eine originelle Art des Ausgleichskondensators dargestellt. Diese Anordnung gründet sich darauf, daß die Neutrodynekondensatoren in den meisten Neutrodyneschaltungen mit dem Gitter der Röhre verbunden sind. Andererseits liegt aber am Gitter auch der Stator des Gitter-Drehkondensators. Man kann nun den Stator dieses Kondensators gleichzeitig zum Stator des Ausgleichskondensators machen und den Rotor des letzteren, wie die Fig. 57 zeigt, als verschiebbares Metallplättchen über dem Statorpaket anordnen.

Der Hochfrequenzverstärker in Fig. 58, welcher die Brückenschaltung von Scott-Taggart enthält, soll als Zusatzgerät zu einem gewöhnlichen Audionempfanger benutzt werden. Bemerkenswert ist an dieser Schaltung, daß es sich nicht um Sperrkreiskopplung, sondern um Transformatorenkopplung zwischen den Röhren handelt. Die Wirkung bezüglich der Entkopplung ist dabei jedoch genau so, als wenn die Anodenkreisspule selbst abgestimmt wäre. Dieser Hochfrequenzverstärker kann vor jeden beliebigen Audionempfanger geschaltet werden, wenn man in dessen Antennenschaltung den Drehkondensator zwischen Gitter und Kathode anbringen und im übrigen alle weiteren Bestandteile des Antennenkreises entfernen kann, so daß die Ausgangsspule des Hochfrequenzverstärkers ebenfalls mit Gitter und Kathode der Audionröhre verbunden und daher durch deren Drehkondensator abgestimmt werden kann. Die Anodenbatterie ist durch einen Drehkondensator von 0,5 Mikrofarad überbrückt, ebenso die Heizbatterie. Damit das letztere möglich ist, besitzen

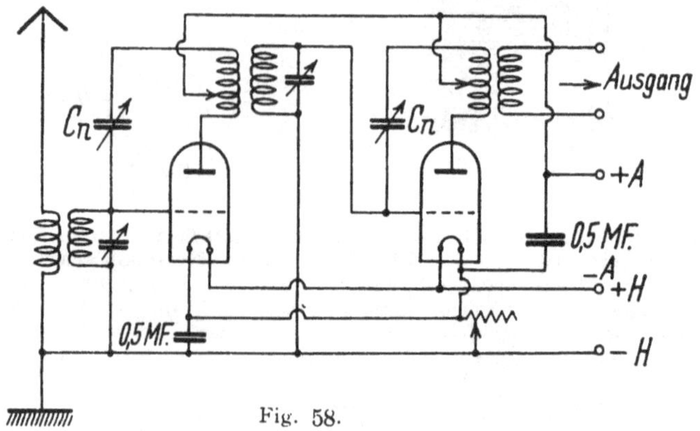

Fig. 58.

die beiden Röhren nur einen einzigen Heizwiderstand. Man muß also 2 gleiche Röhren zu dieser Schaltung verwenden. Fig. 59 zeigt die Rückansicht des fertigen Hochfrequenzverstärkers. Es werden drei gleiche Hochfrequenztransformatoren gebraucht. Der erste dient zur Kopplung der Antenne, der zweite zur Kopplung der ersten Röhre mit der zweiten und der dritte zur Ankopplung des Detektorkreises. Die Primarspulen dieser Transformatoren sind bis auf die Antennenspule in der Mitte angezapft und liegen im Anodenkreis der beiden Röhren, während die Sekundärspulen im Gitterkreis liegen. Die Sekundarspule hat 55 Windungen von ziemlich dickem Kupferdraht, nicht unter 0,5 mm. Diese wickeln wir auf einen Zylinder aus gutem Isoliermaterial von etwa 7 cm Durchmesser und 8 cm Länge, und zwar so, daß ein kleiner Zwischenraum zwischen den Windungen bleibt. Die ganze Länge der Wicklung soll nicht größer als 6,5 cm sein. Die Enden sind an kleinen Schrauben, die am Zylinder angebracht werden, befestigt. Die Primärspulen werden aus dünnerem Draht gewickelt. Es genügt Draht von 0,3 mm Stärke. Hier weichen die drei Transformatoren etwas voneinander ab. Der erste Transformator bekommt auf der Primärseite nur 13 Windungen, während die anderen Transformatoren alle 26 Primärwindungen bekommen, welche in der Mitte eine Zapfstelle besitzen. Um die gegenseitige Kapazität zwischen den Spulen möglichst klein zu halten, benutzen wir den in Fig. 60 angedeuteten Kunstgriff. Wir legen auf die Sekundärspule 8 kleine Holzstäbchen, über welche wir die Primarspule wickeln.

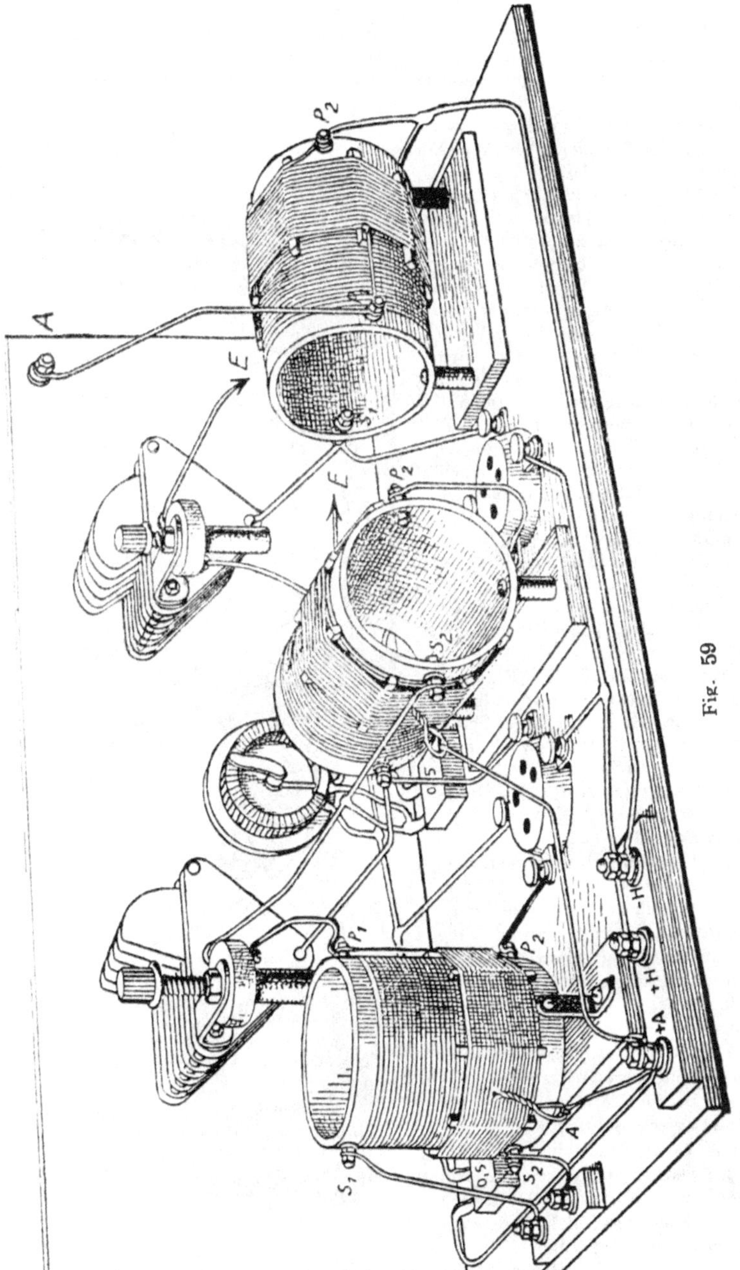

Fig. 59

Die Hölzchen brauchen gar nicht befestigt zu werden, sie werden allein schon durch die Primärwicklung gehalten. Die Primärspulen sind ebenfalls mit einem größeren Zwischenraum zu wickeln, damit die Eigenkapazität möglichst klein bleibt. Diese drei Transformatoren montieren wir nun nicht alle in derselben Weise. Zwei werden in der in Fig. 60 b und 60 c angegebenen Weise montiert, indem der Zylinder an jedem Ende durch Holzschrauben auf einem kleinen Brettchen festgeschraubt wird, jedoch so, daß ein gewisser Zwischenraum bestehen bleibt, welcher durch kleine Hartgummiröhrchen erzielt wird. Ein Transformator wird in der in Fig. 60 a angedeuteten Weise aufrechtstehend montiert, indem man ihn an zwei gegenüberliegenden Punkten durch Hartgummiwinkel gegen das Fußbrettchen abstützt. Derjenige Transformator, dessen Primärspule nur 13 Windungen besitzt, wird übrigens liegend montiert. Diese Anordnung der Transformatoren dient zur Verhinderung der gegenseitigen Induktion.

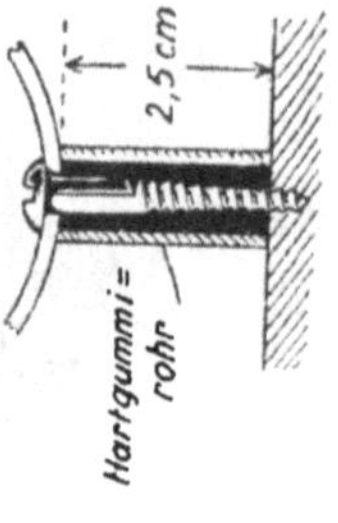

Fig. 60c.

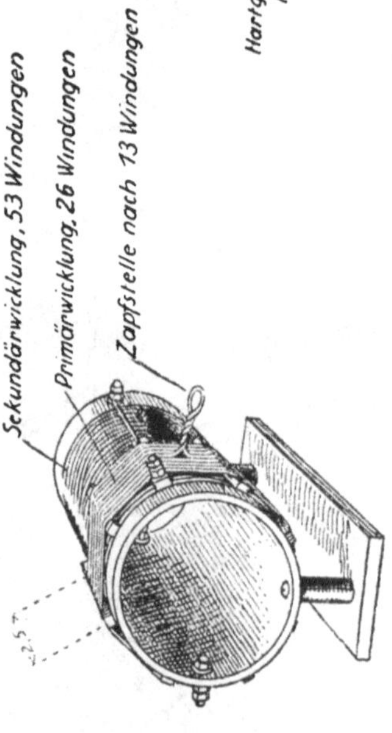

Fig. 60b.

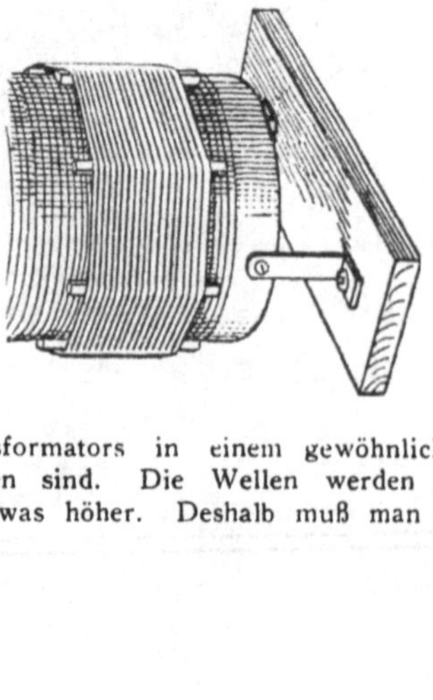
Fig. 60a.

Ein Beispiel für das Entkopplungsverfahren von Cowper liefert die in Fig. 61 angegebene Schaltung, die den unter dem Namen „Anglo - American Six" sehr bekannt gewordenen 6-Röhren-Hochfrequenzverstärker von P. W. Harris darstellt. Es handelt sich um drei Stufen Hochfrequenzverstärkung, ein Audion, eine Niederfrequenzverstärkerstufe mit Transformatorenkopplung und eine Niederfrequenzverstärkerstufe in Widerstandskopplung. Die drei Spulenpaare, die aus der Anodenkreisspule und der Entkopplungsspule bestehen, müssen je nach dem Wellenbereich anders bemessen werden. Man kann für diesen Zweck sehr gut die normalen käuflichen Hochfrequenztransformatoren benutzen. Der von diesen überdeckte Wellenbereich stimmt allerdings nicht mit den Angaben überein, die für die Verwendung dieses Hochfrequenztransformators in einem gewöhnlichen Hochfrequenzverstärker gemacht worden sind. Die Wellen werden bei dieser Schaltung vielmehr durchweg etwas höher. Deshalb muß man bei

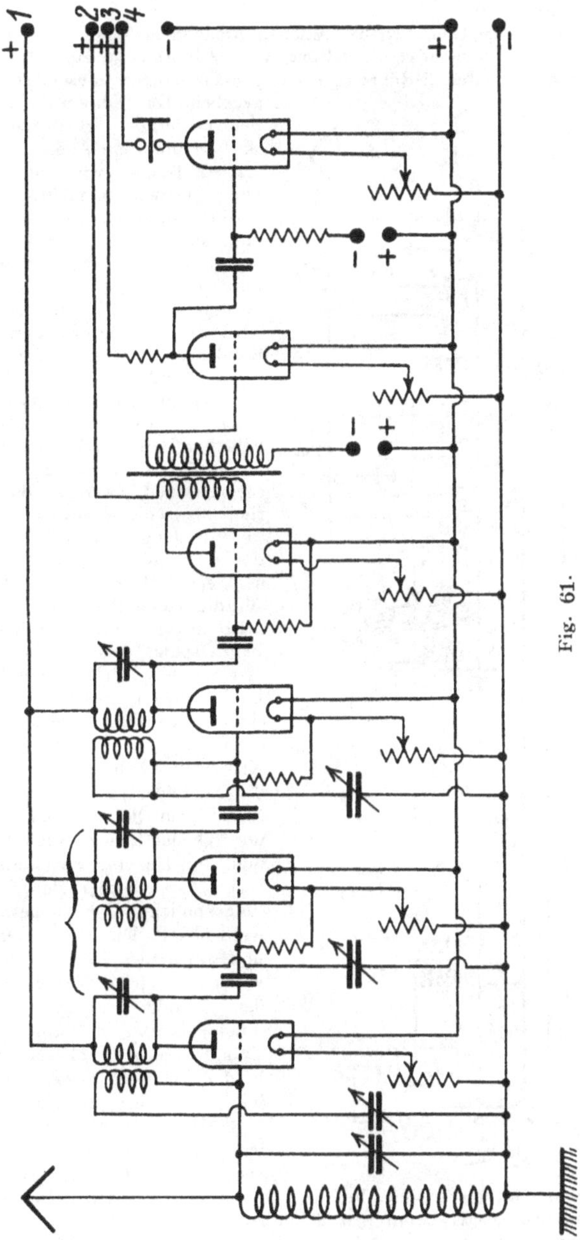

Fig. 61.

der Auswahl der Transformatoren für einen Wellenbereich diese immer etwas kleiner nehmen.

Die meisten im Gebrauch befindlichen Neutrodyne-Empfanger sind nach der eigentlichen Neutrodyne-Schaltung von Hazeltine gebaut. In Fig. 62 ist die Schaltung eines 5-Röhren-Neutrodyne-Empfängers dieser Art wiedergegeben. Der Empfanger hat zwei neutralisierte Hochfrequenzverstarkerstufen, ein Audion und zwei Niederfrequenzverstarkerstufen. Die beiden Hochfrequenzverstarkerröhren besitzen wieder ein und denselben Regulierwiderstand, der durch einen Kondensator von mindestens 5000 cm überbruckt werden muß. Die Anodenbatterie wird ebenfalls durch einen solchen Kondensator kurz geschlossen. Diese beiden großen Kondensatoren sind uberhaupt typisch fur jeden Neutrodyne-Empfanger. Sie haben ja den Zweck, die praktisch ausgefuhrte Schaltung mit der theoretischen, welche die Batterien als widerstandslos annimmt, in Einklang zu bringen. Bei diesem Neutrodyne - Empfanger muß ebenfalls sehr große Sorgfalt auf die Herstellung der Transformatoren verwendet werden. Die Primarspule soll 18 Windungen haben, die Sekundarspule 54. Beide Spulen sollen dicht übereinandergewickelt werden. Wir erreichen das durch folgenden Kunstgriff. Wir wickeln zunächst die Sekundarspule auf einen Zylinder von 80 mm Durchmesser und 50 mm Lange. Nach 18 Windungen wird eine Zapfstelle angebracht, an welcher der Entkopplungskondensator angeschlossen werden soll. Die Primärspule muß nun auf einen Zylinder gewickelt werden, welcher gerade eben in den Zylinder der Sekundärspule hineinpaßt. Da man einen solchen Zylinder aber wohl nur zufallig in der richtigen Größe bekommen würde, nimmt man einen von denselben Abmessungen wie zur Sekundarspule und sägt in der Langsrichtung einen Streifen von etwa 1 cm Breite heraus. Dann biegt man den Zylinder soweit zusammen, daß er gerade in den Sekundarzylinder hineinpaßt und wickelt die 18 Primarwindungen so darauf, daß er durch diese 18 Windungen den nötigen Durchmesser behalt.

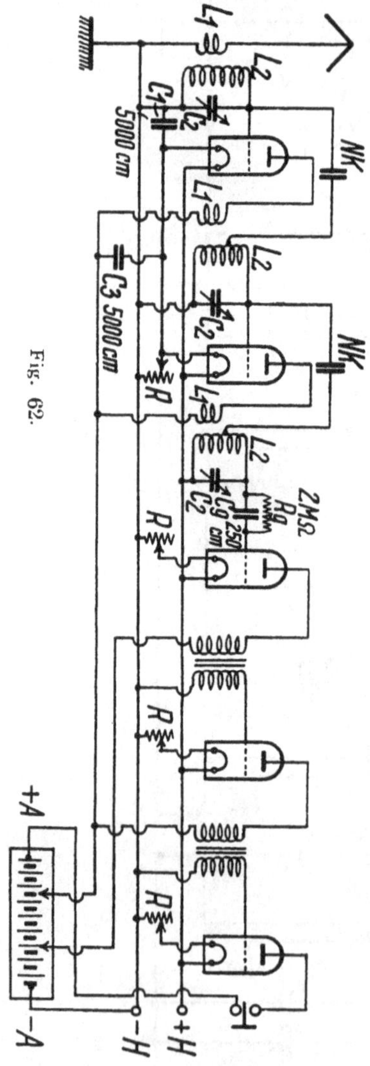

Fig. 62.

Man kann auch nach Fig. 63 a verfahren, indem man einen festen Primärzylinder nimmt von etwa 80 mm Durchmesser, darauf die 18 Primärwindungen wickelt und den übrigen Raum auf dieser Spule so mit Papierstreifen bewickelt und beklebt, daß der äußere Umfang überall gleich ist. Darüber deckt man dann einen Fiber-

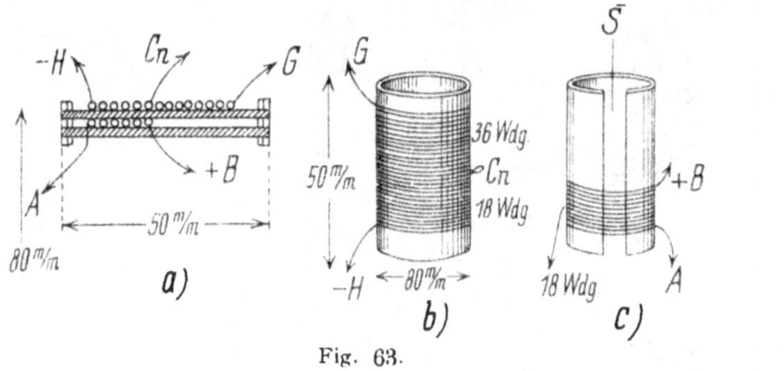

Fig. 63.

streifen von der Breite der Spule und wickelt hierüber die 54 Sekundärwindungen. Man verwendet für Primär- und Sekundärspule umsponnenen Draht von 0,5 mm Dicke. Bei der Herstellung dieser Transformatoren muß man darauf achten, daß man die Anschlüsse richtig wählt. Es kommt ja darauf an, daß die Zapfstelle der Sekundärspule, welche mit dem Ausgleichskondensator verbunden wird, gerade das entgegengesetzte Potential hat, wie der Anodenanschluß der Primärspule. Der richtige Anschluß der Spulenenden ist in Fig. 63 a abzulesen. Dabei ist vorausgesetzt, daß die Spulen beide in demselben Sinne gewickelt sind. Man erkennt auch aus Fig. 63, daß die Primärspule nicht mitten auf ihren Spulenkörper gewickelt werden darf, sondern etwas seitlich, so daß die 18 Primärwindungen unter die 18 Sekundärwindungen zu liegen kommen, welche zwischen Batterie und Ausgleichskondensator liegen. Man pflegt diese Transformatoren mit den Drehkondensatoren der Sekundärspule zu einer Schaltungseinheit zu vereinigen, die man „Neutroformer" nennt. Man befestigt die Sekundärspule direkt auf der Rückwand des Drehkondensators, so daß sie gleichzeitig mit diesem an der Schaltplatte des Empfängers gehalten wird. Fig. 64 zeigt einen solchen Neutroformer. Die Neutroformer sind so auf der Schaltplatte zu befestigen, daß die Spulen sich gegenseitig nicht beeinflussen können. Man verwendet hier den in Fig. 5 bereits angedeuteten Kunstgriff. Die einzelnen Spulen sind um 60 Grad gegen die Horizontale geneigt und 16 cm voneinander entfernt. Fig. 65 zeigt die Rückansicht des fertigen Apparates. Für die Ausgleichskondensatoren ist, wie man sieht, das in Fig. 56 dargestellte Verfahren benutzt worden.

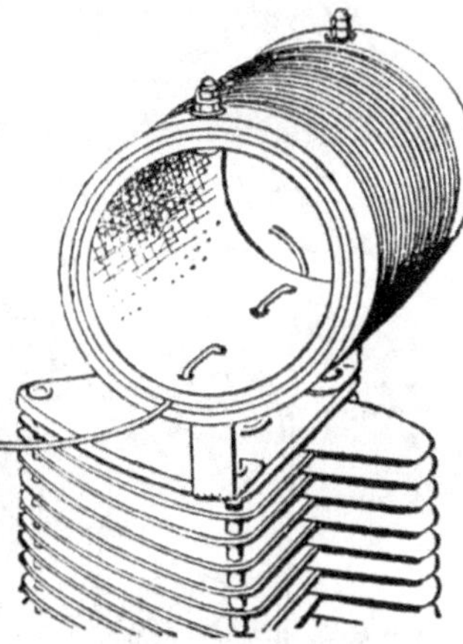

Fig. 64.

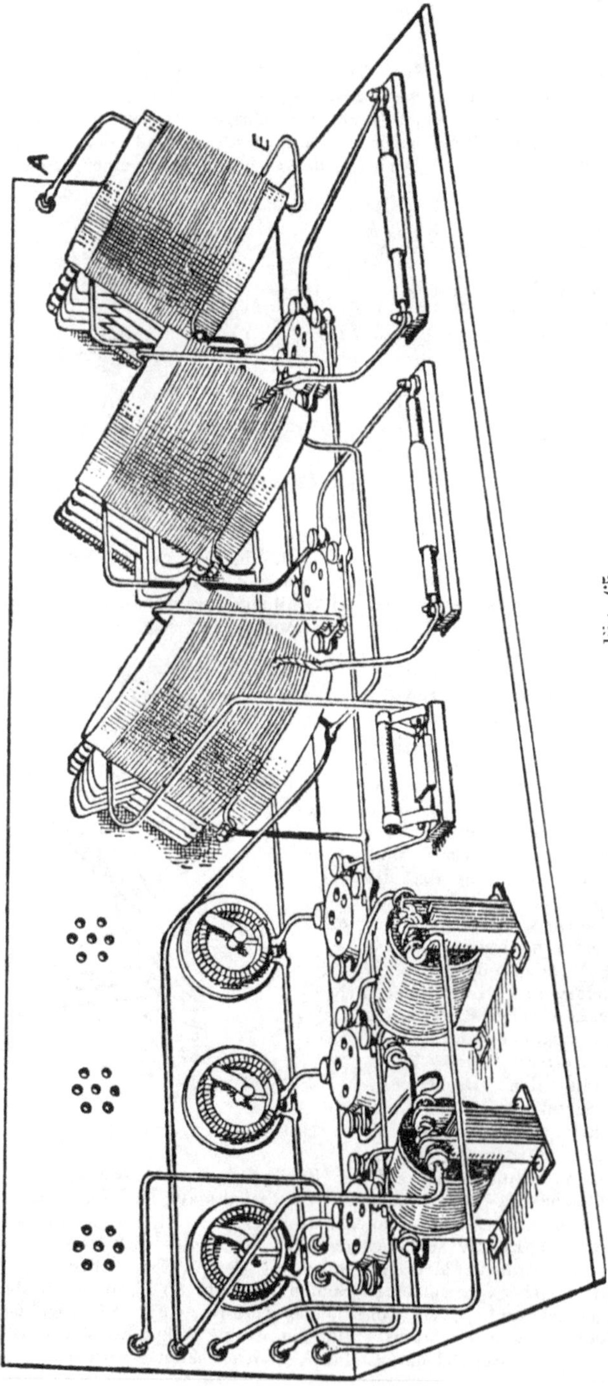

Fig. 65.

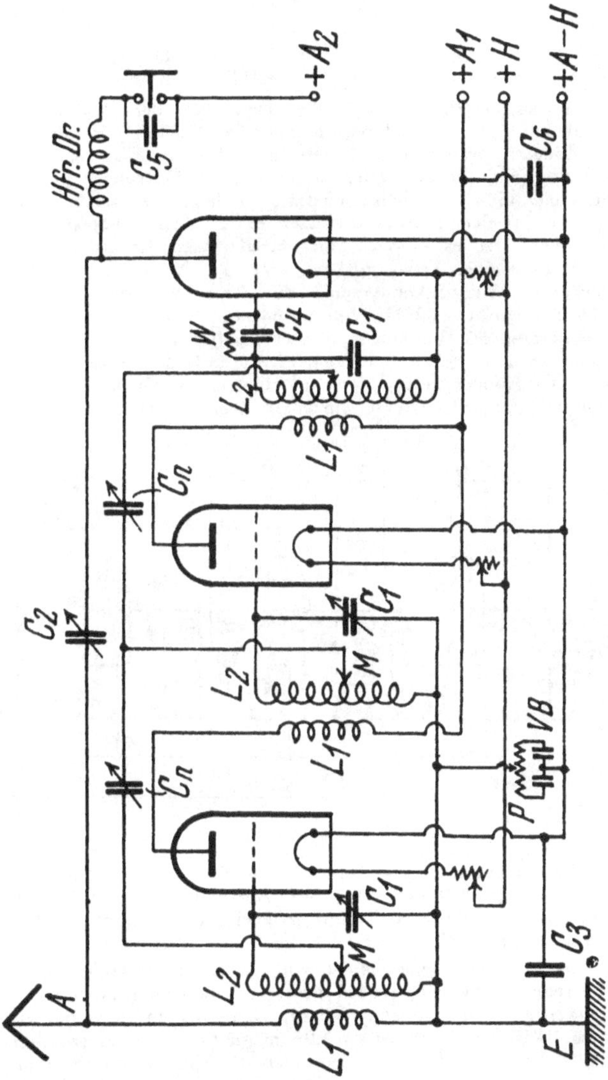

Hfr. Dr.
C5
+A2
+A1
+H
+A−H
C6
W
C4
C1
L2
L1
Cn
C2
M
VB
P
C3
A
E

Fig. 66.

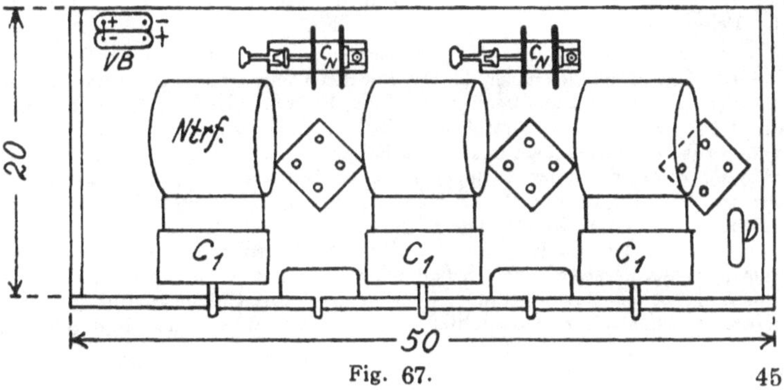

VB
Ntrf.
CN
C1
20
50

Fig. 67.

Die Hauptschwierigkeit, auf die man bei der praktischen Herstellung dieser Art Neutrodyneempfänger stößt, liegt in der Neutralisierung. Einen Fortschritt bedeutet hier das in Fig. 66 abgebildete Verfahren von Federmann. Hier sind die Sekundarspulen in der Mitte angezapft, und die Ausgleichskondensatoren liegen zwischen den beiden Zapfstellen je zweier aufeinanderfolgender Hochfrequenztransformatoren. Auf diese Weise ist es möglich, die Ausgleichskondensatoren verhältnismaßig groß zu wahlen, etwa 50 cm, was die Abgleichung außerordentlich erleichtert. Die Sekundarspule der Transformatoren hat fur den Rundfunkwellenbereich 200 bis 700 m bei der Verwendung von 500 cm Drehkondensatoren 50 Windungen mindestens 0,6 mm dicken Drahtes. Die Primarspule wird in 20 Windungen direkt auf die Sekundärspule aufgewickelt. Der Kondensator C_2 von 50 bis 100 cm Kapazität bewirkt eine Rückkopplung, die jedoch erst eingebaut werden darf, wenn die Ent-

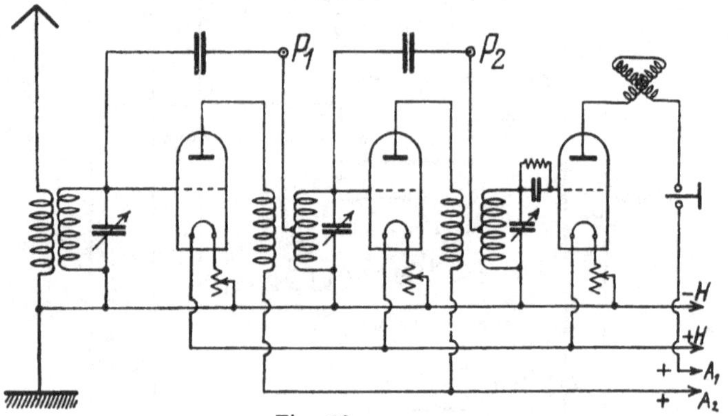

Fig. 68.

kopplung eingestellt ist. Diese kapazitive Rückkopplung bedingt den Einbau der Hochfrequenzdrossel D. Der Aufstellungsplan ist in Fig. 67 angegeben. Die Neutroformer sind wieder unter einem Winkel von 60 Grad anzuordnen.

Einen wesentlichen, leider nicht vollständig zu übersehenden Beitrag zu den auftretenden Schwierigkeiten liefert die Kapazitat zwischen Primär- und Sekundärspule der Transformatoren. Man bemüht sich daher neuerdings, diese Kapazitat durch Kunstgriffe möglichst klein zu gestalten. Das kann zum Beispiel geschehen, indem man in Fig. 66 die Sekundärspule bei M auseinanderschiebt und zwischen die beiden entstehenden Hälften die Primärspule wickelt.

Bei einem mehrstufigen Hochfrequenzverstärker hat man den Nachteil, daß für den Empfang naher lauter Stationen ein unnötiger Aufwand an Hochfrequenzverstärkung getrieben wird. Es wäre vorteilhaft, wenn man die Hochfrequenzverstärkerstufe beliebig an- und abschalten könnte. In Fig. 68 ist angegeben, wie diese Abschaltung durch eine sehr einfache Anordnung erreicht werden kann. Mit den Zapfstellen der Sekundärspulen der zweiten und dritten Röhre sind die Klemmen P_1 und P_2 verbunden, welche auf dem Schaltbrett angebracht werden. Schaltet man die Antenne nun statt an den Eingang an die Klemme P_1, so fällt die erste Hochfrequenzverstarkerstufe fort. Schaltet man sie gar an die Klemme P_2, so fallen die beiden ersten Stufen fort, deren Röhren dann natürlich nicht geheizt werden. Der Erdanschluß kann bleiben, wo er ist. Fig. 68 enthalt im Anodenkreis der Audionröhre ein Variometer, welches den Empfang verbessert, indem es wie eine Rückkopplung wirkt.

Das in Fig. 69 dargestellte Novodyne-System ist ein Neutrodyne-Empfanger mit auswechselbaren Transformatoren, so daß man den Empfanger für einen größeren Wellenbereich benutzen kann. Bei diesem Hochfrequenzverstärker wird darauf verzichtet, die Sekundarspulen anzuzapfen. Man begnügt sich damit, die ganze Gitterspule als Entkopplungsspule zu benutzen. Der Transformator hat dann 4 Anschlüsse, die mit Steckern verbunden sind, z. B. alten Röhrenfüßen. Man braucht zwei Spulensatze, namlich einen Satz für die Wellen zwischen 200 und 650 m und einen Satz für die Wellen von 1000 bis 3000 m. Fur dic kurzen Wellen besitzt die Primarspule 8 bis 10 Windungen 0,5 mm dicken Drahtes, wahrend die Sekundärspule 60 Windungen hat und 0,7 mm dicken Draht verwendet. Für die hohen Wellen verwenden wir nur den 0,5 mm starken Draht und zwar wickeln wir die Primarspule aus 20 bis 30 Windungen, die Sekundärspule aus 200. Bei diesen 200 Windungen kann man keine Einlagenspulen mehr benutzen, sondern wird mehrere Lagen übereinander wickeln. Um aber zu große Spulenkapazitäten zu vermeiden, ist es dann nötig, eine kapazitatsfreie Wicklung etwa nach Fig. 75 (Bd. I) zu benutzen. Statt des Drahtes könnte man auch Hochfrequenzlitze für die Sekundärspule verwenden. Für große Wellen ist übrigens diese Art der Erweiterung des Neutrodyne-Empfänders nicht so zu empfehlen, denn er hat seine Berechtigung und seine Vorzüge besonders für kurze

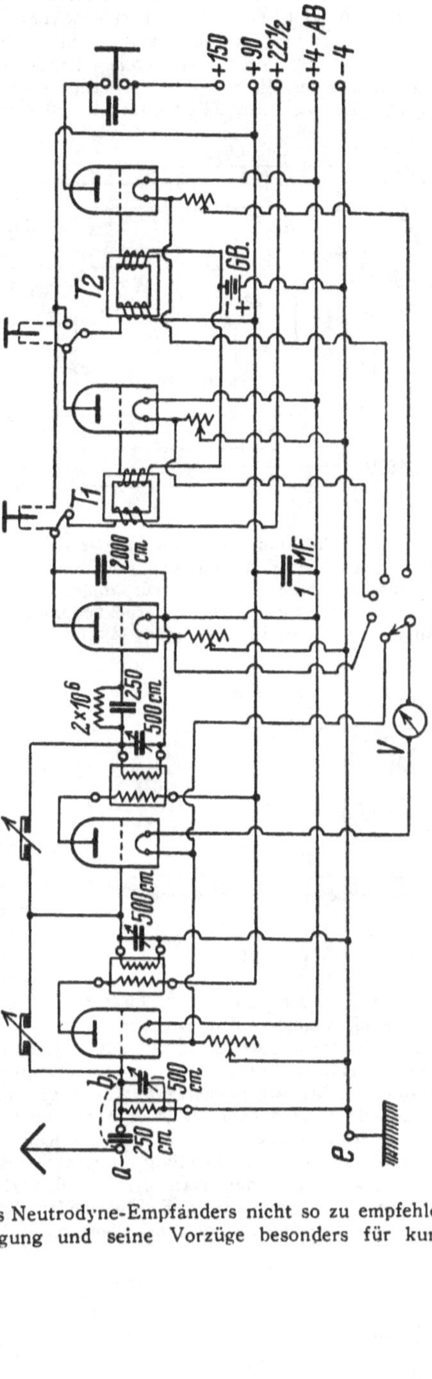

Fig. 69

Wellen, bei denen die Röhrenkapazitäten störend wirken. Bei längeren Wellen ist eine Entkoppelung nicht mehr nötig. Man würde für diesen Zweck auch am billigsten zum Widerstandsverstärker übergehen

Fig. 70 gibt an, wie der Neutrodyne - Empfänger mit einer Rückkopplung versehen werden kann. Sie wirkt vom Anodenkreis der Audionröhre auf deren Gitterkreis. Durch die Entkopplung der ersten Röhre und einer dieser etwa vorhergehenden Hochfrequenzverstarkerstufe wird übrigens hier tatsächlich erreicht, daß eine Selbsterregung der Audion-

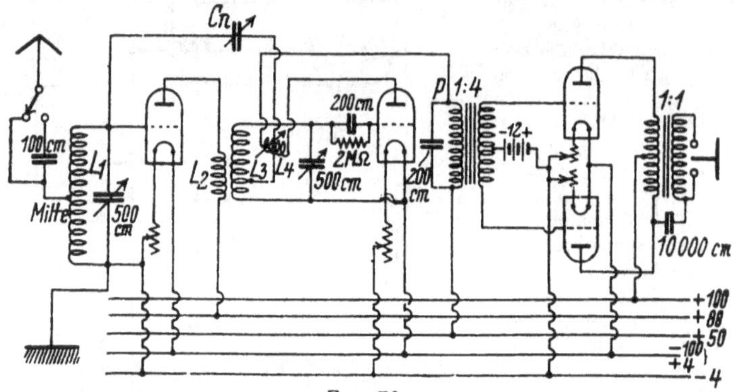

Fig 70.

rohre keine Strahlung der Antenne verursachen kann. Natürlich hat die Rückkopplung für den Empfang auch nicht so große Bedeutung, wie wenn man direkt auf die Antenne rückkoppelt. Fig. 71 zeigt, wie der Hochfrequenztransformator mit der Rückkopplungsspule hergestellt wird. Der Transformator besteht aus einem Zylinder aus Isoliermaterial von 10 cm Durchmesser und 12,5 cm Länge. Auf diesen wird die Sekundärspule gewickelt und zwar in 77 Windungen mit einem Abgriff bei der vierzehnten Windung. Die Primärspule wird hergestellt, indem in eine Hartgummischeibe, welche gerade eben in das Innere des Sekundärzylinders hineinpaßt, eine Nut gedreht wird, welche 24 Windungen 0,25 mm dicken Drahtes aufnimmt Die Rückkopplungsspule wickeln wir in 24 Windungen auf einen Zylinder von 5 cm Durchmesser und 4 cm Länge, welcher in der Sekundarspule drehbar angebracht ist

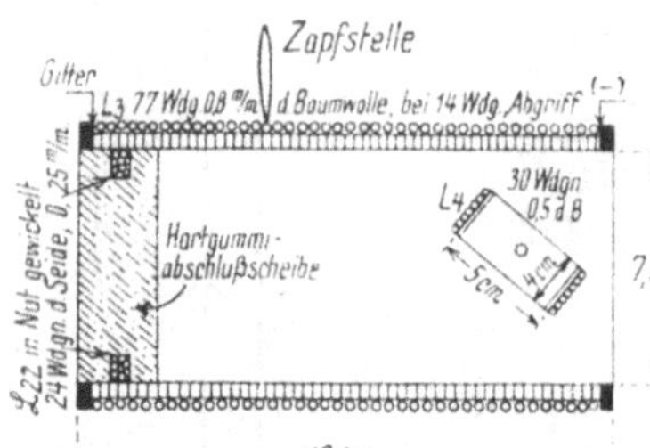

Fig. 71.

Ein Empfanger, der die Isofaradschaltung benutzt, ist in Fig. 72 angegeben. Wenn man den Kondensator C_n hier gleich der Gitter-Anodenkapazität macht, so müssen die Kondensatoren C_1 und C_1' gleich sein Der Gitterkreis muß dann durch Veränderung von C_1' und C_1'' abgestimmt werden. Beide müssen immer in demselben Größenverhältnis zueinander stehen, damit die Entkopplung aufrechterhalten bleibt. Das ist dadurch zu erreichen, daß man diese beiden Kondensatoren mit derselben Drehachse verändert, also z. B. die beiden Rotoren der beiden Kondensatoren an derselben Drehachse befestigt Vorteilhafter ist es, wenn man den Kondensator C_1'' möglichst groß macht, weil dann ja die Gitterspannung größer wird. Auch dann laßt sich durch Anordnung der Rotoren auf einer gemeinsamen Drehachse das Verhältnis beider Kondensatoren während der Abstimmung konstant halten. Das Verhältnis von C_{ag} zu CC'

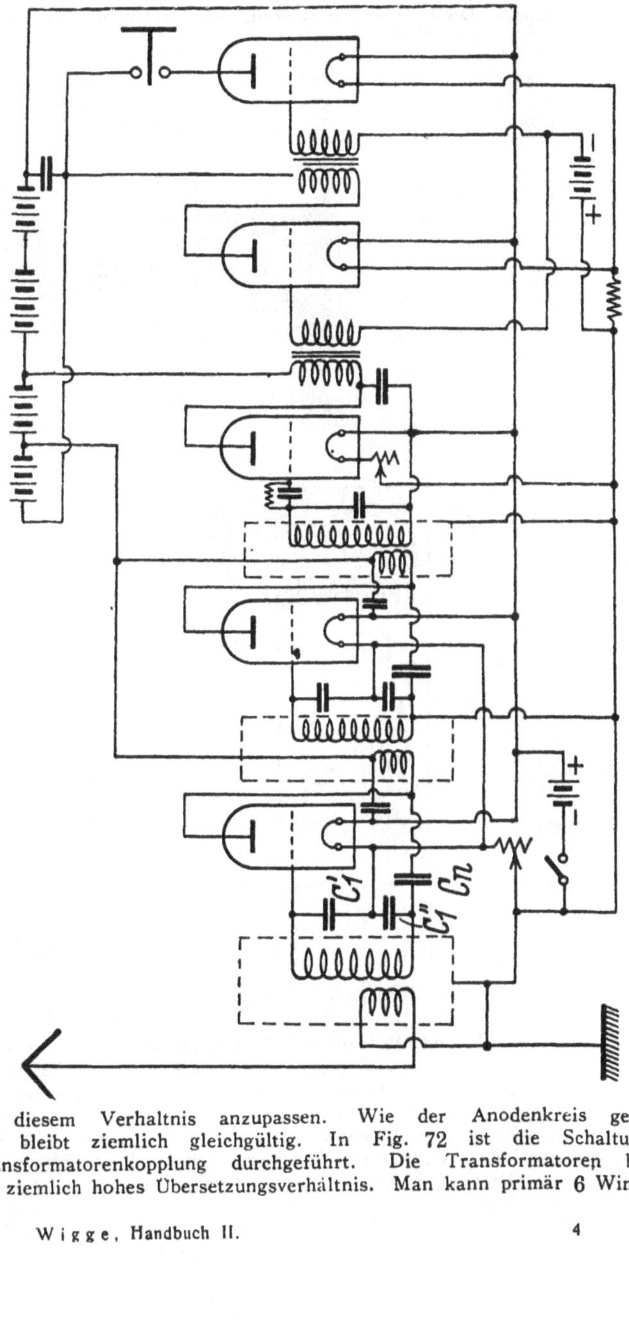

Fig. 72a.

ist diesem Verhaltnis anzupassen. Wie der Anodenkreis geschaltet ist, bleibt ziemlich gleichgültig. In Fig. 72 ist die Schaltung für Transformatorenkopplung durchgeführt. Die Transformatoren besitzen ein ziemlich hohes Übersetzungsverhältnis. Man kann primär 6 Windungen und sekundär 100 Windungen nehmen, wenn man den Spulendurchmesser 6 bis 7 cm groß wahlt. Die Windungszahl der Sekundarspule muß so groß sein, weil die Kondensatoren in Serie geschaltet sind, so daß die Gitterkreiskapazität ziemlich klein wird. Aus Fig 72 b kann man erkennen, wie die Drahtenden der beiden Transformatorspulen an die Röhrenkreise angeschlossen sind. Diese Transformatoren, wie überhaupt die ganze

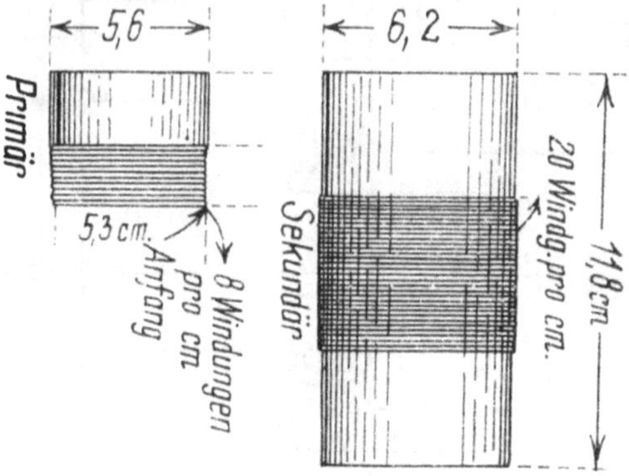

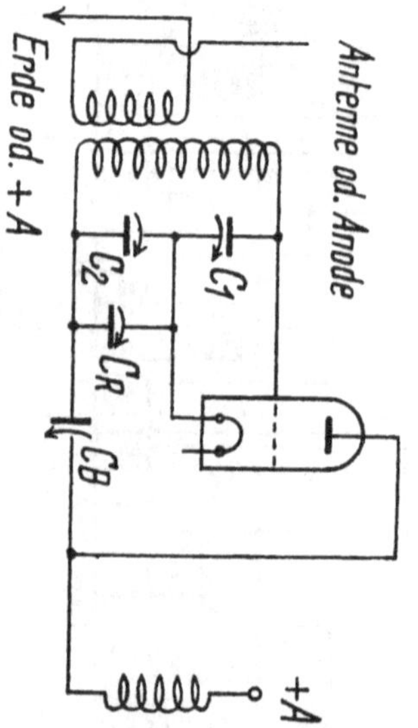

Fig. 72b.

Schaltung, sind ziemlich kapazitätsempfindlich, weshalb man sie am besten in mit Stanniol belegte Kästen einkapselt oder wenigstens die Schaltplatte des Apparates an den Stellen, hinter welchen sich die Transformatoren befinden, mit Stanniol beklebt.

In Fig. 73 ist eine Schaltung abgebildet, welche sowohl mit der Isofarad-Schaltung, wie auch mit der Brückenschaltung von Scott-Taggart verwandt ist. Sie bietet gegenüber den bereits besprochenen Entkopplungsschaltungen keinerlei Vorteil, ist jedoch dadurch interessant, daß sie einen Übergang darstellt von den Schaltungen, die wir in diesem Abschnitt besprochen haben, zu den Schaltungen, die im nächsten Abschnitt besprochen werden.

§ 5. Verringerung der Schwingneigung durch Änderung der Röhrenkopplung.

Alle Schwierigkeiten der Hochfrequenzverstärkerschaltungen liegen in der Kopplung durch die Röhrenkapazität. Eigentlich kommt dafür

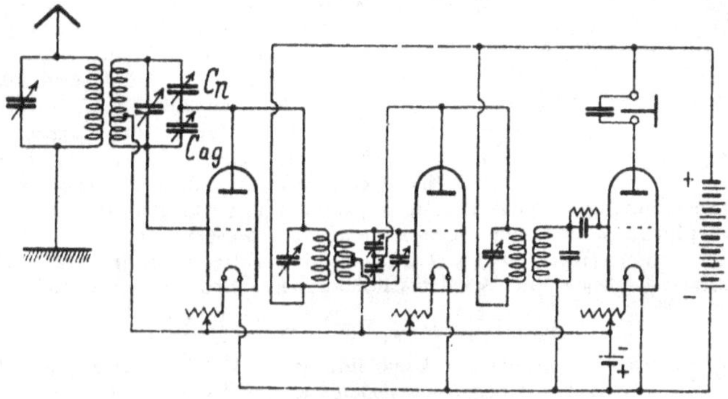

Fig. 73.

nur die Kapazität zwischen Gitter und Anode in Frage, und diese Kapazität ist unglücklicherweise die größte in der Röhre vorhandene. Es

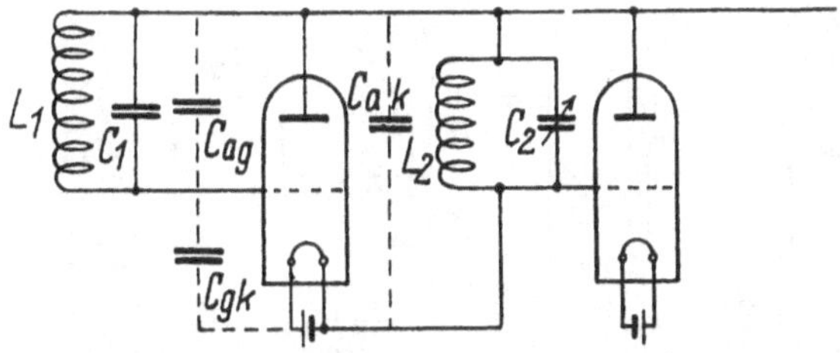

Fig. 74.

wäre schon viel gewonnen, wenn man die Anordnung so treffen könnte, daß irgendeine andere Röhrenkapazität, möglichst gerade die kleinste, nämlich C_{gk}, die Kapazität zwischen Gitter und Heizfaden, die Kopplung bewirkte. Tatsächlich ist das möglich, wie uns die Ultraaudion-Schaltung (Band I, Fig. 496) lehrt. Auch sie kann zur Hochfrequenzverstärkung benutzt werden. Sehen wir einmal zunächst von den Gleichstromkreisen ab, so würde sich die in Fig. 74 dargestellte Schaltung zur Kopplung zweier Hochfrequenzverstärkerstufen ergeben, wenn man die Sperrkreiskopplung wählen wollte. Die Anodenwechselspannung, nämlich der Spannungsabfall am Sperrkreis, wird ganz zwischen Gitter und Anode der nächsten Röhre zugeführt. Die Röhrenkapazitäten sind gestrichelt eingezeichnet. Wir wollen den zwischen Anode und Gitter liegenden Kreis den Primärkreis der Röhre nennen, um uns kürzer fassen zu können. Der Primärkreis steht also bei diesem Empfänger an Stelle des Gitterkreises beim gewöhnlichen Hochfrequenzverstärker. Der Sperrkreis ist zugleich Primärkreis der nächsten Röhre. Zeichnen wir uns nun die kapazitive Verknüpfung von Primärkreis und Anodenkreis gesondert auf, so ergibt sich ohne weiteres das in Fig 75 dargestellte Schema. Wir erkennen sofort das Schema der Fig. 8 wieder, nur ist hier die Kapazität zwischen Gitter und Kathode an die Stelle der Kapazität zwischen Gitter und Anode getreten. Wir haben hier also tatsächlich eine viel geringere Kopplung zwischen den beiden Kreisen. Es besteht aber noch ein anderer wesentlicher Unterschied zwischen beiden Schaltungen. Beim gewöhnlichen Hochfrequenzverstärker wird durch die Röhrenkapazität dem Gitterkreis Energie zugeführt. Hier dagegen wird über die Kapazität C_{gk} auf den Primärkreis eine Wirkung ausgeübt, welche die Gitterspannung verringert. Die Kapazität C_{gk} wirkt also als umgekehrte Rückkopplung, so daß eine Selbsterregung aus diesem Grunde schon nicht eintreten kann. Wenn wir aus Fig. 75 den Gitterstrom in Abhängigkeit von Primärspannung und Anodenspannung berechnen, so ergibt sich

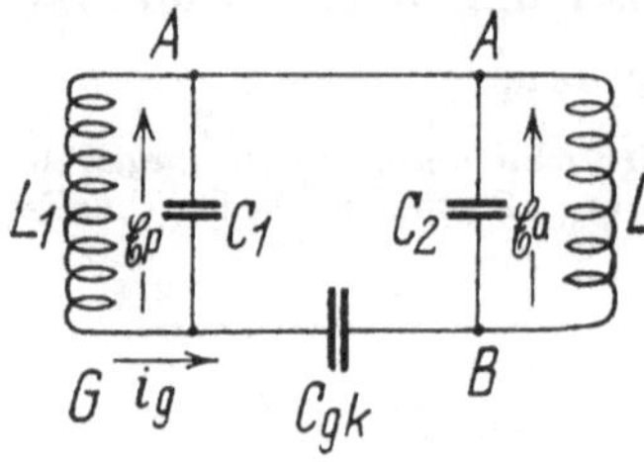

Fig. 75.

$$\mathfrak{J}_g = (C_{gk} + C_{ga}) j\omega\mathfrak{E}_p - C_{gk} j\omega\mathfrak{E}_a$$

Dieser Ausdruck entspricht der Gleichung 18 in Band I, Seite 153. Während dort das Glied mit der Anodenspannung positiv ist, woraus folgt, daß

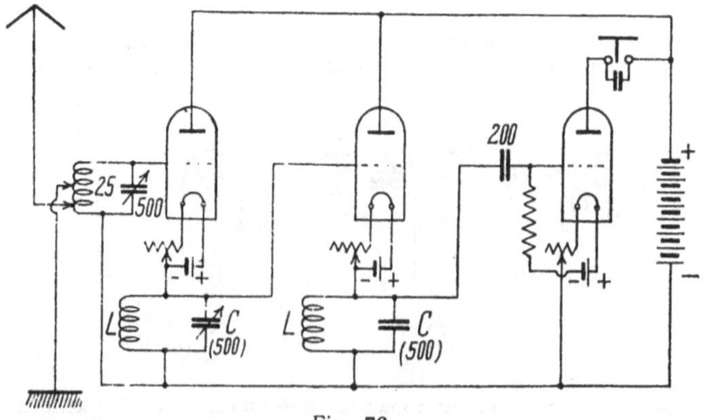

Fig. 76.

die Anodenspannung den Gitterstrom vergrößert, ist es hier negativ, so daß der Gitterstrom durch die Anodenspannung verringert wird. Sehr insruktiv ist hier die Schaltung der Fig. 73. Wenn die Gitterspule im Mittelpunkt angezapft und mit dem Heizfaden verbunden ist, dann tritt Entkopplung ein, wenn $C_n = C_{ag}$ ist. Wenn C_{ag} größer ist, findet eine Rückkopplung statt, wenn C_n größer ist, eine Gegenkopplung. Im ersteren Falle ist die zwischen Gitter und Heizfaden liegende Spannung größer als die zwischen Gitter und Anode zugeführte, im zweiten Fall ist die letztere größer, so daß die ganze Schaltung mehr wie ein Ultraaudion wirkt.

Wir haben hier gewissermaßen in der Schaltung einen Übergang vom normalen Hochfrequenzverstärker zum Ultraaudion.

Die praktische Ausführung dieses Gedankens ergibt das Schaltbild Fig. 76. Diese Schaltung wird vielfach so gedeutet, als ob lediglich der Sperrkreis an der Kathodenseite der Röhre läge. Man erkennt aber, daß tatsächlich der Spannungsabfall an ihm zwischen Gitter und Anode der

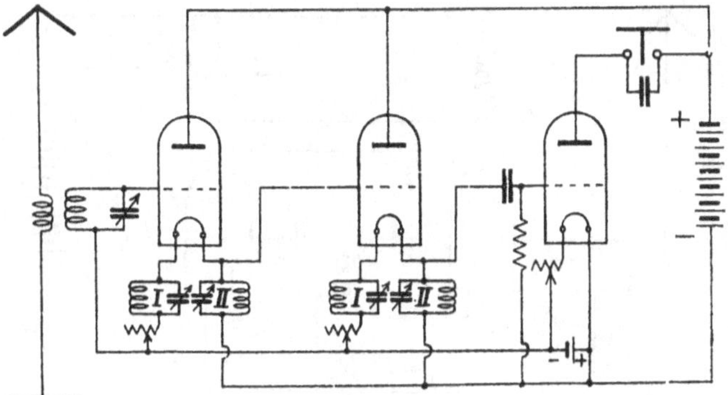

Fig. 77

nächsten Röhre zugeführt wird, so daß eine Ultraaudion-Schaltung entsteht. Der Nachteil dieser Schaltung liegt darin, daß jede Röhre ihre eigene Heizbatterie haben muß, was allerdings bei Sparröhren, die mit Taschenlampenbatterien geheizt werden können, nicht allzusehr ins Gewicht fallen mag. Will man diesen Nachteil vermeiden und für alle Röhren eine Batterie benutzen, so kann man nach Schaltbild 77 verfahren und den Sperrkreis

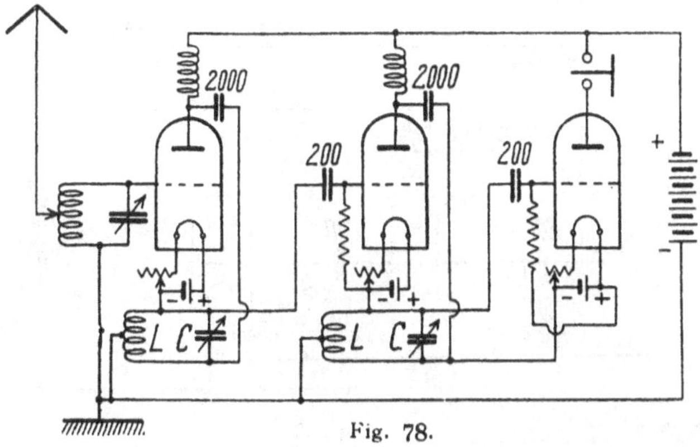

Fig. 78.

jeder Röhre in zwei gleiche Sperrkreise aufteilen, von denen der eine in der positiven, der andere in der negativen Heizleitung liegt. Statt der Sperrkreise kann man auch die beiden Spulen eines Variometers benutzen.

Von der Schaltung der Fig. 76 ausgehend, kann man nun natürlich auch die geringe Kapazität zwischen Gitter und Heizfaden der Röhre unschädlich machen, indem man die Neutralisierungsprinzipien anwendet, welche im vorigen Paragraphen entwickelt worden sind. Fig. 78 zeigt die Schaltung, welche der Fig. 48 entspricht. Der Sperrkreis wird angezapft und durch den Ausgleichkondensator C_n mit der Anode verbunden. Legt man die Zapfstelle in die Mitte, und macht man den Ausgleichskondensator diesmal gleich der Kapazität zwischen Gitter und Heizfaden, so tritt vollständige Entkopplung ein.

Will man auch hier vermeiden, daß für jede Röhre eine gesonderte Heizbatterie verwendet werden muß, so gelangt man zu dem Schaltbild der

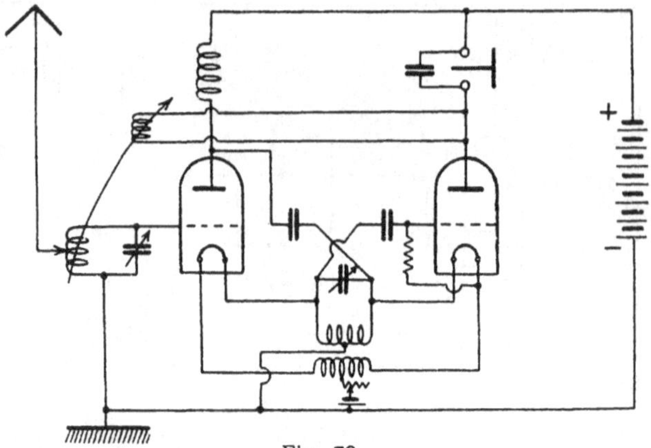

Fig 79

Fig. 79. Der Sperrkreis ist hier aufgeteilt in den eigentlichen Sperrkreis und in eine angekoppelte Selbstinduktionsspule. Daß bei dieser Schaltung eine Rückkopplung angegeben ist, hat mit dem Prinzip an und für sich nichts zu tun.

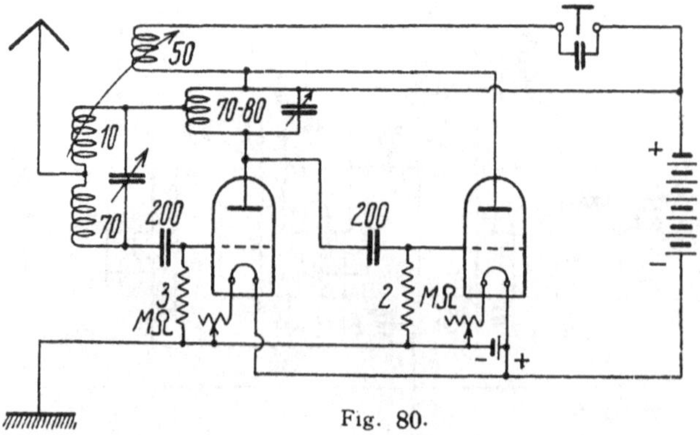

Fig. 80.

Fig 80 zeigt die sogenannte Neutralgitterschaltung von I. W. Barber. Auch hier ist das Ultraaudionprinzip verwendet. Der Primärkreis liegt zwischen Gitter und dem neutralen Punkt des Sperrkreises, d. h. der Sperrkreis ist an demjenigen Punkt angezapft, dessen Potential sich während der Schwingung nicht ändert. Dieser Punkt liegt nicht genau in der Mitte der Sperrkreisspule. Von der Anode führt ein Weg über die Anoden-Gitterkapazität zum Gitter und durch den Gitterkreis zur Zapfstelle. Vom Pluspol der Anodenbatterie aus gelangt man über die Kapazität

Gitter—Heizfaden ebenfalls dahin. Beide Wirkungen würden sich aufheben, wenn diese beiden Röhrenkapazitäten gleich wären und die Sperrkreisspule in der Mitte angezapft würde. Da dies nun nicht genau der Fall ist, muß die Sperrkreisspule so angezapft werden, daß sich die beiden Teile wie die entsprechenden Röhrenkapazitäten verhalten.

Einen recht eigenartigen Weg hat Farrand beschritten, um die kapazitive Kopplung innerhalb der Röhre zu verkleinern. Die von ihm gefundene Schaltung ist in Fig. 81 wiedergegeben. Sie führt den Namen „Superplio-

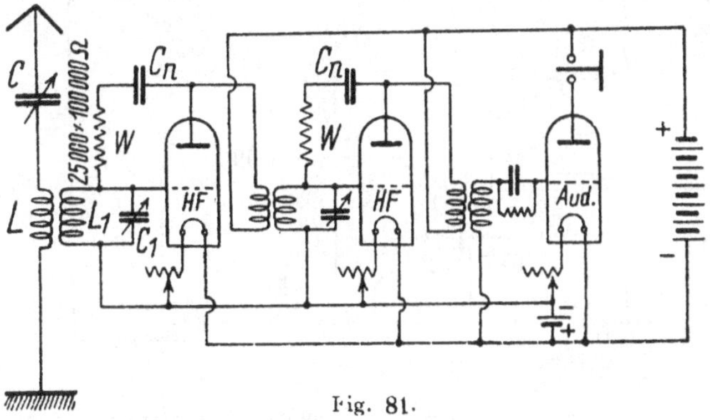

Fig. 81.

dyne". Der Anoden-Gitterkapazitat wird eine Serienschaltung, die aus einem ohmschen Widerstand und einem großen Kondensator besteht, parallel geschaltet. Der große Kondensator C hat für die Schaltung keine Bedeutung. Er ist so groß gewählt, daß er für die Hochfrequenz einen Kurzschluß darstellt, und dient lediglich dazu, die Anodenspannung vom Gitter

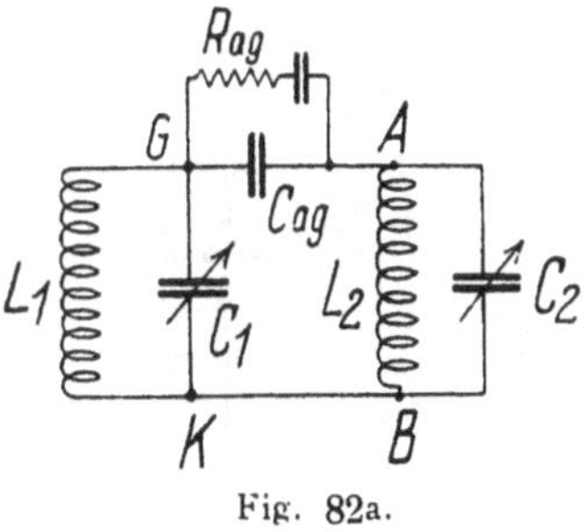

Fig. 82a.

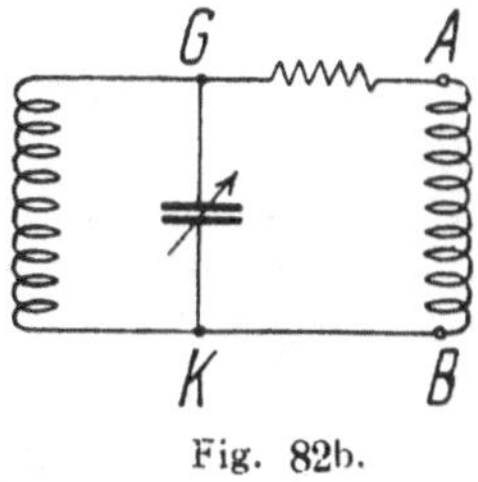

Fig. 82b.

fernzuhalten, so daß praktisch der Anoden-Gitterkapazität nur der Widerstand R parallel geschaltet ist. Da der Wechselstromwiderstand der Röhrenkapazität ganz erheblich größer ist als der ohmsche Widerstand, so wirkt die ganze Anordnung jetzt so, wie wenn Anoden- und Gitterkreis nicht mehr kapazitiv miteinander gekoppelt sind, sondern lediglich durch den Widerstand R. Fig. 82 a zeigt das Ersatz-Schema. Die Kopplung wird also hierdurch in eine rein ohmsche verwandelt, entsprechend Fig. 82 b. Sie ist also jetzt nicht mehr verlustfrei, sondern verzehrt durch den Widerstand R Energie. Dadurch wird sie natürlich geringer, so daß eine Selbsterregung vermieden wird. Der Widerstand R hat die Größenordnung 25 Ohm. Er muß variabel oder auswechselbar sein.

§ 6. Andere Hochfrequenzverstärkungsverfahren, welche Selbsterregung vermeiden.

Fig. 83 zeigt eine eigenartige Hochfrequenzverstärkeranordnung, die von Hoyt erfunden und „Augmentor" genannt worden ist. Die Antenne ist hier aperiodisch angegeben. Die Spule L_1 würde dann 5 bis 10 Win-

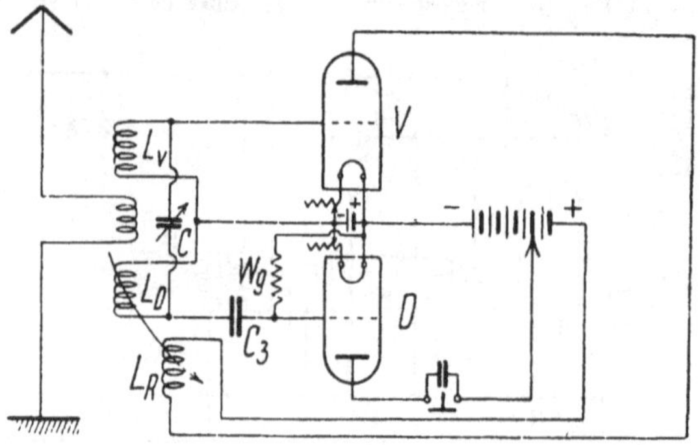

Fig. 83.

dungen haben. Man kann aber die Antenne auch abstimmen, doch ist dann die Strahlungsgefahr größer. Die Sekundarspule, welcher der Abstimmungskondensator C parallel geschaltet ist, ist in zwei Teile L_2

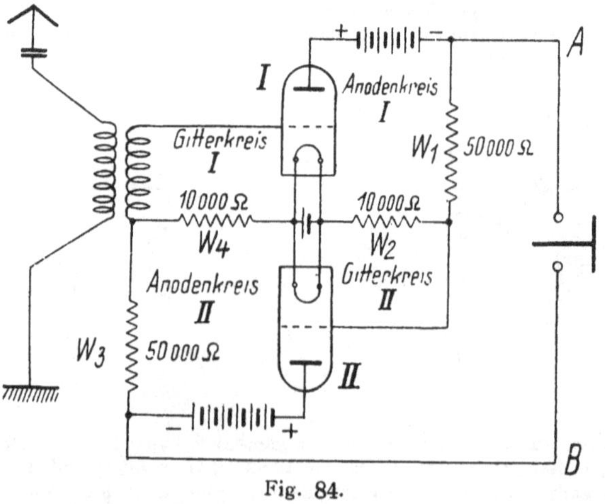

Fig. 84.

und L_3 auseinandergeschoben. Die beiden Röhren werden von der Antennenschwingung im Gegentakt gesteuert. Der Anodenkreis der Röhre I besitzt eine Rückkopplungsspule L_4, welche direkt mit der Spule L_3 gekoppelt ist, die wieder gleichzeitig Gitterspule der als Detektor arbeitenden Röhre II ist. Man kann diese Schaltung sehr leicht erweitern, indem man die Antenne durch eine Hochfrequenzverstärkerstufe ersetzt. Auch für Niederfrequenzverstärkung ist dieses Verfahren verwendbar. Der Vorzug liegt darin, daß man wegen der besseren Verstarkerwirkung weniger Röhren braucht, wodurch man die Nachteile der mehrstufigen Empfanger vermeidet.

Derselbe Gesichtspunkt ist auch bei der Schaltung Fig. 84 maßgebend. Sie heißt „Kallirotron" und ist bemerkenswert, weil sie als Kopplungselemente ausschließlich Widerstände verwendet. Der Anodenkreis jeder der beiden Röhren enthalt zwei in Serie geschaltete Widerstände R_a von 50 000 Ohm und R_g von 10 000 Ohm. An dem Punkt, wo diese beiden Widerstände miteinander verbunden sind, ist jedesmal das Gitter der nächsten Röhre angeschlossen. Der Spannungsabfall des Anodenstromes an dem 10 000 Ohm-Widerstand ist gleichzeitig Gitterspannung für die nachste Röhre. Im Gitterkreis der Röhre I wird zunächst einmal von der Antenne her eine Wechselspannung erzeugt, welche der empfangenen Welle entspricht. Diese Wechselspannung erzeugt im Anodenkreis der Röhre I einen verstärkten Wechselstrom gleicher Form. Durch den Spannungsabfall an dem Widerstand R_g wird an das Gitter der zweiten Röhre eine abermals verstärkte Gitterspannung gebracht, welche wieder einen verstärkten Wechselstrom zur Folge hat. Durch den Widerstand R_g dieser Röhre wird dann der ersten Röhre eine zweite Gitterspannung zugeführt, und der Kreislauf beginnt von neuem. Wir bekommen eine Verstärkung, deren Größe lediglich von der Charakteristik der Röhre abhängt. Man kann also mit diesen beiden Röhren eine ganze Kaskade ersetzen. Der einzige Nachteil ist die Verwendung von zwei Anodenbatterien. Der Fernhörer wird am besten zwischen den Punkten A und B angelegt, weil die beiden Anoden der Röhren in der Phase um 180 Grad verschoben sind, so daß im Telefon die Summe der beiden Anodenspannungen wirksam wird.

II. Kapitel.

Transponierungsempfänger.

§ 1. Die Theorie des Transponierungsempfängers.

Eine vollständige Lösung des Problems, kurze Wellen durch mehrere Kaskaden zu verstärken, ist bisher noch nicht gelungen. Es bietet sich jedoch noch ein anderer Weg, die in der Antenne aufgefangenen schwachen Impulse sehr entfernter Stationen bis zur deutlichen Hörbarkeit zu verstarken. Er besteht darin, daß man die Frequenz der ankommenden Welle verkleinert, und zwar so weit verkleinert, daß eine weitere Verstärkung durch einen mehrstufigen Verstärker auf keine Schwierigkeiten mehr stößt. Dieses Verfahren nennt man Transponierungsempfang. Entnommen ist dies Wort aus der Musik, wo es bedeutet, daß ein Musikstück in einer anderen Tonart gespielt werden soll. Hier soll damit gesagt werden, daß die Modulation der Sprache oder der Musik von der ursprünglichen Trägerwelle auf eine langsamere übertragen werden soll. Die weitere Verstärkung der letzteren kann nach denselben Grundsätzen geschehen, die für gewöhnliche Hochfrequenzverstärkung gelten. Man hat dann nicht mehr mit den Schwierigkeiten zu kämpfen, die durch die Röhrenkapazitäten verursacht werden, weil deren Wirkung infolge der viel geringeren Frequenz unschädlich gemacht ist, so daß solche Verstärker mit erheblich besserem Wirkungsgrad gebaut werden können. Für sie ist die Bezeichnung Zwischenfrequenzverstärker eingeführt worden. Beim Transponierungsempfang hat man dann folgende Stufen zu unterscheiden: Empfang, Frequenzwandlung, Zwischenfrequenzverstärkung, Detektorgleichrichtung und Niederfrequenzverstärkung.

Von besonderem Interesse ist hierbei die Frequenzanderung. Sie laßt sich auf verschiedene Weise erzeugen. Man kann das Verfahren des Schwebungsempfangs benutzen. Dann wird die Zwischenfrequenz dadurch erzeugt, daß der ankommenden Welle, die zunachst ungedämpft angenommen sei, eine im Empfänger erzeugte Welle überlagert, so daß Schwebungen entstehen. Die Schwebungszahl ist bekanntlich gleich der Differenz der Schwingungszahlen. Während man nun beim gewöhnlichen Überlagerungsempfang die Schwebungszahl in den Bereich der hörbaren Töne verlegt, wählt man sie hier viel größer. Diese Schwebungen werden gleichgerichtet. Dann entsteht eine längere Welle mit der Schwebungszahl $f_1 - f_2$, die dem Zwischenfrequenzverstärker zur weiteren Verstärkung zugeführt wird. Man kann diesen so bauen, daß er nur eine einzige Welle gut verstärkt passieren läßt. Es wäre dann die am Empfänger überlagerte Welle so zu wählen, daß $f_1 - f_2$ gleich der Frequenz derjenigen Welle ist, für die der Zwischenfrequenzverstärker gebaut wurde. Dieser so verstärkten Zwischenfrequenzwelle kann dann eine zweite am Empfangsort erzeugte ungedämpfte Welle überlagert

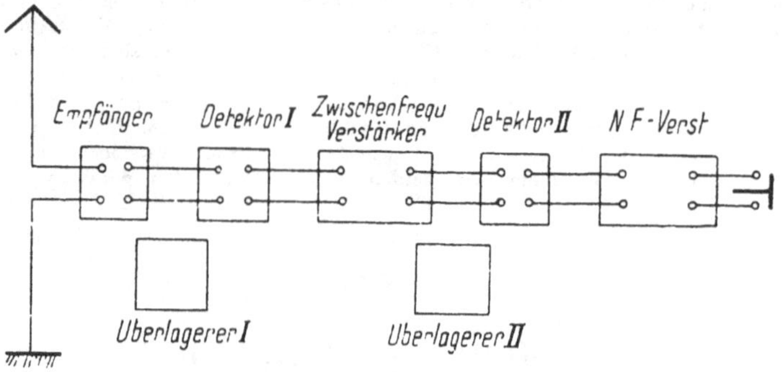

Fig. 85.

werden, welche von der Zwischenfrequenzwelle nur so wenig abweichen darf, daß die Schwebungszahl in den hörbaren Tonbereich fällt. Durch Gleichrichtung in einem zweiten Detektor wird eine niederfrequente Schwingung der Schwebungsfrequenz erhalten, welche durch den Niederfrequenzverstärker weiter verstarkt werden kann. In Fig. 85 ist die Anordnung abgebildet. In Fig. 86 ist der zeitliche Verlauf der Strome in den verschiedenen Teilen des Empfangers wiedergegeben. Die Kurve 86 a zeigt die ankommende ungedampfte Schwingung, 86 b diejenige des Überlagerers, Fig. 86 c die Summe beider, Fig. 86 d die Wirkung des ersten Detektors, Fig. 86 e die daraus resultierende Zwischenfrequenz, Fig. 86 f den vom zweiten Überlagerer herrührenden Strom, Fig. 86 g die Summe beider, Fig. 86 h die Detektorwirkung des zweiten Audions und 86 i schließlich den Telefonstrom. Da vielstufige Kaskaden stets zum Selbsttönen führen, kann man, um die Verstärkung noch weiter zu treiben, das Verfahren der Zwischenfrequenzen mehrmals wiederholen.

In der drahtlosen Telegraphie ist dieses Verfahren schon längere Zeit gebräuchlich, für Telefonie dagegen erst mit Aufkommen des Rundfunks. Wie sich die Verhältnisse bei Telefonieempfang gestalten, ist aus Fig. 87 zu sehen. In Fig. 87 a ist die ankommende Welle dargestellt, die aber jetzt durch Sprache oder Musik moduliert ist. Wird sie mit der im Empfanger erzeugten ungedämpften Welle Fig. 87 b zusammengestellt, so entsteht der zeitliche Verlauf 87 c. Wir erkennen in Fig. 87 c Schwebungen, die ihrerseits wieder gemäß der Sprache oder der Musik moduliert sind. Durch die Detektorgleichrichtung entsteht ein Anodenstrom in der Detektorröhre nach Fig. 87 d. Der Mittelwert der Schwebungen ist gestrichelt eingezeichnet, ebenso die Modulation. Durch Resonanzabstimmung vor dem Zwischenfrequenzempfanger wird die doppelte Schwebungsfrequenz diesem zugeführt und zwar ebenfalls genau wie Fig. 87 a moduliert. Fig. 87 e zeigt die Kurve. Fig. 87 f zeigt dann den Anodenstrom im zweiten Detektor und 87 g den resultierenden Telefonstrom.

Der Superheterodyne-Empfanger hat außer der Tatsache, daß die Zwischenfrequenzverstarkung beliebig weit getrieben werden kann, noch

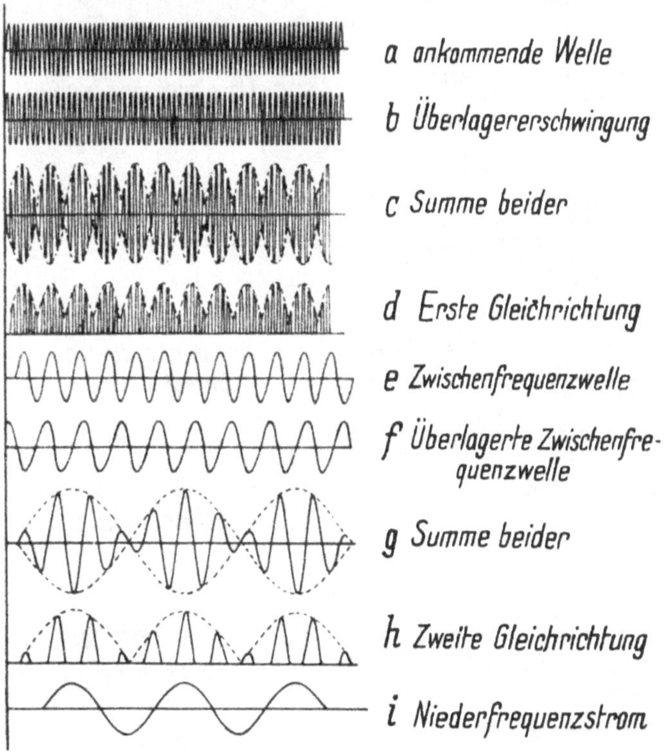

Fig. 86.

mehrere andere Vorzüge. Zunächst ist seine außerordentliche Abstimmschärfe hervorzuheben. Diese folgt aus dem dabei zur Anwendung gelangenden Überlagerungsprinzip. Die Frequenz der aufgefangenen Welle sei f, die Überlagerungswelle habe die Frequenz $f_{ü}$ so daß die Zwischenfrequenz f_z gegeben ist durch:

1) $$f_z = f - f_{ü}.$$

Nun soll angenommen werden, daß ein Störsender mit der von f nur sehr wenig abweichenden Störfrequenz f_s und großer Energie auf den Empfanger einwirkt. Die Verstimmung wird in Prozenten ausgedrückt und soll hier p% betragen, wo

2) $$p = \frac{f - f_s}{f} \cdot 100.$$

Diese Störfrequenz setzt sich mit der Überlagerungswelle zu einer Zwischenfrequenz

3) $$f_z' = f_s - f_ü$$

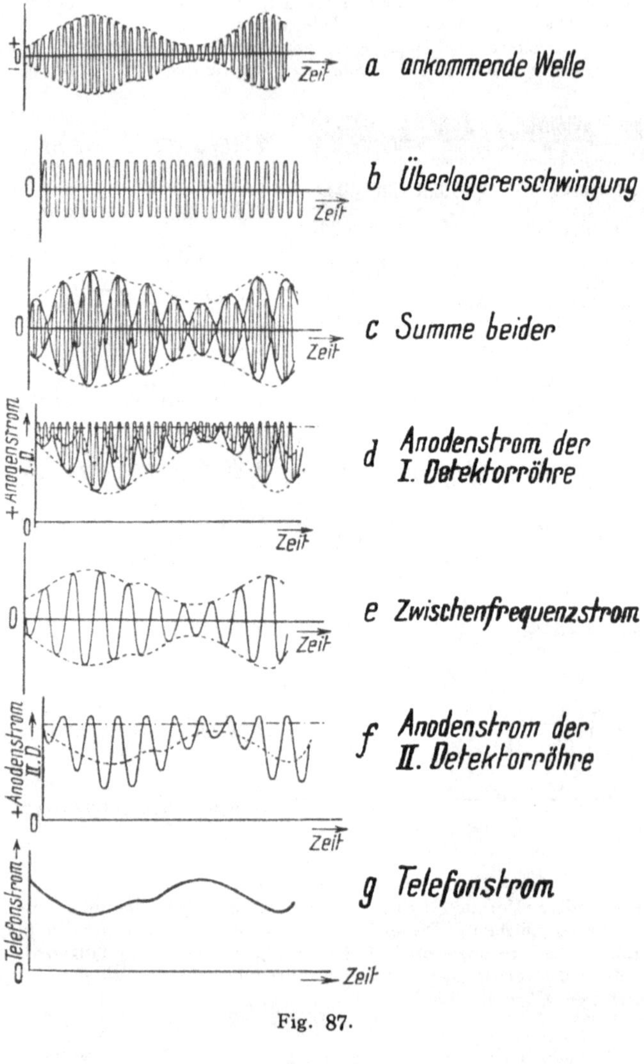

Fig. 87.

zusammen, welche nun auf den Eingangskreis des Zwischenfrequenzempfängers einwirkt. Dieser ist auf f_z abgestimmt, so daß die Verstimmung

4) $$q = \frac{f_z - f_z'}{f_z} \cdot 100$$

Prozent betragt. Setzen wir hier die Werte für f_z und f_z' aus Gleichung 1 und 3 ein, so wird

5) $$q = \frac{f - f_s}{f - f_ü} \cdot 100 = \frac{f - f_s}{f} \cdot 100 \cdot \frac{f}{f - f_ü} = \frac{f}{f - f_ü} \cdot p$$

6) $$q\% = \frac{p \cdot f}{f_z} \%.$$

Die Verstimmung des Empfängers gegen den Störsender wird also durch die Transponierung im Verhältnis der Empfängerfreqenz zur Zwischenfrequenz vergrößert. Da die letztere sehr klein ist im Verhältnis zur ersteren, so ist die Vergrößerung der Verstimmung sehr bedeutend. Noch günstiger werden die Verhältnisse dadurch, daß die Dämpfung der Zwischenfrequenzkreise bedeutend geringer gehalten werden kann als die der Antenne. Die obigen Berechnungen gelten allerdings nur unter der Voraussetzung, daß die Überlagerungsfrequenz entweder kleiner als die Empfangsfrequenz und die Störfrequenz ist oder größer als beide, aber

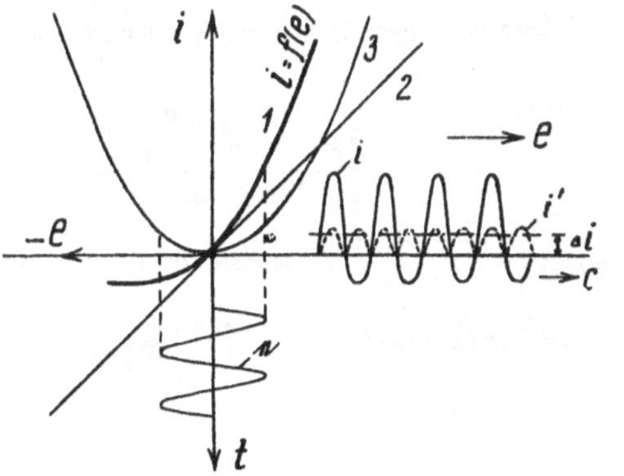

Fig. 88.

nicht, wenn sie zwischen beiden liegt. Dieser Fall ist indessen weniger von Bedeutung, denn man kann die Überlagerungsfrequenz ja stets danach wählen. Sie muß nur auf jeden Fall genau um die Zwischenfrequenz f_z, die ja fest ist, größer oder kleiner sein als die Empfangsfrequenz. Beide Einstellungen sind im allgemeinen gleich berechtigt. Jedoch ist hierbei zu berücksichtigen, daß die lokale Überlagerungswelle auch Oberwellen hat, von denen sich die eine oder die andere mit irgendeiner nicht gewünschten Senderwelle oder Oberwelle eines anderen Senders ebenfalls zufällig gerade zur Zwischenfrequenz f_z zusammensetzen kann. Man wird also manchmal aus solchen Gründen ausprobieren müssen, ob es günstiger ist, den Überlagerer nach oben oder nach unten gegen die Empfangswelle zu verstimmen.

Die hier dargelegte Abstimmschärfe berührt übrigens nicht die Empfindlichkeit gegen atmosphärische oder andere Störungen, die vielleicht noch größer ist als bei anderen empfindlichen Schaltungen. Das folgt schon daraus, daß dieser Empfänger schon auf sehr geringe Impulse ansprechen soll. Einigermaßen wettgemacht wird dieser Nachteil dadurch, daß der Rahmen benutzt werden kann.

Ein weiterer durch seine physikalischen Eigentümlichkeiten begründeter Vorzug des Superheterodyneempfängers ist die größere Empfindlichkeit gegen kleine Empfangsintensitäten. Damit die Modulation der empfangenen

Welle auf die Zwischenfrequenz getreu übertragen werden kann, ist es nötig, daß vorher eine Gleichrichtung stattfindet. Die ankommende Welle muß also durch einen Detektor hindurchgehen. Trotzdem ist die Empfindlichkeit infolge der Überlagerung großer, als dies sonst beim Detektor der Fall wäre.

Das folgt aus einer genaueren Berechnung des Gleichrichtereffektes. Ein solcher ist stets gegeben, wenn eine Stromspannungskurve gekrümmt ist, und zwar in um so größerem Maße, als die Krümmung wachst. Im allgemeinen Falle ist der Strom eine nicht lineare Form der Spannung, also in Fig. 88 durch eine gekrümmte Kurve 1, die sogenannte Charakteristik, gegeben

7) $$i = f(e).$$

Ändert sich die Spannung um einen gewissen Wert, z. B. um eine angelegte Wechselspannung $\mathfrak{e}$, so wird sich auch der Strom um einen Betrag i' andern, der aus einem Gleich- und einem Wechselstrom besteht.

8) $$i + i' = f(e + \mathfrak{e})$$

Für nicht zu große Spannungen η konnen wir die rechte Seite in eine Reihe entwickeln

9) $$i + i' = f(e) + \mathfrak{e} f'(e) + \frac{\mathfrak{e}^2}{2!} f''(e) + \ldots$$

Daraus folgt

10) $$i' = \mathfrak{e} f'(e) + \frac{\mathfrak{e}^2}{2!} f''(e) + \ldots$$

Der Gleichrichtereffekt ist dann der Mittelwert aus der Stromänderung, also

11) $$i'_{\text{mittel}} = \mathfrak{e}_{\text{mittel}} f'(e) + \frac{\mathfrak{e}^2_{\text{mittel}}}{2} f''(e) + \ldots$$

Da die Spannungsanderung sinusförmig ist, also

12) $$\mathfrak{e} = E_0 \sin \omega t,$$

so ist der Mittelwert von $\mathfrak{e}$ Null, während der Mittelwert von $\mathfrak{e}^2$ gegeben ist durch $\frac{1}{2} E_0^2$, nämlich gleich dem Quadrat des Effektivwertes. Brechen wir die Reihe hinter $\mathfrak{e}^2$ ab, was bei kleinem $\mathfrak{e}$ statthaft ist, zumal der Mittelwert aus $\mathfrak{e}^3$ wieder Null sein würde, so ergibt sich für den Gleichrichtereffekt Δi:

13) $$\Delta i = \frac{E_0^2}{4} \cdot f''(e) = K \cdot E_0^2.$$

Der Gleichrichtereffekt ist also proportional dem Quadrat der Wechselspannung. Der Faktor K hängt von der Krümmung der Charakteristik ab.

Man kann sich diese Verhältnisse auch rein geometrisch deuten, indem man sich die Charakteristik 1 in Fig. 88 in eine gerade Linie 2 und eine Kurve 3, eine Parabel, zerlegt denkt. Wenn man die Kurven 2 und 3 addiert, erhält man in der Tat wieder die Kurve 1. Inbezug auf die Gleichrichterwirkung ist die gerade Linie 2 wirkungslos, so daß der ganze Gleichrichtereffekt durch die Kurve 3 gegeben wird. In Fig. 88 ist eine sinusförmige Spannung $\mathfrak{e}$ angenommen. Für die positiven wie für die negativen Scheitelwerte der Spannung hat dann der Strom denselben Wert. Man kann den zeitlichen Verlauf des Stromes i' leicht konstruieren (in Fig. 88 die gestrichelte Kurve). Sein Mittelwert Δi ist in der Figur strichpunktiert eingezeichnet und stellt den Gleichrichtereffekt dar. Der durch die Kurve 3 dargestellte Strom wächst quadratisch mit der Spannung an, desgleichen der Scheitelwert des Stromes i' und dessen Mittelwert Δi, so daß wir auch auf diese Weise zu einer Formel

$$14)\qquad \Delta i = K E_0^2$$

gelangen. Wir sehen, daß die Ableitung gültig bleibt, soweit die Kurve 1 die Summe von 2 und 3 ist. Für große Scheitelwerte der Spannungen trifft das nicht mehr zu. Diese Beschränkung deckt sich mit dem Abbrechen der Reihen 9) und 10) nach dem quadratischen Glied. Der wirkliche zeitliche Verlauf des Stromes ist aus der Kurve 1 zu konstruieren und durch die ausgezogene Kurve i dargestellt

Die am häufigsten verwendeten Detektoren sind der Kristalldetektor, der Richtverstarker und das Audion. Der Faktor K hangt beim Kristalldetektor von der Krümmung der Charakteristik des Detektorstromes ab, beim Richtverstärker von der Krummung der Anodenstromkennlinie und Anodenstromkennlinie in Abhangigkeit von der Gitterspannung und beim Audion von der Krümmung der Gitterstrom-Gitterspannungskurve. Die genauen Werte sind für die drei Detektoren

$$15)\qquad \text{I. Kristalldetektor}\qquad \Delta i_D = \frac{E_0^2}{4}\,\frac{d^2 i_D}{de_0^2}$$

$$16)\qquad \text{II. Richtverstarker}\qquad \Delta i_a = \frac{E_0^2}{4}\,\frac{d^2 i_a}{de_g^2}$$

$$17)\qquad \text{III Audion}\qquad \Delta i_a = \frac{E_0^2}{4}\,\frac{d^2 i_g}{de_g^2}\cdot\left(\frac{S}{\frac{1}{R_g}+\frac{di_g}{de_g}}\right)$$

Das Verhalten des Detektors ändert sich wesentlich, wenn im Empfanger der ankommenden Welle eine von dieser nur wenig abweichende Hilfsfrequenz überlagert wird. Die Empfangsschwingung sei

$$18)\qquad E_1 \cos\omega_1 t = E_1 \cos(\omega_m + \omega_d)t,$$

die Hilfsfrequenzschwingung

$$19)\qquad E_2 \cos\omega_2 t = E_2 \cos(\omega_m - \omega_d)t,$$

wenn wir die Abkürzungen einführen:

$$20)\qquad \omega_m = \frac{\omega_1 + \omega_2}{2};\quad \omega_d = \frac{\omega_1 - \omega_2}{2}$$

Die gesamte an den Detektor gelangende Spannung läßt sich dann darstellen durch:

$$21)\qquad e = \cos\omega_m t\,(E_1 + E_2)\cos\omega_d t - (E_1 - E_2)\sin\omega_m t \sin\omega_d t$$

Hierfür können wir auch schreiben

$$22)\qquad e = \sqrt{E_1^2 + E_2^2 + 2E_1E_2\cos 2\omega_d t}\,\cos(\omega_m t - \psi), = E_0\cos(\omega_m t - \psi),$$

wo

$$23)\qquad \operatorname{tg}\psi = \frac{E_1 - E_2}{E_1 + E_2}\operatorname{tg}\omega_d t.$$

ψ wird, besonders wenn E_1 und E_2 nicht sehr verschieden sind, gegen ω mt zu vernachlässigen sein. Die Frequenz ω_d ist klein gegen ω_m, da ja ω_1 und ω_2 nur wenig voneinander abweichen sollen. Infolgedessen kann man die Amplitude E_0 während einer Periode von ω_m als konstant ansehen. Der Mittelwert von η ist dann gegeben durch $\frac{E_0^2}{2}$.

Setzen wir nun den Wert für E_0^2 aus Gleichung 22) in unsere Detektorgleichung 13) ein, so ergibt sich

$$24)\qquad \Delta i = \frac{E_1^2 + E_2^2 + 2 E_1 E_2 \cos 2 \omega_d t}{4} K.$$

Der hier in Betracht kommende Teil des Gleichrichtereffektes ist das sich mit der Schwebungsfrequenz $2\omega d$ ändernde Glied, so daß

$$25)\qquad \Delta i = \frac{K . E_1 E_2}{2} \cos 2 \omega_d t.$$

Ist insbesondere die ankommende Welle moduliert, z. B. durch eine niederfrequente Schwingung der Frequenz Ω, so lautet ihr mathematischer Ausdruck:

$$26)\qquad e_1 = (e + E \cos \Omega t) \cos \omega_1 t.$$

also

$$27)\qquad E_1 = e + E \cos \Omega t.$$

Setzen wir diesen Wert in Gleichung 25) ein, so erhalten wir für den Gleichrichtereffekt

$$28)\qquad \Delta i = \frac{K E_2}{2} (e + E \cos \Omega,) \cos 2 \omega_d t.$$

Die Überlagerungsschwingung $2\omega_d$ erscheint also genau so moduliert wie die Empfangswelle, und wir erkennen, daß die Amplitude um so mehr verstärkt wird, je größer die Amplitude der Hilfsschwingung wird, ohne daß dadurch die Modulation, also das Verhältnis von e zu E, verändert wird. Dies Resultat können wir ohne weiteres auch dann als richtig annehmen, wenn die Modulation aus einer Reihe von zusammengesetzten Schwingungen besteht, also bei Sprach- und Musikübertragung.

Beim Transponierungsempfang ist $2\omega_d$ die Zwischenfrequenz, und wir erkennen, daß ganz unabhängig von der Art des Detektors der dem Eingangskreis des Zwischenfrequenzverstärkers zufließende modulierte Zwischenfrequenzstrom proportional der primären Spannung ist. Diese Tatsache ist entscheidend für die Überlegenheit des Transponierungsempfanges über den Detektorempfang, bei dem der Gleichrichtereffekt stets quadratisch mit der Primärspannung wächst. Beim Detektor wird die halbe Primärspannung nur ein Viertel des Gleichrichtereffektes hervorrufen und ein Zehntel der Primärspannung sogar nur ein Hundertstel. Mit anderen Worten: Beim Detektor bedeutet zehnfache Hochfrequenzverstärkung, also Verstärkung vor dem Detektor, soviel wie hundertfache Niederfrequenzverstärkung, während es beim Transponierungsempfänger gleichgültig ist, ob wir vor oder hinter dem Detektor verstärken. Da die Hochfrequenzverstärkung aber vielerlei Komplikationen nach sich zieht, besonders bei sehr kurzen Wellen, verwenden wir eben mehrstufige Zwischenfrequenzverstärkung. Der Transponierungsempfänger besitzt also eine größere Empfindlichkeit als der Detektorempfänger und ist daher besonders für geringe Empfangsintensitäten, also größere Reichweiten geeignet. Sobald es sich jedoch um große Empfangsintensitäten handelt, wird man stets besser den Detektor verwenden wegen des quadratischen Wirkungsgesetzes. Demgemäß weisen im Detektorempfänger Sender verschiedener Energie und Entfernung sehr große Lautstärkeunterschiede auf, beim Transponierungsempfänger dagegen weniger.

Für den zweiten Detektor des Transponierungsempfängers, der zwischen Zwischenfrequenz- und Niederfrequenzverstärker liegt, bedeutet der Zwischenfrequenzverstärker nach dem eben Gesagten genau soviel wie der Hochfrequenzverstärker für den gewöhnlichen Detektor, so daß wir trotz des ersten Detektors beim Transponierungsempfänger den Vorteil haben, die Hochfrequenzverstärkung in das Gebiet der bequemeren langen Wellen verlegen zu können, so daß das hier entwickelte Verfahren mit Recht als Lösung des Hochfrequenzverstärkerproblems angesehen werden kann.

Durch die Überlagerung entsteht nun nicht nur die Differenzfrequenz, sondern auch die Summenfrequenz. Man könnte auch die letztere weiter verstärken. Dann müßte man dafür sorgen, daß zur Empfangsfrequenz stets eine örtlich erzeugte Frequenz hinzutritt, die zu der ersteren hinzuaddiert, stets einen konstanten Wert ergibt, z. B. 3 Millionen pro Sekunde Das entspricht einer Wellenlange von 100 m. Der sich anschließende Hochfrequenzverstärker brauchte also nur diese 100 m-Welle richtig und gut zu verstärken Das hatte den Vorteil, daß man auf diese Weise die störenden Interferenzen mit den Oberwellen, die man bei dem Superheterodyne so haufig beobachtet, vermeidet. Eine Lösung des Hochfrequenzverstärkerproblems kann dieses, „Infradyne" genannte Verfahren, allerdings nicht darstellen. Die Schwierigkeit, die resultierende kurze Summenwelle weiter zu verstarken, ist dieselbe, wie beim Hochfrequenzverstarker überhaupt

§ 2. Der gewöhnliche Transponierungsempfänger.

Für das Prinzip des Superheterodyne-Empfängers ist die Art des Detektors gleichgultig, so daß auch ein gewöhnlicher Kristalldetektor für diesen Zweck verwendbar ist. Auch dessen Empfindlichkeit wird durch die Überlagerung der lokalen ungedampften Welle in der angegebenen Weise gesteigert In Fig. 89 ist ein solcher Empfanger im Prinzip angegeben.

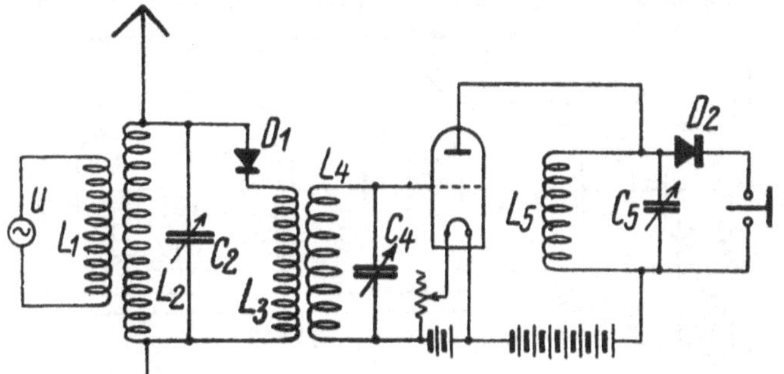

Fig 89.

Der Überlagerer ist dabei beliebig. Man kann z. B. auch einen schwingenden Kristall oder dgl. für die Erzeugung der Hilfsfrequenz heranziehen. Aus dem Detektorkreis tritt die modulierte Zwischenfrequenz in den Gitterkreis der Verstärkerrohre ein. Der Gitterkreis $L_4 C_4$ ist auf die Zwischenfrequenz abgestimmt, ebenso der Anodenkreis der Röhre $L_5 C_5$, an welchen der zweite Detektor angekoppelt ist. Fig. 90 zeigt einen nach einem ähnlichen Verfahren arbeitenden Einröhren-Superheterodyneempfänger. Die Hilfsfrequenz wird durch einen gewöhnlichen Rückkopplungsüberlagerer erzeugt, welcher mit der Spule L_1 des ersten Detektorkreises gekoppelt ist. Die Zwischenfrequenz wird durch den Hochfrequenztransformator $L_4 L_5$ auf den Zwischenfrequenzkreis $L_5 C_5$ übertragen. Ein Zwischenfrequenzverstarker fallt also hier fort. Es handelt sich nur um einen Zwischenfrequenz e m p f a n g.

Gewöhnlich wird man beim Superheterodyneempfanger als Detektor keinen Kristall verwenden, sondern einen Röhrendetektor. Dieser kann in bekannter Weise als Audion geschaltet sein. Zuweilen pflegt man jedoch eine andere Schaltung vorzuziehen, die unter dem Namen „Richtverstarker"

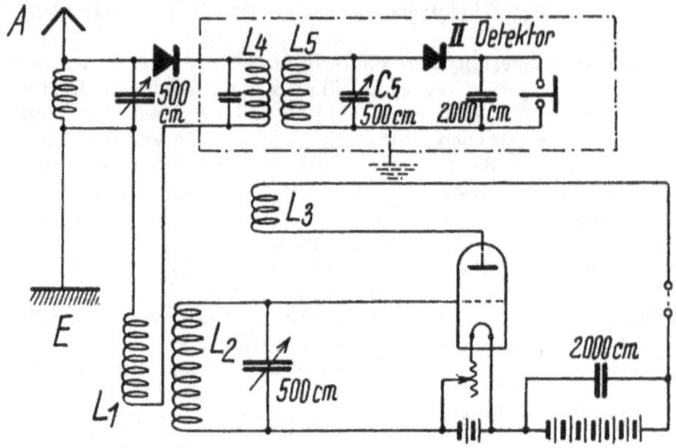

Fig. 90.

bekannt ist. Sie kommt in Fig. 91 zur Anwendung. Die Rohre ist hier wie eine gewöhnliche Hochfrequenzverstarkerröhre geschaltet, nur werden Gittervorspannung und Anodenspannung so gewahlt, daß man am unteren Knie der Anodenkennlinie arbeitet. Gleichrichtend wirkt hier

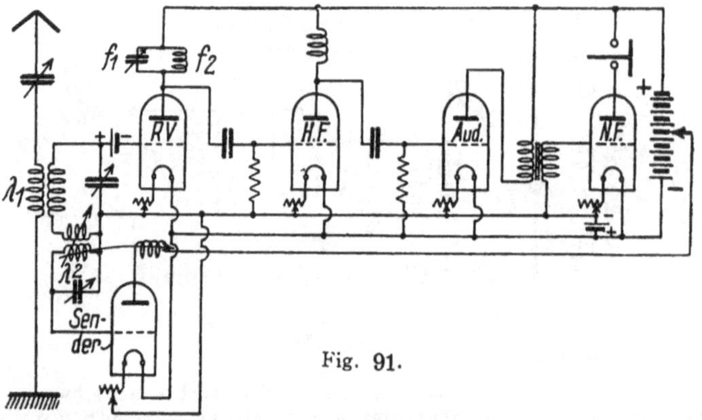

Fig. 91.

also die Krümmung der Anodenstrom-Gitterspannungskurve. Im allgemeinen ist aber das Audion als empfindlicher vorzuziehen.

Die Hilfsfrequenz wird am praktischsten immer durch eine Röhre erzeugt. Dabei sind alle Verfahren brauchbar, welche zur Schwingungserzeugung überhaupt dienen können. Vorbedingung ist, daß der Hilfssender über den ganzen Wellenbereich, der gewünscht wird, auch wirklich schwingt. Das einfachste Verfahren ist die gewöhnliche Rückkopplungsschaltung mit dem Schwingungskreis am Gitter, wie sie in Fig. 90 benutzt worden ist. In Fig. 88 ist ebenfalls die einfache Rückkopplungsschaltung verwendet worden, nur ist hier der Hilfssender mit der ganzen Apparatur zu einem einheitlichen Gerät verbunden, während in Fig. 87 der Überlagerer ein getrenntes Gerät ist, welches mit dem eigentlichen Empfänger gekoppelt wird. Was praktischer ist, hängt von den Umständen ab. Es lassen sich allgemeine Richtlinien nicht angeben. In der Schaltung der Fig. 91 dient also die untere Röhre zur Erzeugung der Hilfsschwingung, die darüber befindliche zur Gleichrichtung als Richtverstärker. Im Anodenkreis dieser Röhre befindet sich ein auf die Zwischenfrequenz abgestimmter Schwingungskreis, welcher zugleich Sperrkreis ist für die weitere Zwischenfrequenzverstärkung, die durch die nächste Röhre besorgt wird. Um eine Selbsterregung zu verhindern, arbeitet die letzte Röhre nur mit Hochfrequenzdrossel im Anodenkreis. Die dritte obere Röhre ist Audion, die vierte Niederfrequenzverstärker. In diesem typischen Beispiel wird also jede der Funktionen des Superheterodyne-Empfangers durch eine einzige Röhre ausgeübt. In der ersten Röhre, welche als Detektor und gleichzeitig auch als Hoch-

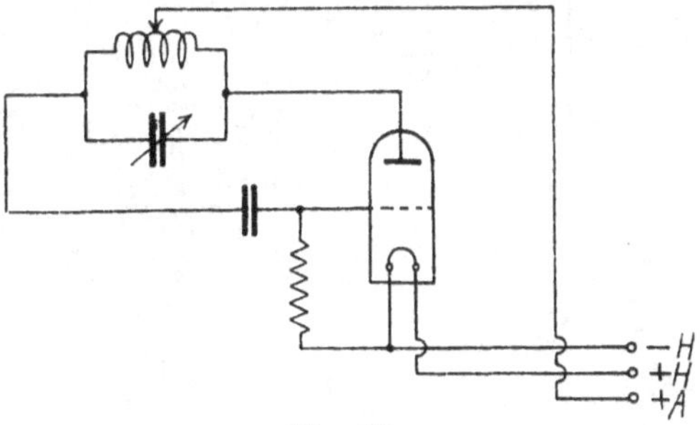

Fig. 92.

frequenzverstarker dient, werden die ankommenden modulierten und die im Hilfssender erzeugten Wellen gewissermaßen gemischt, weshalb man diese Röhre auch „Mischröhre“ genannt hat.

In Fig. 93 ist eine Schaltung wiedergegeben, bei welcher der Hilfssender in der sogenannten „Dreipunktschaltung“ oder Spannungsteilerschaltung angegeben ist. Bemerkenswert ist an dieser der Umstand, daß der Empfänger aus drei vollkommen getrennten Teilen besteht, dem Hilfssender, dem eigentlichen Empfänger mit Detektor und dem Zwischenfrequenzverstärker. Die Zwischenfrequenzverstarkerschaltung zeigt hier in der ersten Röhre einen abgestimmten Gitter- und Sperrkreis, durch welche zwei Abstimmöglichkeiten eine genügende Selektivität gewährleistet wird. Die beiden anderen Zwischenfrequenzverstärkerstufen arbeiten mit einer Drossel im Anodenkreis.

Als Schwingungserzeuger kommen im allgemeinen diejenigen Schaltungen am ehesten in Betracht, bei denen die Welleneinstellung durch die Rückkopplung nicht beeinträchtigt wird. Vorteilhaft ist für diesen Zweck die sogenannte „Ultraaudionschaltung“ Fig. 92. Die Gitterkondensator von 200 bis 1000 cm soll verhindern, daß die Anodenspannung an das Gitter gelangt. Der Gitterableitungswiderstand von 2 Megohm soll die negativen Aufladungen des Gitters beseitigen. Wenn man die Spule in der Mitte anzapft, so tritt leicht eine Überkopplung bei kleiner Schwingungskreiskapazität ein, wodurch Pendelerscheinungen hervorgerufen werden. Deshalb verschiebt man die Abzweigstelle nach dem Gitter zu. Für einen Wellenbereich von 200 bis 550 m mit einem Drehkondensator von 500 cm Kapazität eignet sich eine Zylinderspule von 60 mm Durchmesser und 50 Windungen, die nach der zwölften Windung vom Gitter aus gerechnet eine Zapfstelle haben. Die Drahtstärke beträgt 0,4 mm. Eine

Variation dieser Schaltung ist von Lacault entwickelt worden und in Fig. 94a dargestellt. Streng genommen ist das eine ganz gewöhnliche Rückkopplungsschaltung, bei der der Schwingungskreis L_1 C_1

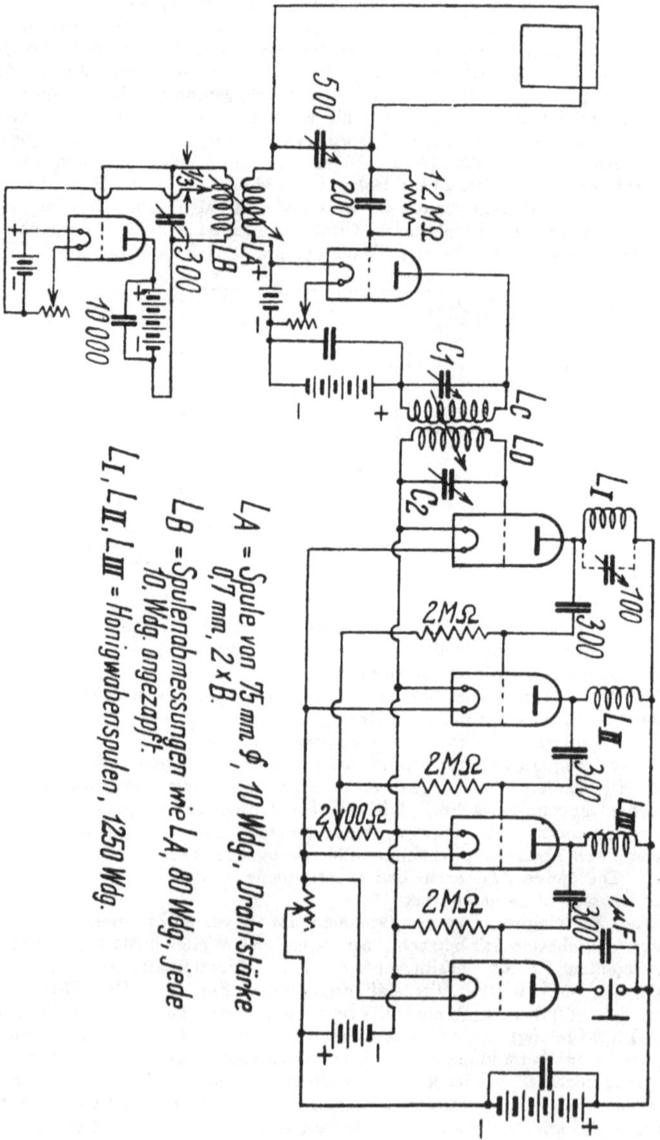

Fig. 93.

zwischen Gitter und Heizfaden liegt und zwischen Anodenbatterie und Heizbatterie ein Kondensator C_2 angebracht ist. Sie soll eine Rückkopplung ermöglichen, ohne daß eine Wellenänderung eintritt. Die

Spule L_1 besitzt 30, die Spule L_2 34 Windungen. C_1 und C_2 haben je 100 cm Kapazität. Die beiden Spulen sind in demselben Sinne auf einen 75 mm dicken Zylinder mit 0,4 mm dickem Draht aufgewickelt. Die Kopplung zwischen diesen Spulen und der Audionspule des Empfängers geschieht am besten in Form eines Variokopplers, wie in Fig. 94 b angegeben. Eine Abart dieser Schaltung findet sich in dem häufig verwendeten Superheterodyneempfänger der Fig. 95. Auch hier ist die Kopplung zwischen Überlagerer und Audion rein induktiv. Der Zwischenfrequenzempfänger arbeitet mit aperiodischen Transformatoren. Eine interessante Abweichung zeigt der in Fig. 96 abgebildete „Superhuth-Empfanger" insofern, als die Kopplung zwischen Überlagerer und Audion gleichzeitig induktiv und galvanisch geschieht. Das wird dadurch erreicht, daß der Rahmen angezapft und über eine Spule, von welcher die Kopplung durch einen Steckkontakt abgegriffen werden kann, zum Heizfaden geführt wird. Die Audionschaltung selbst ist ebenfalls eine Dreipunktschaltung, so daß durch den Kondensator C_r eine Rückkopplung und damit Dämpfungsverminderung zu erreichen ist. Die Transformatoren der Zwischenfrequenzverstärker sind abgestimmt.

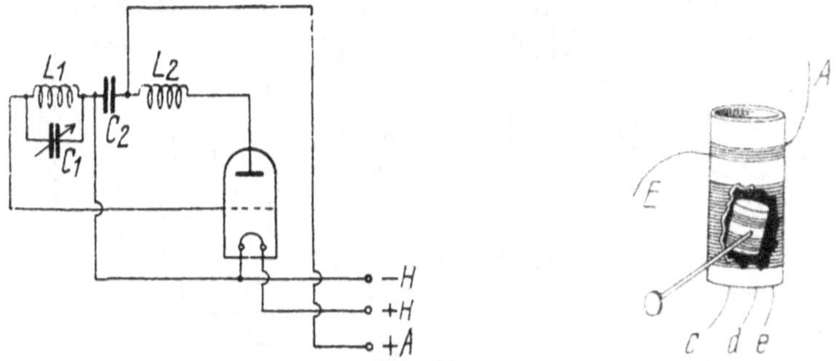

Fig. 94.

Fig. 97 zeigt die „Balance - Schaltung" von Levi, Schrack und Turner für die Erregung der Hilfsschwingung. Sie braucht nur eine Spule, die leicht ausgewechselt werden kann, so daß man mit diesem Sender sehr leicht jede Welle erzeugen kann, denn die Schwingungen setzen bei jeder Kondensatorstellung ein. Allerdings hat diese Schaltung den Nachteil, daß man zwei Röhren verwenden muß. Am besten dürfte sich die Doppelgitterröhren-Überlagererschaltung von Numans, welche im fünften Kapitel näher besprochen wird, als Überlagerer eignen.

Für das gute Arbeiten des Empfängers kommt es sehr auf die Kopplung zwischen Überlagerer und Audion an. Die Kopplung ist kritisch, muß also veränderlich gestaltet sein. Bisher haben wir nur Schaltungen mit induktiver oder direkter Kopplung kennengelernt. Leichter ist sie jedoch regulierbar, wenn man sie kapazitiv gestaltet. Fig. 98 zeigt ein Ausführungsbeispiel dieses Gedankens. Über den Kondensator C_x kann die in dem Schwingungskreis $L_2 C_2$ erzeugte Überlagerungsschwingung dem Gitterkreis zugeführt werden. Die Kopplung wird fester, wenn man C_x größer macht und umgekehrt. C_x soll eine Maximalkapazität von 45 cm haben. Die Anschaltung des Rahmens geschieht ähnlich wie beim Superhuth. Durch den Kondensator C_n kann eine Rückkopplung zwecks Dämpfungsverminderung eingestellt werden. Häufig besteht jedoch für die Audionröhre die Gefahr der Selbsterregung, so daß man mit diesem veränderlichen Kondensator C_n nicht die Rückkopplung einstellen, sondern gerade neutralisieren wird. Man erkennt in dieser Schaltung die Neutrodyne-Schaltung der Fig. 53 leicht wieder.

Normalerweise wird man die Hilfsfrequenz vor dem Detektor dem Empfanger zuführen, da jener ja das Gemisch beider gleichrichten

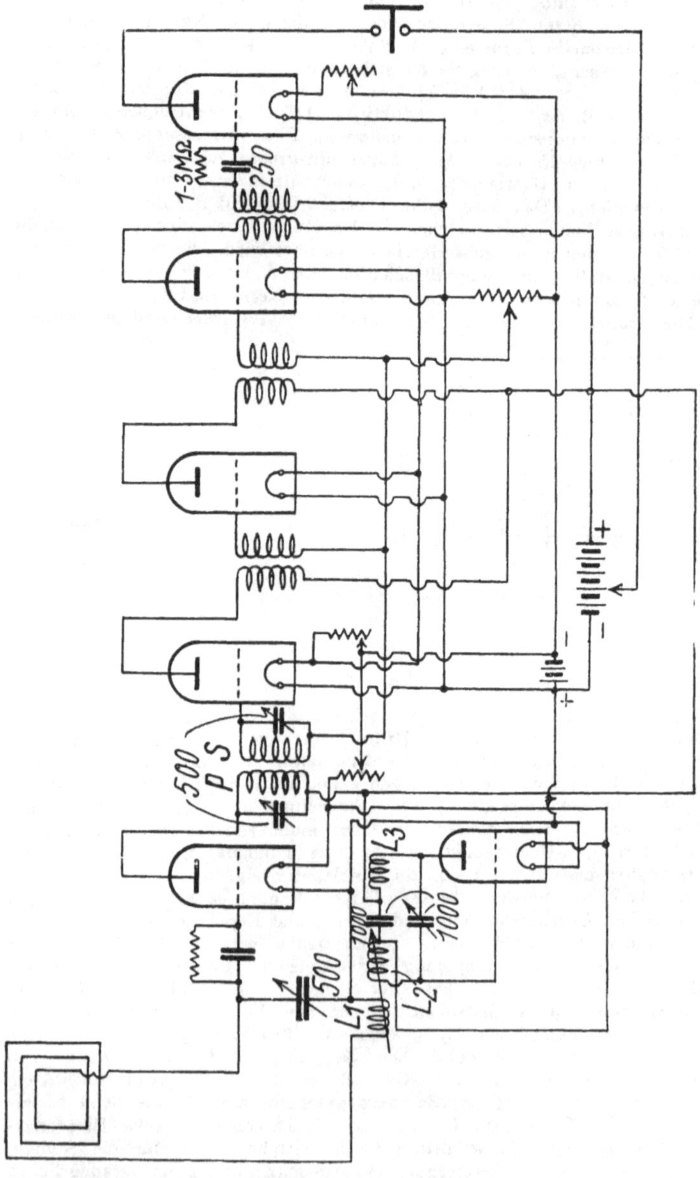

Fig. 95.

soll Der Nachteil aller dieser Schaltungen ist jedoch, wenn man nicht mit Rahmen arbeitet, die Gefahr der Ausstrahlung. Es ist deshalb vorgeschlagen worden, die Überlagerungsfrequenz erst dem Anodenkreis der Detektorröhre zuzuführen. Eine Detektorwirkung findet ja auch im Anodenkreis statt, weil die Elektronen immer nur vom Gitter zur Anode gehen können und nicht umgekehrt. Fig. 99 zeigt eine solche Schaltung. Die ankommende Welle wird auf gewöhnliche Weise durch das Audion

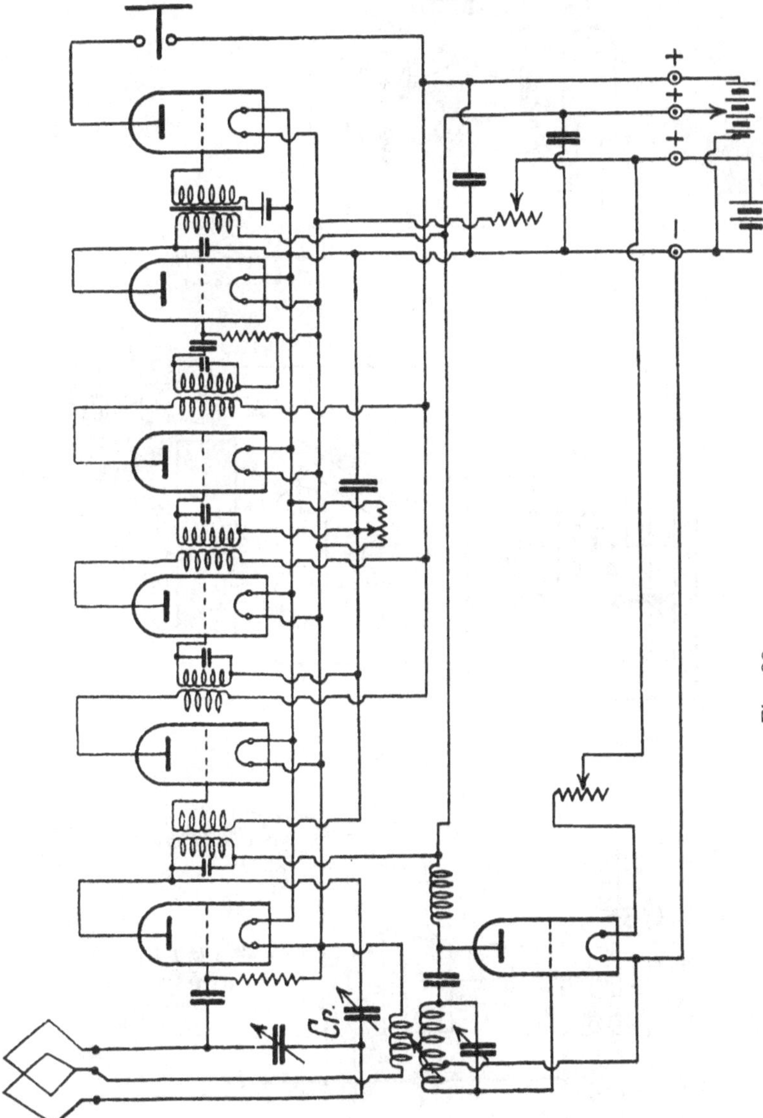

Fig. 96.

gleichgerichtet, die Überlagererwelle durch Anodengleichrichtung. Die Kopplungsspule L_3 hat zweckmäßig dieselbe Größe wie die Gitterspule L_2. Die weitere konsequente Durchführung des diesem Verfahren zugrunde liegenden Gedankenganges führt zur sogenannten Ultradyneschaltung. S. § 4.

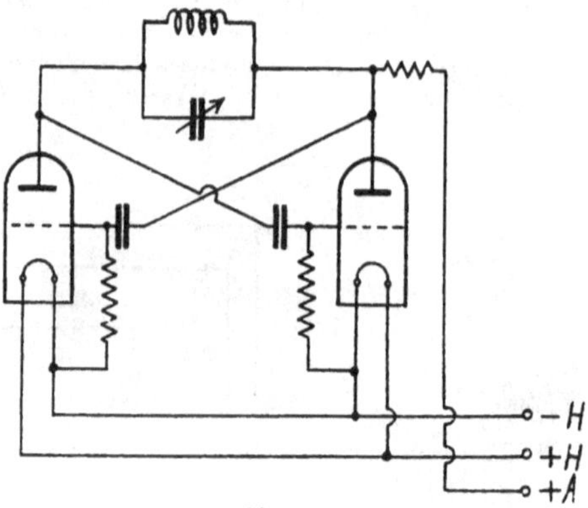

Fig. 97.

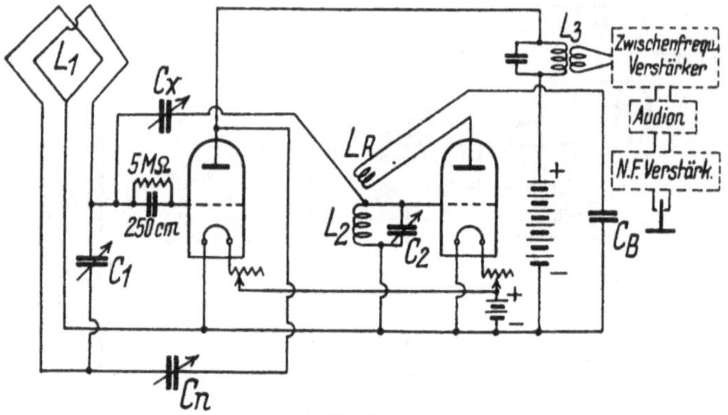

Fig. 98.

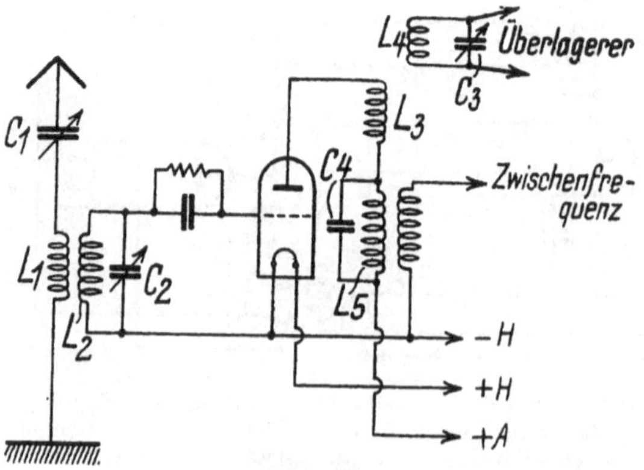

Fig. 99.

§ 3. Transponierungsempfänger mit Selbstüberlagerung.

Will man jede der einzelnen Funktionen des Superheterodyneempfangers durch eine oder mehrere Röhren ausführen lassen, so gelangt man zu einem nicht ungewöhnlichen Röhrenaufwand. Es liege nahe, zu versuchen, mehrere Funktionen in einer einzigen Röhre zu vereinigen. Nach dieser Richtung hin sind eine ganze Reihe von Vorschlägen gemacht worden, die im Folgenden behandelt werden. Von vornherein sei bemerkt, daß es beim Superheterodyneempfänger niemals angebracht sein kann,

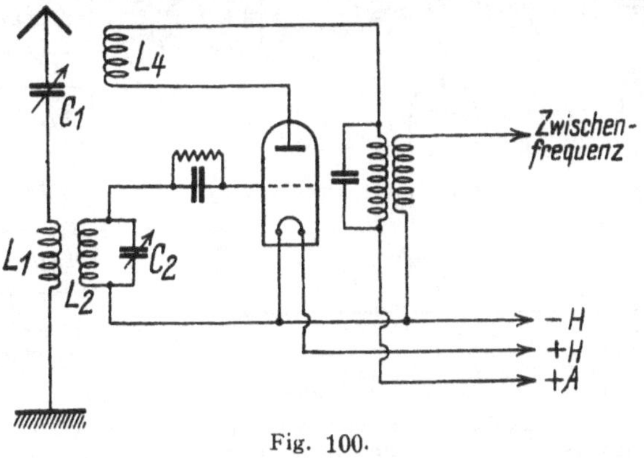

Fig. 100.

Rohren zu sparen, wenn damit auch nur der geringste Nachteil verbunden ist; denn der immerhin auch dann noch bleibende erhebliche Aufwand würde sich nur rechtfertigen, wenn wirklich das Bestmögliche aus dem Apparat herausgeholt würde.

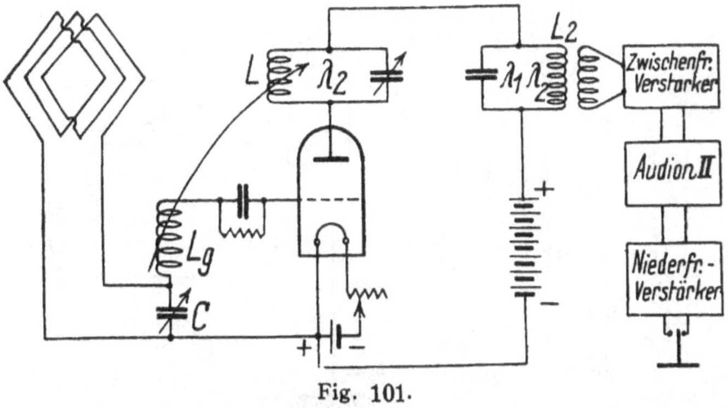

Fig. 101.

Die einfachste Anwendung dieses ökonomischen Gedankens ist das gewöhnliche rückgekoppelte Audion, wie es in Fig. 100 dargestellt ist. Die erste Röhre dient hier gleichzeitig als Audion und als Schwingungserzeuger. Da die Überlagererwelle um die Zwischenfrequenz gegen die Empfangswelle verstimmt sein muß, so muß der Kreis $L_2 C_2$ gegen die Antenne verstimmt sein. Das Audion arbeitet also nicht mehr in Resonanz; infolgedessen muß die Antenne mit dem Sekundärkreis sehr fest gekoppelt werden, damit eine genügend starke Empfangsschwingung überhaupt an das Audion gelangt. Diese feste Kopplung ist aber insofern wieder ein Nachteil, weil dadurch die Strahlungsgefahr vergrößert wird. Man sollte daher diese Schaltung nur in Verbindung mit dem Rahmen benutzen. In Fig. 101 wird der Nachteil der Verstimmung vermieden, indem der abgestimmte Anodenkreis auf eine besondere Gitterkreisspule rückgekoppelt wird, welche nicht im Gitterschwingungskreis, sondern in der Verbindung dieses Schwingungskreises mit dem Gitter liegt. Die Schaltung

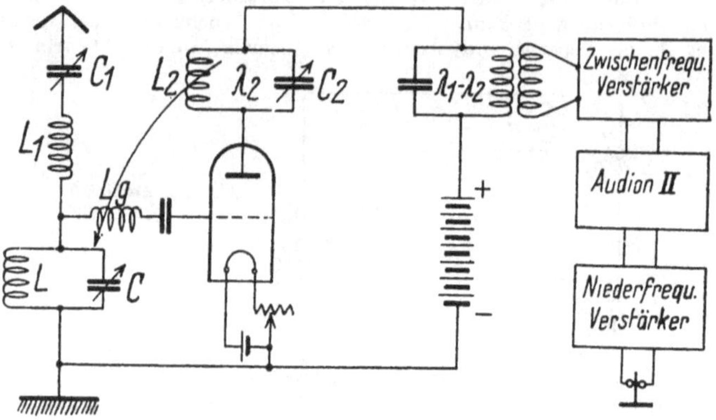

Fig. 102.

der Fig. 102 ist ähnlich, vermeidet aber die Ausstrahlung noch besser dadurch, daß der in der Antenne liegende Sperrkreis LC auf die Überlagererwelle abgestimmt wird und so einen unüberbrückbaren Widerstand für diese darstellt. Es muß natürlich verhindert werden, daß eine induktive Einwirkung von der Spule L_2 oder L_g auf die in der Antenne liegenden

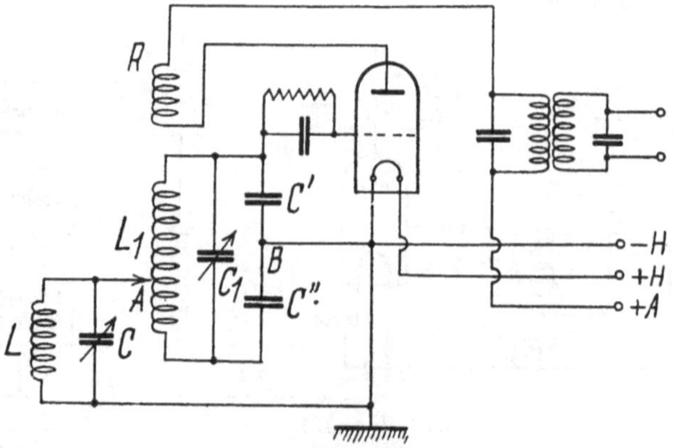

Fig. 103.

Spulen L oder L_1 ausgeübt wird. Die Antenne wird durch L_1 und C_1 auf die Empfangswelle abgestimmt.

Die Aufgabe, den Empfanger nicht gegen die ankommende Welle verstimmen zu müssen und gleichzeitig die Ausstrahlung zu verhindern, kann am ehesten gelöst werden, wenn man Schwingungskreis und Empfangskreis voneinander trennt. Ein Beispiel hierfür bietet die in Fig. 103 dargestellte Schaltung von Armstrong-Preßley. Es handelt sich zunächst um ein gewohnliches rückgekoppeltes Audion, dessen Schwingungskreis durch die Spule L_1 und den Kondensator C_1 gebildet wird. Parallel zum Kondensator C_1 liegen zwei kleine Kondensatoren C′ und C″, welche den Punkt B auf konstantem Potential erhalten, sobald sie gleich gemacht werden. An der Spule L_1 kann man ebenfalls einen Punkt A finden, welcher spannungslos ist. Den Punkt B schließen wir direkt an die Erde. Legen wir nun zwischen A und B den Schwingungskreis, so kann von der selbsterregten Schwingung keine Energie auf diesen übergehen, wenn man dafür sorgt, daß direkte induktive Übertragungen ausgeschlossen sind. Der Punkt A der Spule L_1 liegt wegen der Unsymmetrie der ganzen Schaltung nicht genau im Knotenpunkt der Spule. Man kann aber etwaige Ungleichmäßigkeiten sehr leicht durch Verändern der Kondensatoren C′ und C″ beseitigen. Die Schaltung ähnelt der Brückenschaltung von Scott-Taggart.

Eine Vereinfachung der eben besprochenen Schaltung ist der in der Fig. 104 dargestellte Tropadyneempfänger von Fitch. Dieser ist schon im

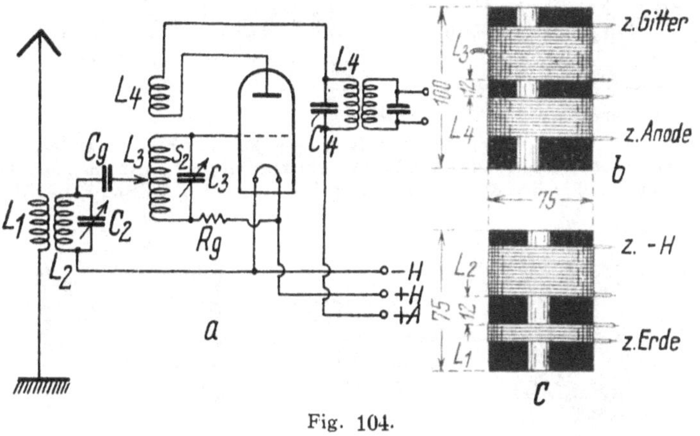

Fig. 104.

1. Band erwähnt worden als Beispiel für strahlungsfreie Rückkopplung. Der Schwingungskreis $L_3 C_3$ wird zu ungedämpften Schwingungen durch die Rückkopplung angeregt, liefert also die Hilfsschwingung, während das Antennensystem mit dem Schwingungskreis $L_2 C_2$ auf die ankommende Welle abgestimmt wird. Die Spule L_3 wird im Knotenpunkt angezapft, so daß von der ungedämpften Schwingung nichts auf das Antennensystem übertragen werden kann, während die Empfangsschwingung über den Kondensator C_g ungehindert an das Gitter gelangt. Der Gitterwiderstand R_g sorgt für die Ableitung der Gitteraufladungen. Der Tropadyneempfänger ist ziemlich bekannt geworden, trotzdem er keineswegs anderen Superheterodyneschaltungen überlegen ist und die ihm nachgerühmte größere Empfindlichkeit nicht vorhanden ist. Für die praktische Herstellung der Spulen gelten folgende Angaben: Die beiden Spulen L_3 und L_4 werden auf einen gemeinsamen Zylinder von 75 mm Durchmesser und 100 mm Länge gewickelt, und zwar bekommen die Spule L_3 24 und die Spule L_4 29 Windungen. Beide Spulen sind in demselben Sinne gewickelt und haben einen Abstand von 12 mm. Die Antennenspule bekommt 8 Windungen, die Sekundärspule 50 Windungen. Beide sind ebenfalls 12 mm voneinander entfernt. Die Wicklungsanordnung ist aus Fig. 104 b und c zu erkennen. Die Anordnung der beiden Spulen im fertigen Empfänger muß so getroffen werden, daß eine gegenseitige induktive Beeinflussung nicht möglich ist.

Ein anderer strahlungsfreier Superheterodyneempfanger ist in Fig. 105 abgebildet. Auch hier ist die Röhre gleichzeitig Audion und Hilfsschwingungserzeuger. Der Rahmen wird durch den Kondensator C_1 auf die ankommende Welle abgestimmt. Dieser Empfangsschwingungskreis wird in

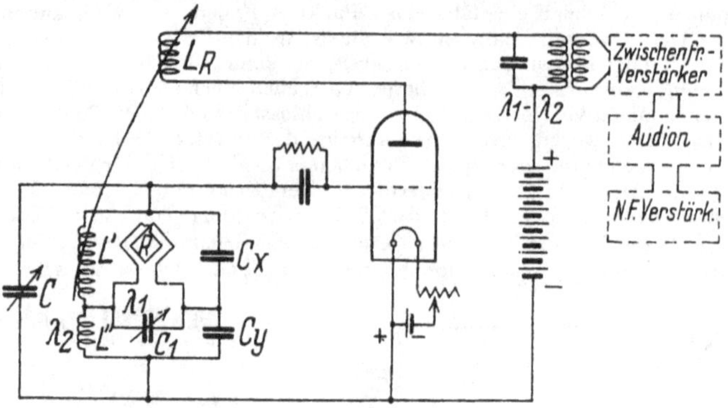

Fig. 105.

eine Brücke eingeschaltet, so daß er von dem Rohrenschwingungskreis aus nicht beeinflußt werden kann. Die Brücke entsteht dadurch, daß man parallel zum Empfangskondensator C zwei kleine Kondensatoren C_x und C_y schaltet

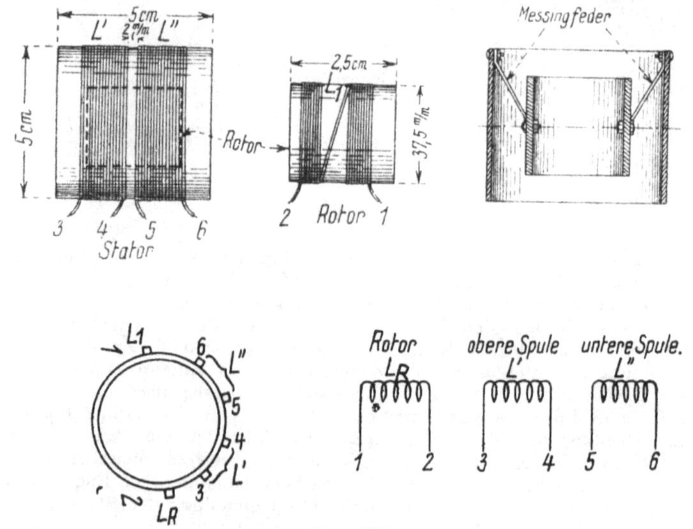

Fig. 106.

und die Spule L entsprechend anzapft. Die gegenseitige Beeinflussung hört auf, wenn sich die Teile der Selbstinduktion L' und L'' umgekehrt verhalten wie die Kondensatoren C_x und C_y. Streng genommen sind ja auch die Schaltungen Fig. 103 und 104 nichts anderes als Brückenschaltungen. Die Schaltung Fig. 105 unterscheidet sich von der Schaltung Fig. 103 nur durch den Anschluß an den Heizfaden. Die Spulenanordnung geht aus Fig. 106 hervor. Die beiden Spulen L' und L'' sind gleich und besitzen je 28 Windungen. Sie sind nebeneinander auf eine Röhre von 5 cm Durchmesser gewickelt und zwar so, daß sie einen Zwischenraum von etwa 2 mm haben. Die Rückkopplungsspule ist als Rotor zwischen diesen beiden Spulen angebracht und besitzt ebenfalls 28 Windungen. Die Anschlüsse der einzelnen Spulenteile gehen aus der Zahlenbezeichnung der Fig. 103 hervor.

Diese Brückenschaltungen eignen sich nun dazu, irgendeinen Langwellenempfängerverstärker in einen solchen für kurze Wellen zu ver-

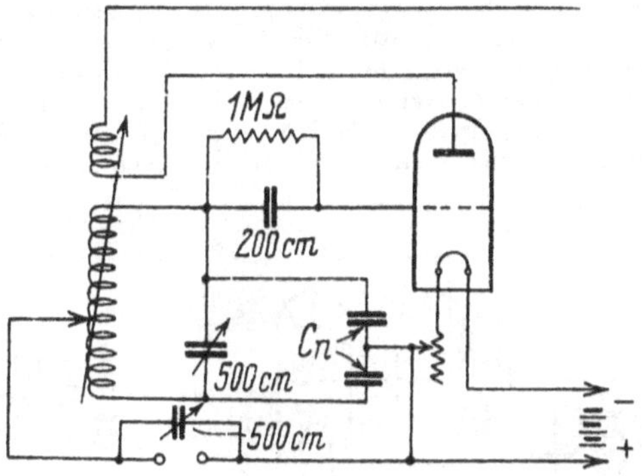

Fig. 107.

wandeln. Man braucht nur den eigentlichen Empfanger zum Zwischenfrequenzempfänger zu machen und ein solches Brückensystem, welches gleichzeitig Audionempfänger und Überlagerer darstellt, davorzuschalten.

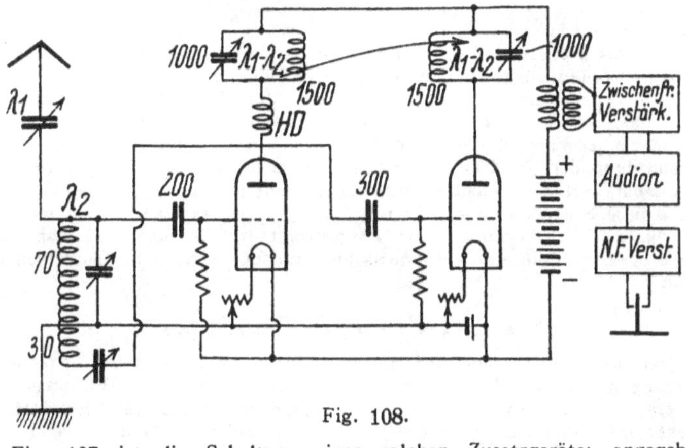

Fig. 108.

In Fig. 107 ist die Schaltung eines solchen Zusatzgerätes angegeben. Sie entspricht physikalisch den bisher behandelten Schaltungen.

In Fig. 105 ist eine Schaltung angegeben, bei welcher die Schwingungserzeugung durch eine Art Reinartzschaltung bewirkt wird. Sie ist unter dem Namen „Superautodyneschaltung" bekannt. Besonders bemerkenswert ist an ihr, daß die Sperrkreise der beiden Röhren auf die Zwischenfrequenz abgestimmt und miteinander gekoppelt sind. Durch diese Rückkopplung wird eine sehr hohe Selektivität und Lautstarke erreicht. In den Anodenkreis der ersten Röhre muß jedoch eine Hochfrequenzdrossel eingefügt werden, da sonst der durch den Rückkopplungszweig fließende Wechselstrom zu gering sein würde und für die Schwingungserzeugung nicht ausreicht.

Bei allen Schaltungen mit zwei Kreisen, von denen der eine mit der ankommenden Welle in Resonanz ist, während der andere die Überlagerungsschwingungen liefert, wird infolge der geringen Frequenzdifferenz der beiden Schwingungskreise eine Änderung der Abstimmung des einen immer auch gleichzeitig den anderen mit verstimmen. Diesen Nachteil vermeidet ein Verfahren von Armstrong und Houck, welches in Fig. 109 dargestellt ist. Der Schwingungskreis I wird auf die Empfangsantenne abgestimmt. Die Röhre ist mit einer genügend hohen negativen Gittervorspannung versehen, so daß sie als Richtverstärker arbeitet. Der Schwingungskreis II besitzt eine halb so große Frequenz oder eine doppelt so große Wellenlänge, als er haben müßte, um mit der

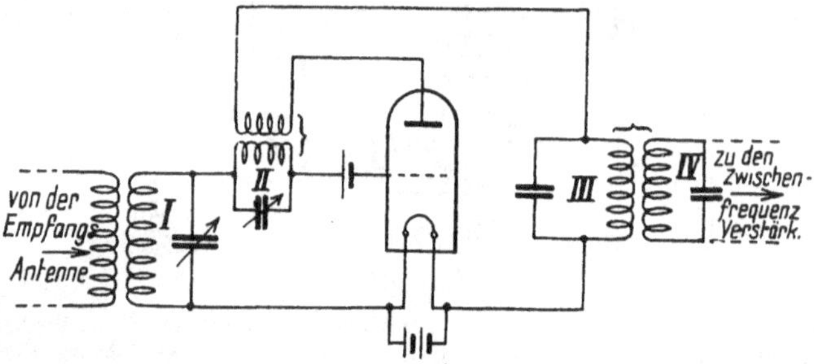

Fig. 109.

Eingangsfrequenz zusammengesetzt gerade die Zwischenfrequenz zu ergeben. Infolgedessen wird in diesem Falle die Zwischenfrequenz dadurch erhalten werden, daß die zweite Oberschwingung sich mit der ankommenden Welle zusammensetzt. Da bei dieser Schaltung die Eigenfrequenzen der beiden Kreise I und II sich um etwa 100% unterscheiden, lassen die Frequenzänderungen des einen Kreises den andern völlig unberührt. Eine Ausstrahlung der im Kreis II erzeugten ungedampften Hilfsschwingung ist bei diesem Verfahren nicht zu befürchten, weil ja die Antenne vollkommen gegen diese Frequenz verstimmt ist. Allerdings ist es immer noch möglich, daß die zweite Oberschwingung ausgestrahlt werden kann, so daß auch hier die Verwendung eines Rahmens als Antenne dennoch zu empfehlen ist.

§ 4. Der Ultradyne-Empfänger.

Man kann auch noch auf einem anderen Wege zu einer Frequenzanderung gelangen. Wenn man nämlich das Ergebnis der Wirkungsweise der ersten Röhre des Superheterodyneempfängers in Fig. 99 betrachtet, so erkennt man, daß man zu demselben Resultat gelangen könnte, wenn man die modulierte Empfangswelle mit der Zwischenfrequenz modulierte. Das Verfahren des Ultradyneempfängers beruht auf einem ähnlichen Prinzip. Hier wird der Anodenstrom der ersten Röhre durch die Hilfsfrequenz moduliert. Man gibt aber der ersten Röhre keine Anodengleichspannung, so daß die ganze Empfangs- und Verstärkerwirkung der ersten Röhre vollkommen durch die Hilfsfrequenz beeinflußt wird. In Fig. 110 ist das Prinzipschaltschema abgebildet. Die erste Röhre, welche man auch Modulatorröhre nennt, ist mit ihrem Anodenkreis parallel zum Schwingungskreis der Schwingröhre geschaltet. Die Strecke Anode—Heizfaden der Modulatorröhre stellt einen veränderlichen Widerstand, welcher parallel zum Schwingungskreis der Überlagererröhre liegt. Der Wert dieses Widerstandes ändert sich entsprechend der durch die ankommende Welle hervorgerufenen Gitterspannung der ersten Röhre. Man sieht, daß die erste Röhre nicht als Detektor, sondern als Hochfrequenzverstärker geschaltet ist. Da aber keine Anodenspannung vorhanden ist, so tritt infolge der einseitigen Leitfahigkeit der Röhre doch eine Gleichrichterwirkung ein, so daß man in den Anodenkreis z. B. ein Telefon legen und mit diesem ungedampfte Zeichen hören kann, sofern die Hilfsfrequenz mit der ankommenden Welle hörbare Schwebungstöne bildet.

Zu einer quantitativen Betrachtung der Wirkungsweise des Ultradyneempfängers gelangen wir auf folgende Weise. Der Anodenstrom der Röhre ist eine Funktion der Steuerspannung, die durch die Charakteristik gegeben ist. Beim Ultradyneempfanger werden den Elektroden der ersten Röhre

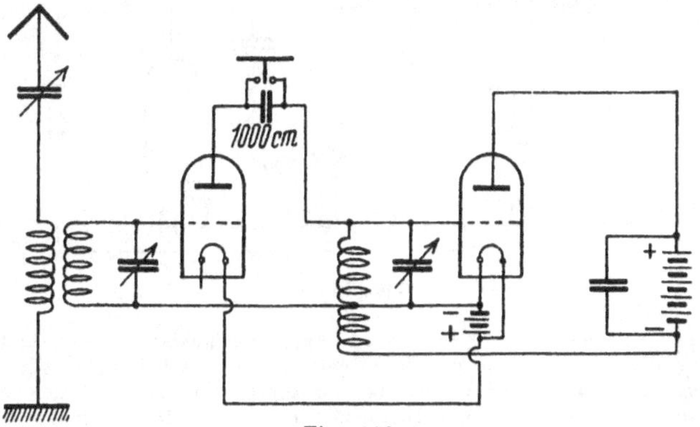

Fig. 110.

keine Gleichspannungen zugeführt, so daß sich die Steuerspannung allein aus den hochfrequenten Wechselspannungen zusammensetzt. Auf das Gitter wirkt die modulierte Empfangsspannung $E_1 \cos\omega_1 t$, deren Amplitude nach Gleichung 27) moduliert ist. Die Anodenspannung setzt sich aus zwei Teilen zusammen, nämlich aus dem Spannungsabfall des Anodenwechselstromes im Anodenkreis und der von der Schwingröhre aufgezwungenen EMK $E_2 \cos\omega_2 t$, welche gegen die ankommende Welle um die Zwischenfrequenz verstimmt ist. Wenn wir nun den Spannungsabfall des Anodenwechselstromes der Empfangswelle im Anodenkreis vernachlässigen, dann ist:

29) $$I_a = f(E_1 \cos\omega_1 t + D E_2 \cos\omega_2 t\,.$$

Durch Vergleich mit der Entwicklung in § 1 sehen wir dann, daß die Spannung E_2 gerade so wirkt, als ob in einem gewöhnlichen Transponierungsempfänger mit Fremdüberlagerung der ankommenden Welle eine Spannung $DE_2 \cos\omega_2 t$ überlagert würde. In Analogie ergibt sich dann für den Gleichrichtereffekt des Ultradyneempfängers

30) $$\Delta i = K \frac{DE_2}{2}(e + E\cos\Omega t)\cos 2\omega\, d\, t.$$

Dabei ist vorausgesetzt, daß im Gitterkreis kein Gleichrichtereffekt auftritt und im Anodenkreis der Widerstand für die Frequenz ω_2 vernachlässigt werden kann. Die erstere Bedingung ist leicht durch geringe negative Vorspannung zu erfüllen, während die zweite voraussetzt, daß der Schwingungskreis der zweiten Röhre, der gleichzeitig im Anodenwechselstromkreis der ersten Röhre liegt, wenig gedämpft ist, so daß er die von seiner Eigenfrequenz ω_2 nur wenig abweichende Frequenz ω_1 nicht sperrt. Man kann übrigens die Bedingung dadurch noch besser erfüllen, daß man der Frequenz ω_1 einen Resonanzweg verschafft durch geeignete Abstimmung des Anodenkreises.

In Fig. 111 ist ein Ultradyneempfanger für Rahmenempfang abgebildet. Hier ist gleichzeitig eine Rückkopplung mit dem Rahmenkreis eingefügt,

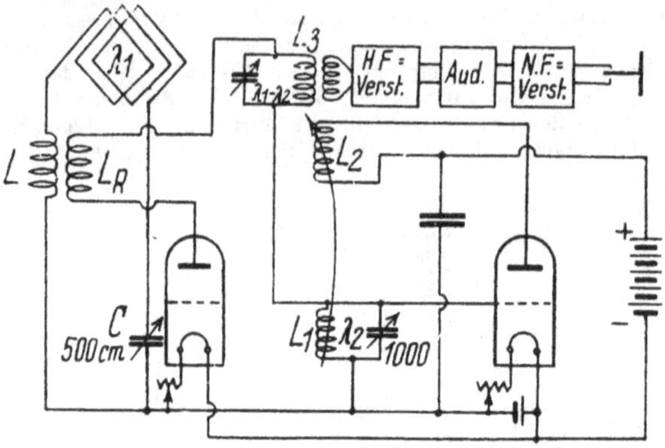

Fig. 111.

die jedoch keineswegs zum Prinzip des Apparates gehört. Statt der Rückkopplungsspule L_r kann man, wie bei allen Rahmenschaltungen mit Rückkopplung, auch einen zweiten Rahmen benutzen, den man mit dem ersten zusammensetzt. Will man mit Hochantenne arbeiten, so empfiehlt es sich,

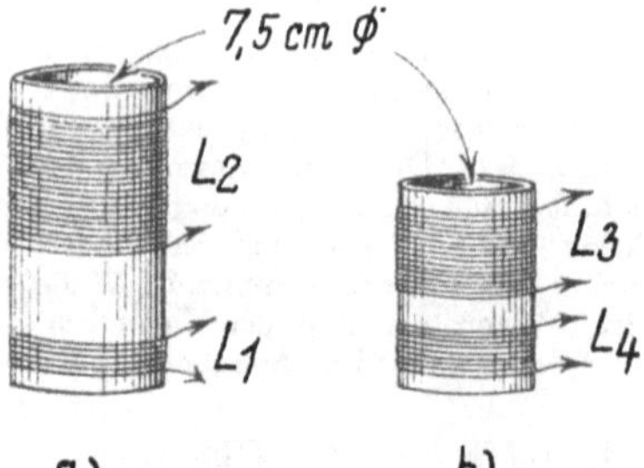

Fig. 112.

dem Gitterkondensator C eine Schwingungskreisspule parallel zu schalten, mit welcher die aperiodische Antenne lose gekoppelt wird. Folgende Anordnung eignet sich für den Rundfunkwellenbereich. Die Antennenspule besteht aus 8 Windungen, die Sekundarspule aus 72 Windungen. Beide sind etwa 3 cm voneinander entfernt auf einen Zylinder von 7,5 cm Durchmesser aufgewickelt. Die Drahtstärke beträgt etwa 1 mm. Fig. 112 zeigt die Anordnung. Für die Überlagererschaltung verwendet man ebenfalls einen Zylinder von 7,5 cm Durchmesser, auf welchen 24 Windungen für die Gitterspule und 32 Windungen für die Anodenkreisspule aufgewickelt werden. Die Drahtstärke ist dieselbe wie für die Antennenspule.

In Fig. 113 ist ein Ultradyneempfanger angegeben, welcher ebenfalls Rahmenschaltung mit Rückkopplung aufweist. Bei dieser Schaltung wird die Anodenspannung der ersten Röhre jedoch nicht dem Gitterkreis der zweiten, sondern ihrem Anodenkreis entnommen.

Es lassen sich selbstverständlich noch mehrere Variationen finden, wie der Modulatorröhre die Hilfsschwingung als Anodenspannung zugeführt werden kann. Die hier besprochenen Schaltungen sind die prinzipiell wichtigsten.

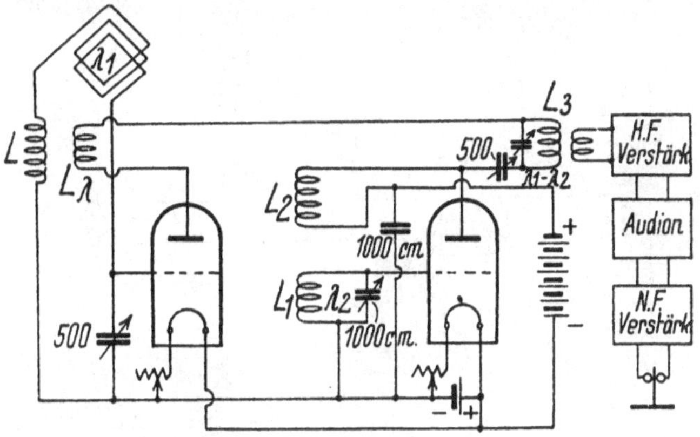

Fig. 113.

§ 5. Die Verwendung einer Stufe Hochfrequenz vor dem ersten Detektor.

In § 1 ist gezeigt worden, daß es wegen der linearen Abhangigkeit des Gleichrichtereffektes von der ankommenden Spannung gleichgültig ist, ob man vor oder nach dem ersten Detektor verstärkt. Durch eine Hochfrequenzverstarkerstufe vor dem ersten Detektor wird also die Empfindlichkeit des Gerätes in keiner Weise gesteigert. Man würde diese Schaltung nur wählen, wenn man damit irgendeinen besonderen Vorteil verknüpfen könnte. Das ist nun in der Tat der Fall. Da der Transponierungsempfanger in allen seinen Schattierungen stets mit einer in ihm selbst erzeugten ungedämpften Welle arbeitet, so besteht die Gefahr der Ausstrahlung dieser ungedämpften Welle in die Antenne und damit die Gefahr der Störung der Nachbarn. Diese Ausstrahlung laßt sich bekämpfen, indem man vor den Transponierungsempfänger eine Vorröhre schaltet. Das Prinzip ist in Fig. 114 angegeben. Es handelt sich dabei um eine aperiodische Transformatorenkopplung zwischen der Hochfrequenzverstarkerröhre und der ersten Detektorröhre. Durch diese Art der Kopplung wird man keine besondere Verstärkerwirkung erwarten dürfen, die Röhre leistet hier also keineswegs so viel wie eine Stufe Zwischenfrequenzverstärkung. Trotzdem wendet man diese Schaltung zuweilen an, um eben die Gefahr der Ausstrahlung zu beseitigen.

Es ist jedoch, wie Fig. 115 zeigt, möglich, diese Hochfrequenzverstärkerröhre auch zur wirksamen Verstärkung heranzuziehen. Dieses Schaltbild ist ein Tropadyneempfänger, welcher mit einer Vorröhre versehen ist. Der Anodenkreis der Hochfrequenzverstärkerröhre ist abgestimmt. Durch diesen Abstimmkreis, welcher also mit der Antenne in Resonanz ist, besteht nun wieder die Gefahr der Selbsterregung in der Hochfrequenzverstarkerröhre. Sie wird durch Zusatz künstlicher Dampfung bekämpft, indem die Erde und damit der Gitter-

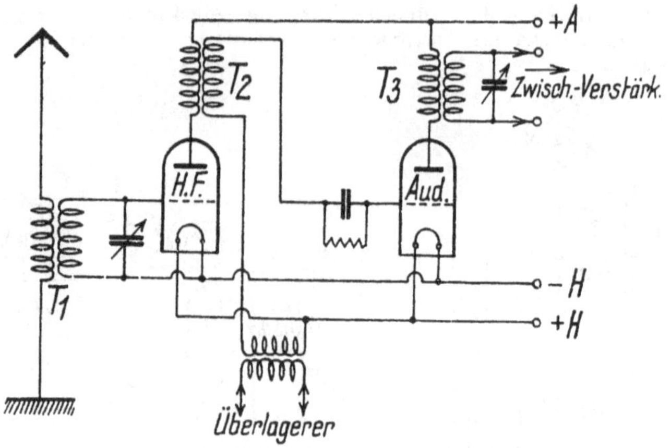

Fig. 114.

kreis der ersten Rohre zum Gleitkontakt eines zur Heizbatterie parallel liegenden Potentiometers geführt wird. Der Zusatz künstlicher Dämpfung bedeutet immer einen Verlust an Verstärkung, weshalb man für die

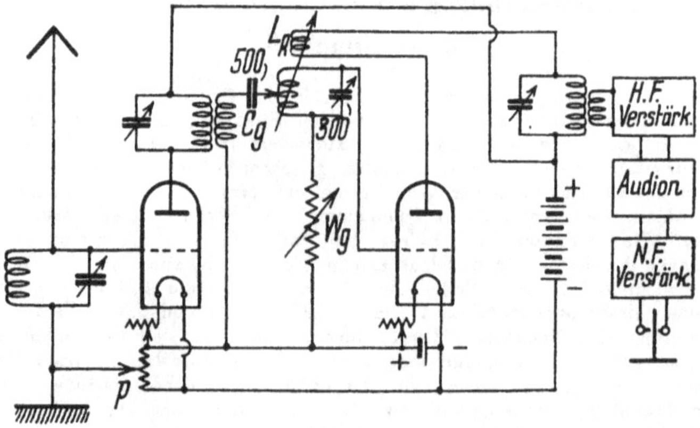

Fig. 115.

Bekämpfung der Schwingneigung der Hochfrequenzverstarkerröhre besser ein günstigeres Mittel verwendet, z. B. eine Neutralisierung. Fig. 116 gibt ein Beispiel. Selbstverständlich ist diese Schaltung auch für den Tropadyneempfänger und den Ultradyneempfänger verwendbar. Auch kann man für die erste Hochfrequenzverstärkerstufe ebenso gut jedes andere Neutralisierungsverfahren anwenden.

Die Schaltung in Fig. 117 zeigt, wie der Transponierungsempfanger von Armstrong-Houck, welcher mit der zweiten Harmonischen als Hilfsfrequenz arbeitet, mit einer Hochfrequenzverstarkerstufe versehen werden kann. Hier ist zunächst die Kopplung wieder aperiodisch gezeichnet. Es lassen sich jedoch auch die in Fig. 115 und 116 skizzierten Verfahren anwenden. Von besonderem Interesse ist die Schaltung der Fig. 118, welche sich an die der Fig. 117 anschließt. Durch

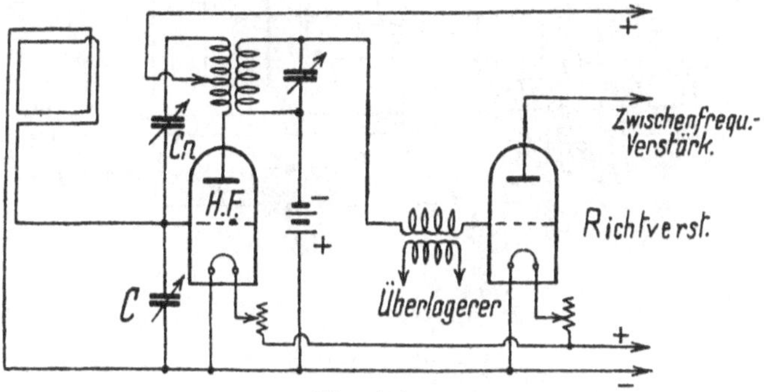

Fig. 116.

die aperiodische Kopplung zwischen den beiden Röhren wird auf nennenswerte Verstärkung verzichtet, so daß die erste Röhre nur als Sperre dient. Man kann aber diesen Verstärkungsverlust dadurch ausgleichen, daß man die in der zweiten Röhre erzeugte Zwischenfrequenz durch einen abge-

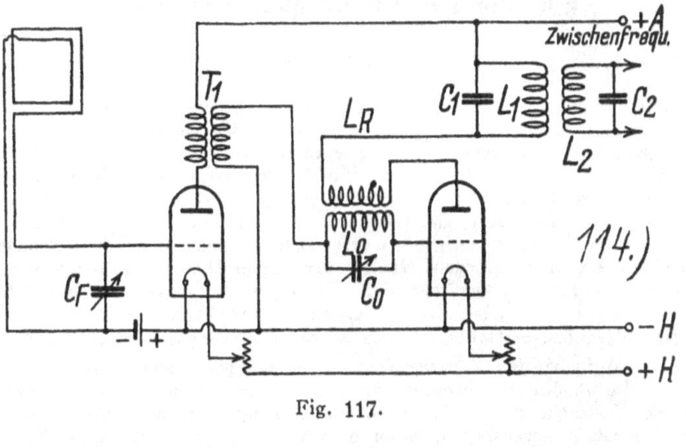

Fig. 117.

stimmten Transformator L_6L_7 dem Gitterkreis der ersten Röhre wieder zuführt (s. Kap. IV). Im Anodenkreis dieser Röhre befindet sich der ebenfalls auf die Zwischenfrequenz abgestimmte Schwingungskreis L_8 C_8, welcher an die nächste Zwischenfrequenzverstärkerstufe angekoppelt ist. Auf diese Weise wird also die erste Röhre, welche für die Hochfrequenzverstärkung nicht sehr wirksam ist, doch noch für die Zwischenfrequenzverstärkung ausgenutzt und außerdem bewirkt, daß die selbsterregte Schwingung der zweiten Röhre nicht in die Antenne gelangt. Es ist selbstverständlich, daß man auch bei dieser Schaltung eine Neutralisierung der Hochfrequenzverstarkerröhre anbringen kann. Hierdurch wird übrigens die eigentliche Aufgabe der Sperröhre, namlich die Verhinderung der Ausstrahlung, bedeutend

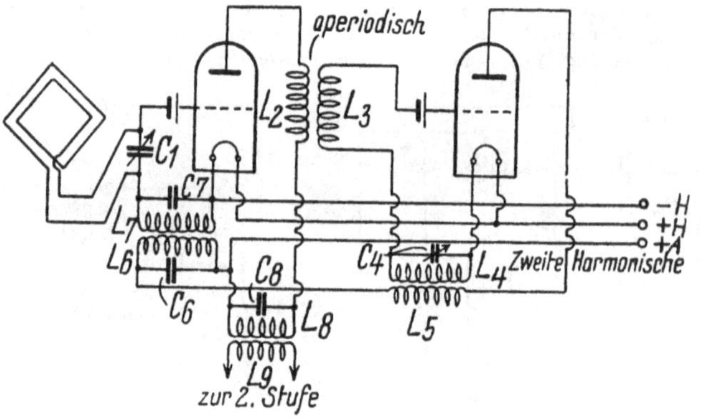

Fig. 118.

besser erreicht, weil sonst vielleicht durch die Röhrenkapazitaten immer noch genügend Energie nach vorn gelangen würde.

§ 6. Der Zwischenfrequenzverstärker.

A. Allgemeines.

Der wichtigste Bestandteil des Transponierungsempfangers ist der Zwischenfrequenzverstarker. Die Unterschiede der verschiedenen Arten des Transponierungsempfängers liegen alle in der Anordnung der beiden ersten Röhren. Der Zwischenfrequenzverstärker dagegen hängt im allgemeinen in seiner Anordnung von den beiden ersten Röhren nicht ab. Trotzdem sind von den Erfindern der typischen vorderen Röhrenanordnungen für ihre Empfänger Zwischenfrequenzverstärker angegeben worden, welche in einzelnen Bestandteilen den Namen der entsprechenden Frequenzwandlerschaltung führen, so hört man z. B. Ultraformer, Tropaformer usw. Diese Bezeichnungen sind durchaus irreführend. Man kann jeden abgestimmten Zwischenfrequenzverstarker für jeden Transponierungsempfänger verwenden.

Die Aufgabe des Zwischenfrequenzverstarkers besteht darin, die umgewandelte modulierte Frequenz möglichst günstig weiter zu verstärken. Da die Verstärkung von der Frequenz abhängig ist, wird man das Beste aus dem Gerät herausholen, wenn man es für eine einzige feste Frequenz baut. Das wird auch meist angestrebt. Die Wirkungsweise ist dann um so besser, je selektiver der Zwischenfrequenzverstärker arbeitet. Ja, man kann sagen, die ganze Überlegenheit des Superheterodyneempfanges steht und fällt mit der Selektivität des Zwischenfrequenzverstärkers. Andererseits bedeutet jedoch zu scharfe Abstimmung meist einen Verlust an Sprachreinheit, also eine Verzerrung. Das wird deutlich, wenn wir die Gleichung der Modulation näher betrachten. Die dem Zwischenfrequenzverstärker zugeführte modulierte Spannung lautet, wenn wir als Modulation einen Ton von der Frequenz Ω voraussetzen, und ω die Zwischenfrequenz bedeutet

$$31) \qquad e = (e_0 + E_0 \sin \Omega t) \sin \omega t = e_0 \sin \omega t + E_0 \sin \omega t \sin \Omega t.$$

Nach einer leichten Umformung geht diese Gleichung über in

$$32) \qquad e = e_0 \sin \omega t + \frac{E_0}{2} \sin [(\omega + \Omega) - 90^0] + \frac{E_0}{2} \sin [(\omega - \Omega) t + 90^0].$$

Wir sehen also, daß es sich bei der Verstärkung einer modulierten Zwischenfrequenz in Wirklichkeit um drei Frequenzen handelt, nämlich ω, $\omega + \Omega$ und $\omega - \Omega$, die alle drei mit derselben Verstärkung übertragen werden müssen, wenn die Modulation ganz richtig wiedergegeben, mit anderen Worten, wenn die Zeichen unverzerrt übertragen werden sollen. Irgendein Sprach- oder Musikzeichen besteht nun aus einer ganzen Reihe von akustischen Frequenzen Ω. Für ihre formgetreue Übertragung wird also vom Verstärker verlangt, daß für jede dieser Teilwellen die oben genannten drei Frequenzen in gleicher Weise verstärkt werden. Man müßte also, um die Bedingungen für unverzerrte Wiedergabe aufstellen zu können, wissen, wie groß die höchste in der Sprache oder Musik vorkommende Frequenz ist, die zur formgetreuen Abbildung einen Beitrag gibt. Nehmen wir diese höchste Frequenz z. B. zu 10 000 an, so müßte der Verstärker so abgestimmt sein, daß er alle Frequenzen von $\omega + 10\,000$ bis $\omega - 10\,000$ in ganz gleicher Weise verstärkt, dagegen alle anderen Frequenzen nicht durchläßt. In Fig. 119 ist die Resonanzkurve eines solchen idealen Verstärkers wiedergegeben. Er müßte also ein „Frequenzband" von etwa 20 000 Perioden in gleicher Weise gut verstärken, andere Frequenzen dagegen nicht.

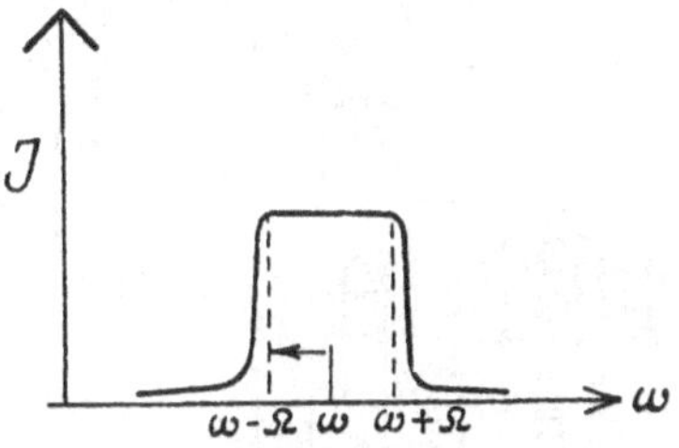

Fig. 119.

Welche Frequenz nun als Zwischenfrequenz gewählt wird, hängt von verschiedenen Umständen ab. Je kleiner die Hilfsfrequenz wird, um so näher rückt sie den akustischen Oberschwingungen und je größer sie ist, um so schwerer ist die Verstärkung wegen der Zunahme des Einflusses der Röhrenkapazitäten. Im allgemeinen kommen aus diesen Gründen für die Zwischenfrequenzverstärkung überhaupt nur die Wellen zwischen 2000 und 10 000 m in Frage. Ist die Zwischenfrequenz sehr kurz, so liegen die Empfängerwelle und die Überlagererwelle so dicht beisammen, daß die Einstellung schwierig wird, sich beide Frequenzen unter Umständen auch beeinflussen. Bei sehr großer Zwischenfrequenz liegen dagegen beide Wellen wieder zu weit auseinander. Die kürzeren Zwischenfrequenzen von 2000 bis 6000 m leiden weniger unter Apparat- und Luftgeräuschen. Bei ihnen kann die Abstimmung in dem Maße schärfer werden, wie die Frequenz wächst, ohne die Sprachreinheit zu beeinträchtigen. Bei Frequenzen zwischen 6000 und 10 000 ist schon eine Aufwärtstransformation mit Eisenkerntransformatoren möglich. Man sieht also, daß es sehr schwer ist, die Vor- und Nachteile der verschiedenen Frequenzen gegeneinander abzuwägen. Die Wahl der richtigen Zwischenfrequenz hängt überdies von der größten Welle ab, die man mit dem Superheterodyneempfänger aufnehmen will. Die Zwischenfrequenzwelle muß natürlich immer länger sein. Nimmt man als obere Grenze der mit dem Transponierungsempfänger aufzufangenden Welle 3000 m an, so empfiehlt sich eine Zwischenfrequenz von etwa 8000 m.

Für den Zwischenfrequenzverstärker kommen die Bauweisen in Betracht, die für den Hochfrequenzverstärker sowie für den Niederfrequenzverstärker ausgebildet worden sind, und zwar wird man sich mehr der normalen Bauweise der Hochfrequenzverstärker anschließen, wenn die Zwischenfrequenz größer ist, dagegen mehr die Bauweise des Niederfrequenzverstärkers nachahmen, wenn es sich um geringe Zwischenfrequenzen handelt. Wir unterscheiden auch hier Widerstandsverstärker und Transformatorenverstärker oder Spannungsverstärker und Stromverstärker.

B. Spannungsverstärker.

Die einfachste Art der Spannungsverstärkung ist die sogenannte Widerstandsverstärkung, deren Prinzip in Fig. 120 abgebildet ist. Die Verstärkung ist von der Frequenz unabhängig, wenn man im Bereich niedriger Frequenzen arbeitet, denn in erster Linie ist der Widerstandsverstärker ein Niederfrequenzverstärker. Dem Gitterableitungswider-

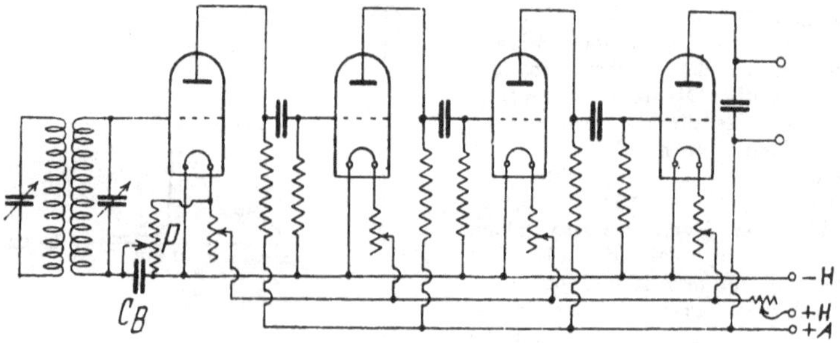

Fig. 120.

stand parallel liegt die Kapazitat zwischen Gitter und Heizfaden. Nehmen wir diese zu 5×10^{-12} F an, so würde sie für die Frequenz f einen Widerstand von etwa $\frac{10^{11}}{\pi f}\ \Omega$ besitzen. Für eine Frequenz von 30 000 Perioden, die einer Wellenlänge von 10 000 m entspricht, würde dann der kapazitive Widerstand der Röhre $10^6\ \Omega$ betragen, also kleiner sein als der des Ableitungswiderstandes, woraus folgt, daß der Widerstandsverstärker eigentlich erst für Frequenzen unter 30 000 Perioden oder für Wellen über 10 000 m in Frage kommt, weil sonst der kapazitive Widerstand in der Röhre geringer sein würde als der Ableitungswiderstand.

Die allgemeine Schaltung des Verstärkers geht aus Fig. 120 hervor. Jede Röhre besitzt einen Heizwiderstand. In der Gesamtleitung liegt ebenfalls noch einmal ein Regulierwiderstand R_h von 10 Ω. Die Röhren werden mit Hilfe ihrer Einzelwiderstände einreguliert und dann in dieser Einstellung festgehalten. Der Spannungsabfall der Batterie wirkt auf alle Röhren in gleicher Weise und kann daher durch Regulieren des Widerstandes R_h leicht ausgeglichen werden. Um etwaige Selbsterregung zu bekämpfen, wird ein Potentiometer P vorgesehen, welches gestattet, dem Gitter je nach Bedarf geringe positive Vorspannungen zu geben. Der Gitterstrom darf jedoch nicht über das Potentiometer fließen müssen. Deshalb wird es durch einen großen Blockkondensator C_3 von mindestens 1000 cm Kapazität überbrückt. Diese Potentiometeranordnung findet sich bei allen Zwischenfrequenzverstärkern und dient zur Bekämpfung etwaiger Selbsterregung. Denn obgleich wir hier den Vorzug der langen Wellen haben, so ist es doch nicht möglich, beliebig lange Kaskaden von Verstärkern aneinanderzureihen, weil es gerade wegen der großen Verstärkung unausbleiblich ist, daß Energie von weiter zurückliegenden Verstärkerstufen nach vorn gelangt, so daß dadurch gewissermaßen doch eine Rückkopplung hervorgerufen wird. Die Selektivität des Widerstandsverstärkers an und für sich ist Null. Um trotzdem die erforderliche Selektivität zu erreichen, ist es nötig, die Übertragung der Energie aus dem Anodenkreis der Mischröhre in den Gitterkreis der ersten Zwischenfrequenzverstärkerröhre durch einen möglichst scharf abgestimmten, also verlustfreien Lufttransformator auszuführen. Dieser Transformator, den man auch direkt Filter nennt, ist für jeden Zwischenfrequenzverstärker von ausschlaggebender Bedeutung. Er wird meist von gänzlich anderer Bauart sein als die Kopplungen zwischen den einzelnen Zwischenfrequenzverstärkerröhren. Beim Widerstandsverstärker kann man die Selektivität dadurch noch etwas erhöhen, daß man im Anodenkreis der ersten oder letzten Röhre den Silitstab durch einen abgestimmten Sperrkreis ersetzt.

Wegen der mangelnden Selektivität überträgt der Widerstandsverstärker alle Arten von Störungen. Diese Störungen werden zwar etwas geringer werden, wenn man die Selektivität durch die eben beschriebenen Hilfsmittel erhöht. Eine bedeutend größere Verbesserung wird dagegen erreicht durch das Verfahren, welches in Fig. 121 dargestellt ist. Hier besteht die Kopplung im Zwischenfrequenzverstärker in den ersten beiden Stufen aus einer Kombination der Widerstandsverstärkung mit einer Wellenfalle $L_1 C_4$. Der Anodenkreis enthält Silitstäbe von 25 bis 50000 Ohm Widerstand. Die Kopplungskapazität zwischen Anode und Gitter der nächsten Röhre besteht aus zwei in Serie geschalteten Kondensatoren von je 100 bis 250 cm Kapazität. Zwischen ihnen zweigt ein Schwingungskreis ab, dessen anderes Ende mit dem Minuspol der Heizbatterie verbunden ist. Diese Wellenfalle wird bei einer Zwischenkreiswellenlänge von 6000 m von einer Honigwabenspule von 400 Windungen und einem Drehkondensator von 1000 cm gebildet. Für die 6000 m-Welle bedeuten diese Sperrkreise einen nahezu unendlich großen Widerstand, so daß die ganze Spannung dem Gitter der nächsten Röhre zugeführt wird. Für alle anderen Wellen ist der Widerstand des Sperrkreises viel kleiner, so daß sie keine nennenswerte Spannung am Gitter der nächsten Röhre ausbilden können. Die Audionröhre ist dagegen wieder mit einem abgestimmten Transformator an die vorangehende Röhre gekoppelt. In der in Fig. 121 wiedergegebenen Schaltung ist die Detektorröhre mit einer Rückkopplungsspule versehen, welche auf den letzten Sperrkreis einwirkt. Durch diese Rückkopplung kann die Selektivität noch weiter erhöht werden. Im allgemeinen ist der Widerstandsverstärker der einzige Zwischenverstärker, der eine solche Rückkopplung vertragen kann. Bei den anderen Verstärkertypen arbeitet man stets so dicht an der Schwinggrenze, daß eine solche Rückkopplung keinen Vorteil bedeuten kann.

Die Silitstäbe in diesen Widerstandsverstärkern geben häufig zu störenden Geräuschen Veranlassung. Man kann nun wenigstens im Anodenkreis die Silitstäbe durch Drosseln ersetzen. In Fig. 122 ist ein solcher Drosselverstärker wiedergegeben. Die Herstellung der Drosseln ist keineswegs einfach. Für lange Wellen kann man sie mit einem Eisenkern versehen, für kürzere dagegen durch einen Kondensator abstimmen. Man erhält dann den gewöhnlichen Sperrkreisverstärker, der sehr gute Eigenschaften hat, jedoch sehr zu Eigenschwingungen neigt, auch schwierig zu bedienen ist.

Bei allen diesen Widerstandsverstärkern ist Folgendes zu beachten. Macht man die Kopplungskondensatoren und die Gitterableitungswiderstände sehr groß, so bekommt man ideale Übertragung und beste Kopplung. Sobald jedoch starke äußere Anstöße auftreten, werden diese Kondensatoren

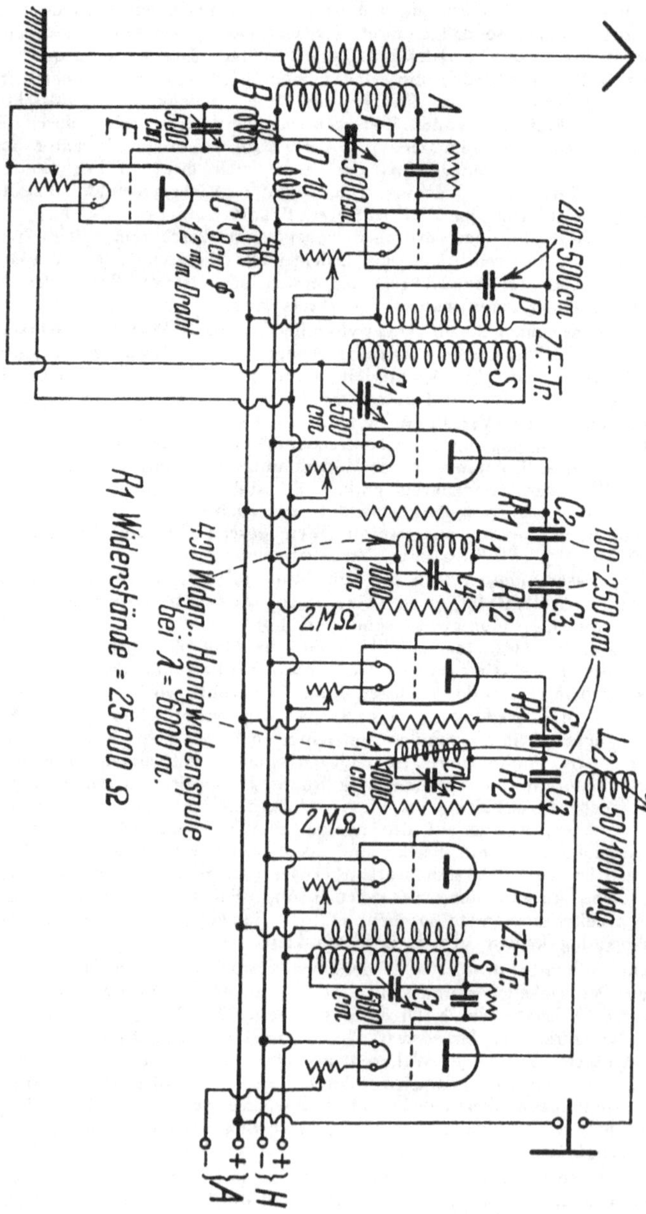

A
B
D
E
F
P
S
ZF-Tr.
200-500 cm
500 cm
100-250 cm
50/100 Wdg.
2MΩ
430 Wdgn. Honigwabenspule bei λ = 6000 m.
R1 Widerstände = 25 000 Ω

Fig. 121.

nicht schnell genug aufgeladen und durch die Silitstäbe nicht schnell genug wieder entladen, so daß nicht nur ein Krachen im Telefon zu hören ist, sondern auch der Empfang für kürzere oder längere Zeiten vollkommen aufhört. Je größer die Kondensatoren sind, je leichter also ein solcher Ladungsstrom von einer Röhre auf die andere übertragen wird, um so fühlbarer wird die Erscheinung. Macht man nun die Kondensatoren zu klein, so ist der Spannungsabfall an ihnen zu groß und daher die Kopplung zu

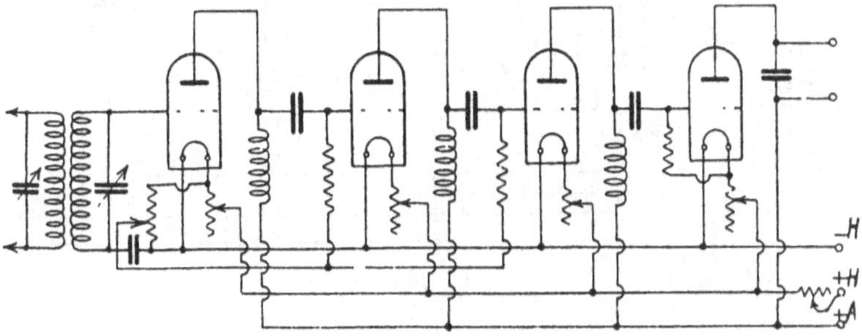

Fig. 122.

klein. Man muß also eine Kompromißlösung suchen und mit einer mittleren Größe von Kondensatoren und Ableitungswiderständen arbeiten.

C. Stromverstärker.

Stromverstärker nennen wir alle diejenigen Verstärkeranordnungen, bei denen die Energie durch Transformatoren von einer Röhre auf die andere übertragen wird. Nach der Art dieser Transformatoren gibt es verschiedene solcher Anordnungen. Wir unterscheiden zunächst nichtabgestimmte und abgestimmte und solche mit Eisenkern. Die nichtabgestimmten, auch aperiodische oder halbaperiodische genannt, werden nicht durch Drehkondensatoren abgestimmt. Sie besitzen natürlich Eigenkapazität, die bei langen Wellen sogar recht beträchtlich ist, und damit auch Schwingungsfähigkeit. Die Bezeichnung aperiodisch ist also eigentlich nicht richtig. Bei allen höheren Frequenzen, auch schon bei denen, die für die Zwischenfrequenz in Frage kommen, sind die kapazitiven Einwirkungen in einem solchen Transformator von ausschlaggebender Bedeutung (s. Seite 40). Die Transformatoren für Zwischenfrequenzverstärker werden meistens in Sektionen gewickelt. Ein dafür geeigneter Wickelkörper ist in Fig. 124 abgebildet. Es folgt immer eine Sektion primär und eine Sektion sekundär aufeinander. Jede wird mit 2000 Windungen 0,05 mm dicken Drahtes gewickelt, und zwar in demselben Sinne. Die Übertragung zwischen Primär- und Sekundärseite ist mehr kapazitiv als induktiv. Damit die induktive Einwirkung genau so wie die kapazitive gerichtet ist, muß man eben beide Spulenteile in demselben Sinne wickeln. Wegen der vorwiegenden kapazitiven Wirkung ist auch das Übersetzungsverhältnis nebensächlich. Man nimmt es stets 1 : 1.

In Fig. 123 ist ein solcher aperiodischer Zwischenfrequenzverstärker abgebildet. Der Eingangstransformator muß natürlich, weil er ja wieder als Filter dienen soll, abgestimmt sein. Auch dieser sogenannte aperiodische Transformatorverstärker verstärkt am besten, wenn man ihn in der Eigenwelle seiner Transformatoren erregt. Man kann jedoch die Kapazität der Spulen so wählen, daß man außerhalb der Resonanz arbeitet, oder man koppelt so fest, daß in den beiden Transformatorenspulen, die ja ein gekoppeltes Schwingungssystem bilden, Zweiwelligkeit eintritt und damit eine flache Resonanzkurve erreicht wird. Aber selbst dann arbeiten solche Transformatoren nur für einen kleinen Frequenzbereich gut, was ja für den Zweck des Zwischenfrequenztransformators

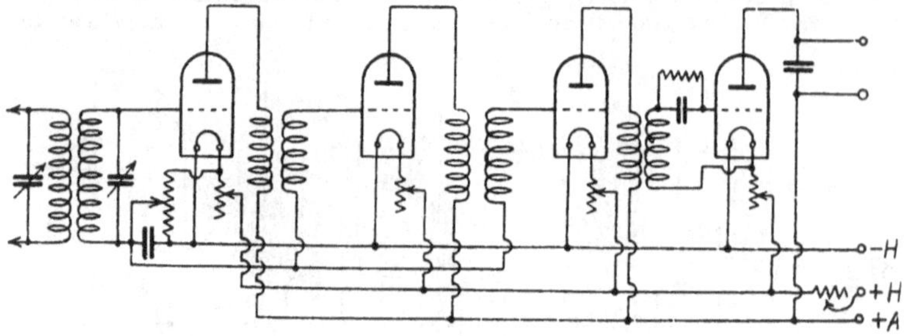

Fig. 123.

vollkommen ausreicht. Bei der Abstimmschärfe, die der Zwischenfrequenzverstärker verlangt, sind jedoch solche Transformatoren nicht das Ideal, wie schon beim Widerstandsverstärker bemerkt wurde. Mit der Abstimmschärfe ist die Güte des Zwischenfrequenzverstärkers sehr eng verbunden.

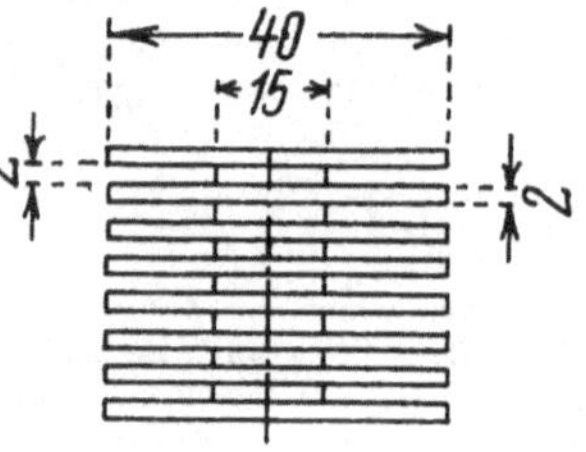

Fig. 124.

Es ist deshalb besser, die Transformatoren oder wenigstens die Sekundärspulen derselben abzustimmen. Man könnte das mit der Spulenkapazität allein erreichen. Das ist aber nicht zu empfehlen, weil dann auch die Kapazitäten der Schaltungen und Schaltelemente in Betracht zu ziehen sind, so daß die Betriebsbedingungen des Empfängers sich sehr leicht von außen beeinflussen lassen. Besser schaltet man nach Fig. 125 größere Kondensatoren der Sekundärspule parallel. Eine gleichzeitige Abstimmung

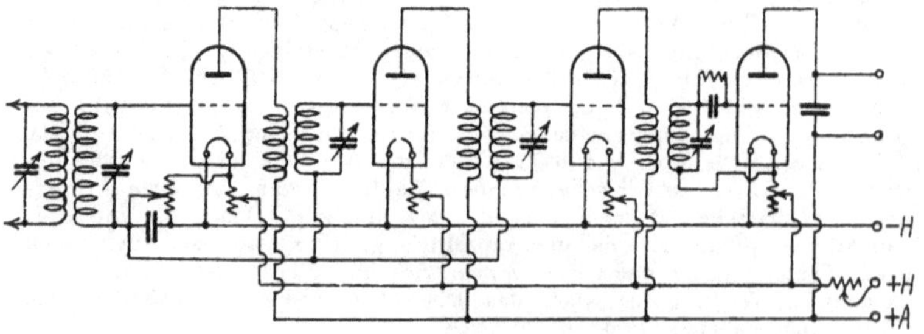

Fig. 125.

des Anodenkreises ist wegen der Selbsterregungsgefahr nicht zu empfehlen.

In Fig. 126 a und b sind Transformatorenkörper abgebildet, welche sich für diese Zwecke eignen. In der Mitte liegt die Primärspule, die aus 500 Windungen 0,4 mm starken Drahtes gewickelt ist. Rechts und links liegen je 550 Windungen der Sekundarspule, die also zusammen 1100 Windungen 0,3 mm starken Drahtes besitzt. Auf den kleineren Transformatorkern Fig. 126 b soll dieselbe Wicklung aufgebracht werden, nur mit 0,1 mm dünnem Draht. Die Kondensatoren zum Abstimmen haben 300 cm Kapazität. Ein anderer solcher Scheibentransformator ist in Fig. 127 abgebildet. Hier werden die Verluste ziemlich gering gehalten dadurch, daß man keinen vollen Spulenkörper benutzt, sondern die Wicklung nach der in Fig. 127 c dargestellten Weise durch 2 sich rechtwinklig kreuzende Hartgummibretter stützt. Fig. 127 a und b zeigen die Ansicht dieser Brettchen und die Anschlüsse der aufgebrachten Windungen. In jeden Schlitz, dessen Breite wir 1½ mal so groß machen wie die Drahtdicke, wickeln wir 100 Windungen, so daß immer ein Draht halb auf dem andern liegt. Wir verwenden 0,3 mm starken Draht. Es wechseln immer eine Sekundar- und eine Primarwindungsscheibe miteinander ab. Mit diesem Zwischenfrequenzverstarker können wir bei Parallelschaltung eines 500 cm-Drehkondensators eine Wellenlange von 2000 bis 3000 m einstellen. Auch

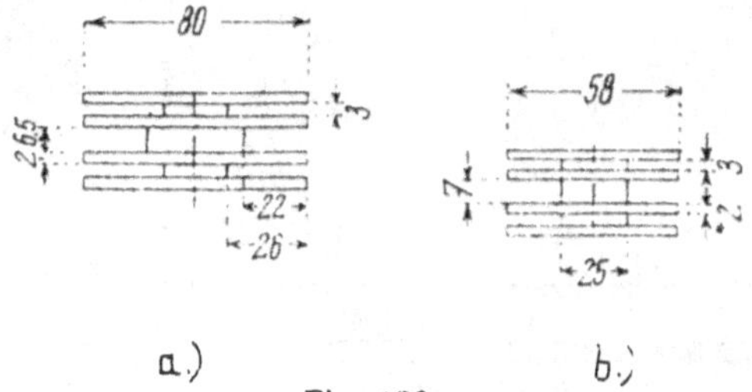

Fig. 126.

bei diesen Transformatoren ist die Kopplung zwischen den beiden Spulen in hohem Maße kapazitiv, so daß man nicht ohne weiteres aus dem Übersetzungsverhältnis auf ein Hinauftransformieren schließen darf.

Die Selbsterregung tritt bei Zwischenfrequenzverstarkern mit abgestimmten Lufttransformatoren sehr leicht ein, besonders wenn induzierende Wirkungen zwischen den einzelnen Transformatoren verschiedener Stufen auftreten könnten. Um jede gegenseitige Beeinflussung zu verhindern, kapselt man am besten jede einzelne Stufe für sich in ein Blechgehäuse ein, so daß die ganze Stufe einschließlich der Röhre vor kapazitiven Einwirkungen von der Nachbarröhre her geschützt ist.

Versieht man die Transformatoren mit einem Eisenkern, so gelangt man zu einer Schaltung nach Fig. 128. Solche Eisenkerne sind bei den Frequenzen, die im Zwischenfrequenzverstärker gebraucht werden, schon sehr wirksam. Die Wirkung steigt allerdings mit der Wellenlänge. Man darf jedoch bei diesen Frequenzen nicht erwarten, daß die Übertragung von der Primärspule auf die Sekundärspule allein induktiv durch das Eisen geschieht. Es zeigt sich nämlich, daß beim Übersetzungsverhaltnis 1 : 1 die Sekundarspannung doch höher sein kann als die Primärspannung, was darauf schließen läßt, daß die Kopplung zwischen beiden Wicklungen auch hier zum großen Teil eine kapazitive ist. Man arbeitet auch hier am besten mit einer Art von Resonanztransformatoren, indem man nämlich die Spulenkapazitäten so einrichtet, daß man den Empfänger mit der Eigenfrequenz der Transformatoren direkt durch Drehkondensatoren abstimmen kann. In Fig. 129 ist ein solcher Transformator abgebildet. In der Mitte die Primärspule, zu beiden Seiten die Sekundärspulen. Jede Spule besteht aus 2 Pappringen, die in einem Abstand von 1 cm gehalten werden, und zwischen welche je 400 bis 500 Windungen 0,3 mm dicken Drahtes gewickelt werden. Der Kern besteht aus sehr dünnen Eisenblechen von hohem Siliziumgehalt. Diese Transformatoren können mit einem 500 cm-Drehkondensator auf eine Welle von 5000 bis 7000 m abgestimmt werden. Besser als der hier beschriebene Transformator sind Transformatoren mit geschlossenem Eisenkern. Die Abstimmung aller dieser Eisen-Transformatoren ist nicht sehr scharf. Sie sind über einen großen Wellenbereich verwendbar. Die Selektivität jedoch ist ausschließlich durch die

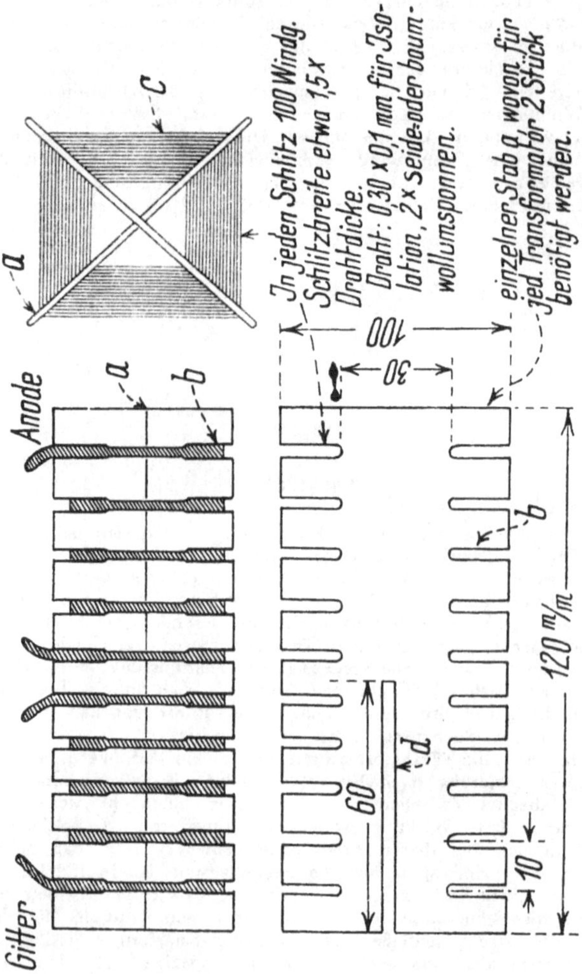

Fig. 127.

Filterkreise des Eingangstransformators gegeben. Die geringe Abstimmschärfe rührt von der durch das Eisen hervorgerufenen Dämpfung her. Man hat bei diesen Transformatoren im allgemeinen eine flache Resonanzkurve und trotzdem im Mittel eine sehr gute Verstärkung. In Fig. 130 sind die Resonanzkurven eines Lufttransformators und eines Eisentransformators aufgezeichnet. Man sieht, daß man mit dem Lufttransformator bessere Verstärkung bekommt, wenn man ihn genau abstimmt. Hat man

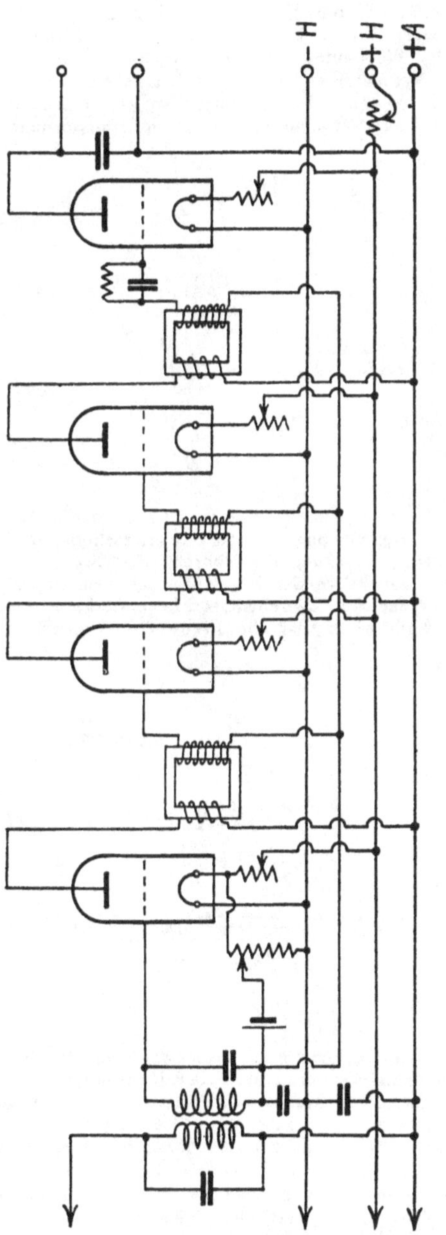

Fig 128.

z. B. einen Verstärker mit 4 Stufen, so ergibt sich bei der Verwendung von Lufttransformatoren, die nicht genau abgestimmt sind, eine Gesamtresonanzkurve nach Fig. 131. Sie sieht trapezförmig aus und ist kaum höher als die eines einzigen Transformators. Man erreicht also durch die Verwendung der 4 Stufen dann keine größere Verstärkung, sondern nur eine Verbreiterung der Resonanzkurve. Im Gegensatz dazu würde bei der Verwendung von 4 Eisentransformatorenstufen auch

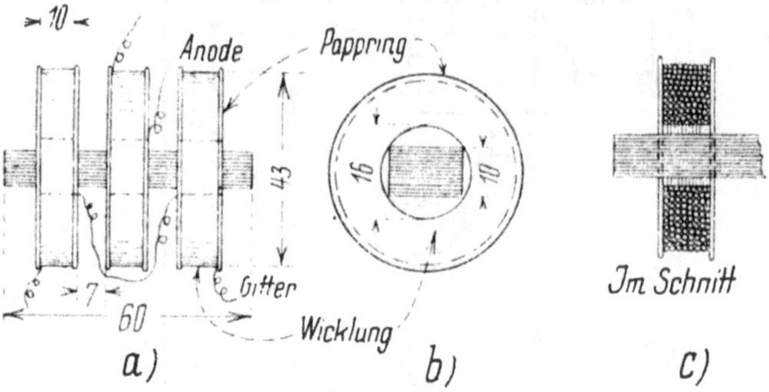

Fig. 129.

bei nicht genauer Abgleichung die Gesamtverstärkung doch nahezu das Vierfache der Einzelverstärkung der Röhrenstufen betragen. Allerdings ist die Form der Resonanzkurve der Fig. 131 nach dem im Abschnitt A Gesagten für die Zwecke der Zwischenfrequenzverstärkung durchaus vorteilhaft, wenn man dafür sorgt, daß die Breite des Trapezes nicht mehr als

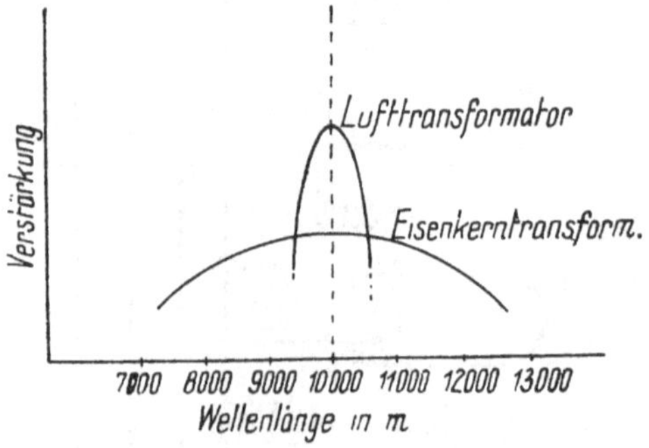

Fig. 130.

etwa 10 000 Perioden beträgt, d. h. also, wenn die größte Verstimmung zwischen je zwei Transformatoren diese Periodenzahl nicht übersteigt. Die Abgleichung der Zwischenfrequenztransformatoren ist eine nicht mit einfachen Mitteln zu lösende Aufgabe. Die Genauigkeit, die man mit den gewöhnlichen Resonanzverfahren erzielen kann, reicht nicht aus. Genauere Methoden werden im 14. Kapitel beschrieben.

Die einzelnen Röhren des Zwischenfrequenzverstärkers müssen gleichartig sein, besonders inbezug auf die Selbsterregung. D. h., sämtliche Röhren müssen bei derselben Potentiometereinstellung zu schwingen beginnen, sonst könnte man nicht mit einem einzigen Potentiometer auskommen. Die Rohren sind also hiernach auszuwahlen. Sollte der Zwischenfrequenzverstärker zu stark zur Selbsterregung neigen, so kann man unter Umständen dadurch Abhilfe schaffen, daß man eine der mittleren Hochfrequenzverstärkerstufen mit ganz gewöhnlicher Widerstandskapazitätskopplung versieht. Der Zwischenfrequenzverstärker soll dicht vor der Schwinggrenze eingestellt sein, so daß er das Beste hergibt. Er ist der wichtigste Teil des Superheterodyneempfängers. Bei sorgfältiger Konstruktion kann man die Verstärkung so weit treiben, daß hinter dem zweiten Detektor kaum noch Niederfrequenzverstarkung nötig ist.

Da für diesen zweiten Gleichrichter wie für jeden Detektor das quadratische Gleichrichtergesetz gilt, so leisten die Zwischenfrequenzverstärkerstufen mehr als die darauffolgenden Niederfrequenzverstärkerstufen. Auch das ist wieder ein Grund, weshalb der Zwischenfrequenzverstärker mit

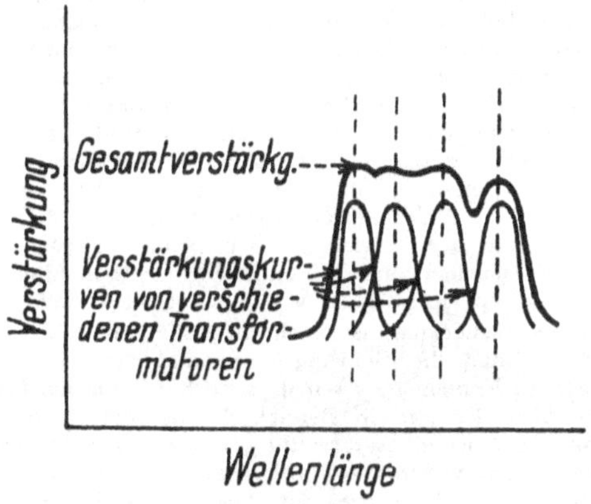

Fig. 131.

besonderer Sorgfalt zu behandeln ist. Bei der Niederfrequenzverstärkung gehen auf jeden Fall Feinheiten der Modulation, die in den höchsten Oberwellen liegen, verloren, so daß man auch reineren Empfang erwarten darf, wenn man den größeren Teil der Verstärkung vor den Detektor legt. Wählt man als zweiten Detektor einen Richtverstärker, so kann man es durch Zwischenverstarkung dahin bringen, daß man auf dem gradlinigen Teil der Charakteristik der Richtverstärkerröhre arbeitet, daß also der Gleichrichtereffekt proportional der Gitterspannung und nicht mehr proportional ihrem Quadrat wird. Auch das hat einen Vorteil, obgleich es zunächst wie ein Lautstärkeverlust aussieht. Dadurch nämlich, daß die modulierte Gitterspannung als Quadrat in die Gleichung des Gleichrichtereffektes eingeht, wird diese verzerrt. Es treten Oberschwingungen auf, die vorher nicht da waren. Diese Verzerrung, die allerdings nicht sehr ins Gewicht fällt, erspart man sich auf die eben angedeutete Weise durch einen Verlust an Lautstärke.

§ 7. Allgemeine Winke.

Über den praktischen Aufbau des Transponierungsempfängers kann man zweierlei Meinung sein. Die verschiedenen Funktionen der einzelnen Stufen des Gerätes erlauben, daß man es aus einzelnen getrennten Teilen zusammensetzt, so daß z. B. beim Aufsuchen von Fehlern oder zum Auswechseln, Erweitern oder Ergänzen einzelner Stufen nicht der ganze

Empfänger auseinandergenommen zu werden braucht. Man hat ferner bei dieser Bauweise den Vorzug, daß man die einzelnen Bestandteile auch für andere Zwecke verwenden kann. Für den kompakten Zusammenbau spricht dagegen der sonst ziemlich erhebliche Raumbedarf, ganz abgesehen davon, daß ein leicht zu handhabendes kleines Gerat immer angenehmer ist. Beim Superheterodyneempfänger kann man mit einem kleinen Rahmen als Antenne auskommen. Dadurch wird man von selbst versucht, die ganze Apparatur einschließlich Rahmen und Lautsprecher möglichst schön und handlich zusammenzudrangen. Für die Bedienung sind außer der Röhreneinstellung immer nur zwei Handgriffe nötig, namlich die Abstimmung und die Überlagerung. Der Transponierungsempfanger ist somit im Betrieb einer der bequemsten Empfanger, die es gibt. Will man die Bedienung auf die Betätigung von nur zwei Drehknöpfen einschranken, so setzt das voraus, daß man vorher die Einstellung des Filters und der Zwischenfrequenzstufen auf die Hochfrequenz vorgenommen und festgelegt hat, so daß sich in diesem Teil des Apparates nichts mehr andern kann. Auch die Röhreneinstellung wird vorher besorgt, so daß der Heizstrom einfach nur ein- oder ausgeschaltet zu werden braucht. Hierbei ist es angebracht, in eine Zuleitung zur Batterie einen veranderlichen Zusatzwiderstand von einigen Ohm einzubauen, so daß man etwaigen Spannungsabfall der Heizbatterie ausgleichen kann. Diese Einstellung wäre dann unter Umständen noch auf dem Schaltbrett vorzusehen. An und für sich dient ein gedrängter Aufbau auch elektrisch dem Apparate zum Vorteil, wenn man alle Teile so anordnet, daß störende gegenseitige Einwirkungen vermieden und die Leitungen so kurz wie möglich bemessen werden.

Eine besondere Bemerkung ist noch über die Auswahl der Röhren zu machen. Zunachst muß die Schwingröhre ausgesucht werden. Hierfür ist nicht jede Röhre brauchbar, da man sehr häufig beobachten kann, daß die Röhre nicht über den ganzen Bereich der benötigten Wellen schwingt, sondern bei manchen Kondensatorstellungen des Überlagererschwingungskreises sogenannte „Schwinglöcher" aufweist. Das ist auf jeden Fall zu vermeiden, da sonst der Empfanger für diesen Bereich der Überlagerungswellen unbrauchbar würde. Die Röhre muß also über den ganzen Drehkondensator hinwegschwingen. Daß sie schwingt, kann man leicht an einem Knacken im Fernhörer erkennen, das sowohl eintreten muß, wenn man das Gitter berührt, als auch, wenn man es losläßt. Für diese Probe ist in den Anodenkreis der Schwingröhre ein Fernhörer mit großem Überbrückungskondensator einzuschalten.

Besondere Mühe macht die Auswahl der Zwischenfrequenzverstärkerröhren, die nicht nur von derselben Type sein sollen, sondern wie schon oben gesagt, sogar so ausgewählt werden müssen, daß sie bei derselben Potentiometerstellung anfangen zu schwingen. Auch das ist experimentell auszuprobieren. Wenn eine Röhre wegen der früher oder später einsetzenden Selbsterregung nicht in den Zwischenfrequenzverstärker paßt, so ist damit nicht gesagt, daß sie nicht für andere Zwecke brauchbar sei.

Der Transponierungsempfanger dient in erster Linie zur Erzeugung großer Reichweiten. Er ist also zum Empfang des Lokalsenders durchaus nicht das geeignetste Gerät. Hier ist ein Detektorempfänger mit Niederfrequenzverstärker viel eher am Platze. Es empfiehlt sich in diesem Falle, den Niederfrequenzverstärker des Superheterodyneempfängers auch für den Detektorempfang zu benutzen, so daß man durch einfaches Umschalten desselben von Fernempfang auf Nahempfang übergehen kann. In Fig. 129 ist gezeigt, wie man das machen kann. Eine zweite Umänderung ist notwendig, wenn man lange Wellen empfangen will. Dann ist der Transponierungsempfänger ebenfalls nicht mehr am Platz. Unter Umständen kann man den Zwischenfrequenzverstärker direkt zum Empfang heranziehen. Es empfiehlt sich allerdings nicht, das Eingangsfilter desselben veranderlich zu gestalten. Besser ist folgendes Verfahren. Die erste Röhre wird durch einen Umschalter als Hochfrequenzverstärkerröhre geschaltet. Dann kann man diese Röhre direkt mit dem zweiten Detektor koppeln, so daß man als Empfänger eine Stufe Hochfrequenz, einen Detektor und einen Niederfrequenzverstarker bekommt. Die Schwingröhre und die Zwischenfrequenzverstärkerröhre werden dann nicht benutzt.

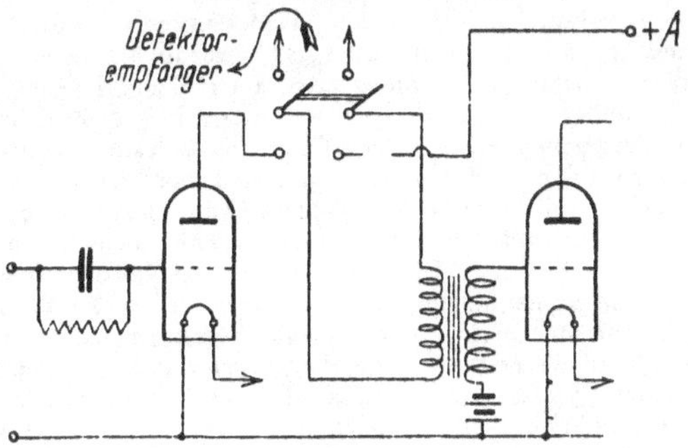

Fig. 132.

Sofern man den Zwischenfrequenzverstarker als Widerstandsverstarker ausgebildet hat, kann man ihn ebenfalls direkt für die Verstärkung langer Wellen benutzen.

III. Kapitel.

Die Pendelrückkopplung.

§ 1. Die Theorie des Pendelrückkopplungsempfängers.

Obgleich die mit dem Transponierungsempfänger erreichten Empfangsresultate als ideal zu bezeichnen sind, ist diese Lösung doch durchaus noch keine technische zu nennen. sie ist vielmehr erst eine physikalische. Die technisch einwandfreie Lösung setzt voraus, daß das erstrebte Resultat mit den einfachsten Mitteln und der größten Energieausnutzung erreicht wird. Beim Transponierungsempfänger wird ein ziemlicher Aufwand mit Röhren getrieben. Die Röhren selbst werden nicht bis zur Grenze ihrer Leistungsfähigkeit ausgenutzt. Vom ökonomischen Gesichtspunkt aus ist das ein Fehler. Es gibt nun eine Reihe von Verfahren, welche darauf abzielen, mit möglichst geringem Röhrenaufwand möglichst viel zu erreichen. Eine der ältesten ökonomischen Ideen des Röhrenempfängers ist die Pendelrückkopplung, bei der eine einzige Röhre bis zur Grenze ihrer Leistungsfähigkeit, die durch den Sättigungswert des Anodenstromes gegeben ist, ausgenutzt wird. Es ist bekannt, daß eine Röhre in gewöhnlicher Rückkopplungsschaltung zu schwingen beginnt, sobald die Rückkopplung ein gewisses Maß übersteigt. Stellt man die Rückkopplung so ein, daß der Empfänger gerade eben noch nicht schwingt, so wird ein ganz geringer Anstoß, der von der Antenne auf die Röhre ausgeübt wird, genügen, um die Amplitude so weit aufzuschaukeln, wie es der Sättigungsstrom der Röhre gestattet. Man würde dann also eine ungeheure Verstärkung erzielen. Leider schwingt jedoch die Röhre mit dieser erreichten

Amplitude dauernd weiter, so daß eine Ausnutzung dieser Verstärkung fur den Empfang nicht möglich ist, es sei denn, daß es gelänge, die selbsterregte Schwingung im richtigen Augenblick wieder auszulöschen.

Man kann die Verhältnisse quantitativ sehr leicht überblicken, wenn man mit dem Begriff des negativen Widerstandes arbeitet, der im Kap. X § 1 des I. Bandes eingeführt worden ist. Wir haben uns in der Hochfrequenztechnik daran gewöhnt, jeden Energieverlust durch einen gewöhnlichen ohmschen Widerspruch R darzustellen, der durch Wärme genau so viel Energie verbraucht, wie die Verlustenergie beträgt. Genau so können wir auch Energiezufuhr durch einen Widerstand darstellen. Dann müssen wir allerdings dem Ersatzwiderstand ein negatives Vorzeichen geben. Der Gesamtwiderstand irgendeines Stromkreises setzt sich dann aus dem positiven und aus dem negativen Widerstand zusammen. Sind die beiden Widerstände gleich groß, so ist ihre Summe gleich Null, und der Stromkreis verhält sich so, als ob er gar keinen Widerstand besäße. Die Energieverluste werden durch Energiezufuhr von außen ausgeglichen. Ist der negative Widerstand kleiner als der positive, so tritt durch ihn lediglich eine Verringerung des positiven ein. Die Energieverluste werden nur zum Teil wieder ersetzt. Wird schließlich mehr Energie dem Kreise zugeführt, als dort verbraucht wird, so überwiegt der negative Widerstand, und der Gesamtwiderstand des Kreises ist negativ

Von besonderer Bedeutung werden diese Betrachtungen für den Schwingungskreis, der aus Selbstinduktion, Kapazität und Widerstand besteht und eine Rückkopplung besitzt, so daß er auch negativen Widerstand enthält. Der Schwingungskreis soll nun auf eine aufgezwungene Wechselspannung

$$E = E_0 \sin \omega t \tag{1}$$

abgestimmt werden. Wir berechnen den Strom. Dieser setzt sich, auch wenn der Kreis nicht abgestimmt ist, aus einer erzwungenen Schwingung und aus einer gedampften Eigenschwingung zusammen. Die erstere schwingt in der Frequenz ω, die zweite in der Eigenfrequenz ω_0 des Kreises. Es ergibt sich für den Strom in bekannter Weise

$$\mathfrak{J} = \frac{E_0 \sin(\omega - \varphi)}{\sqrt{R^2 + \left(L\omega - \frac{1}{C\omega}\right)^2}} - E_0 e^{-\delta t} \cdot \frac{\sqrt{\sin^2 \varphi + \frac{\omega_0^2}{\omega^2} \cos^2 \psi}}{\sqrt{R^2 + \left(\frac{1}{C\omega}\right)^2}} \sin(\omega_0 t - \psi). \tag{2}$$

wo ω_0 die Eigenfrequenz, δ die Dämpfung ist und

$$\operatorname{tg} \psi = \frac{L\omega - \frac{1}{C\omega}}{R}, \quad \operatorname{tg} \varphi = \frac{\omega}{\omega_0} \operatorname{tg} \psi. \tag{3}$$

Fur Resonanz ist

$$\omega = \omega_0 \tag{4}$$

$$\varphi = \psi = 0 \tag{5}$$

$$\mathfrak{J}_{res} = \frac{E_0}{R} \sin \omega t - \frac{E_0}{R} e^{-\delta t} \sin \omega t. \tag{6}$$

Dieses Ergebnis wollen wir auswerten unter der Annahme, daß R aus einer Serienschaltung von positivem und negativem Widerstand besteht. Es ergibt sich

$$\mathfrak{J} = \frac{E_0}{R + \mathfrak{R}} \sin \omega t - \frac{E_0 e^{-\frac{R + \mathfrak{R}}{2L} t}}{R + \mathfrak{R}} \sin \omega t. \tag{7}$$

Wenn der positive und der negative Widerstand gleich sind, geht diese Gleichung über in einen Ausdruck von der Form $\infty - \infty$, ist also unbestimmt. Durch Berechnung dieses unbestimmten Wertes ergibt sich schließlich:

$$8)\qquad \mathfrak{J}_{res} = E_0 \cdot \frac{t}{2L} \cdot \sin \omega t.$$

Wir müssen nun die drei Falle unterscheiden:

I. $R > \mathfrak{R}$
II. $R = \mathfrak{R}$
III. $R < \mathfrak{R}$.

Bezeichnen wir den Absolutwert des resultierenden Widerstandes mit r, also

$$9)\qquad | R + \mathfrak{R} | = r,$$

so bekommen wir für den Stromverlauf bei diesen drei Fällen:

$$10)\qquad \text{I.}\quad \mathfrak{J} = \frac{E_0}{r} \sin \omega t - \frac{E_0}{r} e^{-\frac{r}{2L}t} \sin \omega t$$

$$11)\qquad \text{II.}\quad \mathfrak{J} = \frac{E_0}{2L} t \sin \omega t$$

$$12)\qquad \text{III.}\quad \mathfrak{J} = \frac{E_0}{r} \sin \omega t + \frac{E_0}{r} e^{\frac{r}{2L}t} \sin \omega t.$$

Im Augenblick des Einschaltens der erzwingenden EMK tritt außer der erzwungenen Schwingung die freie Schwingung des Kreises auf, und die drei Fälle unterscheiden sich nur durch die Art der freien Schwingung. Sobald die Kraft aufhört zu wirken, bleibt die freie Schwingung weiter bestehen. In Fig. 140 sind die drei Fälle dargestellt.

Fall 1: Wenn der negative Widerstand kleiner ist als der positive, so entstehen eine erzwungene Schwingung und eine gedämpfte freie. Beide haben dieselbe Amplitude $\frac{E_0}{r}$. Die gedämpfte Schwingung klingt schließlich ab, so daß nur die erzwungene übrig bleibt. Nach Aufhören der erzwingenden EMK tritt die freie Schwingung wieder auf und klingt gedämpft ab. (Kurve I, Fig. 133.)

Fall 2: Wenn der negative Widerstand gleich dem positiven ist, steigt die Stromamplitude mit der Zeit linear an, bis die erzwingende Kraft aufhört zu wirken. Alsdann dauert die freie Schwingung mit gleichbleibender Amplitude unbeschränkt fort. Die erreichte Amplitude wird also um so größer, je langer die erzwingende EMK wirkt. (Kurve II, Fig. 133.)

Fall 3: Wenn der negative Widerstand größer ist als der positive, haben freie und erzwungene Schwingung wieder gleiche Amplitude $\frac{E_0}{r}$. Die freie Schwingung wächst vom Augenblick des Einschaltens der erzwungenen an und steigt schließlich bis auf unendlich große Werte, auch wenn die erzwingende EMK aufgehört hat zu wirken. Der grundsätzliche Unterschied zwischen Fall 1 und 3 kann kurz so ausgesprochen werden: Bei positivem Gesamtwiderstand besitzt die erzwungene Schwingung mehr Energie und bei negativem Gesamtwiderstand die freie. Das Merkwürdige bei allen drei Fällen ist der Umstand, daß Schwingungen nicht entstehen, wenn nicht eine erzwingende EMK sie auslöst, selbst wenn der negative

Widerstand noch so groß ist. Praktisch allerdings genugt schon die geringste Unregelmaßigkeit in der Emission oder ein durch atmosphärische und andere Störungen erzeugter Antrieb, um das Aufschaukeln der Schwingungen einzuleiten.

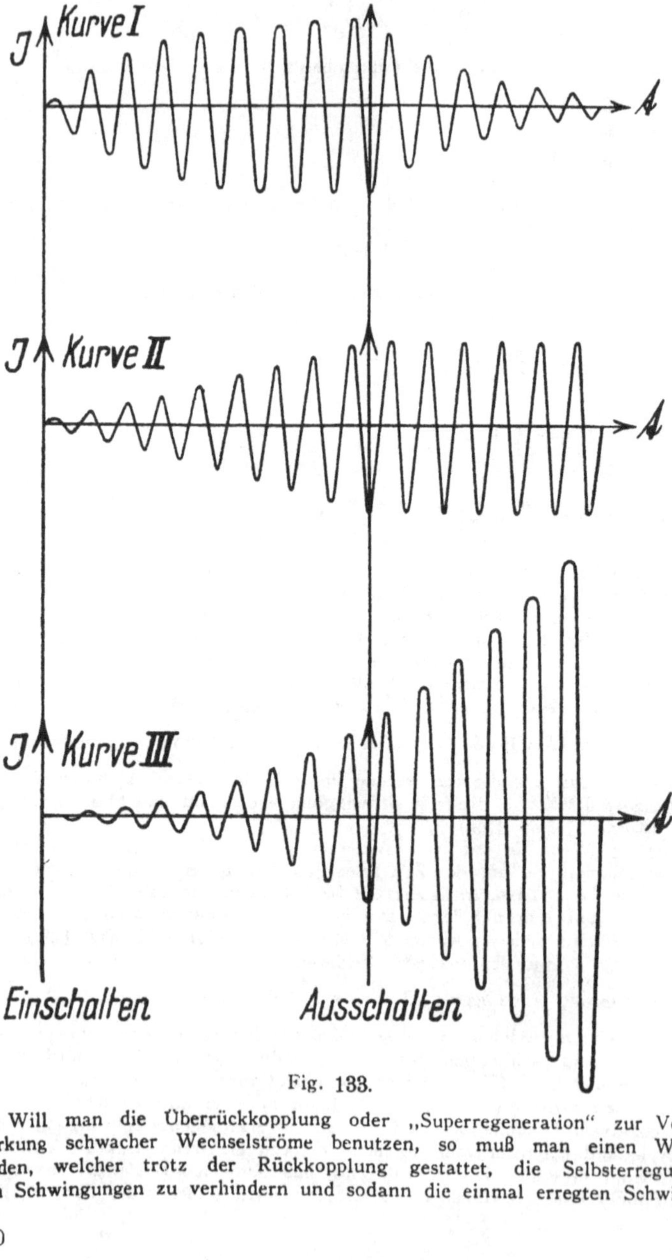

Fig. 133.

Will man die Überrückkopplung oder „Superregeneration" zur Verstärkung schwacher Wechselströme benutzen, so muß man einen Weg finden, welcher trotz der Rückkopplung gestattet, die Selbsterregung von Schwingungen zu verhindern und sodann die einmal erregten Schwingungen wieder zum Verschwinden zu bringen. Das gelingt, sobald man das ganze System abwechselnd empfindlich und dann wieder unempfindlich macht. Die Überrückkopplung darf also immer nur auf kurze Zeit wirken, nicht dauernd. Sie müßte gewissermaßen pendeln. Ganz primitiv könnte man das so machen, daß man die Rückkopplungsspule immer hin- und herbewegt, so daß die Rückkopplung immer abwechselnd die Schwinggrenze über- und unterschreitet. Bei zu fester Rückkopplung werden die Schwingungen ansteigen, bei zu loser abnehmen, und zwar

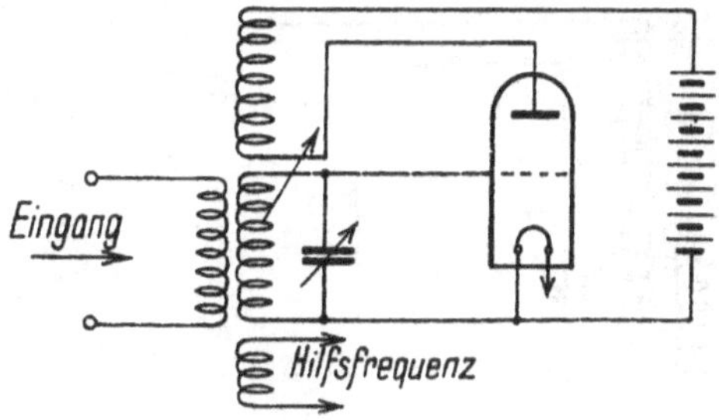

Fig. 134a.

werden sie so lange ansteigen, wie die Schwinggrenze überschritten ist. Da ferner die nach gleichen Zeiten erreichten Amplituden der ansteigenden Schwingungen proportional den erzwingenden Spannungsamplituden sind, so werden die während der zu festen Rückkopplung verstärkten Schwingungen den erzwungenen elektrometrischen Kräften proportional sein. Das gilt allerdings nur unter der Voraussetzung, daß in der zur

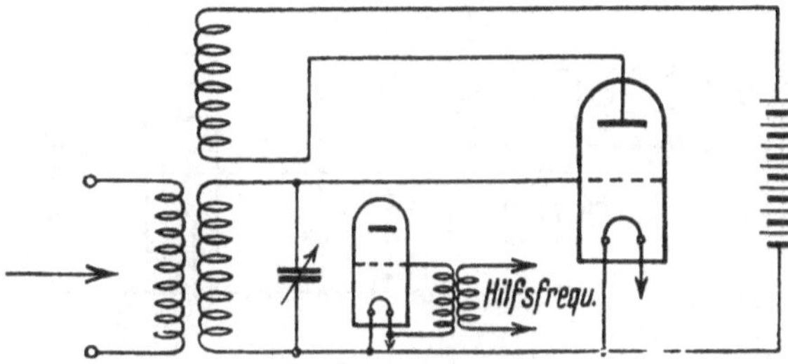

Fig. 134 b.

Verfügung stehenden Zeit der Sättigungsstrom noch nicht erreicht ist, denn dieser würde ja jede Modulation der erzwingenden EMK vernichten. Die Rückkopplungsänderung muß also so schnell geschehen, daß dieser Fall nicht eintreten kann. Hieraus folgt schon, daß durch Hin- und Herbewegen einer Rückkopplungsspule die Aufgabe nicht zu lösen sein wird. Man muß ein anderes Verfahren ausfindig machen, welches von der Empfangsschwingung unabhängig ist.

Da das Überschreiten der Schwinggrenze nach der einen oder anderen Seite von dem Verhältnis zwischen dem positiven und dem negativen Widerstand abhängt, so kommt es darauf an, daß dieses Verhältnis periodisch größer oder kleiner wie 1 gemacht wird, also um den Wert 1 herum schwankt. Diese periodische Schwankung wird verursacht durch eine Hilfsschwingung, deren Frequenz für die Verstärkung, die erreicht wird, maßgebend ist. Wie wir oben sahen, wird bei zu langsamer Hilfsschwingung der Sättigungswert erreicht, so daß die Modulation verloren geht. Bei zu schneller Hilfsschwingung dagegen wird die Verstärkung geringer sein, weil die Amplitude in der kurzen zur Verfügung stehenden Zeit nicht auf sehr hohe Werte ansteigen kann. Andererseits wird die Modulation um so besser wiedergegeben, je größer die Frequenz der Hilfsschwingung ist. Man muß

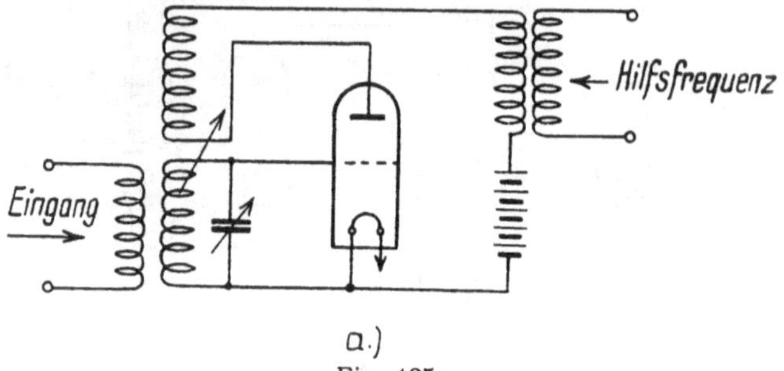

Fig. 135a.

hier also ein Kompromiß suchen zwischen Lautstarke und Sprachreinheit, zwischen Verstarkung und Güte. Bei Empfang von Telefonie darf man die höchste in der Sprache vorkommende Frequenz mit der Hilfsschwingung nicht unterschreiten.

Da es bei der Hilfsfrequenz nur auf die periodische Änderung des Verhältnisses R . Я ankommt, ist es gleichgültig, ob man den positiven

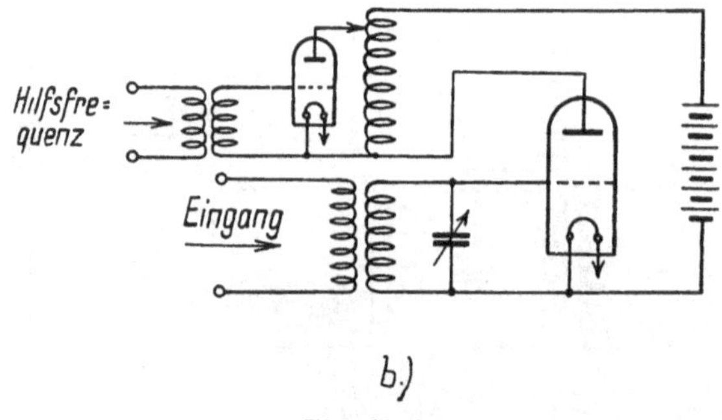

Fig' 135b.

Widerstand oder den negativen oder beide gleichzeitig periodisch andert. Die Änderung kann auf jeden Fall sehr einfach durch eine Hilfsröhre bewirkt werden. Dabei ist Folgendes zu berücksichtigen. Jede Änderung der Verluste im Schwingungskreis, welcher in der Regel gleichzeitig Gitterkreis ist, bedeutet Änderung des positiven Widerstandes, während jede Änderung der Rückkopplung Änderung des negativen Widerstandes bedeutet. Diese Änderungen können durch zusatzliche Spannungen oder durch zusätzliche Widerstände hervorgerufen werden. Eine zusätzliche Spannung im Gitterkreis, die also im Rhythmus der Hilfsfrequenz schwingt, bedeutet eine periodische Änderung des positiven Widerstandes, weil während der positiven Halbperioden mehr Gitterstrom durch die Strecke Heizfaden — Gitter in der Röhre fließt (Fig. 134a). Diese Strecke ist gewissermaßen ein veränderlicher Widerstand, der im Rhythmus der Hilfsfrequenz geändert wird. Ein anderes Verfahren, Fig. 134 b, welches positive Widerstandsänderung ergibt, benutzt eine besondere Röhre, deren Heizfaden—Anodenstrecke parallel zum Schwingungskreis geschaltet und an deren Gitter die Hilfsfrequenz angelegt wird. Der innere Widerstand der Röhre liegt dann parallel zum Schwingungskreis und ändert sich im Rhythmus der Hilfsfrequenz. Man kann die Absorptionsröhre natürlich auch parallel zu nur einem Teil der Schwingungskreisspule schalten.

Will man den negativen Widerstand andern, so muß man dieselben Kunstgriffe im Anodenkreis anwenden. In Fig. 135 a wird die Hilfsfrequenz als zusätzliche Anodenwechselspannung zugeführt, in Fig. 135 b als veranderlicher Parallelwiderstand zur Rückkopplungsspule.

Besonders wirksam wird die periodische Widerstandsänderung, wenn man gleichzeitig den positiven und den negativen Widerstand

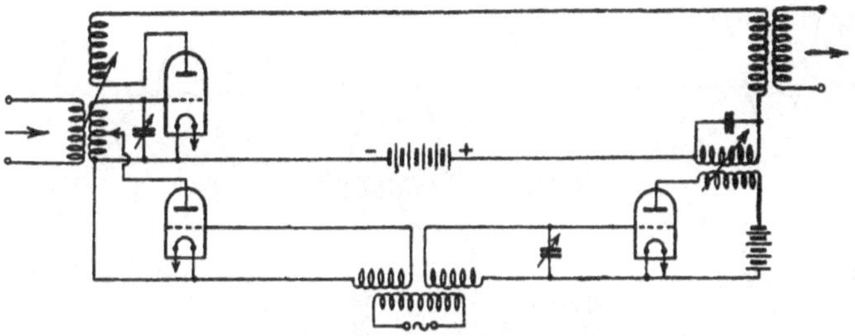

Fig. 136.

andert. Eine solche Schaltung ist in Fig. 136 dargestellt. Die Schwierigkeit bei dieser kombinierten Anordnung liegt darin, daß die beiden Widerstandsanderungen in der Phase so verschoben sind, daß sie sich gegenseitig unterstützen. Es muß also immer die Verringerung des positiven Widerstandes mit einer gleichzeitigen Vergrößerung des negativen und eine Vergrößerung des positiven Widerstandes mit einer Abnahme des negativen Hand in Hand gehen. Das wird bei dieser Schaltung durch die Kopplungen erreicht.

In Fig. 137 ist der zeitliche Verlauf der elektrischen Größen in einem Pendelrückkopplungsempfanger wiedergegeben, wenn eine modulierte Hochfrequenzschwingung in den Apparat gelangt. Die Kurve I zeigt die modulierte Hochfrequenzschwingung, die Kurve II die Hilfsschwingung. In der Kurve III sehen wir dann den Einfluß der Hilfsschwingung. Wahrend ihrer positiven Halfte schwingt der Empfänger an, während der negativen klingt er ab. Wie weit die Schwingung ansteigt, hangt von der Anfangsamplitude ab, so daß als Resultat sich eine modulierte Schwingung zeigt, welche die Frequenz der Hilfsschwingung besitzt. Wenn man nun die Kurven II und III naher betrachtet, so ergibt sich die merkwürdige Tatsache, daß beide in der Phase der Hilfsschwingung um 90° gegeneinander verschoben sind. Deutet man die Hilfsschwingung z. B. als eine in den Anodenkreis hineingebrachte EMK, so würde der Anodenkreis, der infolge dieser Anodenwechselspannung durch die Röhre fließen würde, um 90° verschoben sein, weil während der ganzen positiven Halbperiode der Anodenspannung ein Anstieg des Anodenstromes und während der ganzen negativen Halbperiode ein Abfall erfolgt. Dieselbe Wirkung kann man erreichen, wenn man die Röhre durch eine Selbstinduktion ersetzt.

Die Röhre wirkt also in diesem Fall wie ein induktiver Widerstand, und man kann durch Parallelschaltung eines Drehkondensators eine Abstimmung auf die Hilfsfrequenz erzielen.

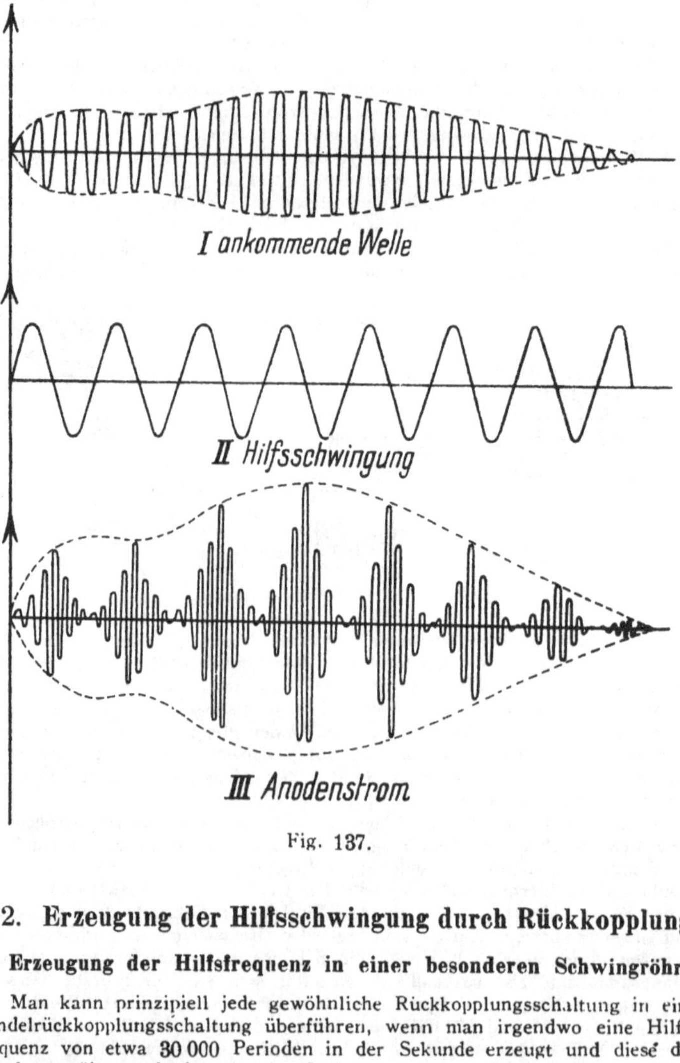

Fig. 137.

§ 2. Erzeugung der Hilfsschwingung durch Rückkopplung.

A. Erzeugung der Hilfsfrequenz in einer besonderen Schwingröhre.

Man kann prinzipiell jede gewöhnliche Rückkopplungsschaltung in eine Pendelrückkopplungsschaltung überführen, wenn man irgendwo eine Hilfsfrequenz von etwa 30000 Perioden in der Sekunde erzeugt und diese der Empfangerröhre auf eine der im § 1 angegebenen Arten zuführt. Diese Hilfsschwingung kann man mit einer Röhre auf so viele Arten erzeugen, wie es Rückkopplungsschaltungen überhaupt gibt. Wegen der doppelten Anwendung der Rückkopplung hat man dieses Verfahren auch „Doppelrückkopplungsschaltung" genannt. Aus dem eben Gesagten geht hervor, daß es nicht möglich ist, alle denkbaren Pendelrückkopplungsschaltungen wiederzugeben. Wir müssen uns darauf beschränken, die wichtigsten anzugeben und Richtlinien aufzuweisen, nach denen andere Schaltungen zu behandeln wären.

Zunachst seien Schaltungen betrachtet, bei denen die Hilfsfrequenz dem Gitterkreis der Verstärkerröhre aufgezwungen wird. In Fig. 138 ist eine solche Schaltung abgebildet. Die Empfängerröhre ist ein ganz gewöhnliches rückgekoppeltes Audion. An Stelle der Parallelschaltung Gitterkondensator-Ableitungswiderstand wird hier eine kleine Gitterbatterie benutzt, so daß die Röhre als Richtverstärker wirkt. Die Pendelwirkung wird dadurch erreicht, daß der Gitterkreis der Schwingröhre 0 nicht direkt mit dem Minuspol des Heizfadens verbunden ist, sondern über einen Teil oder die ganze Spule L des Gitterkreises der Empfängerröhre. Die Schwingröhre ist hier ebenfalls mit induktiver Anodenrückkopplung versehen. Die Änderung des Widerstandes wird, wie oben auseinandergesetzt worden ist,

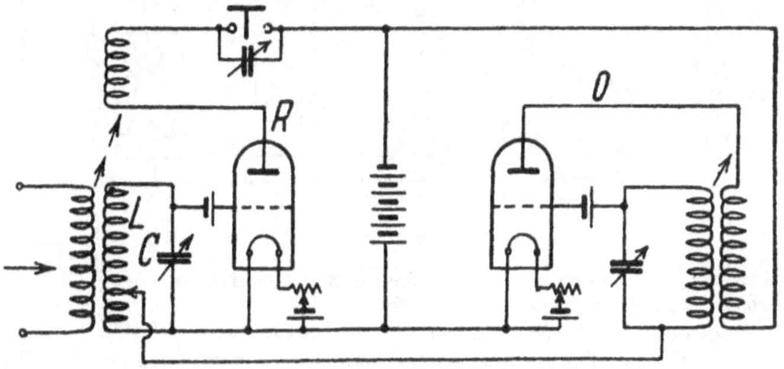

Fig. 138.

hier dadurch hervorgerufen, daß während der positiven Halbperioden der Hilfsfrequenz ein Gitterstrom fließen kann, während der negativen dagegen nicht.

Man erreicht unter Umständen eine noch bessere Wirkung, wenn man die Röhren so einstellt, daß lediglich eine Verschiebung der Anodenstromcharakteristiken durch die Hilfsfrequenz das Pendeln bewirkt. Die Empfangerröhre wird am leichtesten schwingen, wenn für die Gitterspannung Null die steilste Stelle der Charakteristik für das Anschwingen maßgebend ist. Wenn wir jetzt die Gitterspannung negativer machen, dann werden wir an einer anderen Stelle der Charakteristik arbeiten, so daß die Röhre hier wegen der geringeren Steilheit weniger leicht anschwingt. Wir stellen die Rückkopplung z. B. so ein, daß die Schwinggrenze schon bei negativer Gitterspannung liegt. Wenn wir dann um diesen negativen Vorspannungswert mit der Hilfsfrequenz herumpendeln, so werden wir im Rhythmus der Hilfsfrequenz immer abwechselnd eine steilere und eine weniger steile Stelle der Charakteristik an den Ruhepunkt bringen, so daß der Empfanger abwechselnd anschwingt und abklingt. Welche von den beiden Wirkungsweisen dieser Schaltung vorliegt, hangt einzig und allein von der Gittervorspannung ab. An dieser allein ist zu erkennen, ob die eine oder die andere Röhre als Audion wirkt. Die Fig. 139 zeigt, daß auch die Schwingröhre als Richtverstarker geschaltet werden kann. Selbstverständlich kann in beiden Schaltungen in der Detektorröhre die Gitterbatterie durch einen Gitterkondensator mit Ableitung ersetzt werden.

Wie schon angedeutet, sind diese Schaltungen nur Musterbeispiele. Es eignen sich alle Rückkopplungschaltungen für die beiden Röhren. In Fig. 140 sehen wir eine Schaltung, bei der die Rückkopplung der beiden Röhren auf nicht gewöhnliche Art erzielt wird. Der Gitterkreis der

Empfangerröhre enthalt keinen Kondensator. Die vorhandenen Spulenkapazitaten und die Röhrenkapazitat zwischen Gitter und Heizfaden reichen aus, um den Gitterkreis schwingungsfahig zu machen. Mit dem Variometer V_1 wird abgestimmt, wahrend V_2 zur Einstellung der Rückkopplung dient, welche durch die Röhrenkapazitat zwischen Gitter und Anode bewirkt wird. Die Hilfsschwingung wird in der zweiten Röhre durch kapazitive Rückkopplung erzeugt, indem der Kondensator C_r dem Anoden-

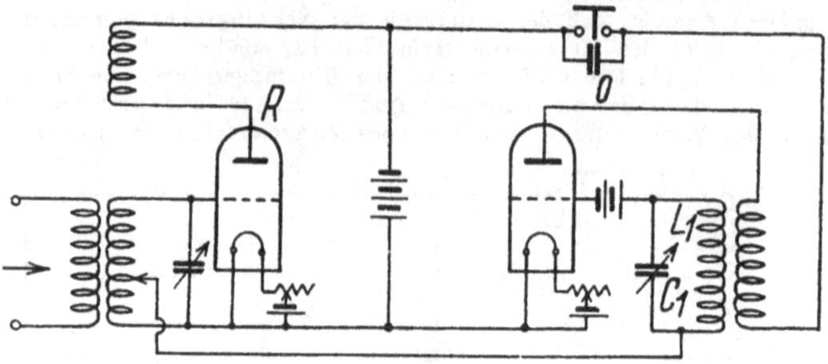

Fig. 139.

wechselstrom einen Weg ebnet, der uber den Gitterkreis und den Gitterkreis der ersten Röhre zur Heizbatterie führt. Der Widerstand dieser Rückkopplungsleitung hängt von der Größe des Kondensators C_r ab. Durch letzteren wird also dieser Teil des Anodenstromes und damit die Rückkopplung einreguliert. Die Hilfsfrequenz fließt durch den ganzen

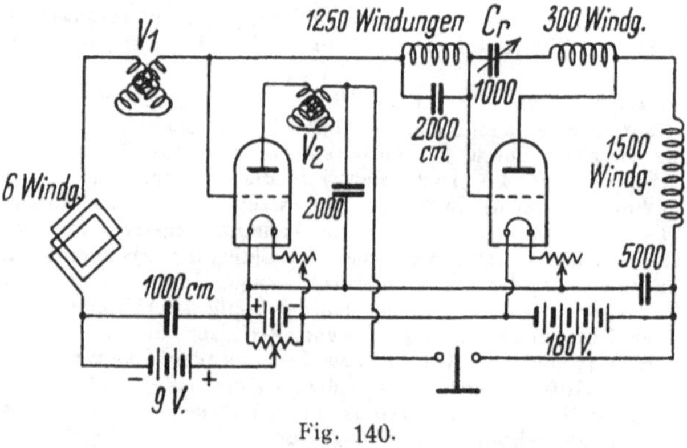

Fig. 140.

Gitterkreis der Verstarkerröhre. Die Anodenkreisspule von 1500 Windungen dient als Drossel.

Interessant ist vielleicht noch der Fall, wo die Empfangerröhre eine Reinartzschaltung besitzt. Fig. 148 zeigt, wie man einen Reinartzempfanger durch Hinzufügen einer Schwingröhre, welche die Hilfsfrequenz erzeugt, zu einem Pendel-Rückkopplungsempfanger erweitern kann. Auch hier wird an beiden Röhren mit Gittervorspannung gearbeitet. Die Schwingröhre ist genau so geschaltet, wie in Fig. 140. Man sieht, daß die Umwandlung des Reinartzempfangers in einen Pendelrückkopplungsempfanger ohne weitgehenden Eingriff in das Innere des Apparates möglich ist.

Will man die Hilfsfrequenz dem Anodenkreis der Verstarkerröhre zuführen, was einer negativen Widerstandsänderung gleichkommt, so gelangt man zur Schaltung der Fig. 142. Die dritte Röhre ist lediglich Detektorröhre. Sie ist induktiv mit dem Gitterkreis der Empfangerröhre gekoppelt. Die Rückkopplungsspule L_2 der Schwingröhre ist durch den Kondensator C_2 abgestimmt, damit die hilfsfrequente Spannung an den Enden des Kreises

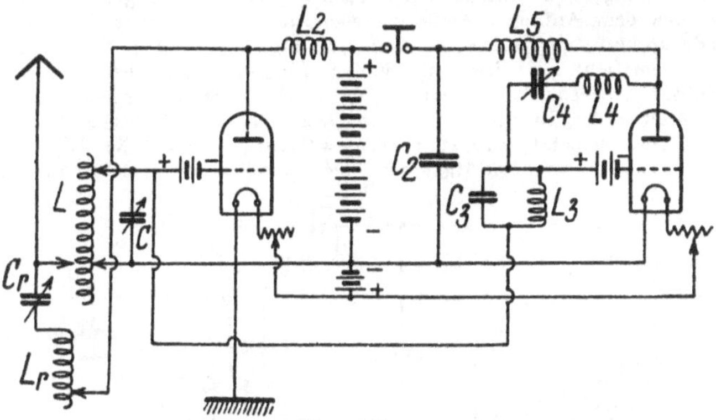

Fig. 141.

L_2 C_2 moglichst groß wird, denn diese Spannung ist ja gleichzeitig diejenige, welche dem Anodenkreis der ersten Röhre durch die Hilfsfrequenz mitgeteilt wird.

Eine sehr interessante Schaltung ist in Fig. 143 wiedergegeben. Hier wird die Hilfsfrequenz durch Induktion auf den Anodenkreis

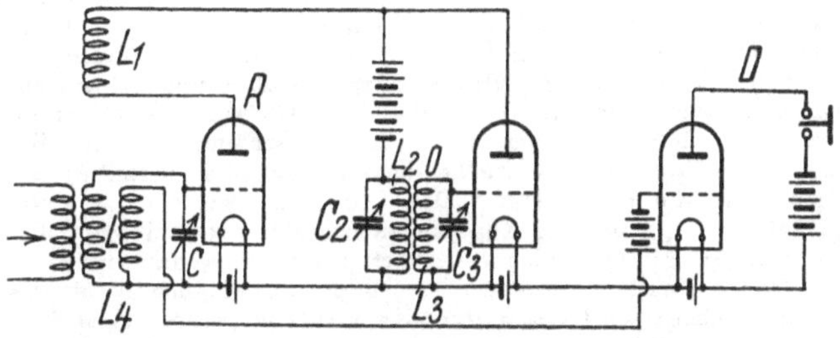

Fig. 142.

der Verstarkerröhre übertragen und durch den Drehkondensator C_3 der Anodenkreiswiderstand der Verstarkerröhre reguliert. Bemerkenswert ist, daß die Verstärkerröhre keine Anodenbatterie besitzt. Ein Empfang ist also nur wahrend der positiven Halbperioden der Hilfsfrequenz möglich. Es wurde oben im § 1 erlautert, daß die Verstarkerröhre wie eine Selbstinduktion wirkt. Durch den Kondensator C_1 kann diese induktive Wirkung ausgeglichen werden. Der Anodenkreis wird dann gewissermaßen abgestimmt, wodurch die Wirkung des Empfangers wesentlich gesteigert wird, so daß das Arbeiten ohne Anodenbatterie möglich wird. Das Gitter der Empfangerröhre ist induktiv mit dem Schwingungskreis gekoppelt. Diese Maßnahme ist auch bei anderen Schaltungen von Vorteil, wenn die Gefahr besteht, daß die selbsterregte Schwingung in den Halbperioden, in denen der positive Widerstand überwiegen sollte, nicht abklingt, was bei zu fester Rückkopplung in der ersten Röhre unter Umständen eintreten kann. In der vorliegenden Schaltung muß diese Kopplung möglichst fest gemacht werden. Der Fernhörer kann direkt in den Anodenkreis der ersten Röhre geschaltet werden, da ja hier wegen des Fehlens der Anodenbatterie Anodengleichrichtung eintritt.

Das Arbeiten mit diesen Pendelrückkopplungsschaltungen bereitet im allgemeinen dem Anfanger große Schwierigkeiten. Trotzdem ist bei richtiger Behandlung aus einem solchen Empfanger sehr viel herauszuholen. Zunächst empfiehlt es sich, als Spulen für alle diese Empfanger auswechselbare Steckspulen zu wählen, da man haufig die günstigste Spule ausprobieren muß. In den Schwingungskreis der die Hilfsfrequenz erzeugenden Röhre schaltet man eine Honigwabenspule von 1250 Windungen. Die Kapazitat beträgt etwa 1000 cm. Der Anodenkreis enthält eine Spule

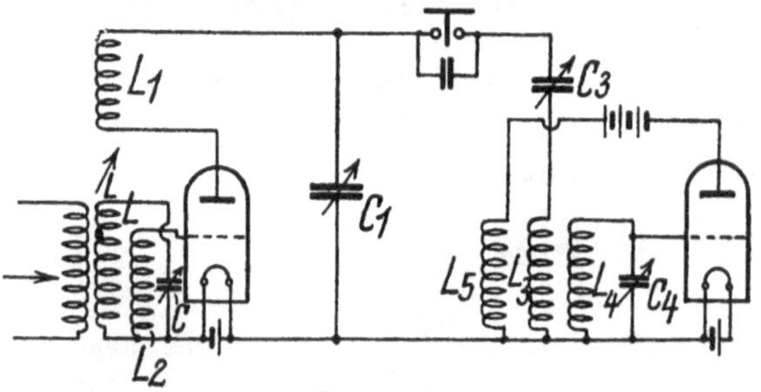

Fig. 143.

von 1500 Windungen. Die übrigen Spulengrößen richten sich nach dem gewünschten Wellenbereich. Es muß dabei erwähnt werden, daß diese Schaltungen um so besser arbeiten, je kürzer die Welle ist. Will man einen solchen Empfänger in Betrieb setzen, so geht man folgendermaßen vor. Man bringt zunachst die Hilfsschwingungsröhre zum Schwingen, wobei man den Kondensator auf 180° stellt, so daß man die Hilfsfrequenzschwingung als hohen Pfeifton hört. Sodann schaltet man die Heizung der Empfängerröhre ein und macht die Rückkopplung derselben so fest, daß auch diese Röhre schwingt. Das kann man leicht daran erkennen, daß im Telefon ein deutliches Knacken zu hören ist, sowohl wenn man das Gitter der Röhre mit dem Finger berührt, als auch wenn man es wieder losläßt. Dieses Knacken rührt daher, daß die Schwingung durch das Berühren unterbrochen wird und durch das Loslassen wieder einsetzt. Dann macht man die Rückkopplung allmählich loser, geht mit dem Kondensator der Hilfsschwingröhre zurück, so daß der Ton immer höher wird und schließlich verschwindet. Nun reguliert man mit der Rückkopplungsspule der Empfangerröhre sowie mit dem Drehkondensator des Schwingungskreises der Schwingröhre auf besten Empfang ein.

B. Zweiwellige Schwingsysteme.

Es liegt nahe, zu versuchen, sowohl die Verstärkung als auch die Erzeugung der Hilfsfrequenz mit derselben Röhre zu bewirken. Das ist in der Tat möglich, weil eine Röhre imstande ist, gleichzeitig zwei verschiedene Schwingungen zu erzeugen, wenn deren Frequenzen weit genug auseinanderliegen. In Fig. 151 ist eine solche Schaltung angegeben. Der Empfangsschwingungskreis ist durch L und C gebildet. Die Rückkopplung geschieht induktiv vom Anodenkreis her durch die Spule L_r. Nun enthält sowohl der Anodenkreis als auch der Gitterkreis einen weiteren Schwingungskreis, der auf die Hilfsfrequenz abgestimmt wird. Wir haben also im Gitterkreis außer dem vorhin genannten noch einen zweiten Schwingungskreis $L_1 C_1$, der induktiv mit der abgestimmten Anodenkreisspule L_2 ge-

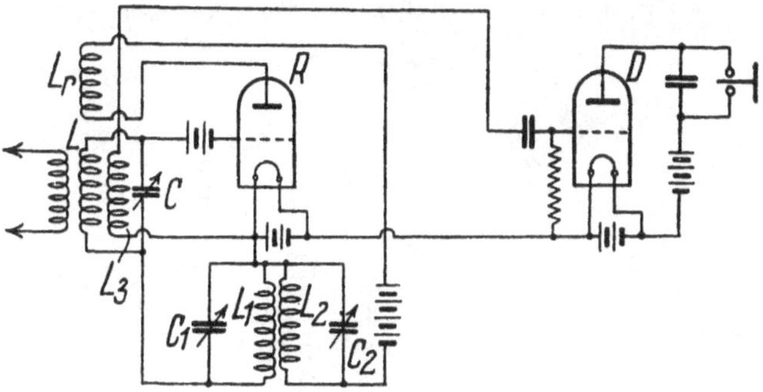

Fig. 144.

koppelt wird. Hierdurch wird die Röhre ebenfalls in der Hilfsschwingung erregt. Durch die Abstimmung der Anodenkreisspule L_2 wird bewirkt, daß die Hilfsschwingung nicht nur dem Gitterkreis, sondern auch dem Anodenkreis aufgezwungen wird. Wir haben hier also den Fall, bei dem positiver und negativer Widerstand gleichzeitig geändert werden. Dieses Verfahren hat sich für Einröhren-Überkopplungsschaltungen eingebürgert,

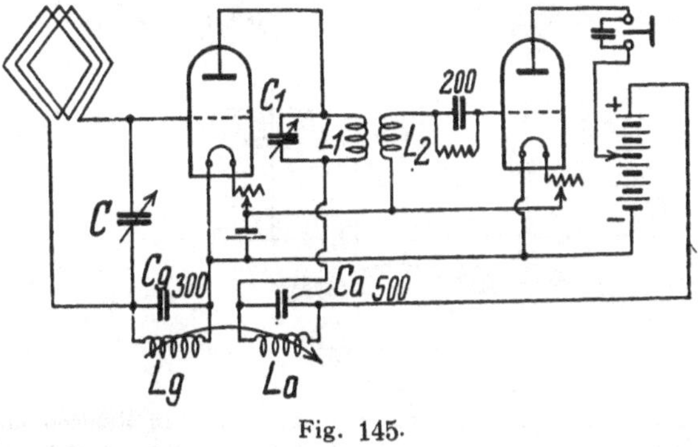

Fig. 145.

so daß alle Abarten sich immer auf diesem Grundprinzip aufbauen. Mit dem Schwingungskreis der Röhre ist die Audionröhre durch die Spule L_3 induktiv gekoppelt.

Eine etwas abweichende Anordnung zeigt Fig. 145. Hier wird die Empfängerröhre durch einen abgestimmten Anodenkreis $L_1 C_1$ zu Schwingungen angeregt. Die Rückkopplung liegt also in der Röhrenkapazität zwischen Anode und Gitter und wird durch die Abstimmung des Kreises $L_1 C_1$ reguliert. Mit L_1 ist die Spule L_2 der Audionröhre gekoppelt. Die Erzeugung der Hilfsschwingung geschieht ähnlich wie oben durch einen Schwingungskreis im Gitter $L_g C_g$ und einen im Anodenkreis $L_a C_a$, die miteinander gekoppelt sind. Der Vorteil dieser Schaltung liegt darin, daß für beide Röhren dieselbe Anodenbatterie benutzt werden kann und daß Anoden- und Heizbatterie unmittelbar miteinander verbunden sind.

Selbstverständlich kann man nun auch noch die Funktion der Gleichrichtung mit von der ersten Röhre ausführen lassen, so daß diese jetzt drei Aufgaben zu erfüllen hat, Verstärkung, Erzeugung der Hilfsfrequenz und Gleichrichtung. In Fig. 146 ist eine solche Schaltung wiedergegeben. Dieser Empfänger arbeitet mit Rahmen. Die Rückkopplung geschieht

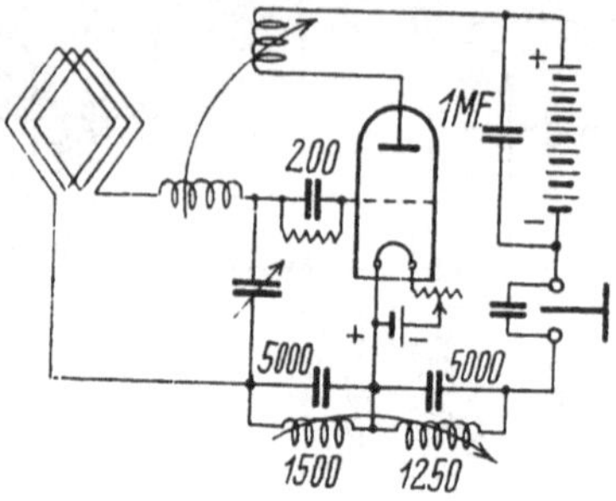

Fig. 146.

induktiv vom Anodenkreis auf eine mit dem Rahmen in Serie liegende Spule. Da alle Pendelrückkopplungsschaltungen wahrend einer Halbperiode der Hilfsfrequenz schwingen und also auch strahlen, ist allgemein der Rahmenempfang zu empfehlen. Die Rückkopplung auf den Rahmen kann auf verschiedene Weisen geschehen. Statt wie in Fig. 146 eine Kopplungs-

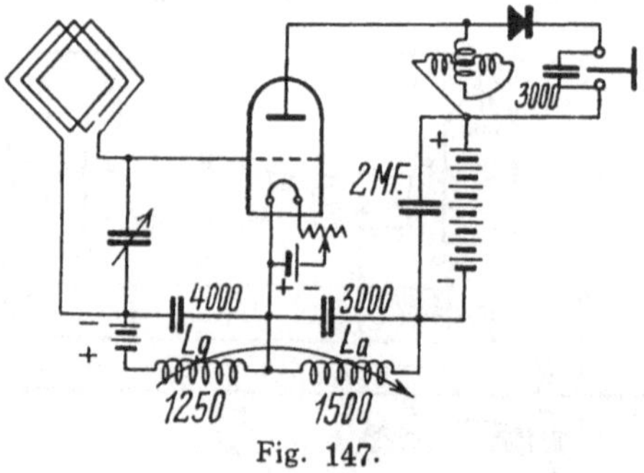

Fig. 147.

spule mit dem Rahmen in Serie zu schalten, kann man Rahmen und Kopplungsspule auch parallel anordnen. Eine sehr hübsche Lösung ergibt sich durch zwei Rahmen, von welchen der eine im Anodenkreis liegt und als Rückkopplungsspule drehbar im eigentlichen Empfangsrahmen angeordnet ist.

Das Verfahren, bei dem die rückkoppelnde Wirkung durch eine Selbstinduktion im Anodenkreis erzeugt, die Rückkopplung also eigentlich durch die Röhrenkapazität besorgt wird, ist beim Rahmenempfang besonders leicht anzuwenden, weil die Dämpfung des Rahmenkreises gewöhnlich bedeutend geringer ist als die einer Hochantenne, so daß ein Variometer im Anodenkreis meist genügt, um Selbsterregung einzuleiten. In Fig. 147

ist eine solche Schaltung wiedergegeben. Parallel zum Anodenkreisvariometer liegt ein gewöhnlicher Detektorkreis. Doch kann man auch hier die Röhre wieder gleichzeitig als Audion schalten. Dann gelangt man zur Fig. 148. Diese Schaltung besitzt außerdem noch eine Eigentümlichkeit insofern, als nicht jede der Spulen für die Erzeugung der Hilfsfrequenz für sich abgestimmt ist, sondern durch einen gemeinsamen Kondensator.

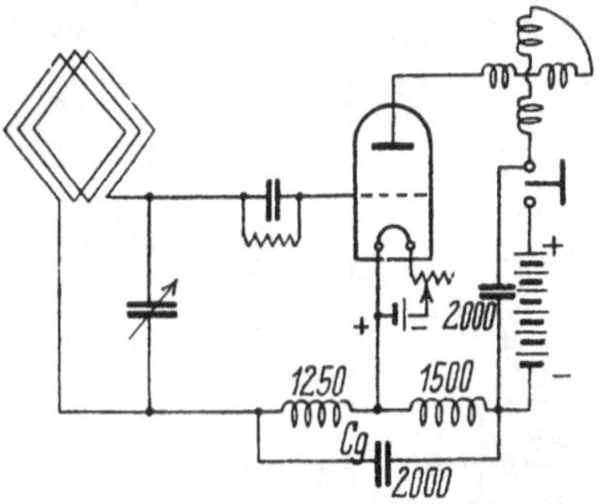

Fig. 148.

Die Hilfsfrequenzerzeugung geschieht hier durch eine gewöhnliche Dreipunkt- oder Spannungsteilerschaltung.

Alle diese Schaltungen zeichnen sich durch ihre außergewöhnliche Einfachheit aus, so daß es möglich wird, durch einen einfachen Zusatz ein normales Audion in einen Pendelrückkopplungsempfänger zu ver-

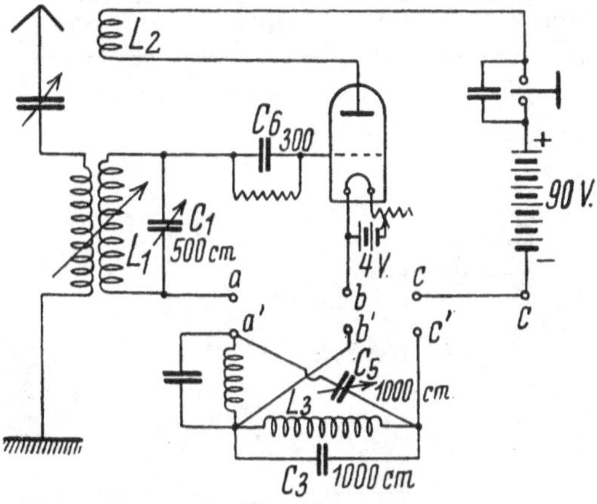

Fig. 149.

wandeln. In Fig. 149 ist die Umänderung übersichtlich dargestellt. Man braucht in dem Audionempfänger nur die Verbindung des Schwingungskreises mit der Heizbatterie und die Verbindung der Heizbatterie mit der Anodenbatterie zu lösen. Bezeichnen wir das gelöste Ende des Gitterschwingungskreises mit a, das positive Heizfadenende mit b und den Minuspol der Anodenbatterie mit c, so läßt sich das Zusatzgerät sehr einfach an diese drei Zuführungen anschließen. Es besteht aus den beiden Honigwabenspulen von 1250 bzw. 1500 Windungen und einigen

Kondensatoren. Man kann beide Spulen abstimmen und dann induktiv miteinander koppeln. Diese Kopplung läßt sich auch durch eine kapazitive ersetzen, die in Fig 149 durch einen Drehkondensator von 1000 cm vorgesehen ist. Dann müssen aber die Spulen so aufgestellt sein, daß sie sich gegenseitig nicht beeinflussen. Auch die Spannungsteilerschaltung kann man anwenden. Dann sind die Blockkondensatoren C_3 und C_4 fortzulassen. Dieses Zusatzgerät kann für sich in einen Kasten eingebaut werden, so daß seine drei Klemmen a′, b′, c′ nur mit den entsprechenden Klemmen a, b, c des Audionempfängers zu verbinden sind. Für gewöhnlichen Audionempfang sind dann die drei Wellen a. b. c einfach kurz zu schließen. Bei kurzen Wellen ist es häufig von Vorteil, die Schaltung nach Fig 150 abzuändern, d. h., die Anode durch einen Drehkondensator mit dem Heizfadenende des Schwingungskreises zu verbinden. Durch diesen Nebenschluß für die Hochfrequenz ist eine Feinregulierung der Rückkopplung möglich.

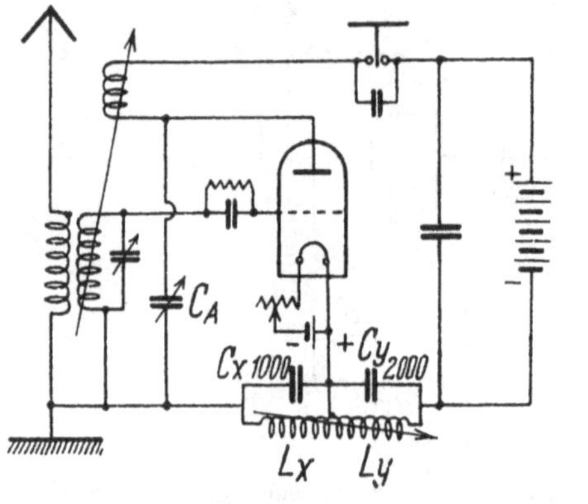

Fig 150.

Auch der Reinartzempfänger läßt sich in eine Einröhren-Pendelrückkopplungsschaltung verwandeln. Allerdings darf man die eigentliche

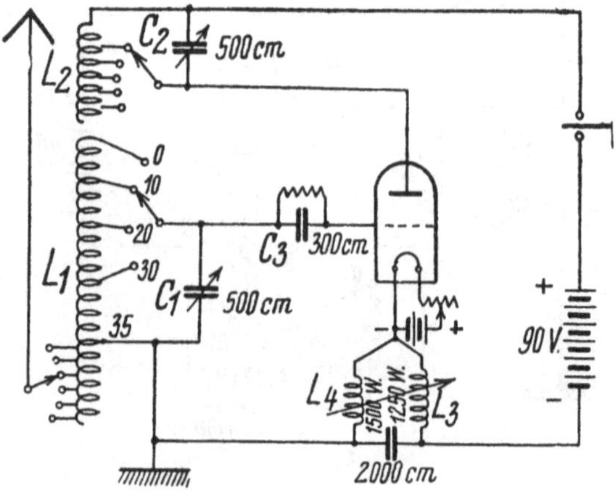

Fig. 151

Reinartzschaltung nicht verwenden, weil sich zeigt, daß die Drossel im Anodenkreis eine Quelle von andauernden Störungen ist. Man muß infolgedessen auf die kapazitive und direkte Rückkopplung verzichten und darf die Rückkopplungsspule des Reinartzempfängers nur induktiv benutzen. Fig. 151 zeigt die Schaltung. Es ist die übliche Reinartzspule benutzt. Der Gitterkreis ist unverändert geblieben, nur die Schaltung der Rückkopplungsspule so abgeandert, daß man einen gewöhnlichen Rückkopplungsempfänger bekommt. Die Hilfsfrequenz wird wieder durch Spannungsteilerschaltung erzeugt.

Diese Überrückkopplungsschaltungen sind außerordentlich empfindlich, so daß man unter Umständen ganz abnorme Empfangsverhältnisse bekommt. Darüber wird im nachsten Abschnitt mehr gesagt werden. Hier sei zum Schluß eine Schaltung angegeben, bei der keine Erdleitung nötig ist (Fig. 152). In Wirklichkeit ist die Erde natürlich doch durch die Kapazitäten der Batterien, Kondensatoren usw. angeschlossen. Die Antenne ist dann nicht abgestimmt, sondern aperiodisch mit dem Schwingungskreis verbunden. Dieser enthält

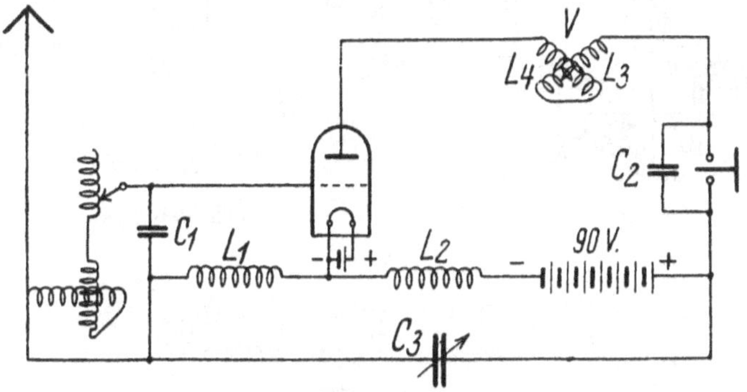

Fig. 152.

eine Stöpselspule und ein Variometer. Der Kondensator C_1 kann ein fester sein, da man ja durch das Variometer abstimmt. Die Rückkopplung geschieht durch das Variometer V. Statt der Antenne kann man hier auch die Erde allein anschließen. Die Spule L_1 soll dreimal so groß sein wie die Spule L_2. Die Bedienung dieses Empfängers erfordert Geduld und Geschick wegen der außerordentlich großen Kapazitätsempfindlichkeit.

C. Autoplexschaltungen.

Alle eben beschriebenen Pendelrückkopplungsempfanger lassen sich nun noch außerordentlich vereinfachen, wenn man statt der Schwingungskreise schwingende Spulen benutzt. In Fig. 153 ist eine solche Schaltung wiedergegeben, in welcher der Gitterkreis nur aus dem Variometer V_1 besteht. Bei der Wirkungsweise wird für die Antennenabstimmung wahrscheinlich die Serienschaltung Variometer—Gitterheizfadenkapazität der Röhre in Betracht kommen. Die Abstimmung geschieht ausschließlich durch das Variometer V_1, die Einstellung der Rückkopplung durch das Variometer V_2. Läßt man noch die beiden Kondensatoren C_g und C_a fort, so gelangt man zur Schaltung Fig. 154, bei welcher ausschließlich die natürlichen Kapazitaten der verschiedenen Stromkreise wirksam sind. Man kann unter Umständen auch die Spule L_a weglassen, wenn man L_g und den Fernhörer mit einem Parallelkondensator versieht (Fig. 155). Dann übernimmt der Fernhörer die Rolle der Spule L_a. Läßt man auch hier die Parallelkondensatoren fort und arbeitet nur mit den natürlichen Kapazitäten, so gelangt man zur einfachsten Schaltung Fig. 156. Bei dieser kann sogar auch noch der Erdanschluß fortgelassen werden.

In Fig. 157 sind eine Reihe von Ergänzungen angegeben, die an diesem Autoplexempfänger angebracht werden können und unter Umständen Verbesserungen bedeuten. Exakte Angaben lassen sich über derartige Schaltungen nicht machen, weil alles von den natürlichen Kapazitäten abhängt, die nicht nur durch die

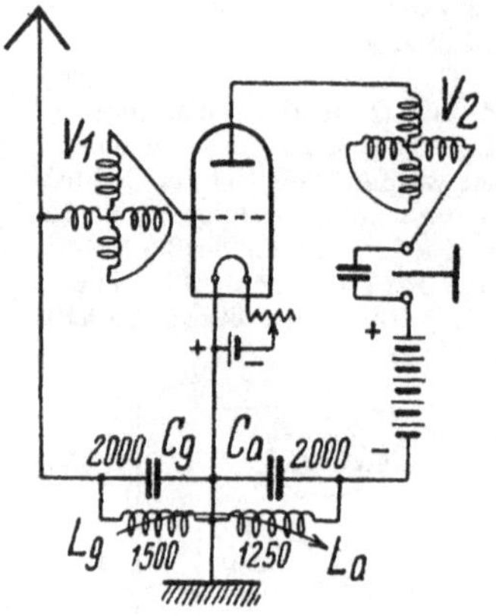

Fig. 153.

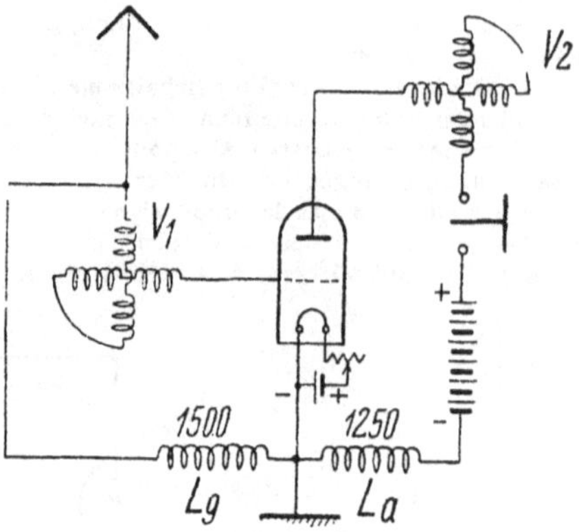

Fig 154.

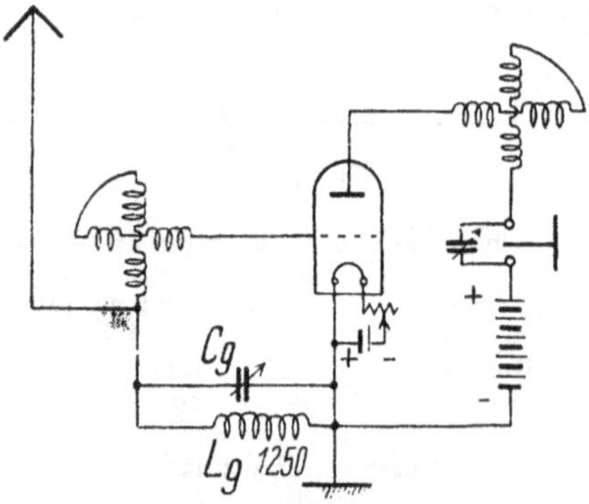

Fig. 155.

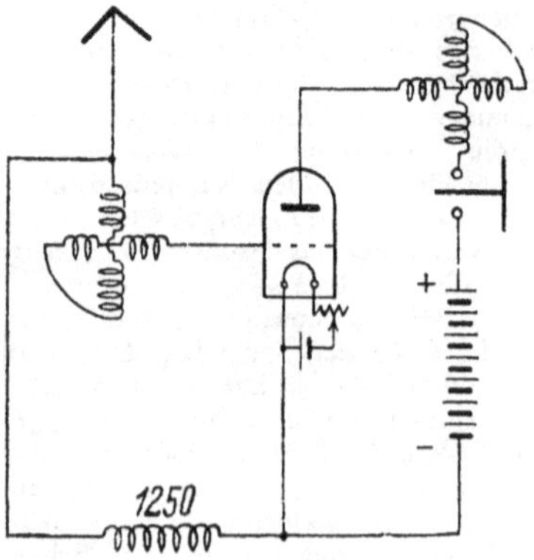

Fig. 156.

Spulen selbst bedingt sind, sondern auch durch den ganzen Zusammenbau, sogar durch die Umgebung. Die meisten der Schaltungszusätze laufen denn auch auf zusätzliche Kapazitäten hinaus. So wird in Schaltung 157 a der

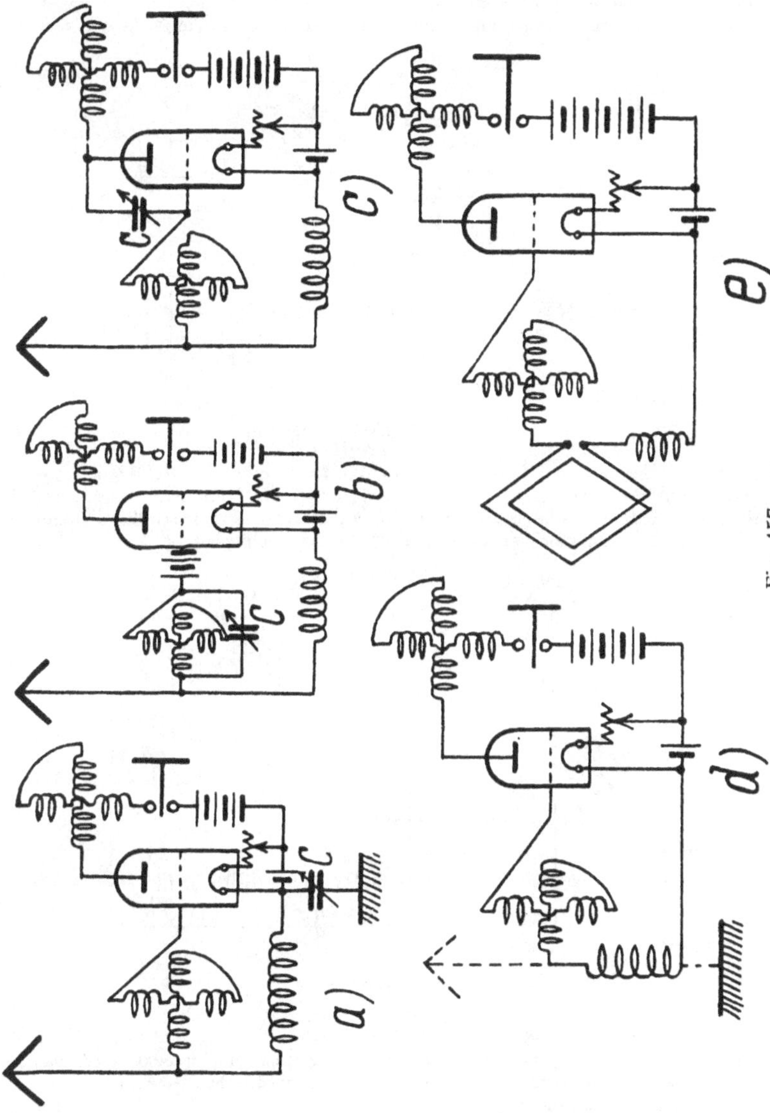

Fig. 157.

Minuspol der Batterie über einen Drehkondensator C mit der Erde verbunden, die die natürliche Kapazität zwischen Batterie und Erde unterstützt. In Fig. 157 liegt ein Drehkondensator parallel zum Gittervariometer, wodurch dessen Abstimmung stabiler wird. Im Gitterkreis ermöglicht eine Batterie, dem Gitter eine negative Vorspannung bis zu 9 Volt zu geben. Diese muß genau eingestellt werden und dient sehr zur Verbesserung des Empfanges. In Fig. 157 c wird die Kapazität zwischen Anode und Gitter der Röhre und damit die Rückkopplung verstärkt. Fig. 164 d zeigt die Anordnung ohne Erde und ohne Antenne. Sogar hier

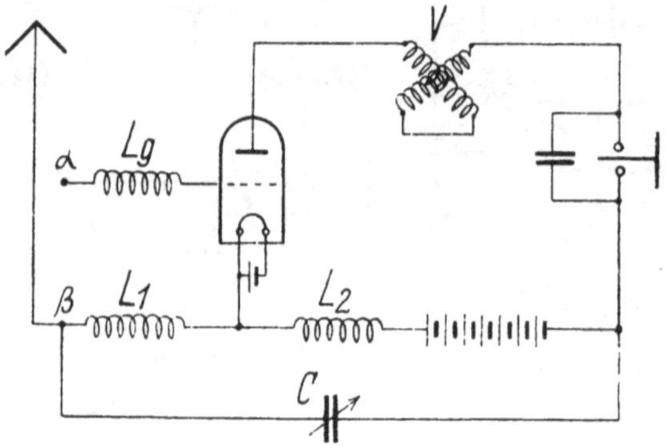

Fig. 158.

ist unter Umständen Empfang möglich. Man muß ausprobieren. Zuweilen schließt man eine Antenne an, zuweilen fährt man besser mit alleiniger Erdung. Die entsprechenden Anschlüsse sind gestrichelt eingezeichnet. Ein Rahmen ist nach Fig. 157 c anzuschließen.

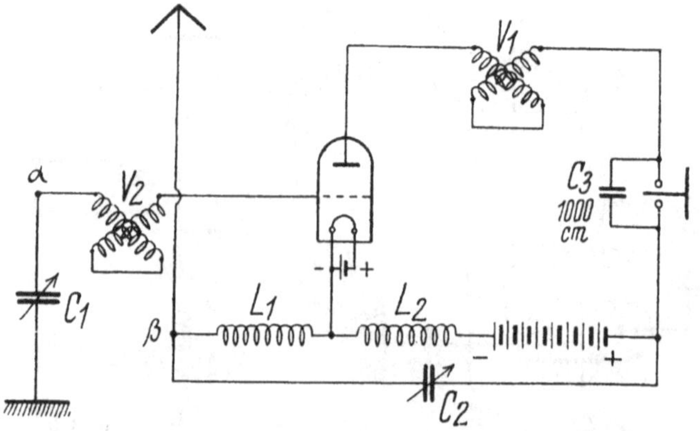

Fig. 159.

In den Figuren 158—160 sind drei Schaltungen abgebildet, in denen die Hilfsfrequenz normal durch Spannungsteilerschaltung erzeugt wird, das eigentliche Empfangssystem jedoch wieder mit natürlichen Kapazitäten arbeitet. Die Schaltung Fig. 158 hat keine Erde. Am Gitter liegt eine offene Spule L_g. Der Empfang mit dieser Schaltung ist gut, wenn die Spule L_g eine Eigenwelle von etwa 160 m hat. Der umfaßte Wellenbereich ist 350 bis 650 m. Ohne die Spule L_g ist Empfang unmöglich. Allerdings kann man zuweilen den Antennenanschluß mit einem Erdanschluß vertauschen. Die Schaltung 159 ist ebenfalls recht eigentümlich. Ein Vertauschen von Erde und Antenne läßt den Empfang gänzlich unverändert. Dieser Empfänger ist außerordentlich empfindlich gegen Handkapazität. Dasselbe gilt von der vereinfachten Schaltung Fig. 160, bei welcher die

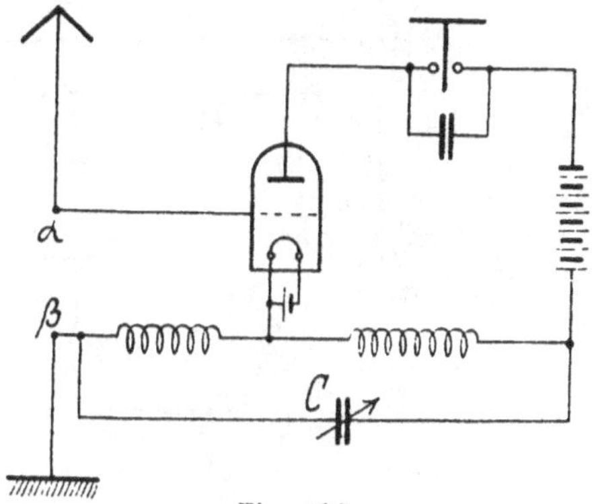

Fig. 160.

Variometer fehlen, so daß man nur eine Welle empfangen kann, auf welche das System zufallig abgestimmt ist. Die letzten drei Schaltungen sind praktisch nicht brauchbar und sollen nur zur Anregung dienen.

§ 3. Erzeugung der Hilfsfrequenz durch Pendeln der Empfängerröhre.

A. Erzeugung des Pendelns durch hohe positive Gittervorspannung (Flewelling).

Die in Fig. 161 dargestellte Schaltung ist die sogenannte „Flewellingschaltung". Wenn man die Kondensatoren C_x, C_y und C_z und damit den Widerstand R_x kurz schließt und die Verbindungsleitung von dem Pluspol der Anodenbatterie zum Punkt x entfernt, hat man eine ganz gewöhnliche Audionrückkopplungsschaltung. Der Rahmen ist in der Figur parallel zu einer Spule L geschaltet, um die Rückkopplung anbringen zu können. Das hat jedoch mit dem Prinzip der Schaltung nichts zu tun. Der Unterschied vom gewöhnlichen Rückkopplungsaudion liegt allein in der Kombination der zwischen x und y liegenen Kondensatoren und dem Widerstand R_x. Die Kondensatoren sind so groß, daß sie den Verlauf der Hochfrequenzströme nicht beeinflussen können, namlich 5 bis 6000 cm. Diese ganze Kombination dient nur dazu, die positive Anodenspannung über den veränderlichen Widerstand R_x, die Rahmenspulen und den veränderlichen Widerstand Rg dem Gitter zuzuführen. Es liegt dann am Gitter eine positive Vorspannung, die allerdings kleiner ist als die Anodenspannung. Das folgt daraus, daß bei positiver Gitterspannung ein Gleichstrom vom positiven Pol der Anodenbatterie über die Widerstände R_x und R_g und dann vom Gitter zum Heizfaden fließt. In diesem Fall stellt die Strecke Gitter—Heizfaden der Röhre einen Gleichstromwiderstand R_{ig} von einigen Millionen Ohm dar. Dann verhält sich die Anodengleichspannung zu der positiven Gitterspannung wie die Summe der Widerstände $R_x + R_g + R_{ig}$ zum inneren Gitterwiderstand R_{ig}. Die Gittergleichspannung kann man also durch die veränderlichen Widerstände R_x und R_g einregulieren. Der positive Gitterstrom bedeutet einen Energieverlust, vergrößert also die Dämpfung des Rahmenschwingungskreises. Wir können die gleiche Wirkung durch einen gewöhnlichen ohmschen Widerstand erreichen, welchen wir dem Rahmenschwingungskreis parallel schalten, und der denselben Energieverlust, d. h. dieselbe Dämpfungsvergrößerung zur Folge hat. Mit wachsender Gitterspannung wird dieser Dämpfungsverlust bedeutend größer, denn Gitterstrom und Gitterspannung sind nicht proportional, sondern der Strom wächst schneller an als die Spannung und damit auch die Dämpfung. Wenn wir jetzt unseren Rückkopplungsempfanger zum Schwingen bringen wollen, müssen wir die Rückkopplung sehr fest machen, fester wie beim gewöhnlichen Audionrückkopplungsempfänger. Wir stellen sie so fest ein, daß die Röhre gerade eben anschwingt. Bei einem gewöhnlichen Rückkopplungsempfanger würde dann eine ankommende Welle im Rahmenkreis eine Schwingung erzeugen, deren Amplitude immer weiter ansteigen würde, bis im Anodenkreis der Sättigungsstrom erreicht ist. In unserer Schaltung wird nun aber mit wachsender Amplitude der Schwingung die Amplitude der Wechselspannung immer weiter anwachsen. Da während der positiven Halbperioden der Gittergleichstrom vergrößert wird, so wird die Dämpfung immer größer werden. Das geht so weit, bis die Rückkopplung nicht mehr ausreicht, die stets wachsenden Verluste zu decken. Die Folge davon ist, daß die Schwingung abreißt und der Vorgang von neuem beginnt. Dieses selbsttätige Anschwingen und Wiederabreißen der Schwingung bezeichnen wir mit Pendeln. Wichtig ist der Takt, in welchem das Pendeln geschieht, also die Pendelfrequenz. Da sie für die Wirkungsweise des Empfängers von ausschlaggebender Bedeutung ist, ist es nötig, sie willkürlich beeinflussen zu können. Diesem Zwecke dient

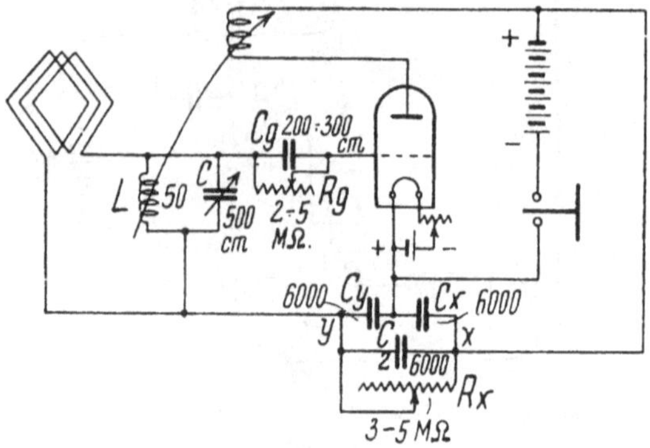

Fig. 161.

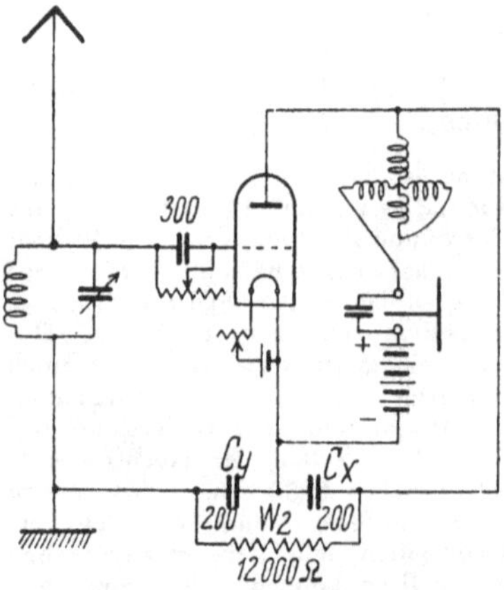

Fig. 162.

die Parallelschaltung $C_g R_g$. Beim Anschwingen wird nämlich der Kondensator C_g immer weiter aufgeladen. Beim Abreißen der Schwingung wird er über den Widerstand R_g entladen, bis die anfängliche Gitterspannung wieder erreicht ist. Dann kann das Anschwingen von neuem beginnen. Die Pendelfrequenz ist also durch die Entladegeschwindigkeit

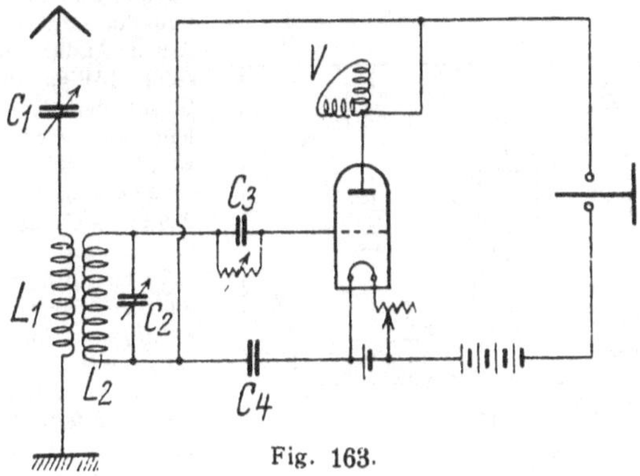

Fig. 163.

des Kondensators C_g gegeben. Diese hängt ab von der Größe des Kondensators C_g und des Widerstandes R_g. Wir können durch den Widerstand R_g die Pendelfrequenz beeinflussen. Dazu muß R_g veränderlich gemacht werden. Der Widerstand R_x dagegen gestattet dann das Einstellen der positiven Gittervorspannung.

Der Kondensator C_z ist für die Wirkungsweise nicht von ausschlaggebender Bedeutung, kann also weggelassen werden. Läßt man ferner die Rückkopplung durch ein in den Anodenkreis eingeschaltetes Variometer besorgen, so gelangt man zur sogenannten „Bishop-Superregenerativschaltung", die in Fig. 162 abgebildet ist.

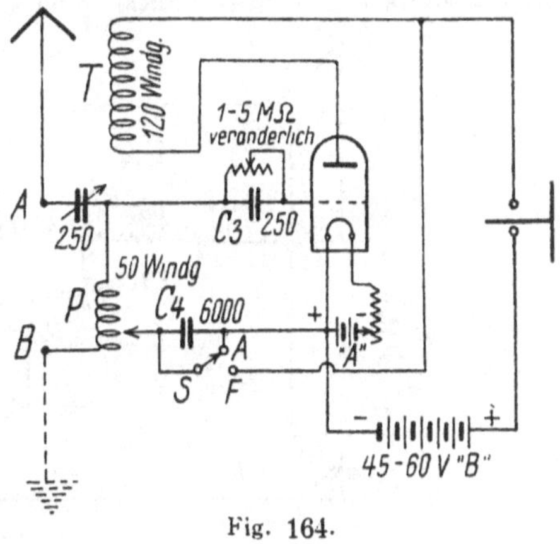

Fig. 164.

Bei allen diesen Schaltungen verfahrt man beim Empfang praktischerweise folgendermaßen. Man macht zunächst den Gitterkondensator möglichst groß, erniedrigt also damit die Pendelfrequenz, so daß man sie hören kann. Dann stimmt man den Empfänger ab, verkleinert den Gitterkondensator und reguliert die Widerstände. Verkleinert man den Widerstand über eine bestimmte Grenze, so reißt die Pendelwirkung ab, und man bekommt nur noch einen ganz gewöhnlichen Audionempfang.

Auch diese Flewellingschaltungen lassen wesentliche Vereinfachungen zu. Zunächst kann man den Widerstand R_x überhaupt sparen und die großen Kondensatoren in einen einzigen zusammenziehen. Dann geht z. B.

die Bishopschaltung über in Fig. 163. Das Funktionieren dieser Schaltung setzt voraus, daß durch den Gitterkondensator C_3 die Pendelfrequenz richtig gewahlt ist, so daß man durch Regulierung des Gitterwiderstandes den richtigen Wert der Anodenspannung einstellen kann. Fig. 164 zeigt dieselbe Vereinfachung für den Flewellingempfanger. Diese Schaltung ist insofern von Interesse, als sie eine einfache Umschaltung auf gewöhnlichen Audionempfang vorsieht. Wird der Schalter S auf den Kontakt A gelegt, so wird damit der Kondensator C_4 kurz geschlossen und gewöhnlicher Audionempfang hergestellt. Legt man dagegen den Schalter auf F, so haben wir die vereinfachte Flewellingschaltung. Diese Umschaltung ist praktisch insofern vorteilhaft, als sich die Pendelwirkung durch dieselbe leicht kontrollieren laßt. Ferner gibt sie einen Fingerzeig, wie man einen gewöhnlichen Audionempfanger in einen Pendelruckkopplungsempfanger verwandeln kann.

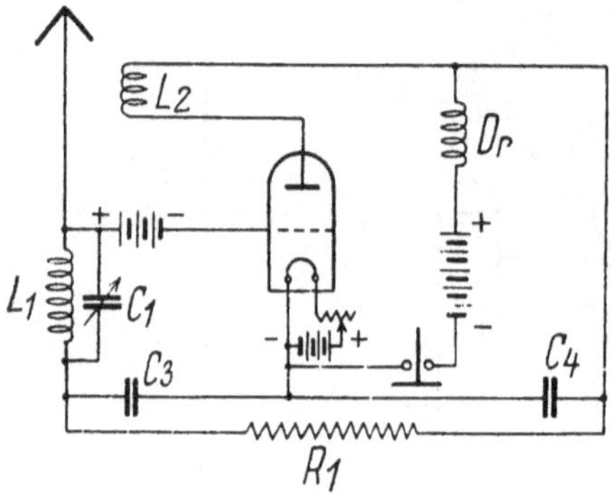

Fig. 165.

Statt des abgeleiteten Kondensators im Gitterkreise kann man auch eine Gitterbatterie einführen. Man benutzt dann die Röhre nicht als Audion, sondern als Richtverstärker. Fig. 165 zeigt die Schaltung. Trotzdem kann die Pendelwirkung auch hier erreicht werden. Die genaue Gleichspannungsregulierung erfolgt dann durch den Widerstand R_1. Diese Schaltung kann sofort in eine Armstrongsche Pendelrückkopplungsschaltung verwandelt werden, wenn man den hochohmigen Widerstand R_1 durch eine Honigwabenspule von 1250 Windungen ersetzt.

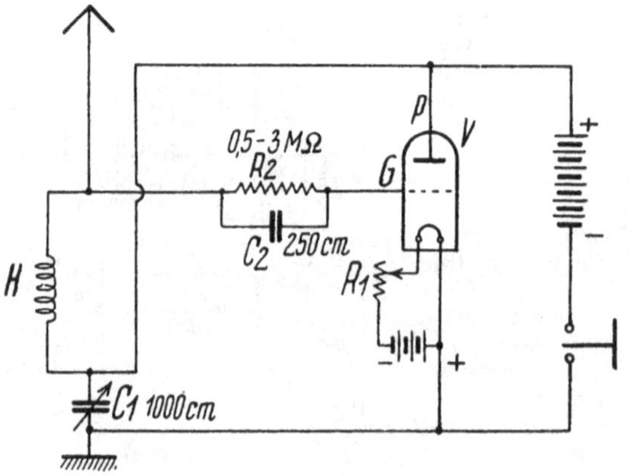

Fig. 166.

Eine weitere Vereinfachung ergibt sich nach Fig. 166. Hier wird der große Kondensator C_4 verkleinert und gleichzeitig zur Abstimmung der Antenne benutzt. Die Rückkopplung liegt darin, daß die Spule zwischen

Anode und Gitter liegt. Man bekommt also eine Schaltung, die mit dem Ultraaudion Ähnlichkeit hat. Die Pendelfrequenz wird durch R_2 und C_2 reguliert.

Eine praktisch interessante Abweichung von der ursprünglichen Flewellingschaltung zeigt Fig. 167. Hier fehlt die Verbindung vom negtiven Batteriepol zum unteren Ende des Schwingungskreises. Sie wird jetzt durch den großen Kondensator C_z und die Überbrückungskondensatoren von Fernhörer und Anodenbatterie ersetzt.

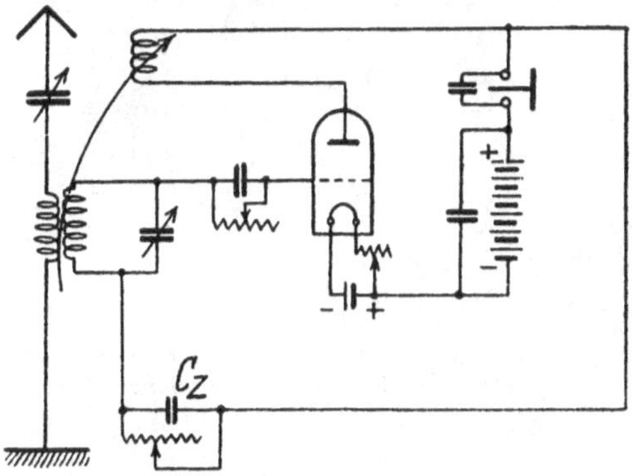

Fig. 167.

Fig. 168 zeigt eine sehr empfindliche Schaltung, welche unter Umstanden zum Empfang ohne Antenne ausreicht. Anode und Gitter sind durch einen veranderlichen Widerstand von Null bis 5 Megohm verbunden, so daß die positive Vorspannung des Gitters hergestellt werden

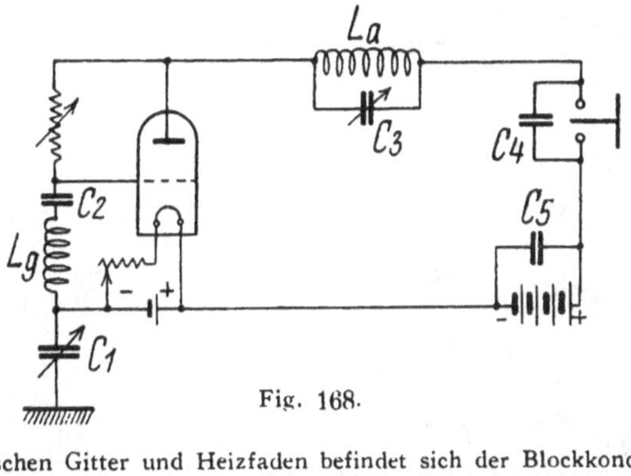

Fig. 168.

kann. Zwischen Gitter und Heizfaden befindet sich der Blockkondensator C_2 von 5000 cm, der weiter keine Aufgabe zu erfüllen hat, als zu verhindern, daß die Anodenbatterie kurz geschlossen wird. Die Gitterspule L_g ist sehr wichtig. Sie soll 50 Windungen haben und als Zylinderspule auf einen Zylinder von 7,5 cm Durchmesser aufgewickelt werden. Der Kondensator C_1 dient zum Abstimmen des Empfanges und hat einen Maximalwert von 250 cm, während der Kondensator C_3 maximal 1000 cm haben soll. Die Einstellung dieses Empfängers erfordert natürlich viel Geduld, wie alle diejenigen Empfänger, deren Empfindlichkeit ausreichen soll, ohne Antenne zu arbeiten.

Zu diesen Empfängern gehort auch der in Fig. 169 dargestellte, dessen Schaltung die denkbar einfachste ist. Man kann ihn unter Umständen ohne Antenne und Erde betreiben. Zuweilen wird ein Erdanschluß, wie in der Figur gestrichelt eingezeichnet, von Vorteil sein. Da die Spulenkapazitäten eine wesentliche Rolle spielen, gilt für sie dasselbe, was im

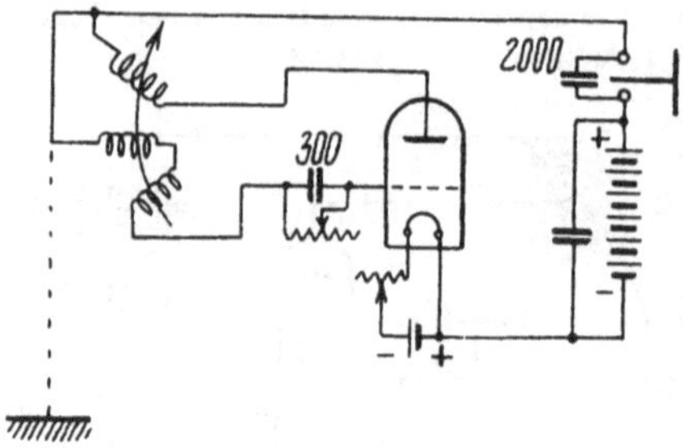

Fig. 169.

vorigen Paragraphen über den Autoplexempfanger gesagt worden ist. Auch diese Schaltung läßt sich deshalb nicht betriebssicher reproduzieren.

B. Erzeugung des Pendelns durch Parallelschaltung von Kapazität und ohmschem Widerstand.

Beim Röhrensender hat man schon lange beobachtet, daß ein Pendeln auftritt, wenn Parallelschaltungen von Widerständen und Kondensatoren in den Gitterkreis eingefügt werden. Solche Schaltungen kommen bei Telefoniesendern häufig vor, und dort gehört das Pendeln zu den Gefahren, die vermieden werden müssen. Es läßt sich folgendermaßen erklären:

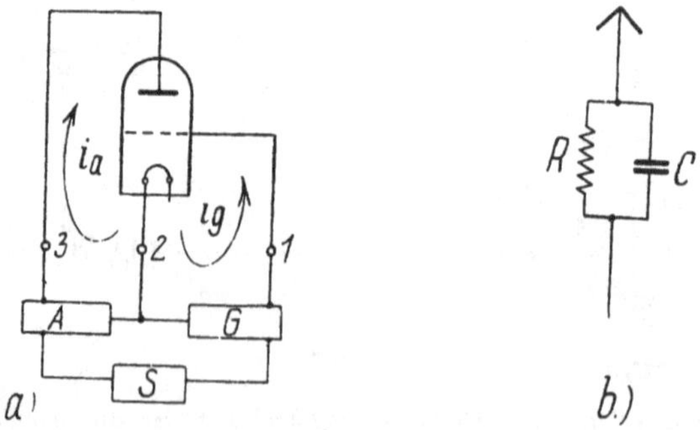

Fig. 170.

Durch die Gitterwechselspannung wird während der positiven Halbperiode die negative Aufladung des Gitters vergrößert, wenn dieses durch eine solche Parallelschaltung von den übrigen Stromkreisen getrennt ist. Die negative Gitteraufladung wirkt so, wie wenn man dem Gitter künstlich eine negative Gittervorspannung gibt. Sie vergrößert sich während des Betriebes immer mehr, und es muß schließlich der Fall eintreten, wo der Sender die Fähigkeit zu schwingen verliert, seine

Schwingung also abklingen muß. Die Schwingung hört solange auf, bis sich der Kondensator über den Gitterwiderstand so weit entladen hat, daß die Gitterspannung einen Wert erreicht, welcher das Wiederanschwingen des Senders ermöglicht. Theoretisch muß dasselbe eintreten, wenn man diese Parallelschaltung von Widerstand und Kapazität (Fig. 170 b) in den Anodenkreis einfügt.

Man kann das Schema des Röhrensenders ganz allgemein durch Fig. 170 darstellen. Hier ist 𝔊 ein System von Schaltelementen, die zwischen Gitter und Kathode eingefügt sind, 𝔄 ein solches von Elementen, die sich zwischen Anode und Kathode befinden, und 𝔖 stellt irgendwelche Widerstände dar, die zwischen Anode und Gitter liegen. Im allgemeinen werden 𝔄, 𝔊 und 𝔖 zusammen den Schwingungskreis bilden, ferner 𝔄 gleichzeitig die Rückkopplung und 𝔊 die Gitterkopplung. Auf Einzelheiten kommt es nicht an. Es soll nur das allgemeinste Schaltschema gezeigt werden. Dieses schwingungsfähige System ist durch drei Verbindungsleitungen mit den drei Elektroden der Röhre verbunden. In jede dieser Verbindungsleitungen kann man eine Parallelschaltung nach Fig. 170 b einfügen und müßte damit eine Pendelerscheinung auslösen. Praktisch zeigt es sich jedoch, daß das Pendeln sicher nur eintritt, wenn die Zwischenschaltung an den Punkten 1 oder 2 erfolgt. Für solche Zwischenschaltungen in den Anodenkreis, also an Punkt 3, sind jedoch Pendelerscheinungen, die theoretisch zu erwarten wären, noch nicht beobachtet worden.

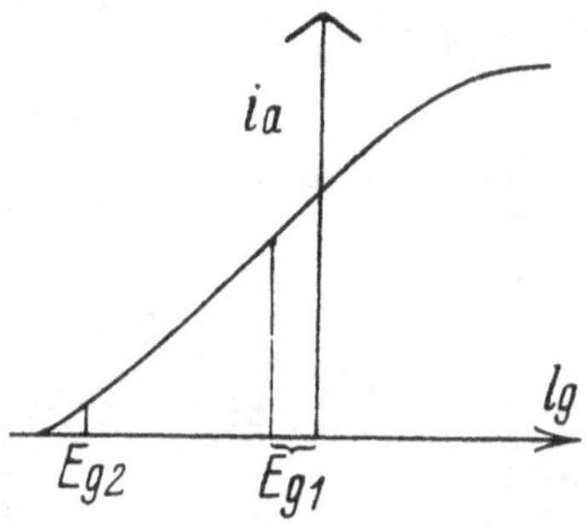

Fig. 171.

Überträgt man diese Betrachtungen auf den Pendelrückkopplungsempfänger, so erkennt man, daß brauchbare Pendelrückkopplungsschaltungen im allgemeinen durch Zwischenschaltungen der abgeleiteten Kapazitäten an den Punkten 1 und 2 entstehen. Das beim Telephoniesender störend empfundene Pendeln wird also hier begünstigt und für praktische Zwecke ausgenutzt. Die Pendelfrequenz hängt wesentlich von der Größe des Kondensators C und des Ableitungswiderstandes R ab, ist aber auch mit bedingt durch die Gittergleichspannung, bei der die selbsterregten Schwingungen des Rückkopplungsempfängers einsetzen, und durch die Gittervorspannung, bei der die Schwingungen aussetzen müssen. Beide Gitterspannungen sind in diesem Falle negativ. Wir wollen die Einsetzspannung E_{g1} nennen und die Aussetzspannung E_{g2}. Die Aussetzspannung E_{g2} ist stärker negativ als die Einsetzspannung E_{g1}, also ihrem Absolutwert nach größer. Der Grund dafür ist leicht einzusehen. Damit der Sender anschwingen kann, ist eine gewisse Steilheit der Charakteristik notwendig. Je weiter wir mit der Gittervorspannung in das negative Gebiet hineingehen, um so geringer wird die Steilheit. In Fig. 171 ist eine Charakteristik gezeichnet. Bei der negativen Gittervorspannung E_{g1} soll die Schwingung gerade eben einsetzen. Für kleinere negative oder positive Gittervorspannungen wird dann selbstverständlich stets Selbsterregung eintreten. Wenn bei der Gittervorspannung E_{g1} der Empfänger sich selbst erregt hat und man die negative Vorspannung vergrößert, so wird die Schwingung nicht abreißen, obgleich sie in diesem Falle nicht mehr von selbst einsetzen würde. Abreißen wird sie erst bei einer bestimmten negativen Gittervorspannung E_g In dem Augenblick, wo die Gitterspannung E_{g2} erreicht ist, wird der Kondensator sich über den Widerstand R entladen. Für den zeitlichen Verlauf der Spannung E_C am Kondensator ergibt sich dann die Formel:

13) $$E_c = E_{g2}\, e^{\frac{-t}{RC}}.$$

Nach der Zeit τ_1 ist die Kondensatorspannung so weit herabgesunken, daß die Schwingungen wieder einsetzen können, d. h., die Kondensatorspannung ist gleich E_{g1} geworden. Wir erhalten also die Beziehung:

14) $$E_{g1} = E_{g2}\, e^{\frac{-\tau_1}{RC}}.$$

Aus dieser Formel läßt sich die Zeit T_1 berechnen, die verfließt, bis sich der Kondensator so weit entladen hat, daß die Schwingungen wieder einsetzen. Es ergibt sich:

15) $$\tau_1 = RC \ln \frac{E_{g2}}{E_{g1}}.$$

Die Zeit, während der Empfänger schwingt, also die Gittervorspannung von E_{g1} auf E_{g2} erhöht, wollen wir τ_2 nennen. Dann setzt sich die ganze Periodendauer des Pendelns τ aus τ_1 und τ_2 zusammen, so daß:

16) $$\tau = \tau_1 + \tau_2.$$

Fig. 179 zeigt den zeitlichen Verlauf der Kondensatorspannung.*) Nun ist im allgemeinen die Aufschaukelzeit τ_2 sehr viel kürzer wie die Entladungszeit des Kondensators. Nehmen wir an, daß τ_2 vernachlässigbar klein neben τ_1 ist, so können wir näherungsweise die Periode des Pendelns τ gleich der Entladungszeit τ_1 setzen. Daraus lassen sich folgende Schlüsse ziehen.

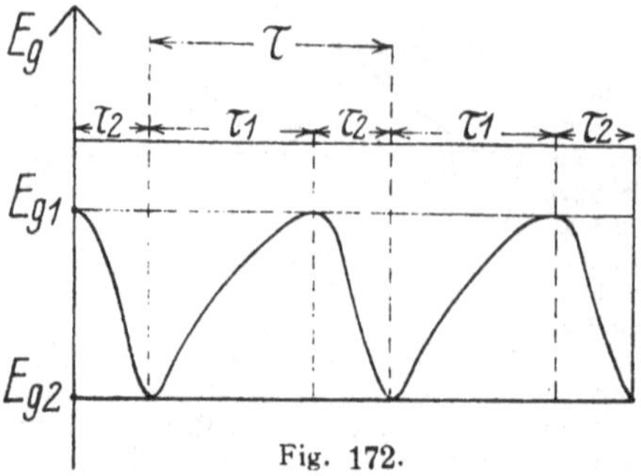

Fig. 172.

1. Die Periodendauer des Pendelns ist proportional dem Produkt aus R und C, d. h. also, das Pendeln wird verlangsamt, wenn man R oder C größer macht.

2. Die Periode des Pendelns hängt im geringen Umfange auch von den Röhrenkonstanten ab; sie ist proportional dem natürlichen Logarithmus des Quotienten von Aussetzspannung und Einsetzspannung.

Über diesen Einfluß läßt sich zunächst nicht viel sagen, da die Größe dieser beiden Spannungen in schwer zu durchschauender Weise von den übrigen Eigenschaften des Empfängers abhängt. Wir können aber Folgendes voraussagen: Die Pendelerscheinung wird immer oberhalb der steilsten Stelle der Charakteristik eintreten, d. h. also, wenn der Ruhestrom größer ist als der halbe Sättigungsstrom. Das kann man leicht erreichen, indem man durch Erhöhung der Anodenspannung die Charakteristik so weit nach links verschiebt, daß die Ruhe-Gitterspannung unter dem Mittelpunkt der Charakteristik liegt. Das ist bei allen hierher gehörenden Empfangsschaltungen zu berücksichtigen. Danach sind auch die Röhren und die Betriebsspannungen der Röhre auszuwählen. Man erkennt aus diesen Aus-

*) Kurt Mäder, Diss. Halle 1925.

führungen auch den Zusammenhang mit dem Flewellingempfänger. Bei ihm wird das sichere Einsetzen des Pendelns eben dadurch hervorgerufen, daß das Gitter eine höhere positive Vorspannung bekommt, so daß zur Ruhe-Gitterspannung ein Anodenruhestrom gehört, der größer ist als der halbe Sättigungsstrom.

Nach dem hier Ausgeführten muß es möglich sein, jeden Audionempfänger durch geeignete Wahl des Gitterkondensators und des Gitterableitungswiderstandes in einen Pendelrückkopplungsempfänger umzuwandeln. Auch wenn in der Audionsschaltung der hochohmige Widerstand direkt zwischen Gitter und Heizfaden liegt, gilt dasselbe, da auch dann für den Gittergleichstrom diese Parallelschaltung vorhanden ist, denn der ohmsche Widerstand der Spulen ist gegenüber dem Silitstab zu vernachlassigen. Man darf aber nicht vergessen, daß die Audionwirkung der Röhre ebenfalls durch diese beiden Großen beeinflußt wird. Infolgedessen gibt es spezielle Audionrückkopplungsschaltungen, die sich für die Pendelrückkopplung am besten eignen.

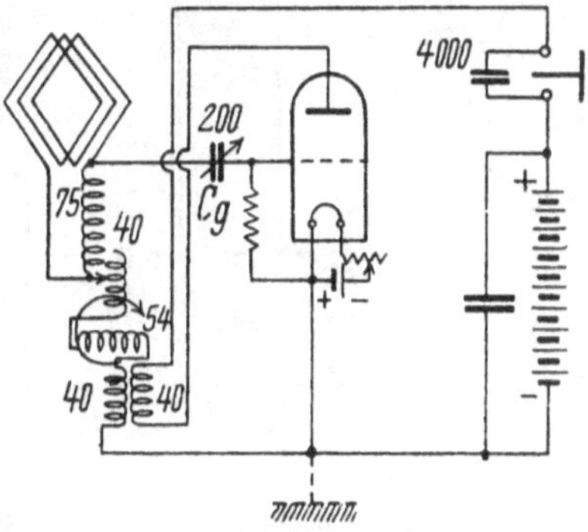

Fig. 173.

In Fig. 173 ist eine Schaltung wiedergegeben, bei der der Gitterkreis nur aus dem Rahmen und einer Kombination von Spulen und Variometern besteht. Die Kapazitat dieses Empfangers ist die Serienschaltung des Gitterkondensators mit der Gitter - Heizfadenkapazität

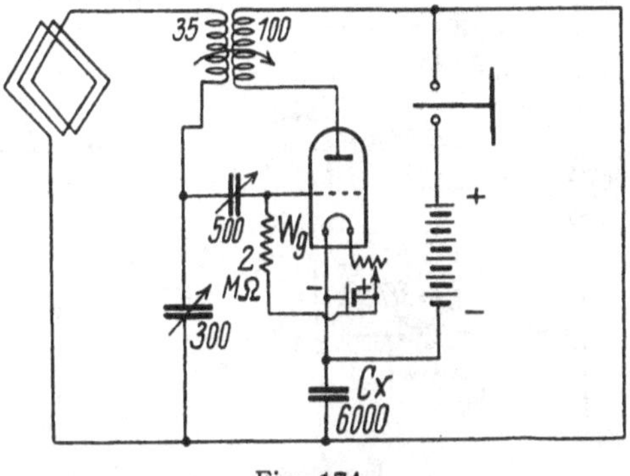

Fig. 174.

der Rohre. In der Fig. ist dem Rahmen eine Selbstinduktionsspule parallel geschaltet, die für die Rundfunkwellen eine Größe von 75 Windungen hat. Diese ist nicht unbedingt nötig und kann unter Umständen fehlen. Eine ähnliche Schaltung gibt Fig. 174 wieder, die jedoch einen Abstimmkondensator von 300 cm Maximalkapazität besitzt. Interessant ist auch die in Fig. 175 wiedergegebene Schaltung, bei der die Rückkopplung durch den Kondensator C_A geschieht, welcher sowohl dem Anodenkreis als auch dem Gitterkreis angehört. Die Pendelfrequenz wird hier durch den Widerstand R_g geregelt. Eine Art Spannungsteilerschaltung, die jedoch auch mit kapazitiver Rückkopplung C_R arbeitet, ist in Fig. 176 abgebildet. Daß hier die Parallelschaltung $C_g R_g$ in der Verbindungsstrecke vom Schwingungskreis zum Minuspol der Heizbatterie liegt, spielt keine Rolle. Es kommt nur darauf an, daß sie im Gittergleichstromkreis liegt. Die Schwingungskreisspule hat einen Durchmesser von 5 cm und 130 Windungen. Der Abstimmkondensator von maximal 500 cm Kapazität wird

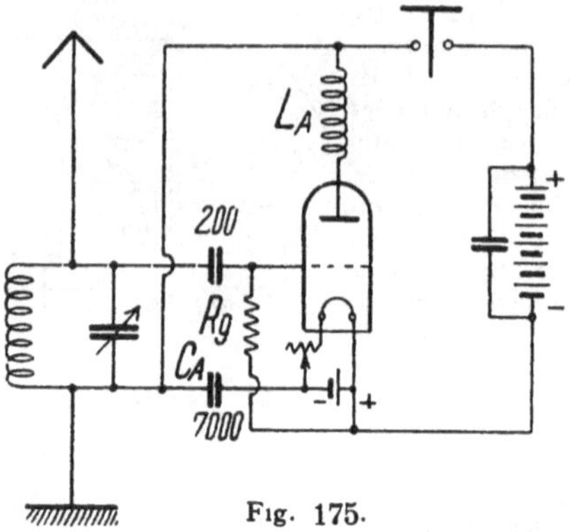

Fig. 175.

parallel zu 80 Windungen geschaltet. Die Antenne ist aperiodisch durch 15 Windungen, die direkt auf die Spule aufgewickelt werden, angekoppelt. Die Rückkopplung ähnelt in ihrer Art sehr der Rückkopplung beim Reinartzempfänger und zeichnet sich wie diese durch ein sehr sanftes Schwingungs-

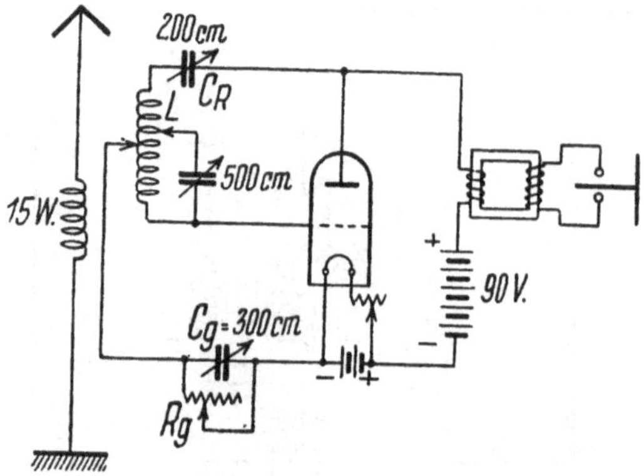

Fig. 176.

einsetzen aus. Der Widerstand R_g soll von 1 bis 6 Megohm veränderlich sein.

Auch der Ultraaudionempfänger eignet sich für die Pendelrückkopplung. Eine brauchbare Schaltung zeigt Fig. 177. Sie hat Ähnlichkeit mit der in Fig. 176 wiedergegebenen. Dem Rahmen kann hier unter Umständen die gestrichelt eingezeichnete Spule von 50 Windungen parallel geschaltet werden. Dieser Empfänger ist besonders für kurze Wellen geeignet. Die Ultraaudionschaltung ist auch in der Form der Fig. 178 verwendbar, wobei die Pendelfrequenz wieder durch R_g eingestellt wird. In den Gleichstromkreis der Anode muß eine Hochfrequenzdrossel ähnlich wie beim Reinartzempfanger eingeschaltet werden.

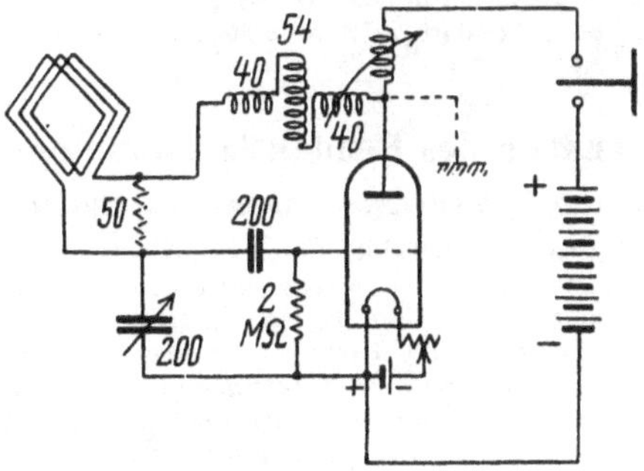

Fig. 177.

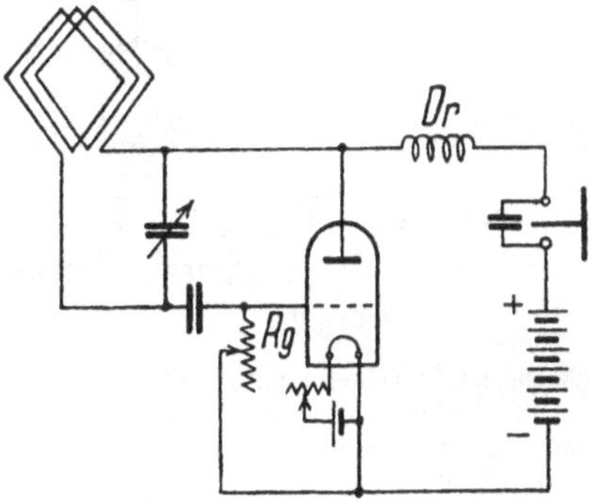

Fig. 178.

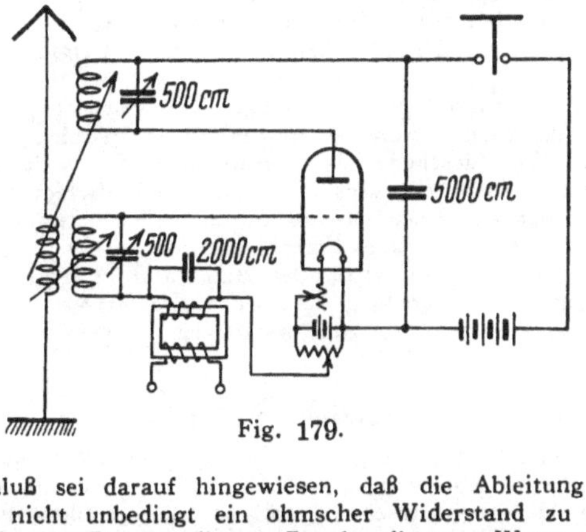

Fig. 179.

Zum Schluß sei darauf hingewiesen, daß die Ableitung des Pendelkondensators nicht unbedingt ein ohmscher Widerstand zu sein braucht. Es kann auch eine Drossel diesem Zwecke dienen. Wenn man z. B. die Sekundärspule eines Niederfrequenztransformators an Stelle des Gitterwiderstandes einschaltet, so bekommt man ebenfalls Pendelschwingungen. Die Fig. 179 zeigt einen Pendelrückkopplungsempfänger dieser Art. Bei den sogenannten Reflexschaltungen (s. Kap. IV) treten ähnliche Erscheinungen auf, die aber dort störend empfunden werden.

§ 4. Erweiterungen des Pendelrückkopplungsempfängers.

A. Durch Niederfrequenzverstärkerstufen.

Will man an den Pendelrückkopplungsempfänger noch einen Niederfrequenzverstärker anschließen, so ersetzt man den Fernhörer durch einen Niederfrequenztransformator. Da uns nur daran liegt, die Modulation zu verstärken, aber nicht die Pendelfrequenz, so ist es wünschenswert, die Pendelfrequenz vom Transformator fernzuhalten. Das kann durch eine Sperrkette geschehen, welche der Niederfrequenz den Durchgang gestattet, für die Hilfsfrequenz jedoch undurchlässig ist. Eine solche Sperrkette ist in Fig. 180 abgebildet. In Fig. 181 ist ein Pendelrückkopplungsempfänger nach Armstrong gezeichnet, an welchen über eine Sperrkette eine Niederfrequenz-

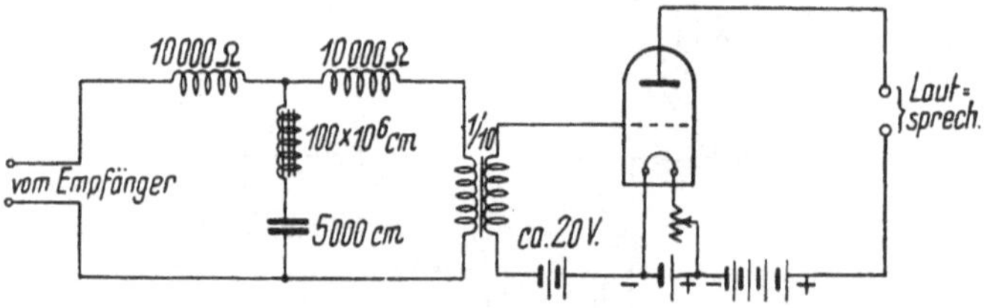

Fig. 180.

verstärkerstufe geschaltet ist. Durch einen großen Blockkondensator von 5000 cm soll die Hilfsfrequenz abfließen. Der erste Parallelzweig der Sperrkette enthält eine Serienschaltung von Selbstinduktion und Kapazität, die auf die Hilfsfrequenz abgestimmt wird, so daß also der Parallelwiderstand sehr gering wird im Vergleich zu dem 12 000 Ohm betragenden Reihenwiderstand. Die Hilfsfrequenz wird dann den Weg über den Parallelzweig vorziehen. Fig. 182 zeigt eine ähnliche Schaltung. Die Sperrkette enthält hier sogar 2 Parallelzweige, die eine besondere Aussiebung der Hilfsfrequenz ermöglichen. Diese Schaltung ist eine Originalschaltung von Armstrong.

Eine weitere interessante Schaltung, die mit dem ersten Preis bei einem amerikanischen Preisausschreiben gekrönt worden ist, findet sich in Fig. 183. Hier geschieht die Fernhaltung der Hilfsfrequenz vom Niederfrequenztransformator durch einen auf die Hilfsfrequenz abgestimmten Sperrkreis, der aus einer Drossel D_r und einem parallel geschalteten Kondensator C_r besteht. Eine Eigentümlichkeit dieses Empfängers ist der zweite Rahmen, der innerhalb des Hauptrahmens angeordnet ist und ebenfalls abgestimmt werden kann. Dieser zweite Rahmen soll als Wellenfalle dienen und Fernempfang trotz des lokalen Senders ermöglichen.

B. Durch Hochfrequenzverstärkerstufen.

Die Reichweite des Pendelrückkopplungsempfängers kann ebenfalls durch Hochfrequenzverstärker vergrößert werden. Das Vorschalten einer oder mehrerer Hochfrequenzverstärkerröhren hat außerdem noch den Vorteil, die Strahlungsgefahr des Pendelrückkopplungsempfängers, die ja ziemlich beträchtlich ist, herabzumindern. Wendet man dabei eines der im

Kapitel I besprochenen Entkopplungsverfahren an, so kann man die Strahlungsgefahr sogar vollkommen beseitigen. In Fig. 184 ist eine einfache Schaltung mit Hochfrequenzverstärkerröhre gezeichnet. Die Antenne ist aperiodisch an die erste Röhre geführt, so daß man die Gitterspannung an der in der Antenne liegenden Hochfrequenzdrossel D_{r1} abgreift. Diese Drossel kann man nach Fig. 184 b sehr einfach herstellen, indem man 3 Scheiben in der angegebenen Weise zusammensetzt und in die so entstehende Rille 400 Windungen doppelt mit Seide umsponnenen Kupfer-

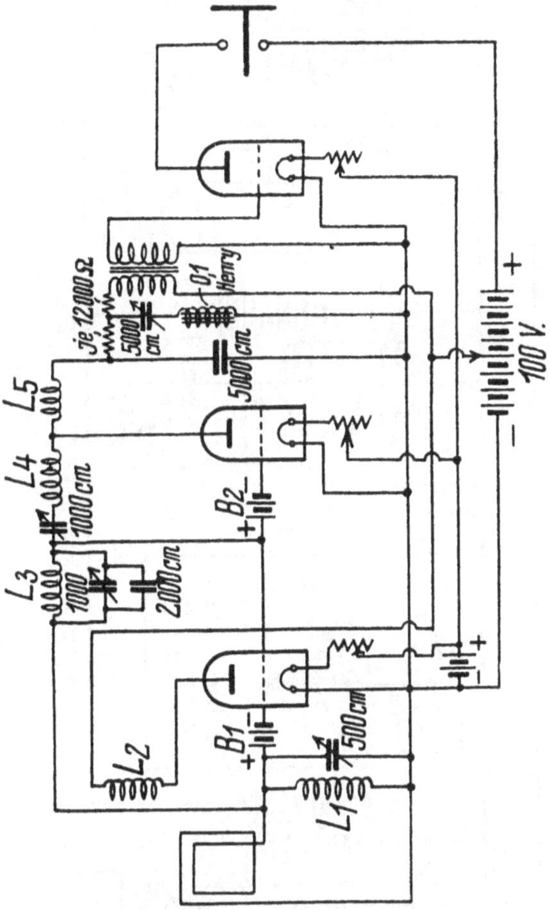

Fig. 181.

drahtes von 0,2 mm Dicke hineinwickelt. Die Spule hat dann eine Selbstinduktion von ungefähr 3,5 Millionen cm. Die Kopplung zwischen Hochfrequenzröhre und Empfanger geschieht durch einen Hochfrequenztransformator. Als solcher eignet sich am besten eine Klappspulenanordnung, so daß man die beiden Spulen möglichst lose koppeln kann. Die Drossel D_r wird genau so hergestellt wie die Drossel D_{r_1}. Die aperiodische Antennenkopplung schützt in diesem Falle auch noch etwas gegen unbeabsichtigte Strahlung. Der Empfang wird natürlich besser, wenn man die Antenne abstimmt wie in Fig. 185. In diesem Falle muß man jedoch entkoppeln. Das geschieht in Fig. 185 durch das Verfahren von Cowper. C_n ist

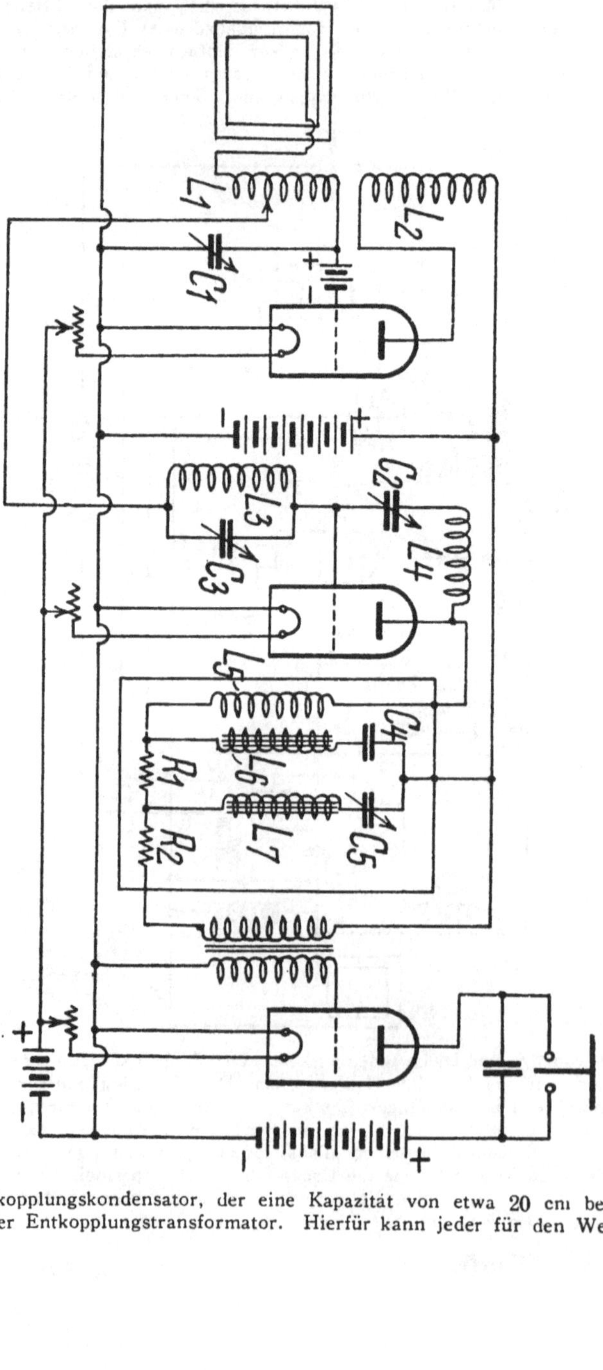

Fig. 182.

der Entkopplungskondensator, der eine Kapazität von etwa 20 cm besitzt. T_u ist der Entkopplungstransformator. Hierfür kann jeder für den Wellen-

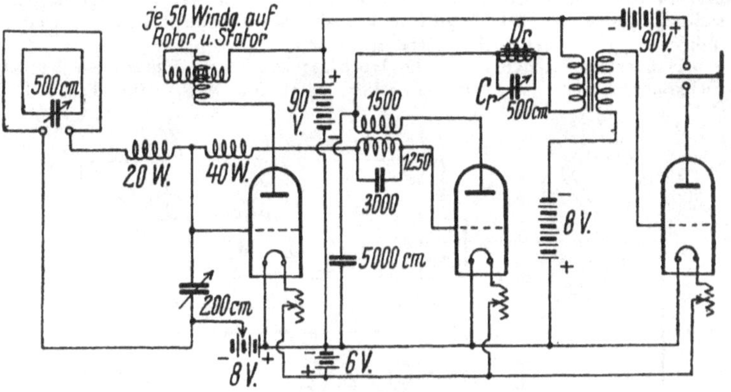

Fig. 183.

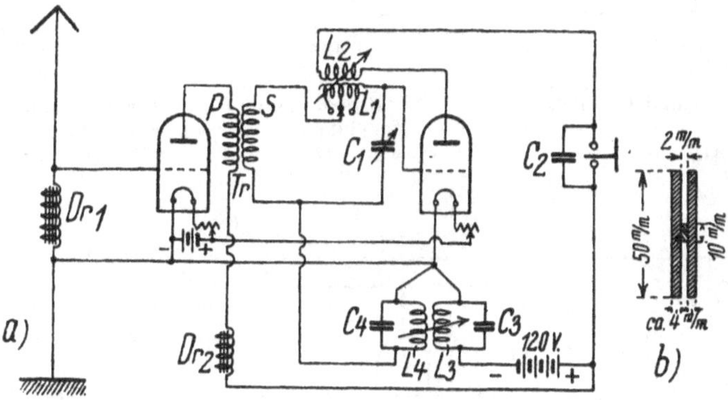

Fig. 184.

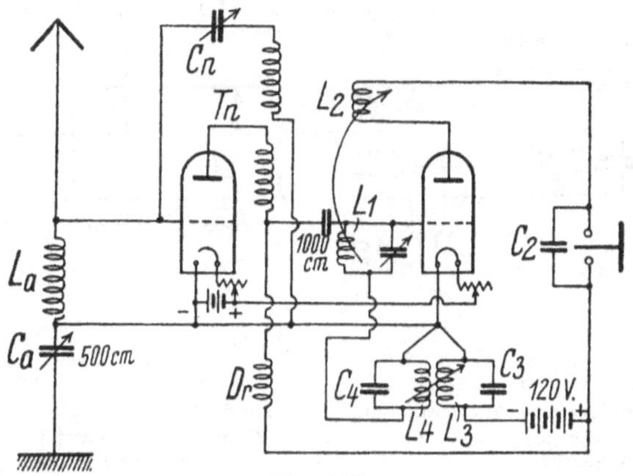

Fig. 185.

bereich passende Hochfrequenztransformator benutzt werden. Bei der Gesamtanordnung des Empfängers muß man darauf achten, daß gegenseitige induktive Kopplungen nicht auftreten können.

Daß es auch möglich ist, die Hochfrequenzenergie hinter dem Pendelrückkopplungsempfänger zu verstärken, zeigt Fig. 186. Für diesen Fall

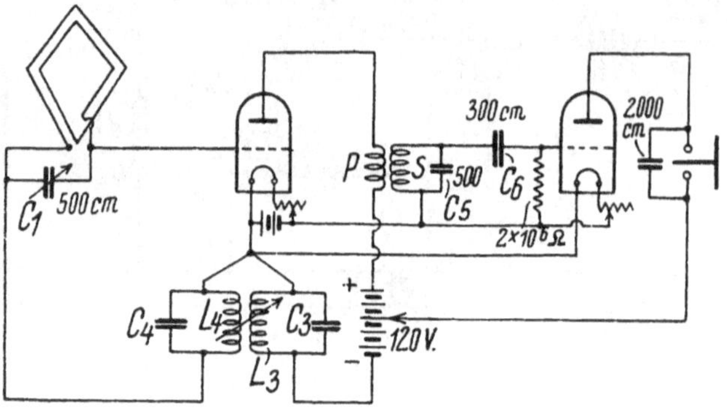

Fig. 186.

kann man die üblichen Hochfrequenztransformatoren nicht verwenden, weil sie zu fest gekoppelt sind. Die Kopplung muß lose sein, und die Sekundarspule muß abgestimmt werden. Dann wirkt der Anodenkreis der

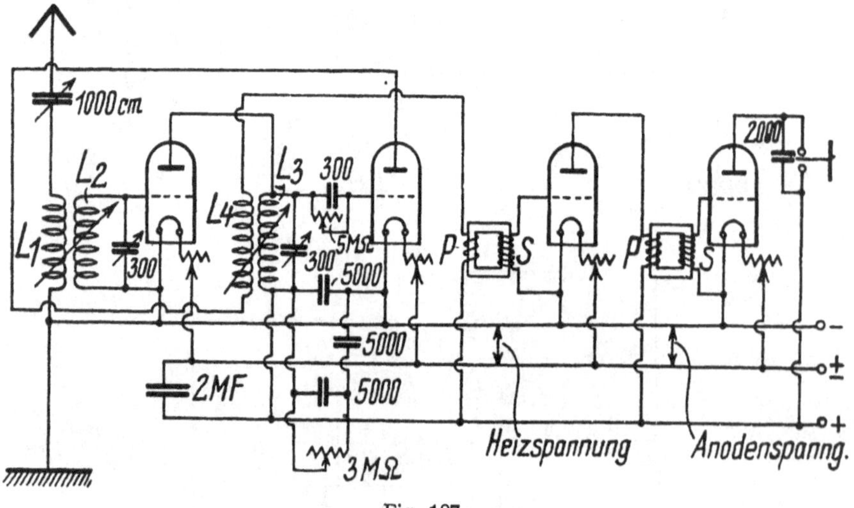

Fig. 187.

ersten Röhre so, als ob er einen Sperrkreis enthielte, führt also bei Abstimmung zur Selbsterregung, was ja auch beabsichtigt ist. Einen geeigneten Transformator bekommt man auf folgende Weise. Auf einen Zylinder von 8 cm Durchmesser wickelt man die Primärspule von 20 Windungen und die Sekundärspule von 60 Windungen so nebeneinander, daß 1 cm Zwischenraum bestehen bleibt. Die Drahtstärke beträgt 0,5 mm.

In den Figuren 187 und 188 sind Beispiele angegeben, wie der Flewellingempfänger mit Hoch- und Niederfrequenzverstärkung versehen werden kann. Die Fig. 187 arbeitet mit Hochfrequenztransformatoren, ist aber mit Vorsicht zu benutzen, weil die Strahlungsgefahr ziemlich groß ist. In der Fig. 188 ist die Kopplung von der Hochfrequenzverstärkerröhre zur Pendelrückkopplungsröhre sehr interessant. Es ist eine Sperrkreisschaltung, aber der Sperrkreis ist gleichzeitig Gitterkreis der Flewellingröhre. Das

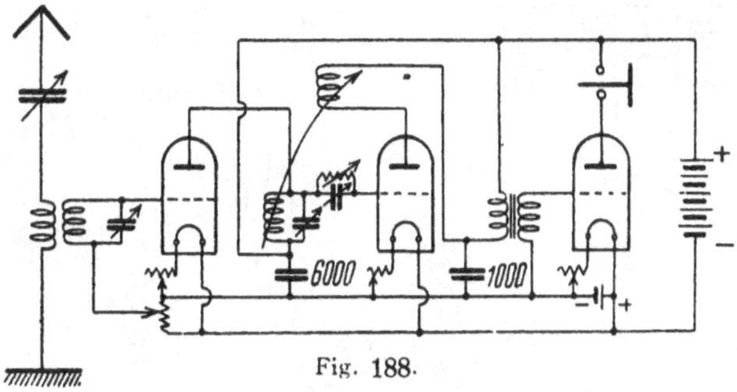

Fig. 188.

ist hier möglich, weil ja die positive Anodenspannung an das Gitter gelangen soll. Die Gitterspannung der Hochfrequenzverstärkerröhre wird durch ein Potentiometer eingestellt, wodurch gleichzeitig die Strahlung kontrolliert werden kann.

C. Andere Kaskadenanordnungen.

Das Pendelrückkopplungsprinzip führt zu einer ganzen Reihe von Kaskadenerweiterungen, die außer der einfachen Erweiterung durch Hoch- und Niederfrequenzverstärker möglich sind. Zunächst kann die vorhandene modulierte Hilfsfrequenz weiter verstärkt werden. Man bekommt auf diese Weise eine Transponierungsschaltung. Die Schaltung der Fig. 186 kann hierzu schon verwendet werden, wenn man die Sekundärspule des Hochfrequenztransformators nicht auf die Hochfrequenz, sondern auf die Zwischenfrequenz abstimmt.

Eine weitere Entwicklungsreihe ergibt sich aus folgendem Gedankengang. Bei der eigentlichen Pendelrückkopplung wird durch das pendelnde An- und Abschwingen des Empfängers die Modulation auf die Pendelfrequenz übertragen. Diese modulierte Pendelfrequenz könnte man nun abermals einem pendelnden Rückkopplungsempfänger zuführen, der auf die erste Pendelfrequenz abgestimmt ist und mit einer langsameren Hilfsfrequenz arbeitet. Diese wird dann durch das Verfahren moduliert, und man könnte sie einer weiteren ähnlichen Stufe zuführen usf. Man gelangt so von der Doppelrückkopplung zur Drei- und Mehrfachrückkopplung. Diese Verfahren besitzen jedoch nur rein theoretische Bedeutung, weil mit der gewöhnlichen Pendelrückkopplung bei richtiger Einstellung die Röhre schon voll ausgenutzt ist.

Durch die sehr große Verstärkung tritt meist eine Verzerrung der Trägerfrequenz auf. Von Armstrong ist daher vorgeschlagen worden, kaskadenartig eine Oberschwingung, z. B. die zweite, zu verstärken. Fig. 189 zeigt das Prinzipschema, welches jedoch in die Praxis keinen Eingang gefunden hat.

Schließlich ist in Fig. 190 ein Verfahren angegeben, welches gestattet, das Pendelrückkopplungsprinzip auch für die Niederfrequenzverstärkung auszunutzen. Die Niederfrequenz wird in der Figur dem Eingangstransformator Tr_1 zugeführt. Dieser liegt im Gitterkreis der Verstärkerröhre,

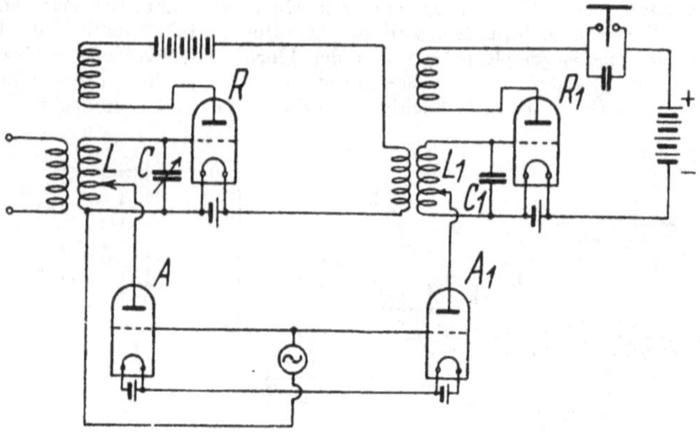

Fig. 189.

welcher außerdem noch einen auf eine ziemlich hohe Frequenz abgestimmten Schwingungskreis enthalt. Durch die Rückkopplung L_3 ist die Röhre so eingestellt, daß sie dicht vor der Selbsterregung steht.

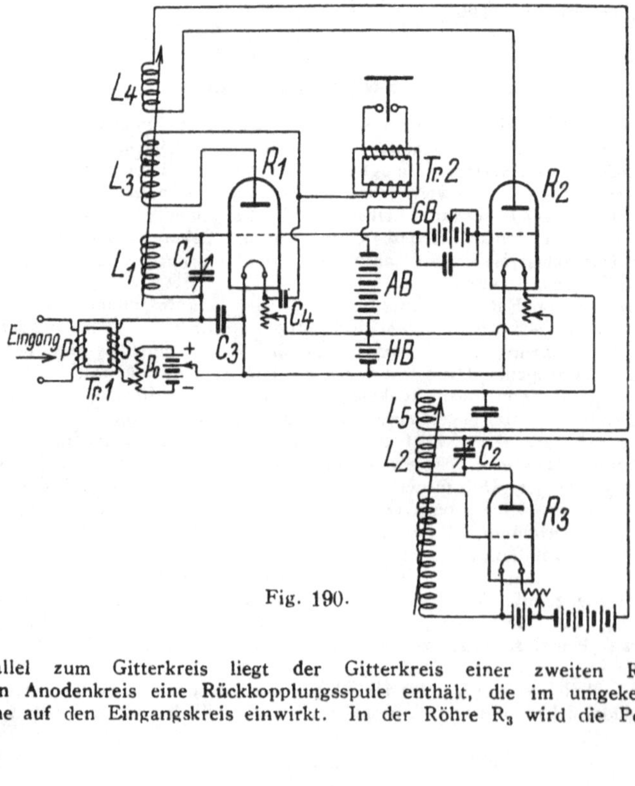

Fig. 190.

Parallel zum Gitterkreis liegt der Gitterkreis einer zweiten Röhre, deren Anodenkreis eine Rückkopplungsspule enthält, die im umgekehrten Sinne auf den Eingangskreis einwirkt. In der Röhre R_3 wird die Pendelfrequenz erzeugt. Diese wirkt induktiv auf den Anodenkreis der Röhre R_2 ein, so daß die Rückkopplung der Röhre R_2 in dem Rhythmus der Pendelfrequenz starker oder schwächer wird. Die in der Röhre R_1 erzeugte Hochfrequenz wird also im Rhythmus der Pendelfrequenz an- und abschwingen. Gleichzeitig ist sie durch die Niederfrequenz moduliert. Man erreicht auf diese Weise, daß die Röhre bis an die Grenze der Sättigung ausgenutzt wird. Dieses Verfahren ist deswegen sehr interessant, weil es zunachst paradox erscheint, hohe Niederfrequenzverstärkung dadurch zu erreichen, daß man eine Hochfrequenzschwingung durch die Niederfrequenz moduliert und dann weiter verstärkt, gleichrichtet und damit wiedergewinnt. Durch die Pendelrückkopplung ist dies Verfahren jedoch ausführbar.

IV. Kapitel.

Reflexempfänger.

§ 1. Theorie des Reflexempfängers.

A. Wirkungsweise.

Unter einem Reflexempfanger versteht man einen Empfanger, in welchem eine oder mehrere Röhren gleichzeitig für die Hoch- und Niederfrequenzverstärkung ausgenutzt werden. Da die Röhre in beiden Fällen durchaus gleichartig arbeitet, liegt eine solche doppelte Ausnutzung sehr nahe. Sie ist möglich, wenn es gelingt, Hoch- und Niederfrequenzverstärkerströme in der Schaltung zu trennen und zu verhindern, daß sie sich gegenseitig stören. Der Unterschied der Frequenzen bewirkt, wie man weiß, ein direkt entgegengesetztes Verhalten gegenüber Selbstinduktionen und Kapazitäten. Für niedere Frequenzen bedeuten Selbstinduktionsspulen einen geringen, Kapazitäten dagegen einen großen Widerstand, während Hochfrequenzströme leichter durch einen Kondensator fließen als durch eine Spule. Im letzteren Falle ist Voraussetzung, daß die Spulen nur eine sehr geringe Eigenkapazitat haben, weil sonst der Hochfrequenzstrom über diese abfließen würde.

Das Prinzip des Reflexempfängers ist folgendes: die Hochfrequenzenergie wird durch eine Verstärkerröhre verstärkt, dann einem Detektor zugeführt und gleichgerichtet. Die so erhaltene Niederfrequenzenergie muß dann durch irgendeine Übertragung dem Gitter der Röhre zugeführt werden, ohne daß dadurch deren Hochfrequenzverstärkerwirkung beeinträchtigt wird. Die durch die Röhre verstärkten Niederfrequenzschwingungen können dann im Hörer abgenommen werden. Man hat also Hoch- und Niederfrequenz sowohl im Gitter, als auch im Anodenkreis. Wir nehmen zunächst der Einfachheit halber an, daß der Niederfrequenzstrom dem Gitter durch einen Transformator zugeführt und dem Anodenkreis ebenfalls durch einen Niederfrequenztransformator entnommen wird. Die Trennung von Hoch- und Niederfrequenz kann dann grundsätzlich auf zwei verschiedenen Wegen erfolgen, die in Fig. 191 und Fig. 192 dargestellt sind. Man kann nämlich Hoch- und Niederfrequenz führende Elemente erstens in Serie und zweitens parallel schalten. Das erstere Verfahren zeigt Fig. 191, das letztere Fig. 192. In Fig. 191 ist im Gitterkreis die Sekundärspule des Niederfrequenztransformators durch einen Kondensator überbrückt, dessen Widerstand für die Hochfrequenz vernachlässigbar klein, für die Niederfrequenz dagegen groß ist, so daß die Hochfrequenzspannungen, die aus dem Hochfrequenztransformator dem Gitterkreis zugeführt werden, in nahezu voller Größe an das Gitter gelangen. Der Gitterkreis wiederum bietet den Niederfrequenzströmen einen so geringen Widerstand, daß auch die Niederfrequenzspannungen keinen Abfall erleiden. Der Hochfrequenztransformator überträgt die Niederfrequenz nicht auf vorhergehende Kreise. Andererseits wirken auch die Hochfrequenzverstärkerströme nicht über die Sekundärspule des Niederfrequenztransformators auf dessen Primärspule zurück. Die Trennung beider Frequenzen geschieht hier also im wesentlichen durch den Kondensator C_1, der eine Größe bis 2000 cm haben kann, ohne daß ein nennenswerter Ausgleich von Niederfrequenzströmen statt-

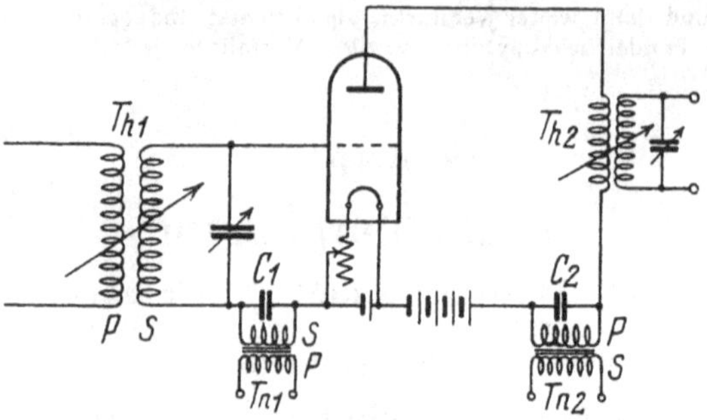

Fig. 191.

findet. Vielfach aber ist eine viel kleinere Kapazität ausreichend. Der Kondensator C_1 kann sogar recht häufig ganz weggelassen werden, wenn die Windungskapazität der Sekundärspule des Niederfrequenztransformators ausreicht, um den Hochfrequenzströmen den Weg zu ebnen.

Dasselbe wiederholt sich im Anodenkreis. Auch dort wird die Primarspule des Niederfrequenztransformators Tn_2 durch einen Kondensator C_2 für die Hochfrequenzströme überbrückt, so daß diese nicht gehindert werden. Die Niederfrequenzströme werden durch den Hochfrequenztrans-

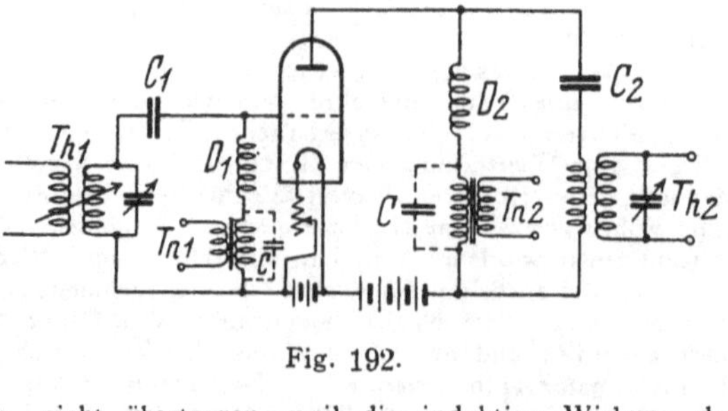

Fig. 192.

formator Th_2 nicht übertragen, weil die induktive Wirkung der Niederfrequenzen hierfür zu schwach ist.

Fig. 192 zeigt die Parallelschaltung. Den Hochfrequenzströmen wird der Weg über die Niederfrequenztransformatoren durch die Hochfrequenzdrosseln D_1 und D_2 versperrt, welche für die Niederfrequenzströme nur einen sehr geringen Widerstand besitzen. Damit nun die Niederfrequenzströme sich nicht über die Hochfrequenzkreise ausgleichen können, sind diese durch die Blockkondensatoren C_1 und C_2 abgeriegelt, welche den Hochfrequenzverstärkerströmen keinen nennenswerten Widerstand entgegensetzen, so daß also im Gitterkreise nahezu die volle Sekundärspannung des Transformators Th_1 am Gitter zur Geltung kommt, wahrend im Anodenkreis der ganze hochfrequente Anodenstrom durch die Primärspule des Hochfrequenztransformators Th_2 fließt. Die Anodengleichspannung wird der Röhre durch die Primärspule des Niederfrequenztransformators Tn_2 und die Hochfrequenzdrossel D_2 zugeführt.

Diese beiden Verfahren sind die einzig möglichen zur Trennung von Hoch- und Niederfrequenzen. Sie lassen sich selbstverständlich auch kombinieren, so daß man z. B. im Gitterkreis mit Parallelschaltung und im Anodenkreis mit Serienschaltung arbeitet oder umgekehrt im Gitterkreis mit Serienschaltung und im Anodenkreis mit Parallelschaltung.

Die Röhre hat also gleichzeitig hoch- und niederfrequente Ströme zu verstarken. Haben wir es z. B. mit einer einfach sinusförmig modulierten Hochfrequenzschwingung zu tun, so hat die hochfrequente Gitterspannung einen Verlauf nach Kurve a der Fig. 193, während die niederfrequente Gitterspannung, die also der Modulation entspricht, einen Verlauf nach Kurve b zeigt. Die gesamte wirksame Gitterspannung ist dann die Summe dieser beiden Teilspannungen. Ihr zeitlicher Verlauf wird durch die Kurve c dargestellt. Der größte Wert, den die Gitterspannung bekommen kann, ist also die Summe der großten Werte der Nieder- und Hochfrequenzspannung. Man muß also mit ziemlich erheblichen Werten der Gitterspannung rechnen. Daraus folgt, daß nicht jede Röhre für diesen Zweck gleich geeignet ist. Die Röhre muß einen ziemlich großen Sättigungsstrom haben, und ihre Charakteristik muß ein ziemlich langes geradlinig verlaufendes Stück aufweisen. Ferner ist die Lage der Charakteristik

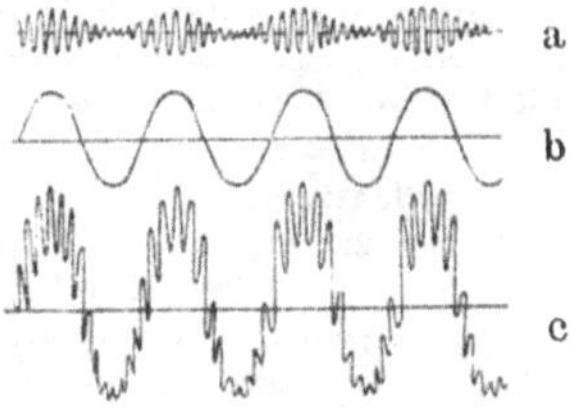

Fig. 193.

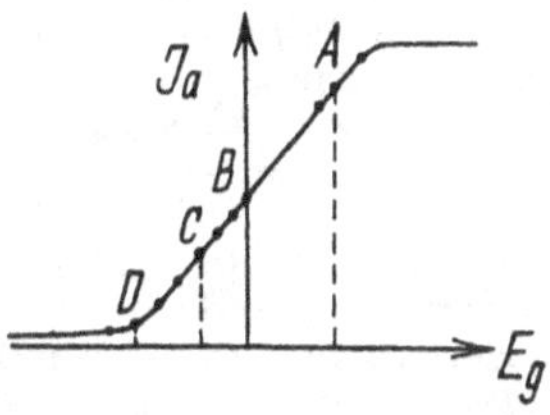

Fig. 194 a.

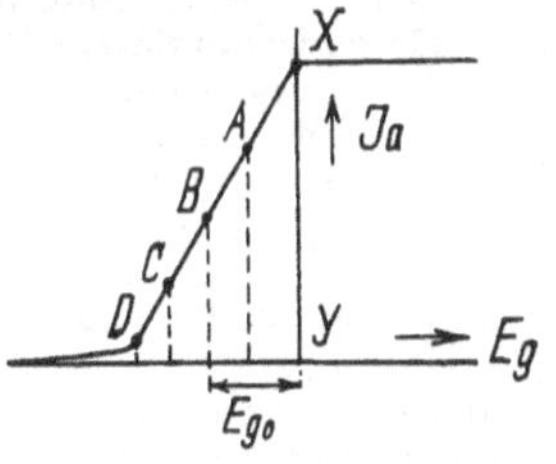

Fig. 194 b.

nicht gleichgültig. In Fig. 194 a ist z. B. eine Röhrencharakteristik aufgezeichnet, die für eine Reflexschaltung nicht brauchbar ist. Liegt der Ruhepunkt der Schaltung bei A oder D, so wird schon bei geringen Gitterspannungsschwankungen das obere oder untere Knie der Charakteristik überschritten, so daß Verzerrung eintritt. Zudem ist der Punkt A auch noch deshalb unbrauchbar, weil infolge des positiven Gitterstromes eine große Dämpfung vorhanden ist. Brauchbar sind die Punkte B und C, aber, wie man sieht, auch nur auf kurze Strecken oder für kleine Gitterspannungsschwankungen. Werden diese Schwankungen größer, so werden vom Punkt B aus ebenfalls positive Gitterströme während der positiven Spannungshälfte erreicht, während vom Punkt C aus das untere Knie Verzerrungen bringt. Man sieht hieraus, daß man die Charakteristik möglichst weit nach links verschieben und mit negativen Gitterspannungen arbeiten muß. Das erstere läßt sich erreichen, wenn man höhere Anodenspannungen wählt. In Fig. 194 b ist die Anodenspannung so groß gewählt, daß das obere Knie bei dem Punkt X mit der Anodenstromachse zusammenfällt. Wahlt man nun die negative Gittervorspannung zu groß, so daß der Ruhepunkt bei D liegt, so bekommt man ebenfalls Verzerrung wegen des unteren Knies. Am besten eignet sich als Ruhepunkt der Punkt B, also der Punkt auf der mittleren Höhe der Charakteristik. Man müßte dann der Röhre eine negative Vorspannung E_{g_0} geben. Es können dann Gitterspannungsschwankungen, welche nahezu die Größe von E_{g_0} haben, unverzerrt verstarkt werden. Aus diesen Darlegungen folgt, daß man für Reflexverstärker nur Röhren mit großem Sättigungsstrom verwenden, möglichst hohe Anodenspannungen und große negative Gittervorspannungen anlegen sollte. Die Batterien werden am besten so geschaltet, daß der Minuspol der Anodenbatterie mit dem Pluspol der Heizbatterie verbunden wird, damit die Anodenspannung noch um den Betrag der Heizspannung vergrößert wird. In die negative Heizleistung wird der Heizwiderstand eingefügt, so daß man, wenn der Gitterkreis mit dem Minuspol der Heizbatterie direkt verbunden wird, eine negative Gittervorspannung von 1 Volt bekommt. Vielfach wird diese nicht ausreichen, so daß man dann besser noch eine kleine Gitterbatterie einfügt, die man aber auch von der Anodenbatterie abzweigen kann.

B. Störungen.

So einfach nun die prinzipielle Wirkungsweise des Reflexempfangers ist, so schwierig ist es, praktisch brauchbare Resultate mit einem Reflexempfanger zu erreichen. Jeder Reflexempfanger neigt zum Tönen. Die Beseitigung dieser Tonneigung darf als das eigentliche Problem des Reflexempfängers angesprochen werden. Es spielen hier unerwünschte Kopplungen durch Streukapazitat eine noch größere Rolle als beim Hochfrequenzverstärker, weil ja die Kapazitätswirkungen nach zwei Richtungen hin in Betracht zu ziehen sind, nämlich im Hinblick auf die Hoch- sowie auf die Niederfrequenzströme. Durch diese Kapazitäten können hoch- und niederfrequente Rückkopplungen hervorgerufen werden, welche dann störendes Tönen verursachen. Die Frage der kapazitiven Kopplungen ist hier so wichtig, daß noch einmal näher darauf hingewiesen werden muß. Für jeden Empfänger gilt die Regel, daß solche Teile, an welchen hochfrequente Spannungen gegen Erde vorhanden sind, nicht mit solchen Schaltelementen verbunden werden dürfen, die leitend mit der Erde verknüpft sind oder große Kapazität gegen Erde haben. Für Hochfrequenzströme bedeutet die große Erdkapazität einen Kurzschluß, so daß Gegenstände, die durch eine große Kapazität mit der Erde verbunden sind, so angesehen werden können, als ob sie leitend an die Erde angeschlossen waren, also Erdpotential besäßen. Hierzu gehören nun alle größeren Teile des Empfangers, wie Batterien, Transformatoren, die Stanniolbelegung, Fernhörer, Lautsprecher usw. Beim Fernhörer ist diese Kapazitätswirkung gegen Erde am unangenehmsten, denn der Körper des Hörenden stellt den Übergang vom Telefon zur Erde dar und vergrößert oder verkleinert die Erdkapazität des Fernhörers jedesmal, wenn man die Kapsel fester oder weniger fest an das Ohr drückt. Viele dieser Teile besitzen nun außer der Kapazität auch noch Ableitung gegen Erde, die Batterien ganz besonders häufig. In Fig. 195 sind die hauptsächlichen Kapazitäten und Ableitungen, die zwischen einem Reflexempfänger und der Erde bestehen, gestrichelt eingezeichnet, und zwar als Kondensatoren und Widerstände. Wenn man nun z. B. ein Ende eines Schaltelements, an welchem hochfrequente Spannungen erzeugt werden, wie z. B. die Gitterkreisspule, erdet, so kann das andere Ende dieses Elementes, also in unserem Fall der Gitteranschluß der Spule, die Spannungsschwingungen ungehindert ausführen. Wir hätten dann etwa dieselben Verhältnisse, wie wenn wir eine Angelrute in die Hand nehmen und mit dem freien Ende Schwingungen ausfuhren. Sobald man jedoch in einer Empfängerschaltung das freie Ende eines solchen Teiles, der hochfrequente Spannungen führt, mit einem Schaltelement verbindet, welches größere Erdkapazität oder Erdableitung besitzt, so haben wir dieselben Verhältnisse, wie wenn wir oben an unsere Angelrute ein schweres Gewicht hängen. Wir sind dann nicht mehr imstande, mit unserer Rute schnellere Schwingungen auszuführen. Ein solcher Fall liegt z. B. in einem Empfanger vor, wenn wir die Anodenkreisspule zwischen Anodenbatterie und Fernhörer legen. Man erkennt hieraus die Richtigkeit der oben angedeuteten Regel, daß Hochfrequenzspannungen führende Teile möglichst wenig mit ausgedehnteren Schaltelementen verbunden werden sollten. Diese letzteren sollten vielmehr möglichst miteinander und mit der Erde verbunden sein.

Dieser eben behandelte Grundsatz gilt nun für jeden Empfanger, also auch für den Reflexempfanger. Für den letzteren ist aber die Regel auch

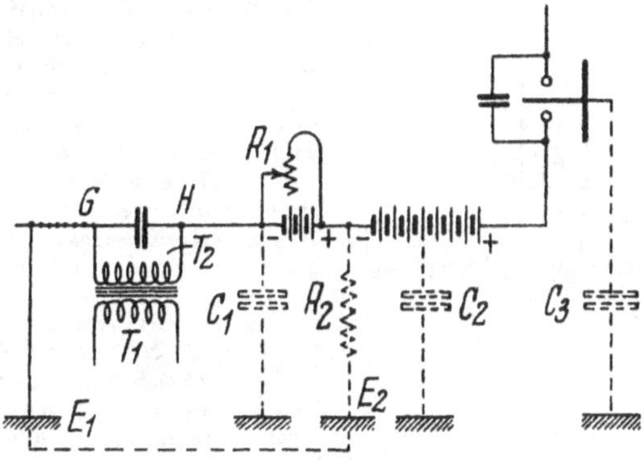

Fig. 195.

auf die Hörfrequenz führenden Teile auszudehnen. Wenn wir z. B. in Fig. 195 den Fernhörer zwischen Heizbatterie und Anodenbatterie in den Anodenkreis einschalten würden, so würden wir beide Enden des Fernhörers durch die kapazitiv geerdeten Batterien mehr oder weniger stark festhalten, so daß die hörfrequente Schwingungsamplitude heruntergedrückt wird. Dasselbe ist der Fall bei dem Transformator, dessen Sekundärspule bei H mit der Heizbatterie und bei G mit der Gitterzuleitung verbunden ist, sobald die letztere geerdet wird, was bei direkt angekoppelter Antenne der Fall ist. Es wird also der Punkt G durch die Erdverbindung festgehalten, während der Punkt H durch die Erdkapazitäten und Ableitungen der Batterien im Sinne unseres Gleichnisses von der Angelrute „beschwert" wird. Der Grund für die Verringerung der Schwingungsamplitude liegt hier darin, daß sich die Ströme über die Erdkapazitäten und Erdableitungen ausgleichen können. Fernhörer und Transformator sind dann gewissermaßen durch die Erdverbindungen kurzgeschlossen. In Fig. 195 liegt der Fernhörer richtig, der Transformator falsch.

Ähnlich wie diese Erdkapazitaten würden natürlich auch schlechte Isolation und größere Kapazitäten zwischen Apparateteilen im Empfänger selbst wirken. Auch hierauf ist beim Bau von Reflexempfängern Rücksicht zu nehmen.

Kapazitive Ableitungen bedeuten fast immer auch kapazitive Kopplungen, welche einen wesentlichen Grund für die Tönneigung des Reflexempfängers abgeben. Die Gründe für das niederfrequente Tönen eines Reflexempfängers sind in der Hauptsache die folgenden:

1. niederfrequente Rückkopplung,

2. niederfrequente Modulation der empfangenen Hochfrequenzschwingung und

3. Pendeln durch die Einschaltung der Sekundärspule des Niederfrequenztransformators in den Gitterkreis der Röhre.

Die niederfrequente Rückkopplung ist meist sehr schwer aufzufinden. Auf den Anodenkreis können niederfrequente Beeinflussungen des Gitterkreises theoretisch bei oberflächlicher Betrachtung kaum erfolgen, selbst wenn der Empfänger mit einer Rückkopplung arbeitet, denn durch die Kopplung von Lufttransformatoren ist eine solche Übertragung nicht möglich. Eine induktive Beeinflussung des im Gitterkreis liegenden Transformators durch einen Transformator oder Fernhörer im Anodenkreis ist leicht zu vermeiden. Trotzdem gibt es zwei Möglichkeiten für die niederfrequente Selbsterregung. Eine ist in Fig. 196 schematisch dargestellt. Im Gitterkreis liegt die Sekundärspule des Transformators L_1, im Anodenkreis liegt ebenfalls eine Drossel L_2, die durch den Fernhörer oder gleichfalls durch einen Transformator gebildet werden kann. Sobald nun durch irgendwelche kapazitiven Nebenschlüsse eine Wirkung erzielt wird, die dem gestrichelt eingezeichneten Kondensator C entspricht, haben wir eine ganz bekannte Senderschaltung, die unbedingt niederfrequentes Tönen verursachen muß. Über die Entstehung der kapazitiven Verbindung C läßt sich allgemein nichts sagen. Dieser kapazitive Nebenschluß kann durch Windungskapazitäten der Transformatoren, durch Erdkapazitäten usw. entstehen. Außer der in Fig. 196 illustrierten Möglichkeit niederfrequenter Selbsterregung gibt es noch eine andere. Vielfach ist nämlich der kapazitive Nebenschluß C gar nicht nötig. Die beiden Drosselspulen L_1 und L_2 bilden durch ihre eigenen Windungskapazitäten schwingungsfähige Systeme, welche infolge der kapazitiven Kopplung durch die Röhrenkapazitäten zur Selbsterregung Veranlassung geben können. Es ist hier also bei den niederfrequenten Schwingungskreisen dieselbe Schwierigkeit zu bekämpfen, die wir beim Hochfrequenzverstärker kennengelernt hatten.

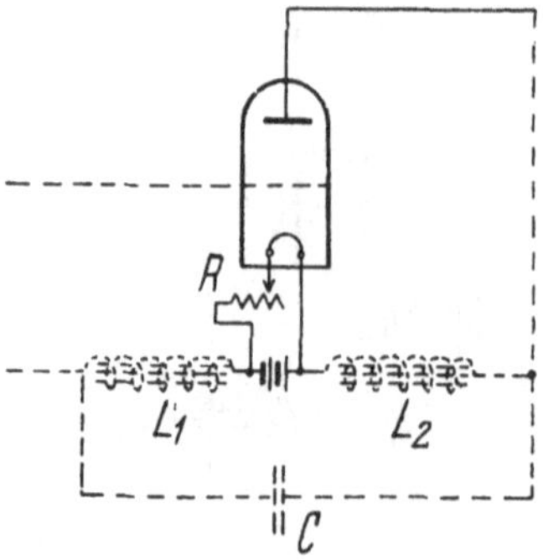

Fig. 196.

Noch gefährlicher ist die Tonneigung durch niederfrequente Modulation. Diese ist allerdings an das Vorhandensein einer hochfrequenten Rückkopplung gebunden. Nehmen wir einmal an, daß die Rückkopplung so fest wäre, daß der Empfänger schwingt, dann wird offenbar durch die Einwirkung der Niederfrequenzspannungen auf das Gitter diese selbsterregte Schwingung moduliert werden, indem der Ruhepunkt der Hochfrequenzschwingungen im Rhythmus der Niederfrequenz auf der Charakteristik hin- und hergeschoben wird, was eine mehr oder weniger große Amplitude der selbsterregten Schwingung zur Folge hat, denn die Amplitude der selbsterregten Schwingung hängt von der Gitterspannung ab. Dies Verfahren wird ja direkt zur Beeinflussung von Telefoniesendern benutzt. Selbst wenn nun die Rückkopplung lose ist, also keine Selbsterregung eintritt, kann die eben beschriebene Wirkung doch eintreten. Es wird dann die ankommende Trägerwelle durch die Niederfrequenz moduliert. Diese Modulation wird durch den Detektorkreis auf den Gitterkreis zurückübertragen und verstärkt dort die modulierende Wirkung usf. Man erkennt aber, daß eine Modulation in diesem Falle nur dann eintreten kann, wenn die Charakteristik nicht ganz gerade ist. Streng genommen ist sie nun das tatsächlich nie, so daß dieser Modulationseffekt immer vorhanden sein wird. Er wächst mit der Größe der Trägerwelle, also auch mit der Rückkopplung.

Die dritte niederfrequente Störung ist das Pendeln. Wir brauchen hier nur auf Kapitel III, Fig. 179 zurückzugreifen, um einzusehen, daß jeder Reflexempfänger, bei dem die durch einen Kondensator überbrückte Sekundärspule eines Transformators im Gitterkreis liegt, als Pendelrückkopplungsempfänger wirken kann.

Bei diesen Störungen ist übrigens zu bemerken, daß die beiden letzteren Ursachen an das Vorhandensein einer Rückkopplung geknüpft sind. Sobald nun eine Rückkopplung vorhanden ist, tritt natürlich als weitere Pfeifursache des Empfängers die Selbsterregung infolge zu fester Rückkopplung in Erscheinung. Das letztere ist aber stets begleitet von niederfrequenter Modulation. Aus dieser Tatsache ist ein Vorzug des Reflexempfängers abzuleiten. Während nämlich gewöhnlich beim Rückkopplungsempfänger der Nachbar der Leidtragende ist, wenn der Empfänger infolge unvorsichtiger Rückkopplung strahlt, so wird beim Reflexempfänger der Empfangende selbst bei unvorsichtiger Handhabung der Rückkopplung durch das Geheul des Empfängers bestraft, so daß er von selbst so schnell wie möglich die Störung beseitigen wird. Sehr häufig kann bei einem Reflexempfänger die Rückkopplung nicht einmal voll ausgenutzt werden, weil das Selbsttönen schon vor dem Einsetzen der Selbsterregung den Gebrauch der Rückkopplung wesentlich einschränkt.

C. Maßnahmen zur Beseitigung der Störungen.

Maßnahmen, die radikal alle Störungsursachen beseitigen, gibt es deshalb nicht, weil sich die kapazitiven Kopplungen nicht einfach übergehen lassen. Man wird jedoch nach Möglichkeit beim Bau eines Reflexempfängers die kapazitiven Einwirkungen abschwächen müssen, um Erfolg zu haben. Einige Anweisungen, Teilstörungen zu vermeiden, mögen folgen. Die erste und wichtigste Regel ist die schon oben besprochene. Nach ihr sind die einzelnen Schaltelemente, von der Erde aus gerechnet, nach Möglichkeit in folgender Reihenfolge miteinander zu verbinden: Erde, Batterien, Hörfrequenz führende Teile und schließlich Hochfrequenzspannungen besitzende Schaltelemente. Die niederfrequente Rückkopplung kann häufig, wenn auch nicht immer, durch Vertauschen der Anschlüsse der Primärspule des im Gitterkreis liegenden Niederfrequenztransformators beseitigt werden. Man würde dann gewissermaßen die niederfrequente Rückkopplung umkehren, wodurch die Selbsterregung aufgehoben wird. Aber wie gesagt, führt die Anwendung dieser Regel nicht unbedingt zum Erfolg, genau so, wie die Umpolung der Rückkopplungsspule nicht immer zum Verlöschen der hochfrequenten Selbsterregung zu führen braucht, dann nämlich nicht, wenn die Rückkopplung durch die Kapazität der Röhre überwiegt. Ähnliches kann auch bei der niederfrequenten Rückkopplung eintreten.

Ein weiteres Mittel, die niederfrequente Selbsterregung einzuschränken, besteht in der Einführung von Dämpfungen in die Niederfrequenzkreise. Zu diesem Zwecke empfiehlt es sich, einen hochohmigen Widerstand von etwa 100 000 Ohm der Sekundärspule des Transformators parallel zu schalten. Es ist hierbei aber darauf zu achten, daß der Widerstand wirklich diese Größe hat, denn ein kleinerer würde die Lautstärke wesentlich herabdrücken, während ein richtig bemessener nicht nur die niederfrequente Tonneigung beseitigt, sondern sogar die Reinheit der Sprache verbessert. Da ferner dieser Widerstand auch im Gitterkreis liegt, so wird gleichzeitig die Hochfrequenz gedämpft werden, wodurch auch die Gefahr des Tönens durch niederfrequente Modulation verringert wird. Ähnlich dämpfend wirkt übrigens auch der Detektor, der meist im Stromkreis der Primärspule des Niederfrequenztransformators liegt. Davon wird im nächsten Paragraph ausführlich die Rede sein.

Die niederfrequente Modulation ist nur sehr schwer zu bekämpfen. Ein Mittel ist der schon eben angegebene hochohmige Widerstand. Noch wirksamer schaltet man ihn zwischen Gitter und positiven Pol der Heizbatterie. Das beste Mittel zur Beseitigung dieser Störung ist eine Röhre mit möglichst langer geradliniger Charakteristik.

Infolge aller dieser Störerscheinungen ist es sehr schwer, Reflexempfänger zu bauen, die wirklich das leisten, was die prinzipielle Schaltung verspricht. Sobald man Rückkopplung anwendet, sind besondere Störbefreiungsmaßnahmen erforderlich, welche meist nur auf Kosten der Lautstärke gut wirken.

§ 2. Einröhrenreflexempfänger mit Transformator und Kristalldetektor.

In Fig. 197 ist die einfachste Einröhren-Reflexschaltung abgebildet. Die erste Röhre dient als Hoch- und Niederfrequenzverstärker. Der Detektorkreis ist durch den Hochfrequenztransformator $L_3 L_4$ an den Anodenkreis angekoppelt. Der Antennenanschluß ließe sich einfacher gestalten,

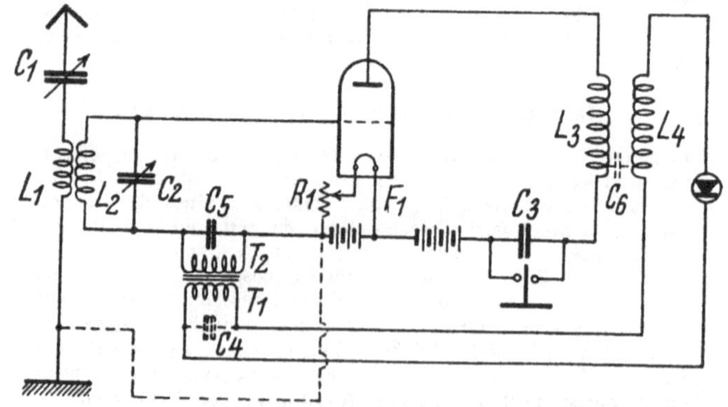

Fig. 197.

wenn man statt der induktiven eine direkte Antennenkopplung wählen würde. Im Hinblick auf die zu erwartenden Störungen würde die direkte Antennenankopplung jedoch eine Komplikation bedeuten, von der später noch die Rede sein wird. Der hier abgebildete Empfänger ist also diejenige Schaltung, bei der die auftretenden Störungen am leichtesten beseitigt werden können. In vielen Fällen empfiehlt es sich, den negativen Pol der Heizbatterie zu erden, was in der Zeichnung durch die gestrichelte Verbindung angedeutet ist. Der der Primärspule des Transformators parallel geschaltete Block-Kondensator C_4 kann weggelassen werden. Die Kondensatoren C_5 und C_3 sind jedoch meist nötig und haben die Größenordnung von 300 bis 1000 cm. Bei Reflexschaltungen läßt sich übrigens, wenn notwendig, die Anodenbatterie durch einen großen Kondensator von 1 M. F. überbrücken. Bei dieser Schaltung sind die im letzten Absatz angedeuteten Regeln angewandt. Ein hochohmiger Beruhigungswiderstand kann fortfallen, besonders da eine hochfrequente Schwingneigung nicht besteht. Der Hochfrequenztransformator $L_3 L_4$ muß für den Wellenbereich passend gewahlt sein. Von Bedeutung sind hier für die Schaltung die Anschlüsse der Spule L_4. Es ist nämlich nicht gleichgültig, an welches Ende der Spule L_4 man den Detektor schaltet. Durch Versuche kann man feststellen, daß gewöhnlich ein Unterschied in der Lautstärke besteht, wenn man die Anschlüsse vertauscht. Das liegt daran, daß der Detektor mit demjenigen Spulenende verbunden werden muß, welches die größte Hochfrequenzspannung gegen die Erde besitzt. Zwischen den beiden Transformatorenspulen besteht eine Windungskapazität, durch welche das eine Ende der Spule L_4 enger mit dem Fernhörer und der Erde verbunden ist wie das andere. In der Figur ist diese Kapazität durch den gestrichelten Kondensator C_6 angedeutet. Das untere Ende der Spule L_4 wird hier also beschwert oder an die Erde gebunden, so daß der Kristall mit dem oberen Spulenende verbunden werden muß. Man sollte jedoch bei dieser Schaltung eine Anordnung treffen, daß man die Enden der Spule L_4 leicht vertauschen und so die beste Lautstärke ausprobieren kann. Über die Anschlüsse der Primärspule des Transformators läßt sich nichts Bestimmtes sagen. Häufig ist es richtig, das innere Ende der Primärspule mit dem Detektor und das äußere Ende mit der Spule L_4 zu verbinden. Das äußere Ende von T_1 wird häufig auch geerdet.

Wenn der Hochfrequenztransformator abgestimmt wird, so wird die Schaltung selektiver. Dabei wird aber auch die Schwingneigung vergrößert, und zwar in stärkerem Maße, wenn statt der Sekundärspule die Primärspule abgestimmt wird. Im ersteren Falle kommt es auf die Kopplung zwischen den beiden Spulen L_3 und L_4 an. Ist die Kopplung lose, so wirkt der Transformator im Anodenkreis mehr wie eine aperiodische Spule, ist sie dagegen fest, mehr wie ein Sperrkreis, wobei die Schwingneigung wie beim Hochfrequenzverstärker durch die Röhrenkapazität hervorgerufen wird. Kehrt man die Verbindungen der Spule L_3 um, so wird die Schwingneigung allerdings bedeutend herabgesetzt. Hier spielt nun der Kristalldetektor eine große Rolle. Da er einen Widerstand in der Größenordnung von 2000 Ohm hat, so wirkt er wie eine Dämpfung. Dieselbe Rolle spielt übrigens die Primärspule des Niederfrequenztransformators. Durch die Einstellung des Detektors wird nun die Dämpfung des Kreises verändert und damit auch die unbeabsichtigte Rückkopplung. Es ist bei solchen Reflexempfängern nötig, nach der Einstellung des Detektors den Kondensator nachzustimmen. Vielfach beobachtet man, daß der Empfang bedeutend lauter wird, wenn man den Detektor überhaupt herausnimmt. Das ist ein bestimmtes Zeichen dafür, daß der Reflexempfänger noch nicht richtig arbeitet und vor allen Dingen dafür, daß man die Röhrenspannungen nicht richtig gewählt hat. Die Röhre arbeitet als Audion. Man befindet sich also nicht auf dem geradlinigen Teil der Charakteristik. Durch das Fehlen der Detektordämpfung wird dann die Rückkopplung vergrößert, wodurch die Zunahme an Lautstärke erklärt ist. Da nun die Charakteristik niemals ganz gerade ist, wird die Röhre immer etwas als Audion wirken. Der Empfang muß aber bedeutend besser werden, sobald man den Detektor einschaltet und richtig einstellt. Es sind übrigens für Reflexempfänger solche Detektoren zu empfehlen, bei denen die Spitze mit festem Druck auf dem Kristall aufliegt. Verwendet man in dieser Schaltung statt der abgestimmten eine aperiodische Antenne und schließt an Stelle des Fernhörers noch eine weitere Niederfrequenzverstärkerstufe an, so gelangt man zur sogenannten „Harkneß-Schaltung".

In Fig. 198 wird die Schaltung noch durch eine Rückkopplungsspule L_5 erweitert. Auch diese Schaltung kann ziemlich leicht von Störungen befreit werden. Man hat nur darauf zu achten, daß die Rückkopplungsspule L_5 so klein wie möglich ist. Sie darf nur benutzt werden, um die Lautstärke etwas zu vergrößern. Man muß sich sehr davor hüten, bis an die Schwinggrenze zu gehen. Bei Reflexempfängern kann es vorkommen, daß die Schwingneigung so stark ist, daß schon ein ankommendes Signal die Selbsterregung auslösen kann, und dann tritt der sehr unangenehme Modulationseffekt in Erscheinung. In Fig. 198 kann auch durch die Serienschaltung $L_3 L_5$ leicht die Anodenkreisselbstinduktion so groß werden, daß die Eigenschwingung dieses Systems die Große der Empfangswelle erreicht. Manchmal ist es deshalb angebracht, die Spule L_5 gar nicht zur Rückkopplung zu benutzen, sondern zur Verhinderung der Selbsterregung. Man arbeitet dann mit umgekehrter Rückkopplung. Die Schaltung heißt dann „Superdyneempfänger".

Wir gehen nun zu einer neuen Klasse von Empfängern über, die nicht mit Hochfrequenztransformator, sondern mit abgestimmtem Anodenkreis

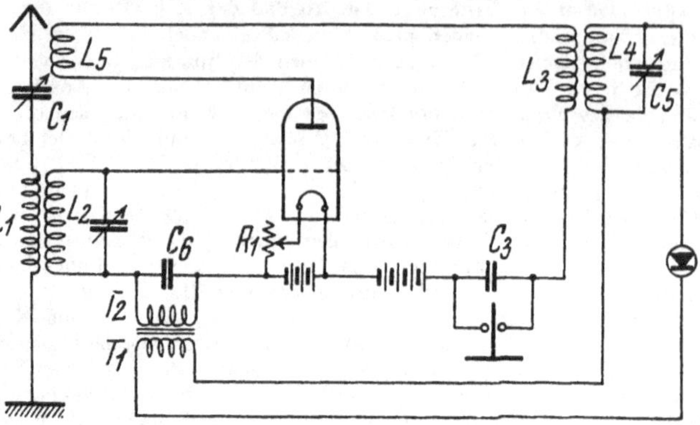

Fig. 198.

arbeiten. Solche Schaltungen sind etwas einfacher in der Anordnung. Gleichzeitig wird aber auch die Tonneigung vergrößert. Fig. 199 zeigt die einfachste Anordnung. Dem Sperrkreis parallel liegt der Detektor und die Primärspule des Niederfrequenztransformators. Die Einwirkung des De-

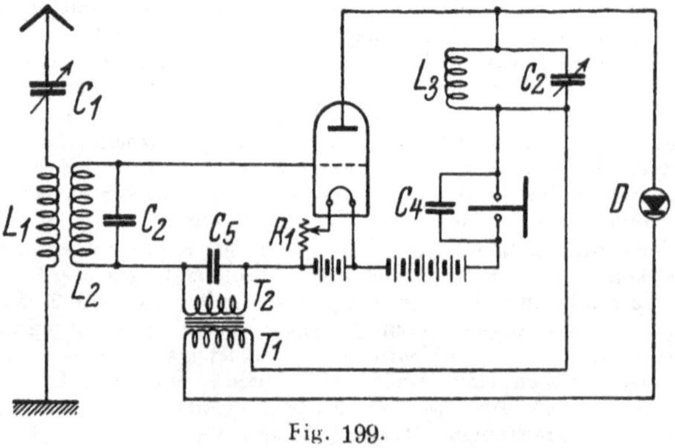

Fig. 199.

tektors auf die Schwingneigung ist dieselbe wie bei der eben beschriebenen Klasse von Empfängern. Die Schwingneigung hängt hier von der Kopplung zwischen L_1 und L_2 ab. Man sollte zunächst die Antennenkopplung immer recht fest machen, weil bei loserer Kopplung der Empfänger leichter schwingt. Die empfindliche Stelle dieses Empfängers ist die Verbindung des Sperrkreises mit dem Niederfrequenztransformator. Praktisch zeigt sich, daß folgende Anschlüsse zu empfehlen sind.

Das äußere Ende der Sekundärspule T_2 sollte mit dem Gitter verbunden sein, während der Detektor an das innere Ende der Primärspule anzuschließen ist. Allerdings zeigt sich oft, daß man die Verbindungen vertauschen kann, ohne daß eine Änderung im Empfang eintritt. Bei dieser Schaltung ist die Gefahr der direkten niederfrequenten Schwingungserregung besonders groß. Dadurch, daß der Fernhörer über die Primärspule des Transformators und die gegenseitige Kapazitat zwischen den Transformatorwindungen mit der Sekundärspule des Transformators kapa-

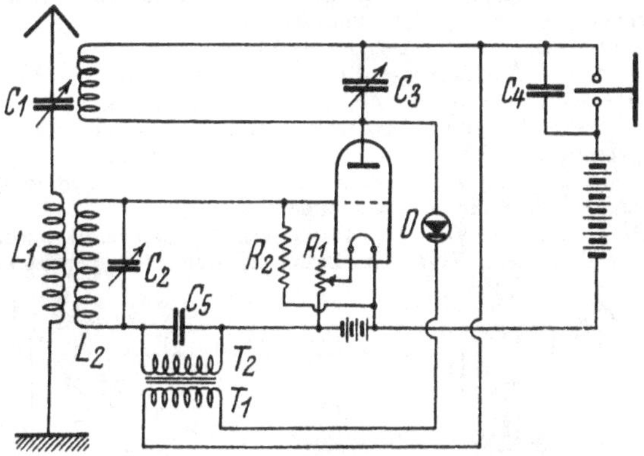

Fig. 200.

zitiv gekoppelt wird, bekommen wir den in Fig. 196 dargestellten Fall der Selbsterregung. Diese direkte Verbindung fehlt bei solchen Reflexempfangern, die mit Transformatoren arbeiten, weshalb auch dort die Gefahr der direkten niederfrequenten Rückkopplung geringer ist. Noch größer

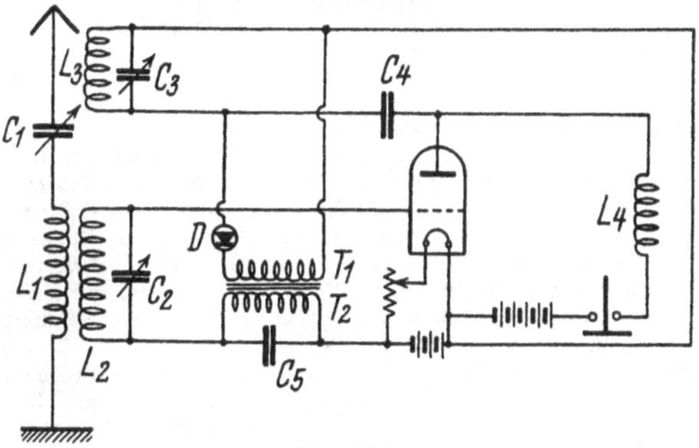

Fig. 201.

wird die Unstabilitat bei der Schaltung der Fig. 200, wo der Sperrkreis gleichzeitig auf die Antenne rückgekoppelt ist. Bei dieser Schaltung muß man die Anschlüsse der Primarspule des Niederfrequenztransformators ausprobieren und unter Umstanden einen Beruhigungswiderstand von 100 000 Ohm zwischen Gitter und positivem Batteriepol einschalten. Ein anderes Verfahren zur Beruhigung der eben beschriebenen Schaltung ist in Fig. 201 dargestellt. Hier ist im Anodenkreis die Hochfrequenz- von der Niederfrequenzleitung getrennt. Der Sperrkreis ist durch den Blockkondensator C_4 mit der Anode und direkt mit dem Pluspol der Heizung verbunden.

Detektor und Primärspule des Transformators liegen parallel zum Sperrkreis. Der Anodengleichstromkreis mit dem Fernhörer ist über die Hochfrequenzdrossel L_4 mit der Anode verbunden. Die Spule L_4, die für Wellenlängen bis 600 m eine Honigwabenspule von 250 Windungen sein kann, soll den Hochfrequenzströmen den Weg über den Fernhörer versperren, während der Kondensator C_4 den Telefonströmen den Weg durch den Sperrkreis verlegt. Damit ist auch die direkte Verbindung des Fernhörers mit der Primärspule des Niederfrequenztransformators aufgehoben und somit die Hauptursache der Störungen beseitigt.

Alle bisherigen Ausführungen galten für lose angekoppelte Antenne, wobei es unwesentlich war, ob die Antenne abgestimmt war oder nicht. Sobald man direkte Kopplung anwendet, treten, wie schon früher erwähnt, eine Reihe von neuen Schwierigkeiten hinzu, von denen im folgenden die Rede sein soll. Koppeln wir z. B. in der Schaltung der Fig. 198 die Antenne fest an den Schwingungskreis, indem wir das obere Ende der Gitterspule L_2 direkt mit der Antenne, das untere mit der Erde verbinden, so wird es unmöglich sein, eine der Batterien oder den Fernhörer zu be-

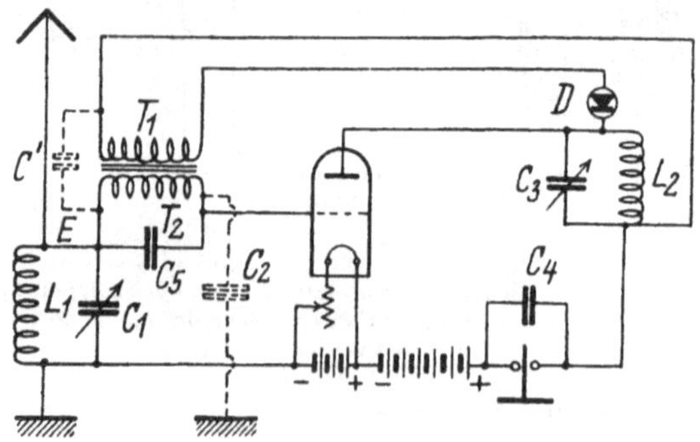

Fig. 202.

rühren, ohne daß eine bedeutende Änderung der Lautstärke oder auch Selbsttönen eintritt. Durch die Erde selbst wird nämlich das linke Ende von T_2 festgehalten, und berührt man einen der oben bezeichneten Gegenstände, auch das rechte, weil durch die Berührung eine kapazitive Verbindung zwischen der rechten Seite und der Erde hergestellt wird. Hier paßt wieder das Gleichnis von der mit einem Gewicht beschwerten Angelrute. Durch das Festhalten der beiden Enden von T_2 wird die hörfrequente Spannung verringert. Es kommt aber noch ein anderer Nachteil hinzu. Die Nebenkapazitäten, die durch die Berührung parallel zu T_2 geschaltet werden, beeinflussen dauernd die Rückkopplung. Eine Vergrößerung der Nebenkapazitäten bedeutet Vergrößerung der Rückkopplung. Diese Abhängigkeit wird dadurch noch bedenklicher, daß durch die Handhabung des Fernhörers die Nebenanschlüsse dauernden Änderungen unterworfen sind. Die in Fig. 202 dargestellte Schaltung von Round soll die eben geschilderten Schwierigkeiten vermeiden, indem die Sekundärspule des Transformators zwischen Gitter und Antenne gelegt wird. Allerdings wird hier der Vorteil nur durch einen vielleicht noch größeren Nachteil erkauft, denn bei genauerem Zusehen finden wir, daß bei dieser Schaltung ein sehr grober Verstoß gegen die Regel vorliegt, daß Hochfrequenzspannungen führende Teile nicht an Erde gelegt werden sollen. Durch die Windungskapazität des Niederfrequenztransformators, die wie der in der Figur gestrichelt eingezeichnete Kondensator C' wirkt, wird die Sekundärspule geerdet, denn die Primärspule ist direkt mit dem Fernhörer und den Batterien und dadurch mit der Erde verbunden. Die Wirkung ist dieselbe wie die des angedeuteten Kondensators C_2 in der Figur. Durch die so geschilderte Erdung von T_2 wird aber auch das obere Ende der Spule L_1, deren unteres Ende sowieso geerdet ist, von der Erde festgehalten, so daß die Hochfrequenzspannungen, die an L_1 entstehen, nur sehr gering sein können. Statt der verringerten Niederfrequenzspannungen bekommen wir hier also verringerte Hochfrequenzspannungen. Die Wirkung der Rückkopplung wird durch die Nebenkapazitäten ebenfalls stark beeinflußt. Etwas stabiler kann man übrigens die Schaltung machen, wenn man eine aus Kapazität und Widerstand bestehende Parallelschaltung zwischen Minuspol der Heizbatterie und Erde einfügt. Durch den in Fig. 203 dargestellten Kunstgriff von

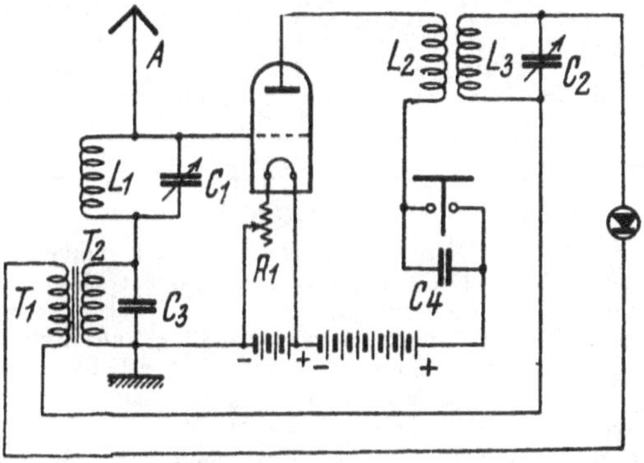

Fig. 203.

Scott-Taggart wird den geschilderten Schwierigkeiten ausgewichen. Es wird hier nicht das untere Ende von L_1, sondern der Minuspol der Heizbatterie geerdet, so daß der Parallelkondensator von T_2 in der Antenne liegt. Bei dieser Schaltung ist der Wert des Kondensators C_3 sehr kritisch, denn wenn er groß ist, werden die hörfrequenten Spannungsamplituden herabgedrückt, während zu kleine Werte von C_3 mit der Abstimmung der Antenne in Konflikt geraten. Ein Nachteil liegt darin, daß leicht Störungen aus der Lichtleitung aufgenommen werden, weil der in der Antenne liegende Transformator auf niederfrequente Erregung der Antenne ansprechen wird.

Man kann eine Lösung dieser Frage dadurch erreichen, daß man dem Gitter hoch- und niederfrequente Spannungen parallel zuführt. Die hochfrequenten Spannungen werden in Fig. 204 über den Kondensator C_2, die niederfrequenten über die Hochfrequenzdrossel L_4 an das Gitter gebracht. Der Kondensator C_2 verhindert den Ausgleich der Niederfrequenz über die Antenne, die Hochfrequenzdrossel L_4 den Ausgleich der Hochfrequenzströme über den Transformator. Der Kondensator C_2 hat eine Kapazität von 300 cm, während die Spule L_4 eine verlustfreie Luftspule sein soll, die nur ein Minimum an Eigenkapazität besitzen darf. Für verschiedene Wellenlängen wird man ferner verschiedene Hochfrequenzdrosseln benötigen. Der Nachteil dieser Anordnung liegt in der Gefahr, daß die Spule T_2 zur Resonanz mit der Empfangswelle neigt, wodurch dann der Kurzschluß, der verhindert werden soll, doch eintritt. In Fig. 205 ist eine sehr einfache Art von Drosseln wiedergegeben, wie sie sich für die Verwendung an Stelle von L_4 eignen. Der Spulenkörper besteht aus 2 Hartgummischeiben von 5 cm Durchmesser, die durch einen 1,5 mm dicken Ring von 1 cm Durchmesser in Abstand gehalten werden. Diese 3 Stücke werden durch eine Schraube mit Gegenmuttern zusammengehalten. An der einen Scheibe wird außerdem am äußeren Rande noch eine zweite Schraube mit Gegenmuttern angebracht. Beide Schrauben dienen gleichzeitig als Zuführungs-

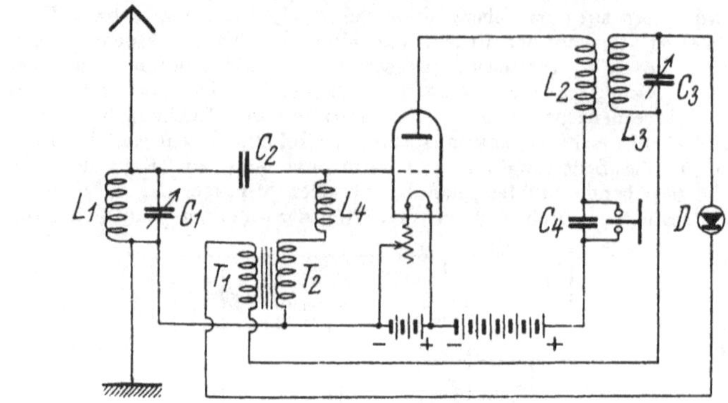

Fig. 204.

klemmen für die Spule. Diese wird aus doppelt mit Seide umsponnenem Kupferdraht von 0,05 mm Dicke hergestellt, indem der Hohlraum zwischen den beiden Hartgummischeiben mit diesem Draht nahezu ganz vollgewickelt wird. Diese Hochfrequenzdrossel ist sehr handlich, läßt sich leicht montieren und schnell herstellen. Man muß bei der Herstellung nur darauf achten, daß der Draht nicht bricht.

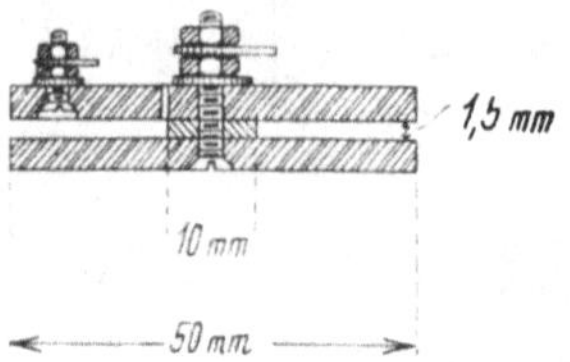

Fig. 205.

Fig. 206 stellt die beste Lösung des angeschnittenen Problems dar. Hier wird statt der Spule L_4 ein Sperrkreis L_4 C_2 eingeschaltet. Die Sekundarspule des Niederfrequenztransformators ist durch den Kondensator C_3 überbrückt, während die Verbindung vom Gitter zur Antenne wie in Fig. 204 durch einen Kondensator von 300 cm Kapazität hergestellt wird. In der Antenne liegt eine große Selbstinduktionsspule L_1, welche an der Abstimmung nicht teilnimmt. Das in

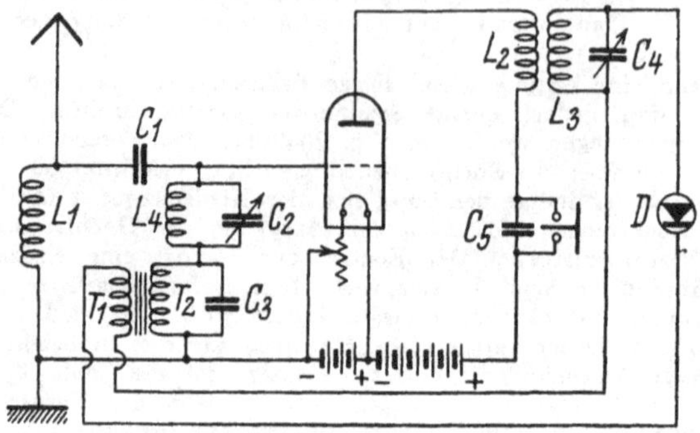

Fig. 206.

dieser Abbildung dargestellte Verfahren schließt sich eng an das in der Figur 203 wiedergegebene an.

In Fig. 207 und 208 sind zwei sehr bekannte Reflexschaltungen abgebildet, nämlich in Fig. 207 die ST 100- und in Fig. 208 die ST 100-

Starschaltung. Der wesentlichste Unterschied zwischen beiden liegt in der Ankopplung einer weiteren Niederfrequenzverstärkerstufe an die Reflexröhre. In der ersteren Schaltung handelt es sich um die gewöhnliche Übertragung durch einen Transformator, während die zweite eine Drosselspulenkapazitatskopplung vorsieht. Gemeinsam ist in beiden Schaltungen der vom Gitter zum positiven Heizfadenende gelegte Beruhigungswiderstand R_x In bezug auf die Lage des Niederfrequenztransformators im Gitterkreis

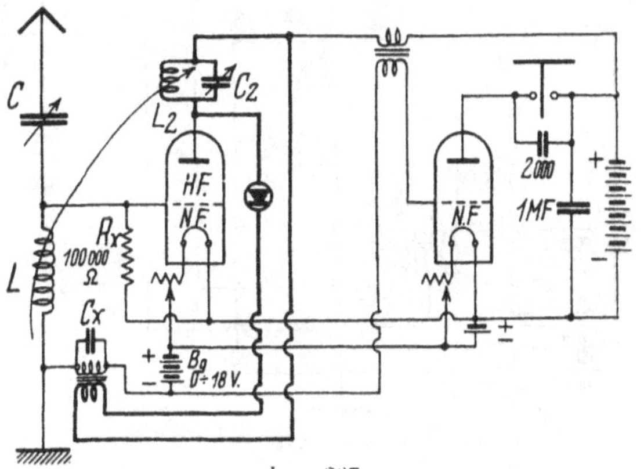

Fig. 207.

ähnelt Fig. 208 der Fig. 203, während in Fig. 207 die oben besprochenen ungünstigen Verhaltnisse der beiderseits festgehaltenen Sekundärspule vorliegen.

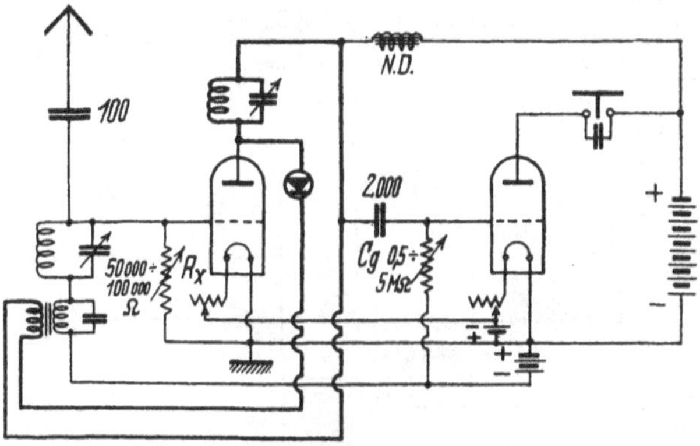

Fig. 208.

Eine besondere Betrachtung verdient der Reinartzempfänger, der in Fig. 209 dargestellt ist. Auch hier ist es möglich, eine Reflexschaltung einzubauen, und zwar handelt es sich dabei um eine Sperrkreisschaltung. Die Sekundärspule des Transformators wird zwischen abgestimmtem Gitterkreis und geerdetem Batteriepol eingeschaltet. Diese Lage ist sehr günstig und hat dieselben Vorteile wie in Fig. 203. Die Sekundarspule des N.F.-Transformators soll durch einen möglichst großen Kondensator überbrückt werden, d. h., man soll den größten Kondensator wählen, bei dem die Lautstärke noch nicht nachläßt.

Da die gefahrlichsten Störungen des Reflexempfängers durch Modulation der selbsterregten Schwingung entstehen, kommt es sehr darauf an, die Selbsterregung der Hochfrequenzkreise des Empfängers zu verhindern. Dabei soll von guter Empfangswirkung aber nichts eingebüßt werden. Man kann die Aufgabe lösen, wenn man die Hochfrequenzkreise nach Rezepten in § 7 des I. Kapitels neutralisiert. Eine solche Schaltung ist in Fig. 210

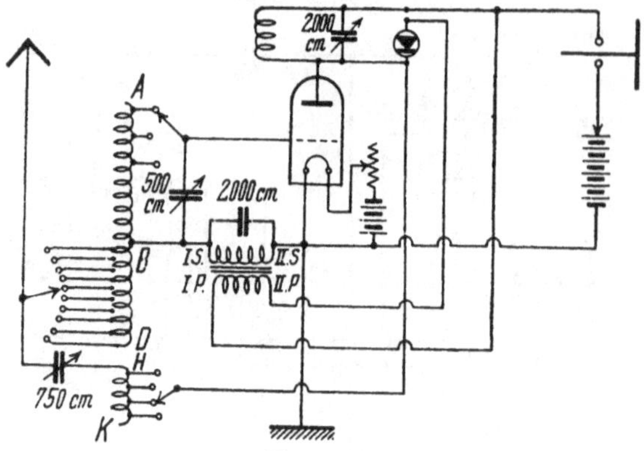

Fig. 209.

dargestellt. Die Übertragung der Hochfrequenzenergie aus dem Anodenkreis in den Detektorkreis wird durch den Hochfrequenztransformator T_h bewerkstelligt, der sekundärseitig abgestimmt ist. Beide Spulen des Trans-

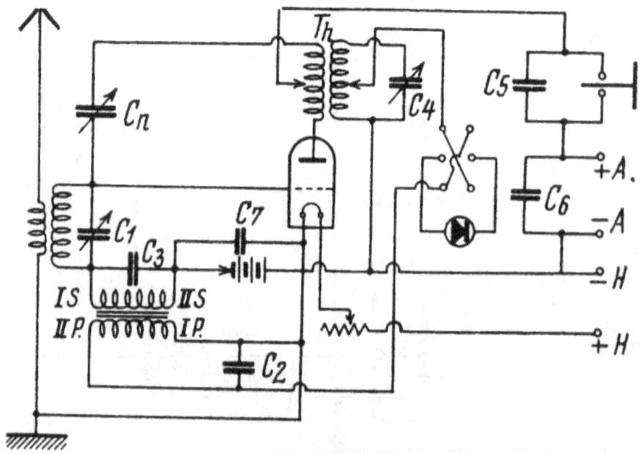

Fig. 210.

formators sind angezapft. An der Sekundärseite dient die Zapfstelle zur Einstellung der günstigen Detektorkopplung, während in der Primärspule der Anodengleichstrom an der Zapfstelle zugeführt wird, so daß die eigentliche Anodenspule nur von dieser Zapfstelle bis zur Anode reicht. Der andere Teil der Primärspule dient zur Neutralisation. Sein Ende ist über den Neutralisierungskondensator C_n mit dem Gitter verbunden. Es handelt sich hier um das Entkopplungsverfahren Scott Taggart (vgl. Fig. 48). In der Abbildung ist eine Umschaltung für den Detektor vorgesehen. Die übrigen Teile der Schaltung bieten gegenüber den bereits behandelten Verfahren nichts Neues. Das Gegenstück zu dieser Schaltung zeigt Fig. 211, bei der die Neutralisierung nach dem Cowperschen Verfahren erfolgt. Der Detektorkreis ist direkt an den Sperrkreis angekoppelt. Die Einführung der Niederfequenzspannung in den Detektorkreis geschieht durch Parallelschaltung nach dem in Fig. 204 dargestellten Verfahren. Ein Schalter S gestattet wahlweise die Umschaltung von Audionempfang auf Reflexempfang

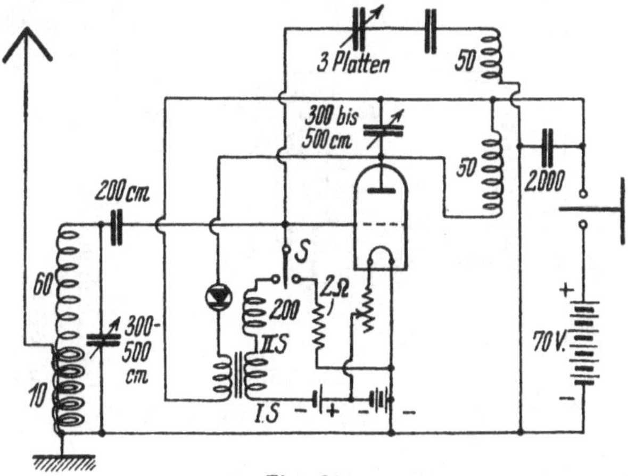

Fig 211

Die Antenne ist wie in der vorigen Figur aperiodisch an den Gitterkreis gekoppelt. Nach diesen beiden Beispielen lassen sich auch die anderen bekannten Entkopplungsverfahren mit dem Reflexempfänger verbinden

Man kann den Detektor statt an den Anodenkreis auch an den Gitter- oder Antennenkreis ankoppeln. In Fig. 212 ist ein solches Verfahren dargestellt. Die Antenne ist aperiodisch mit dem Gitterkreis LC gekoppelt und uber den Blockkondensator CB und die Gitterbatterie geerdet. Die Gitterkreisspule ist angezapft, so daß der Detektorkreis mit der Primärspule des Niederfrequenztransformators veranderlich angekoppelt werden kann.

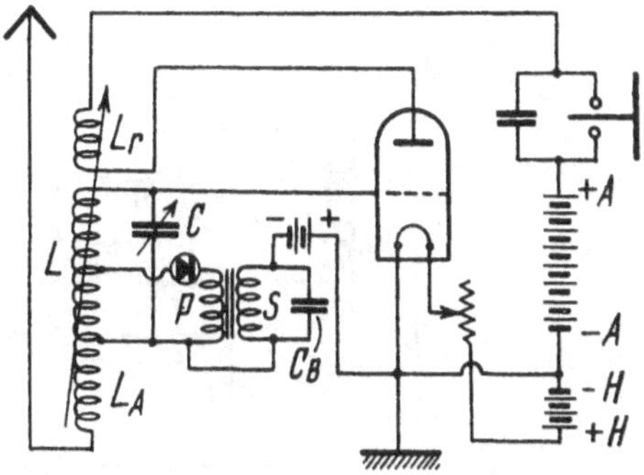

Fig. 212.

Da die Sekundärspule des Niederfrequenztransformators im Gitterkreis liegt, wird die Niederfrequenz ebenfalls dem Gitter der Röhre zugeführt, welche sie nunmehr verstärkt. Eine eigentliche Hochfrequenzverstärkung findet hier also durch die Röhre gar nicht statt. An deren Stelle tritt einzig und allein die Rückkopplung, durch welche die sich im Schwingungskreis LC entwickelnden Hochfrequenzströme verstärkt werden. Schaltet man hier Hoch- und Niederfrequenzstromkreise am Gitter der Röhre parallel, so erhält man den „Trinadyne"-Empfänger. Auf einem ähnlichen Prinzip baut sich übrigens auch die interessante Schaltung der Fig 213 auf, bei welcher allerdings eine Niederfrequenzverstarkung ganz fortfallt. Hier findet wieder eine Hochfrequenzverstarkung mit Rückkopplung statt, der dann eine Gleichrichtung durch Kristalldetektor folgt. Fig. 213 ist insofern von Bedeutung, als sie gestattet, zu einem gewöhnlichen Detektorapparat eine Stufe Hochfrequenz hinzuzufügen, ohne an dem Apparat etwas zu ändern.

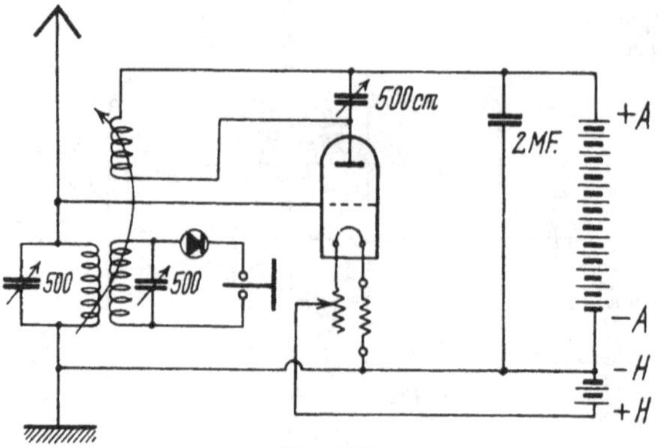

Fig. 213.

In Fig. 214 vertauschen Gitter- und Anodenkreis ihre Rollen, indem die Rückkopplung vom Gitterkreis aus stattfindet. Die Antenne ist direkt mit dem Schwingungskreis LC gekoppelt, an welchen der Detektorkreis angeschlossen ist. Die Sekundärspule des Niederfrequenztransformators liegt

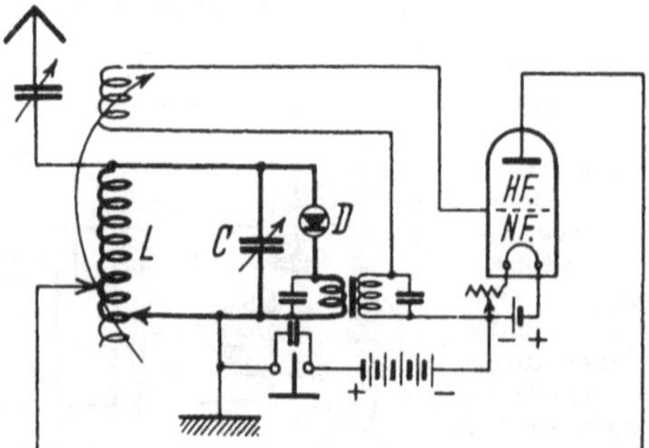

Fig. 214.

mit der Rückkopplungsspule im Gitter. Die Anode der Röhre ist nun über einen abgreifbaren Teil der Antennenspule mit der Erde verbunden. Die positive Anodenspannung wird dadurch eingeführt, daß die Anodenbatterie mit dem Fernhörer zwischen Heizbatterie und Erde angeschlossen wird. Der Schwingungskreis LC ist in gewissem Sinne gleichzeitig auch Sperrkreis für die Röhre. Dadurch, daß der Pluspol der Anodenbatterie mit der Erde verbunden wird, wird übrigens das Gesetz, daß alle Gegenstände größerer Ausdehnung mit der Erde verbunden sein sollen, nicht verletzt. Bedenklich ist allerdings, daß der Fernhörer zwischen Erde und Batterien liegt. Hier sind die Gesichtspunkte zu beachten, die auf Seite 38 entwickelt sind.

Selbstverständlich kann man für die Reflexschaltungen auch alle die Verbesserungen nutzbar machen, die an den Detektorschaltungen angebracht werden können. Hierher gehört z. B. die Vollweggleichrichtung, also die Gleichrichtung während jeder Halbperiode der Hochfrequenzschwingungen. Diese Vollweggleichrichtung ist durch zwei in Gegentakt arbeitende Kristalldetektoren zu verwirklichen. Fig. 215 zeigt eine entsprechende Schaltung. Sie ist für Rahmenempfang angegeben. Der Rahmen wird durch den Kondensator C abgestimmt, dessen eine Belegung direkt mit dem Gitter, dessen andere über den Blockkondensator C_1 zur Erde führt. Im Anodenkreis der

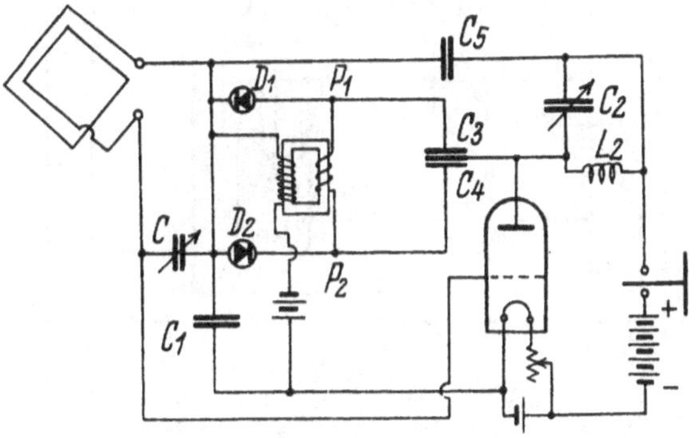

Fig. 215.

Röhre liegt der Sperrkreis $L_2 C_2$. An ihm ist das Detektorkreissystem angekoppelt. Von der Anode aus führt ein Weg über den Kondensator C_3 und den Detektor D_1, ein zweiter über den Kondensator C_4 und den Detektor D_2 zum Kondensator C_5 und zum Sperrkreis, so daß jede Halbperiode der hochfrequenten Wechselspannung, die am Sperrkreis liegt, einen Strom durch einen der beiden Detektoren hindurchtreibt. Die beiden Kondensatoren $C_3 C_4$ sind gleich und können in einen einzigen zusammengebaut werden. Zwischen dessen äußeren Belegungen, also zwischen den Punkten P_1 und P_2, sind dann Niederfrequenzspannungen vorhanden, die einen Niederfrequenzstrom durch die Primärspule des Transformators treiben. Die Sekundarspule des Transformators liegt an den Belegungen des Blockkondensators C_1, der zwischen Erde und Gitterkreis eingeführt ist. Damit werden die niederfrequenten Spannungen der Sekundarspule dem Gitter der Röhre zugeführt.

§ 3. Reflexschaltungen mit Audion.

An Stelle des Kristalldetektors kann nun im Reflexempfanger auch das Audion treten. Aus den Darlegungen des vorigen Kapitels geht schon zur Genüge hervor, daß eine Verringerung der Störungsmöglichkeiten durch diese Neuerung nicht zu erwarten ist, da durch die Beseitigung des Kristalles keine Störungsursachen fortfallen. Durch die Vermehrung der am Empfang beteiligten Röhrenzahl wird vielmehr die Störungsgefahr bedeutend vergrößert. Es handelt sich dabei vor allen Dingen um die hochfrequente Selbsterregung, die wegen des Fortfalles der Kristalldämpfung viel eher zu befürchten ist. Andererseits bedeutet die Einführung des Audions einen Vorteil in der Lautstärke, da der Audionröhre außer der Detektor- auch Verstärkerwirkung zuzuschreiben ist. Auch die Möglichkeit der Rückkopplung vom Anodenkreis der Audionröhre aus bedeutet Vorteile, die zur Beruhigung des Empfängers sowie zur Vergrößerung der Lautstärke benutzt werden können.

Die Zahl der Schaltungen, die hierher gehören, ist nun ebenso groß wie die Zahl der möglichen Reflexschaltungen mit Kristalldetektor. Es

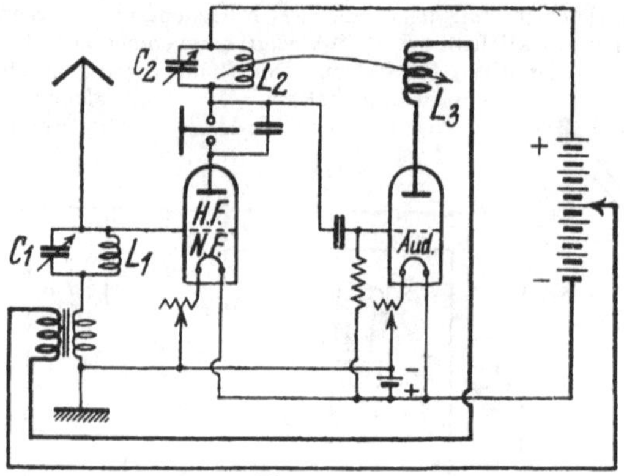

Fig. 216.

können deshalb nur die wichtigsten und bekanntesten Schaltungen besprochen werden, aus denen sich weitere ableiten lassen. Das einfachste Verfahren, von der Hochfrequenzverstärkerröhre zum Audion überzugehen, ist die Sperrkreiskopplung. In Fig. 216 ist ein Reflexempfänger mit dieser

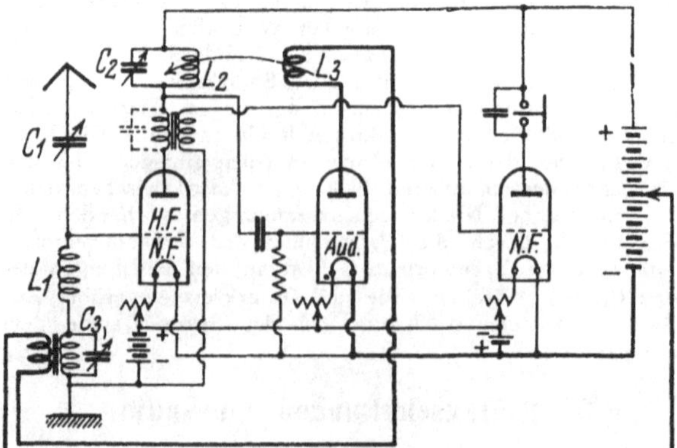

Fig. 217.

Kopplung abgebildet. Die Antenne ist durch $L_1 C_1$ fest gekoppelt, wodurch die Dämpfung vergrößert und die Schwingneigung verringert wird. Vom Anodenkreis der Audionröhre induziert eine Rückkopplungsspule L_3 auf die Sperrkreisspule L_2. Diese Rückkopplung wirkt gegen die Schwingneigung, so daß es möglich ist, den Sperrkreis genau auf die Empfangswelle abzustimmen. Bei allen diesen Reflexschaltungen mit Audion ist es übrigens vorteilhaft, der Audionröhre eine besondere Anodenspannung zu geben, die niedriger ist als die der Verstärkerröhren. Beim Reflexempfänger wird aber die Anodenspannung der doppelt ausgenutzten Röhre sowieso besonders hoch genommen. In Fig. 217 ist dieselbe Schaltung abgebildet, nur mit dem Unterschied, daß der Antennenkondensator in Serie geschaltet und eine Stufe Niederfrequenzverstärkung angeschlossen ist. Bei diesen Schaltungen sind die Selbstinduktionen und Kapazitäten für eine Welle von $\lambda = 400$ m beispielsweise folgendermaßen verteilt. L_1 hat 75, L_2 100 und L_3 wieder 75 Windungen, wenn man Honigwabenspulen verwendet. C_1 und C_2 sind Drehkondensatoren von 500 bzw. 250 cm Kapazität, während C_3

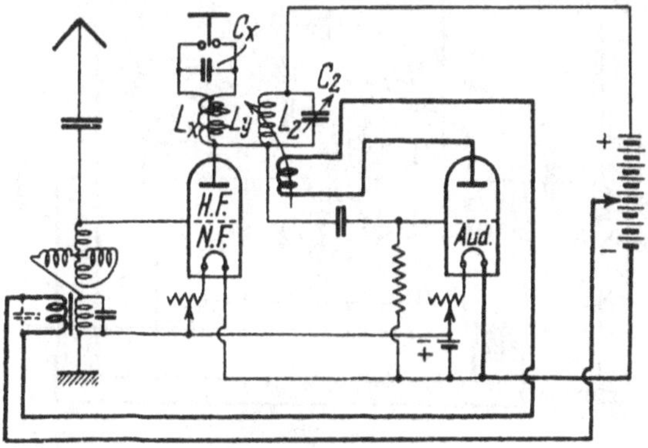

Fig. 218.

ein 500 cm-Blockkondensator ist. Die Schaltungen der Figuren 216 und 217 sind die bekannten ST 75- bzw. 76-Schaltungen. Bedenklich bei beiden ist die Lage des Fernhörers bzw. Niederfrequenztransformators im

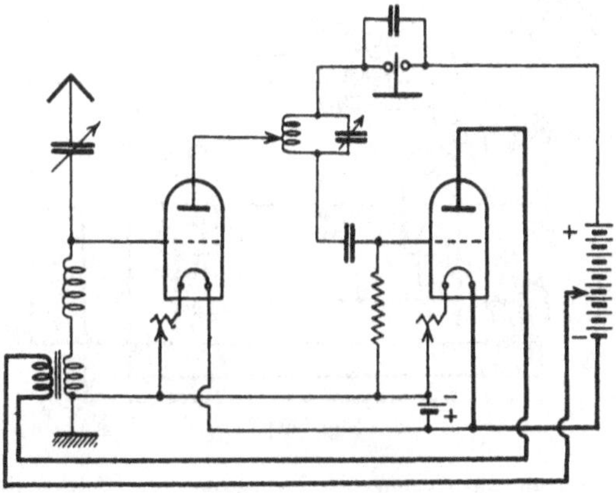

Fig. 219.

Anodenkreis der ersten Röhre. Denn durch die Windungskapazität wird das untere Ende der Sperrkreisspule mit der Erde verbunden, während das obere sowieso durch die Anodenbatterie geerdet ist. Wir haben hier also einen Verstoß gegen die erste Regel des Hochfrequenzverstärkerbaues. Will man trotzdem diese Schaltung verwenden, so empfiehlt es sich, den Fernhörer durch 2 sehr fest miteinander gekoppelte Spulen L_x und L_y in die

Schaltung einzufügen. Diese beiden festgekoppelten Spulen verhindern den schädlichen Einfluß der sich ändernden Erdkapazitäten beim Kopfhörer. Benutzt man einen Lautsprecher, oder ersetzt man den Fernhörer durch einen Niederfrequenztransformator nach Fig. 217, so kann man meist ohne Vorsichtsmaßregel auskommen. Daß bei der Schaltung Fig. 218 die Antenne durch ein Variometer abgestimmt wird, hat mit dem Prinzip nichts zu tun.

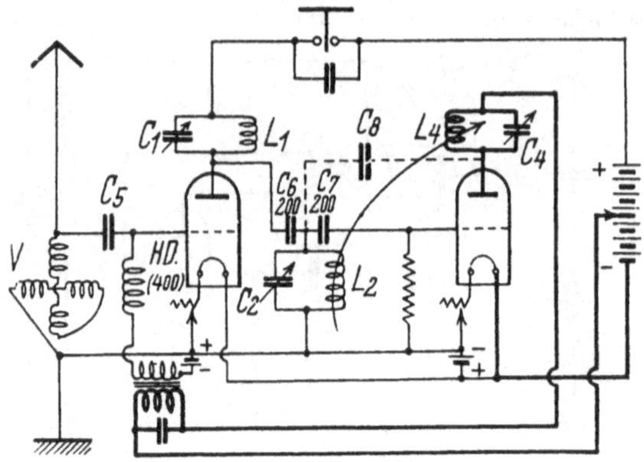

Fig. 220.

Statt durch umgekehrte Rückkopplung kann die Schwingneigung auch dadurch bekämpft werden, daß man den Sperrkreis anzapft und die Anode an die Zapfstelle führt. Hierdurch wird die Dämpfung des Sperrkreises wesentlich vergrößert (Fig. 219).

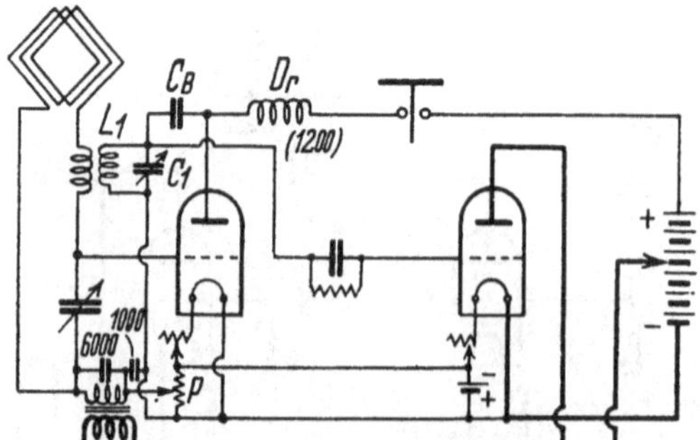

Fig. 221.

Jede Dämpfungsvergrößerung verringert aber die Selektivität, und die wird man nur ungern preisgeben. Fig. 220 stellt eine besonders selektive Schaltung dar, weil durch den Rejektorkreis $C_2 L_2$ die Abstimmschärfe sehr stark erhöht und die Rückkopplungsspule des Audions ebenfalls abgestimmt wird. Durch die Kopplung von L_4 und L_2 wird hier die Schwingneigung bekämpft. Man kann die 2 Sperrkreiskondensatoren C_1 und C_4 sparen, wenn man L_1 und L_4 durch Hochfrequenzdrosseln ersetzt und die Rückkopplung durch den gestrichelt eingezeichneten Kondensator C_8 bewerkstelligt. Selbst dann ist die Schaltung infolge des Rejektorkreises noch sehr abstimmscharf. Mit dieser Schaltung ist die der Fig. 221 eng verwandt, trotzdem die letztere ein ganz anderes Prinzip verfolgt. Es werden nämlich in dieser Schaltung die Hoch- und Niederfrequenzwege vollkommen voneinander getrennt. Die Hochfrequenzdrossel Dr versperrt den Hochfrequenzströmen den Weg über den Fernhörer, während der Blockkondensator CB die Niederfrequenzströme vom Sperrkreis L_1 C_1 fernhalt, der hier dieselbe Rolle spielt wie der Rejektorkreis in Fig. 220, jetzt aber auf den

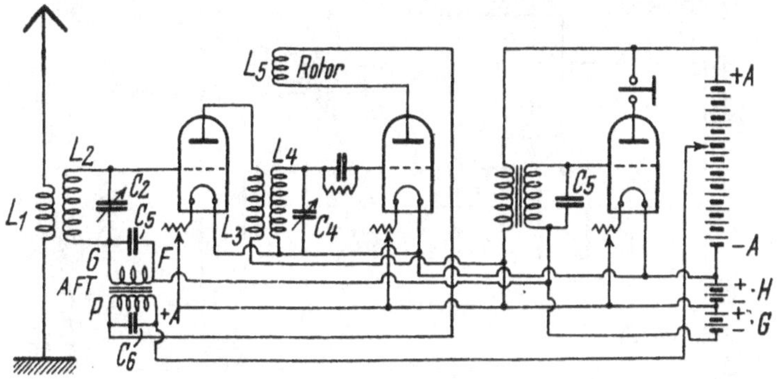

Fig. 222.

Antennenkreis zurückgekoppelt ist. Der Sperrkreis L_1 C_1 ist wegen der Audionwirkung mit dem Pluspol der Heizbatterie zu verbinden. Die Gitterzuführung der ersten Röhre greift die nötige Vorspannung an einem Potentiometer P ab.

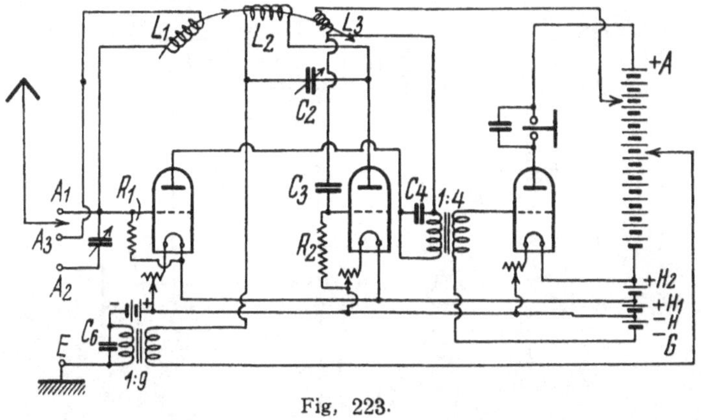

Fig. 223.

Fig. 222 gibt eine Schaltung an, bei der die Kopplung zwischen Hochfrequenz- und Audionröhre durch einen abgestimmten Hochfrequenztransformator erfolgt. Auch hier kann vom Anodenkreis des Audions aus eine Rückkopplung angebracht werden. Die Ankopplung der Antenne an den Gitterkreis der ersten Röhre kann auf dieselbe Weise geschehen wie die Kopplung zwischen den beiden Röhren. Man kann also Neutroformer für diesen Zweck verwenden. Für den Rundfunkwellenbereich gelten folgende Angaben für diese Transformatoren. Auf einen Zylinder von 75 cm Durchmesser und 10 cm Länge werden 46 Windungen 0,7 mm doppelt umsponnenen Kupferdrahtes als Sekundärspule aufgewickelt und im Abstand von 1 cm hiervon noch 10 Windungen desselben Drahtes als Primärspule. Für die Ankopplung der zweiten Röhre verwendet man die gleiche Spule, in welche man jedoch noch einen Rotor, der mit 30 Windungen desselben Drahtes bewickelt ist, hineinbaut. Durch die Rückkopplung kann diese Schaltung außerordentlich selektiv gemacht werden. Wenn man größeren

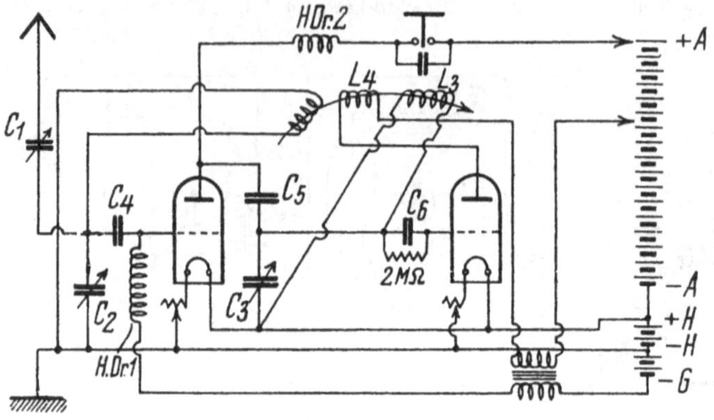

Fig. 224.

Wellenbereich bestreichen will, so könnte man an Stelle der 5 festen Spulen auch auswechselbare Steckspulen wählen. Das Auswechseln von 5 Spulen ist jedoch immer sehr unangenehm. Man verlangt von einem Empfänger im allgemeinen, daß nicht mehr als 3 Spulen umzuwechseln

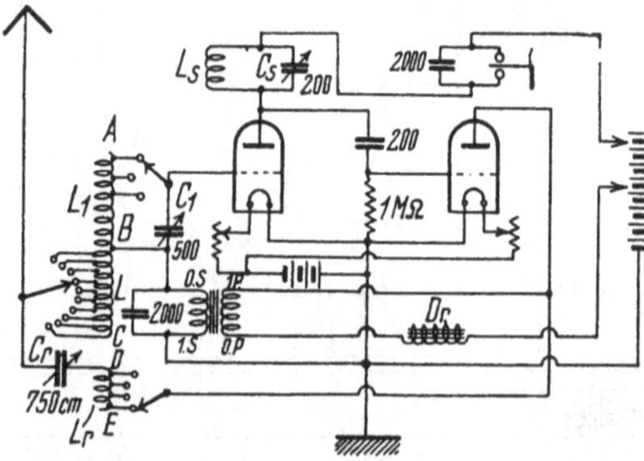

Fig. 225.

sind, gerade so viel, wie ein normaler Dreispulenhalter trägt. Die folgenden beiden Abbildungen zeigen Reflexempfänger, welche je einen solchen Dreispulenhalter verwenden. Die in Fig. 223 dargest llte Schaltung arbeitet mit Hochfrequenzspulendrosselkopplung zwischen dcn beiden ersten Röhren und abgestimmtem Anodenkreis der Audionröhre. Die zu diesen beiden Systemen gehörenden Spulen sind mit der Antennenspule durch den Dreispulenhalter gekoppelt. Die Antenne kann wahlweise kurz oder lang geschaltet werden. Für Schaltung „kurz" wird die Antenne in die Steckbuchse A_2 gestöpselt, während die Steckbuchse A_3 an die Erde angeschlossen wird. Bei Schaltung „lang" liegt die Antenne an A_1, während A_2 und A_3 miteinander und mit der Erde zu verbinden sind. R_1 ist ein Beruhigungswiderstand von 100 000 Ohm, während R_2 den Hochohmwiderstand des Audions bedeutet und die normale Größe von 2 Megohm besitzt. Ganz ähnlich ist die in Fig. 224 dargestellte Schaltung. Auch hier ist der Sperrkreis ersetzt durch eine Hochfrequenzdrossel D_r. Dagegen ist der Gitterkreis der Audionröhre $L_3 C_3$ abstimmbar, die im Anodenkreis der letzteren liegende Rückkopplungsspule dagegen nicht. Beide Spulen sind mit der Antennenspule L_2 im Dreispulenhalter gekoppelt. Die Antenne wird durch den Kondensator C_1 mit dem abgestimmten Antennenkreis $L_2 C_2$ verbunden. C_1 soll möglichst klein, C_2 größer gehalten werden, wenn man große Selektivität erreichen will. Die Niederfrequenz wird hier durch Parallelschaltung dem Gitter der ersten Röhre zugeführt.

Eine besondere Beachtung verdienen auch in diesem Paragraphen die Reinartzschaltungen. Da der gewöhnliche Reinartzempfänger ein Audionrückkopplungsempfänger ist, ergeben sich 2 prinzipiell verschiedene Mög-

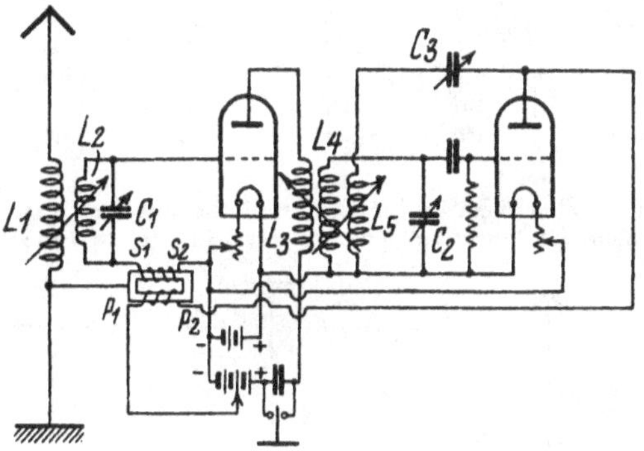

Fig. 226.

lichkeiten, ihn zu einem Zweiröhrenreflexempfänger auszubauen. Es kommt nämlich darauf an, wohin man die eigentliche Reinartzschaltung legen will, ob vor die erste, die Hochfrequenz-, oder die zweite, die Audionröhre. In der Fig. 225 ist die Reinartzschaltung in der Antenne beibehalten. Die Detektorröhre ist durch Sperrkreiskopplung angeschlossen. In den Anodenkreis der Audionröhre muß eine Hochfrequenzdrossel eingeschaltet werden, um den Hochfrequenzströmen den Weg über den Transformator zu versperren. Es mögen nunmehr die Windungsdaten der Spulen angegeben werden, die sich auf ein Wellenbereich von 200 bis 500 m beziehen. Auf einen Zylinder von 7,5 cm Durchmesser werden die Antennenspulen mit etwa 1 mm dicken Draht bewickelt, und zwar werden zunächst für die Gitterspule L_1, die von A bis B reicht, 50 Windungen mit Zapfstellen bei der 10., 20. und 50. Windung aufgewickelt. Dann folgen von B aus für die Antennenspule 10 weitere Windungen, die nach jeder einzelnen angezapft sind. Unmittelbar an die Antennenspule schließt sich die Rückkopplungsspule L_r von D bis E an, die aber von den beiden anderen Spulen getrennt und im umgekehrten Sinne gewickelt ist. Sie besitzt 30 Windungen mit Zapfstellen bei der 10., 20. und 30. Windung. Der Zylinder, der für diese Spule notwendig ist, muß etwa 15 cm lang sein. Die Sperrkreisspule besitzt 90 Windungen desselben Drahtes mit Zapfstellen bei der 45., 60., 75. und 90. Windung. Der Gitterkondensator hat maximal 500 cm, der Sperrkreiskondensator 200 und der Rückkopplungskondensator 750 bis 1000 cm. Statt der Sperrkreiskopplung ist natürlich auch eine Transformatorkopplung zwischen Hochfrequenz- und Audionröhre möglich. Fig. 226 zeigt eine solche Schaltung, bei welcher Transformatorenkopplung zwischen beiden Stufen vorgesehen ist, gleichzeitig aber die zweite Stufe die Reinartzschaltung hat. Die Antenne ist aperiodisch an den Gitterkreis der ersten Röhre angekoppelt. Die Anodenspule, die Gitterspule der zweiten Röhre und die Rückkopplungsspule sind durch einen Dreispulenhalter aufeinander gekoppelt, damit die Möglichkeit gegeben ist, den Wellenbereich zu wechseln. Die Drehkondensatoren C_1, C_2 und C_3 haben eine Größe von 500 cm maximal. Über die Verwendung der Spulen für verschiedene Wellenbereiche gibt die folgende Tabelle einen ungefahren Anhalt.

Wellenbereich	L_1	L_2	L_3	L_4	L_5
50—100 m	5	25	10	25	15
100—200 m	8	40	15	40	20
Rundfunk	15	60	30	60	35
1000—1800 m	35	150	75	150	100
1500—2000 m	100	250	150	250	150
2000—3000 m	150	300	250	300	150

In den folgenden beiden Figuren sind Schaltungen dargestellt, bei denen Antennenkreis und Anodenkreis für die Hochfrequenzströme zu-

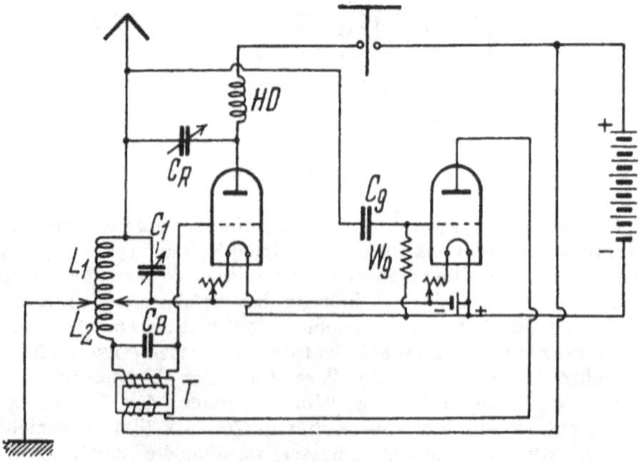

Fig. 227.

sammenfallen. Bisher wurden die hochfrequenten Schwingungen gewöhnlich dem Gitterkreis der Röhre zugeführt. Wir sahen aber schon in Fig. 221, wie man Hoch- und Niederfrequenzströme im Anodenkreis trennen kann. Das Verfahren ist in Fig. 227 dargestellt, wo der Schwingungskreis $L_1 C_1$ gleichzeitig Sperrkreis und Antennenkreis ist. Durch den Drehkondensator C_r wird die Niederfrequenz vom Sperrkreis ferngehalten und gleichzeitig die Rückkopplung eingestellt. Das Gitter ist induktiv durch die Spule L_2, die nicht abgestimmt wird, mit der Spule L_1 gekoppelt. Ähnlich ist die Schaltung der Fig. 228, nur ist hier die Antenne direkt mit dem Schwingungskreis $L_1 C_1$ lose gekoppelt. Die Antenne ist also aperiodisch. Die Spule L_1 ist in der Mitte angezapft und mit der Erde verbunden, so daß der Schwingungskreis sowohl in der Antenne als auch im Gitterkreis liegt. Die Rückkopplung wird hier durch den maximal 300 cm großen Parallelkondensator der Sekundärspule des Niederfrequenztransformators einreguliert.

Die Beseitigung der Schwingneigung erfolgt auch bei diesen Schaltungen am besten durch Neutralisierung. Die folgenden 2 Figuren zeigen Ausführungsbeispiele. In Fig. 229 der Robertsreflexschaltung ist die Neutralisierung von Cowper angewendet. Eine Rückkopplungsspule im

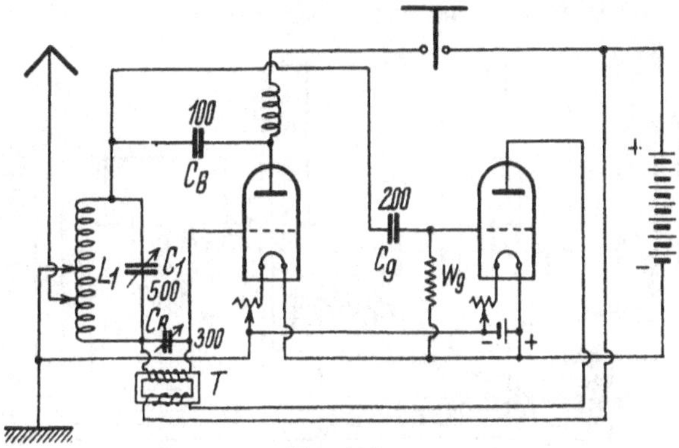

Fig. 228.

Anodenkreis der Audionröhre vergrößert die Selektivität. Diese Schaltung ist sehr empfindlich und selektiv. Deshalb mögen nähere Angaben am Platze sein. Es kommt hier sehr auf die Selbstinduk-

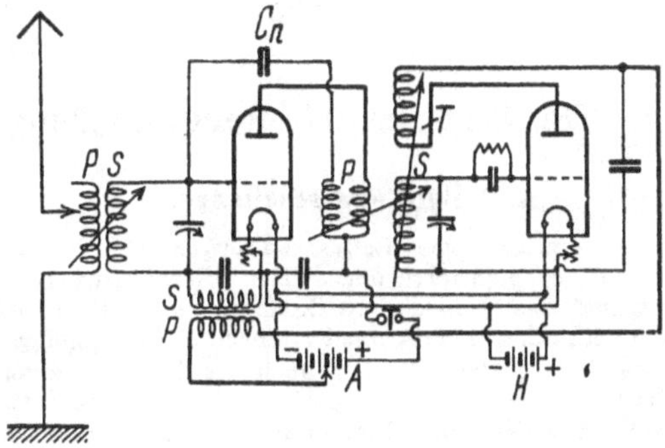

Fig. 229.

tionen an. Für die Rundfunkwellen gelten folgende Hinweise: Die Primärspule des Eingangskreises hat 10 Windungen 1 mm dicken Drahtes, die über die aus 50 Windungen desselben Drahtes bestehende Sekundärspule gewickelt sind. Wir benutzen für den ganzen Empfänger Zylinderspulen, die auf Zylinder von 7,5 cm Durchmesser aufgewickelt sind. Die Primärspule des Hochfrequenztransformators besteht aus 2 Teilen, so daß diese Spulenkombination im ganzen vierteilig ist. Wir wickeln zunächst die Primärspule aus höchstens 0,5 mm dickem, doppelt umsponnenem Kupferdraht, und zwar nehmen wir gleichzeitig für die beiden Teile die entsprechenden Drähte zusammen und verdrillen sie, bevor wir 20 Windungen auf den Spulenkörper wickeln. Ende der einen Wicklung und Anfang der anderen werden miteinander verbunden und zur Anodenbatterie weitergeführt. Die Sekundärspule besteht auf 45 Windungen 0,7 mm dicken Drahtes, die in einem Abstand von 0,5 cm von der Primärwicklung entfernt auf demselben Körper angebracht werden. In den Spulenkörper bauen wir noch einen Rotor ein, der ebenfalls 45 Windungen besitzt.

In Fig. 230 sehen wir schließlich eine Reflexschaltung, welche die Neutralisierung von Hazeltine verwendet An die Stelle der Rückkopplungsspule ist hier das Variometer V getreten Der Umschalter S erlaubt es, wahlweise noch eine Stufe Niederfrequenzverstarkung hinter den Empfänger zu schalten.

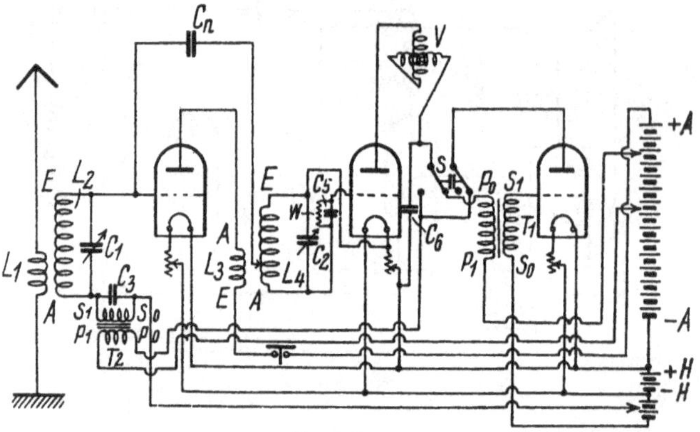

Fig. 230.

§ 4. Transformatorfreie Reflexschaltung.

A. Voigt-Reflexschaltungen.

Die größte Schwierigkeit der Reflexschaltungen liegt in den Störungen durch niederfrequente Selbsterregung. Den Krankheitsherd bilden die Niederfrequenztransformatoren, die mit ihren Eigenkapazitäten oder anderen Streukapazitäten des Empfängers niederfrequente Schwingungskreise darstellen. Würden diese fehlen, so fiele auch die Selbsterregung durch zufällige niederfrequente Senderschaltungen und das Pendeln fort. Auch die Störungen durch niederfrequente Modulation würde seltener auftreten, da niederfrequente Resonanzkreise fehlen. Man kann Niederfrequenztransformatoren vermeiden, wenn man in die beiden zu koppelnden Stromkreise einen gemeinsamen Widerstand legt. Allerdings muß man dann auf das Hinauftransformieren der Spannung wie beim Transformator verzichten. Das bedeutet einen Verlust an Lautstärke und einen Gewinn an Klarheit. Der Verlust fällt aber schon deshalb nicht so schwer ins Gewicht, weil ja bei Transformatorkopplung infolge der Empfindlichkeit der ganzen Schaltung gegen Störungen von der Rückkopplung meist nur sehr wenig Gebrauch gemacht werden kann. Es ist, wie wir bereits gesehen haben, außerordentlich schwer, aus einem Reflexempfänger das theoretisch Mögliche herauszuholen. Praktisch wird sogar häufig die transformatorfreie Reflexschaltung die größere Lautstärke aufweisen, weil sie wegen der größeren Stabilitat gegen Störungen viel besser ausgenutzt werden kann. Es gibt 2 Arten von transformatorfreien Reflexschaltungen, nämlich solche, in denen der Kopplungswiderstand ein Kondensator ist, und solche, bei denen er aus einem ohmschen Widerstand besteht. Die ersteren sind zuerst von Voigt angegeben, die letzteren von Scott-Taggart.

Fast alle Reflexschaltungen, die mit Transformatorenkopplung arbeiten, lassen sich sehr leicht in Schaltungen mit reiner Kapazitätskopplung verwandeln. Man braucht gewöhnlich nur den Parallelkondensator C_x der

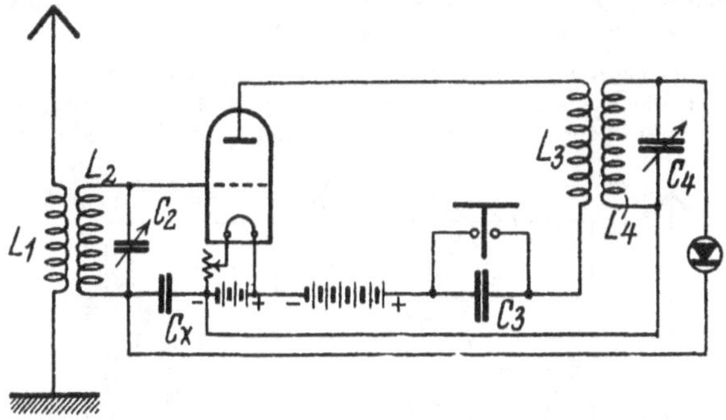

Fig. 231.

Sekundärspule des Transformators in der Schaltung zu belassen, den Transformator zu entfernen, und die Anschlüsse, die zur Primärspule führen, mit C_x zu verbinden. Selbstverständlich geht das nur dort, wo durch diese

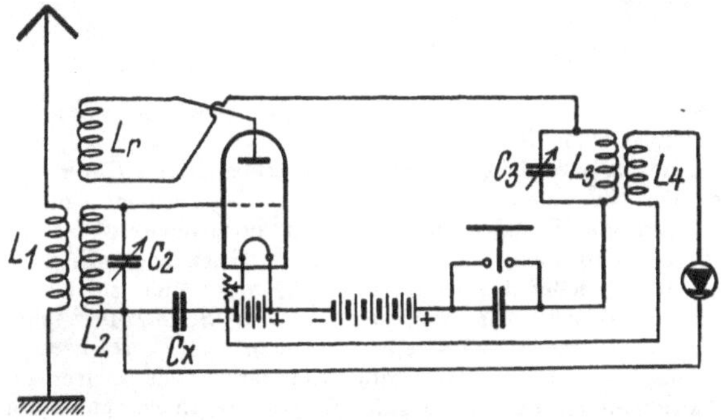

Fig. 232.

direkten Verbindungen keine Kurzschlüsse, z. B. der Anodenbatterie hervorgerufen werden. So sind alle Schaltungen, bei denen der Detektorkreis durch einen Transformator an den Anodenkreis angeschlossen wird, ohne weiteres mit reiner Kapazitätskopplung zu versehen. Bei Sperrkreiskopplungen dagegen sind Kunstgriffe nötig, um den Kurzschluß zu vermeiden. Fig. 231 zeigt die einfachste hierher gehörende Schaltung. Für den Hochfrequenztransformator $L_3 L_4$ gilt dasselbe, was in § 2 gesagt ist. Für die Selektivität ist es gleichgültig, welche Spule abgestimmt ist. Wird jedoch die Primärspule abgestimmt, ist die Schwingneigung größer. Beim Anschluß des Detektors ist darauf zu achten, daß dieser mit demjenigen Spulenende zu verbinden ist, welches die geringsten kapazitiven Erdverbindungen besitzt. Die Größe des Reflexkondensators C_x richtet sich nach folgenden Erwagungen. Der Kondensator darf keinen großen Hochfrequenzwiderstand besitzen, weil sonst die an das Gitter gelangende hochfrequente Wechselspannung zu sehr herabgedrückt wird. Andererseits darf der Kondensator aber auch nicht zu groß sein, damit sich möglichst hohe niederfrequente Wechselspannungen an ihm ausbilden können. Er soll also mit anderen Worten einen geringen Hochfrequenzwiderstand, aber einen großen Niederfrequenzwiderstand darstellen. Die richtigste Lösung ist ein Kompromiß und wird praktisch am besten durch den Versuch ermittelt. Die brauchbaren Werte liegen zwischen 200 und 5000 cm.

Zur Vergrößerung der Lautstärke ist eine Rückkopplung zu empfehlen. Schaltet man die Rückkopplungsspule mit L_3 in Serie, so läuft man Gefahr, daß beide Spulen zusammen zu groß werden und Selbsterregung verur-

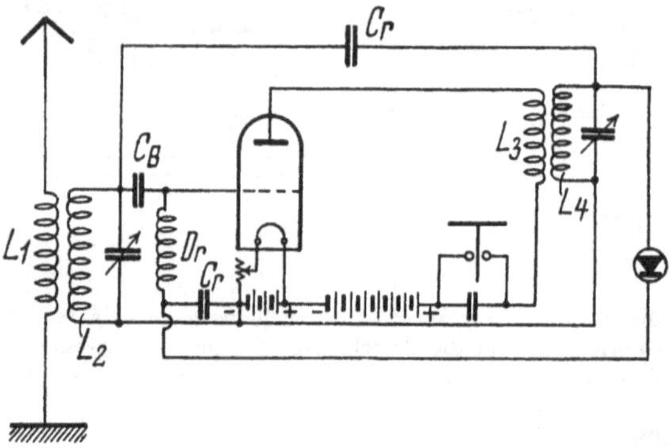

Fig. 233.

sachen. Besser ist es schon, wenn man die Rückkopplungsspule in den Sekundärkreis des Hochfrequenztransformators einfügt und mit L_4 in Serie schaltet. Eine bessere Möglichkeit zur Rückkopplung bietet jedoch die Anwendung des Superdyneprinzips. Das heißt, wir stimmen nicht die Sekundär-, sondern die Primärspule ab, so daß normalerweise Selbsterregung eintritt. Diese wird dann durch eine kleine Rückkopplungsspule, welche umgekehrt wirkt, wieder beseitigt. Fig. 232 zeigt eine solche Schaltung, bei der die umgekehrte Rückkopplungsspule in Serie zum abgestimmten Anodenkreis geschaltet ist. Dasselbe läßt sich auch erreichen, wenn die Rückkopplungsspule einen Teil des abgestimmten Anodenkreises bildet. Bei diesen Schaltungen ist darauf zu achten, daß die Rückkopplungsspule nur ganz wenige Windungen besitzt. Ein weiteres sehr empfehlenswertes Verfahren ist die in Fig. 233 dargestellte kapazitive Rückkopplung, die ebenfalls vom abgestimmten Sekundärkreis ausgeht. Die Schaltung 233 ist noch insofern interessant, als hier die Einführung der niederfrequenten Wechselspannung in den Gitterkreis parallel zur hochfrequenten erfolgt. Die Hochfrequenzdrossel Dr verhindert die Hochfrequenzströme, sich über den Niederfrequenzkreis auszugleichen, während der Blockkondensator CB die Niederfrequenzströme vom Gitterschwingungskreis fernhält.

Bei diesen Schaltungen ist der Einfachheit halber induktive aperiodische Antennenkopplung angenommen. Bei direkter Antennenkopplung sind die in § 2 aufgestellten Grundsätze zu beachten. Bei oberflächlicher Betrachtung könnte man Bedenken dagegen erheben, daß der Sperrkreis durch den Kondensator C_x vom negativen Pol der Heizbatterie abgeriegelt wird, so daß das Gitter keine negative Vorspannung bekommen kann. In Wirklichkeit besteht aber doch eine leitende Verbindung vom Gitterkreis zum Minuspol der Heizbatterie, nämlich über den Detektor und die Sekundärspule L_4 des Hochfrequenztransformators.

Sobald man Sperrkreiskopplung anwenden will, stößt man auf Schwierigkeiten, weil durch die direkte Verbindung des Sperrkreises mit dem Reflexkondensator C_x die Anodenbatterie kurzgeschlossen werden würde Fig 234 zeigt die einfachste Lösung, die darin besteht, daß man den Sperrkreis zwischen Minuspol der Anodenbatterie und Minuspol der Heizbatterie legt

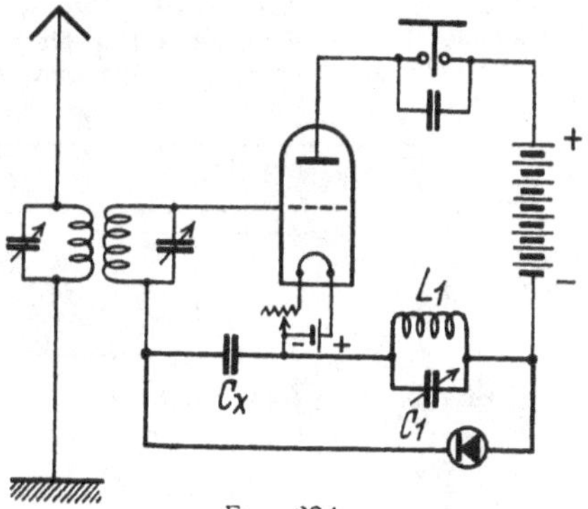

Fig 234

Diese Schaltung ist außerordentlich selektiv, lautstark und störungsfrei. Selbsterregung ist bei ihr nicht zu befürchten. Durch die beiden Batterien wird der Sperrkreis an beiden Enden festgehalten. Der Nachteil dieser Schaltung liegt in der Trennung der Batterien, wodurch ein Anschalten weiterer Rohrenstufen sehr erschwert wird. Diesen Nachteil vermeidet die in Fig 235 wiedergegebene Schaltung, bei der im Anodenkreis Nieder- und Hochfrequenzkreise getrennt sind. Die Weichenstellung erfolgt durch die Hochfrequenzdrossel im Niederfrequenzkreis, der zugleich Gleichstromkreis ist, und durch den Blockkondensator CB im Hochfrequenzkreis. Der Kondensator C_x liegt direkt in der Antenne, da es sich hier um feste Antennenkopplung handelt. Bemerkenswert ist die Lage des Detektors, der auf keinen Fall zwischen Erde und Batterie geschaltet werden darf

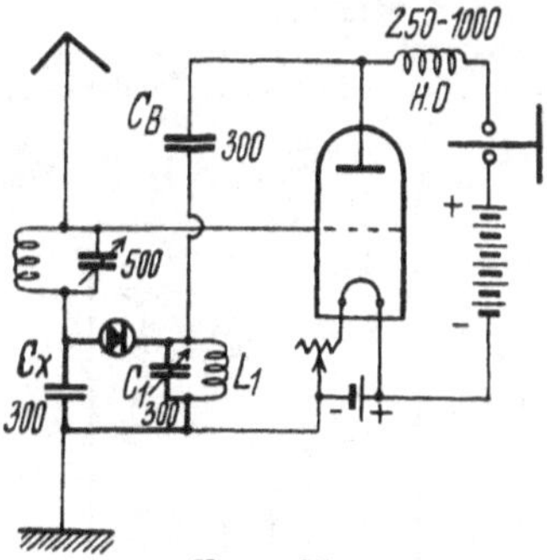

Fig 235.

B. Resistoflexschaltungen.

Ist der Kopplungswiderstand rein ohmisch, so gelangen wir zu den Resistoflexschaltungen. Der Name ist eigentlich nur den beiden in Fig. 236 und 237 dargestellten Schaltungen gegeben worden Wir wollen ihn aber seinem Sinn entsprechend verallgemeinern und alle Reflexschaltungen mit Widerstandskopplung darunter verstehen. In der Schaltung, die in Fig. 236 dargestellt ist, geschieht die Gleichrichtung durch eine Audionröhre. Die Übertragung der Hochfrequenz von der ersten Röhre auf die zweite geschieht durch einen sekundärseitig abgestimmten Hochfrequenztransformator. Von der Audionröhre führt eine Rückkopplung zur Antennenspule. Im Anodenkreis der Audionröhre befindet sich nun ein hochohmiger Widerstand R_x von 100 000 Ohm. Dieser Widerstand liegt gleichzeitig im Gitterkreis der ersten Röhre, denn wir können für die Wechselströme die Batterie als widerstandslos annehmen. Auf diese Weise werden die niederfrequenten Wechselspannungen der ersten Röhre zugeführt, so daß die verstärkten Sprechströme im Anodenkreis dieser Röhre abgehört werden können. Um den Hochfrequenzströmen den Weg durch den Widerstand R_x zu ersparen, ist zwischen Gitterkreis und Minuspol der Batterie der Kondensator C_x eingeschaltet. Nun würde durch die Verbindung des Widerstandes R_x mit dem Gitterkreis die hohe Anodenspannung direkt an das Gitter gelangen. Das soll der vor dem Gitter liegende Blockkondensator

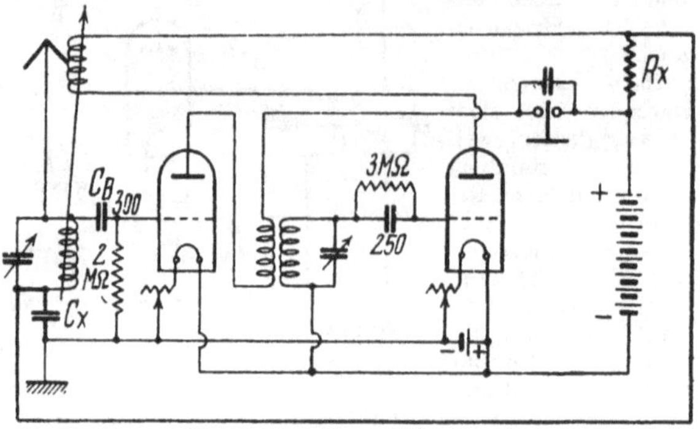

Fig. 236.

von 300 cm verhindern. Um das Gitter mit einer negativen Vorspannung zu versehen, ist es durch einen Widerstand von 2 Megohm mit dem Minuspol der Heizbatterie verbunden. Unter Umständen muß hier noch eine kleine Gittervorspannungsbatterie eingefügt werden. Für den Kondensator

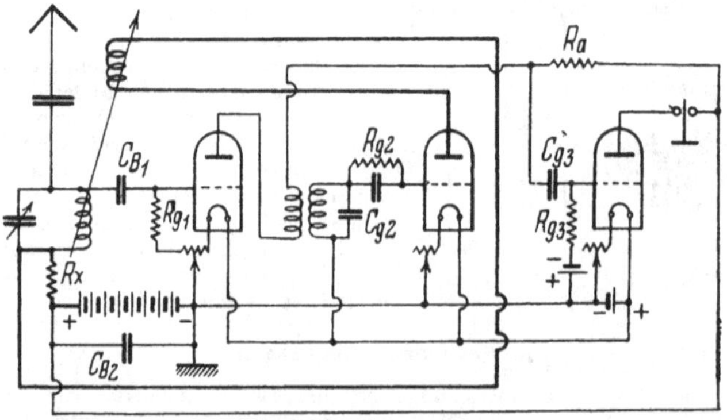

Fig. 237.

C_x gilt das im vorigen Abschnitt Gesagte. Er muß hohe Niederfrequenzspannungen, aber niedrige Hochfrequenzspannungen führen. Wir haben also gewissermaßen in dieser Schaltung ein Gemisch von Kapazitäts- und Widerstandskopplung. Eine reine Widerstandskopplung ist in Fig. 247 dargestellt. Der Hochfrequenzverstärkungsvorgang ist genau so wie in Fig. 246. Der Niederfrequenzverstärkungsvorgang wird dadurch vereinfacht, daß die Anodenbatterie in den Gitterkreis eingefügt ist. Die Abriegelung gegen das Gitter erfolgt wieder durch den Blockkondensator CB_1, während für die Hochfrequenzströme die Anodenbatterie durch einen großen Blockkondensator CB_2 von 2 MF überbrückt wird. Die am Reflexwiderstand R_x entstehenden niederfrequenten Spannungen liegen also im Gitterkreis. An Stelle des Fernhörers ist hier noch eine weitere Niederfrequenzverstarkerstufe durch Widerstandskapazitatskopplung angeschlossen, um jeden Transformator in der Schaltung zu vermeiden.

Zu bedeutend einfacheren Schaltungen gelangt man, wenn man 2 Anodenbatterien verwendet. In Fig. 238 geschieht die Hochfrequenzkopplung

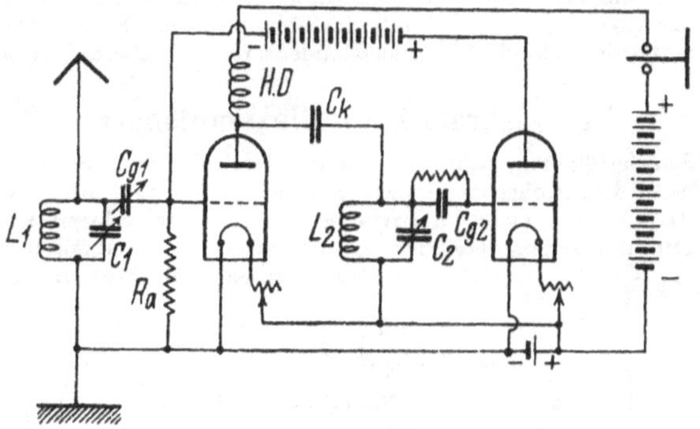

Fig. 238.

zwischen den beiden Röhren durch eine Hochfrequenzdrossel im Anodenkreis und durch den Kondensator C_k. Der Gitterkreis der Audionröhre

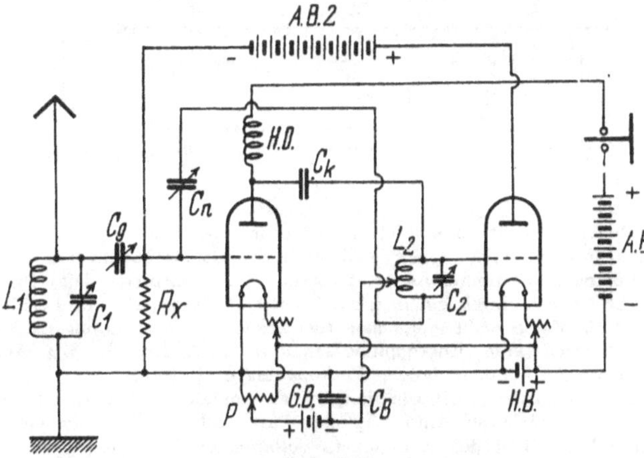

Fig. 239.

$L_2 C_2$ ist abgestimmt. Von der Audionröhre wird die Niederfrequenz durch den Widerstand R_x, welcher zwischen Gitter und Heizfaden der ersten Röhre liegt, dieser direkt zugeführt. Das ist dadurch möglich, daß die Anodenbatterie mit dem negativen Pol an das Gitter der ersten Röhre und mit dem positiven an die Anode der zweiten Röhre angeschlossen ist. Der Kondensator C_{g_1}, welcher am besten veränderlich gehalten wird, hält die Niederfrequenzströme vom Eingangskreis $L_1 C_1$ fern. Eine Erweiterung dieser Schaltung ist in Fig. 239 dargestellt. Das Reflexsystem ist dasselbe wie in Fig. 238. Die Kopplung zwischen den beiden Röhren ist jedoch zur Vermeidung der hochfrequenten Selbsterregung durch eine Neutrodyneschaltung bewerkstelligt. Die Spule L_2 ist in der Mitte angezapft und mit dem Heizfaden verbunden, während das untere Ende über den Entkopplungskondensator C_n an das Gitter der ersten Röhre angeschlossen ist. Die zweite Röhre ist in der angegebenen Schaltung nicht als Audion, sondern als Richtverstärker ausgebildet. Sie braucht also eine größere negative Vorspannung, die der Gitterbatterie G. B. entnommen wird. Der Anschluß an die Heizbatterie geschieht durch das Potentiometer P, welches für die Hochfrequenzströme durch den Blockkondensator CB überbrückt wird.

§ 5. Mehrstufige Reflexempfänger.

Die Schwierigkeiten, sauberen, störungsfreien Empfang zu erzielen, wachsen bei jedem Röhrenempfänger mit der Röhrenzahl und naturgemäß beim Reflexempfänger mehr als bei anderen. Die Konstruktion eines guten mehrstufigen Reflexempfängers ist eine der schwersten Aufgaben des Empfängerbaues. Größte Sorgfalt und Sauberkeit der Montage ist von vorn-

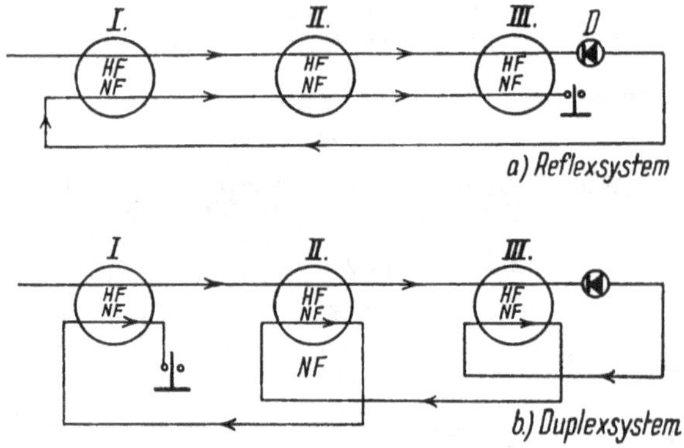

Fig. 240.

herein geboten. Es ist zu empfehlen, zunachst die Hochfrequenzkreise für sich zu montieren, also einen vollständigen Hochfrequenzverstärker zu bauen und nach Fertigstellung stufenweise durchzuprüfen. Die Prüfung erfolgt sehr einfach durch einen aperiodischen Detektorkreis mit Fernhörer. Wenn der Empfang nicht gut, aber die Schaltung in Ordnung ist, wird meist nur durch eine Entkopplungsschaltung nach Kap. I, § 4 Abhilfe geschaffen werden können. Solche Entkopplungen sind überhaupt von vornherein bei mehrstufigen Reflexempfängern zu empfehlen. Die Leitungen im Hochfrequenzverstärkerteil sind möglichst kurz und geradlinig zu verlegen. Erst wenn dieser Teil des Empfängers vollkommen in Ordnung ist, kann man mit etwas längeren Leitungen den Niederfrequenzverstarkerteil Stufe für Stufe unter fortgesetzter Prüfung hinzufügen. Hierbei sind die im § 1 angegebenen Regeln zu beachten. Trotzdem die Leitungen bei diesem Teil etwas länger gehalten werden können, muß doch außerordentliche Sorgfalt aufgewendet werden, um niederfrequente Rückkopplungen, kapazitive Nebenschlüsse und dgl. auf ein Minimum einzuschränken. Den Schwierigkeiten in der Herstellung von mehrstufigen Reflexempfängern stehen die außerordentlichen Vorteile in der Oekonomie entgegen, die erst bei diesem so recht zur Geltung kommen, obgleich hier auch die Güte der Schaltelemente und Baumaterialien eine nicht zu unterschätzende

Rolle spielen. Die Ersparnis liegt in dem geringeren Röhrenverschleiß und in dem geringeren Bedarf an Heizenergie.

Es gibt unendlich viele Schaltmöglichkeiten. Die wichtigsten Methoden sind in Fig. 240 dargestellt. Das in dem Diagramm a dargestellte Verfahren ist das eigentliche Reflexprinzip. Hier dienen zunächst alle Röhren der Hochfrequenzverstärkung. Die durch den Detektor gleichgerichteten Ströme werden dann der ersten Röhre wieder zugeführt und fortlaufend in derselben Reihenfolge wie die Hochfrequenzströme niederfrequent verstärkt. Bezeichnen wir mit E_h die hochfrequente und mit E_n die niederfrequente Gitterspannung der ersten Röhre, nehmen wir ferner an, daß jede Röhre sowohl die Hochfrequenz als auch die Niederfrequenz zehnfach verstärkt, so liegen an den einzelnen Röhren folgende Gitterwechselspannungen.

an der ersten Röhre: $E_h + E_n$,
an der zweiten Röhre: $10\ E_h + 10\ E_n$,
an der dritten Röhre: $100\ E_h + 100\ E_n$ usw.

Man sieht sofort, daß die erste Röhre nur sehr wenig, die folgenden aber immer mehr belastet werden, so daß bei größerer Intensitat schließlich Verzerrung unvermeidlich ist.

Diesen Übelstand vermeidet die Grimes - Reflexkette, deren Diagramm in Fig. 240 b dargestellt wird. Hiernach wird die Niederfrequenzenergie zuerst in der letzten Röhre, dann in der vorletzten usw. niederfrequent verstärkt, so daß die letzte Röhre die größten Hochfrequenz-, aber die kleinsten Niederfrequenzgitterspannungen bekommt, während am Gitter der ersten Röhre die kleinsten Hoch- und die größten Niederfrequenzspannungen liegen. Bezeichnen wir mit E_h wieder die hochfrequente Gitterspannung der ersten Röhre, mit E_n dagegen die niederfrequente der letzten, rechnen wir ferner wieder mit zehnfacher Verstärkung, so stellen sich bei einem Dreiröhrenempfänger die einzelnen Gitterspannungen folgendermaßen dar:

an der ersten Röhre liegt: $E_h + 100\ E_n$,
an der zweiten Röhre liegt: $10\ E_h + 10\ E_n$,
an der dritten Röhre liegt: $100\ E_h + E_n$.

Man sieht sofort, daß eine bedeutend gleichmäßigere Ausnutzung der Röhren erfolgt wie bei der eigentlichen Reflexkette. Der Nachteil dieser Schaltungen liegt darin, daß die Schwingneigung in der letzten Röhre besonders groß ist. Für diese Grimes-Reflexkette hat man auch den Namen Duplexschaltungen oder Inverse oder umgekehrte Reflexschaltungen eingeführt.

Neben diesen beiden prinzipiellen Schaltungsarten sind jedoch noch eine ganze Reihe anderer möglich und gebräuchlich. So ist es z. B. sehr beliebt, nur eine Röhre doppelt auszunutzen, weil damit die Schwierigkeiten in der Konstruktion ganz bedeutend geringer werden. Ist die doppelt ausgenutzte Röhre die erste, so ist für die Schaltung der Name Primo-Reflex, ist sie die zweite, Duo-Reflex usw. vorgeschlagen worden. Tatsächlich findet man in Empfängern, die mit Audiondetektor arbeiten, sehr häufig nur eine Reflexröhre, und zwar ist dies die dem Audion vorangehende, weil sich nämlich herausgestellt hat, daß die Schwierigkeiten wachsen, wenn auf die doppelt ausgenutzte Röhre noch eine Hochfrequenzverstärkerstufe folgt. Trotz der Schwierigkeit dieser Schaltungen erscheint aber doch eine derartig weitgehende Namengebung verfehlt, denn es gibt auch noch eine ganze Reihe anderer Schaltungen, die nicht durch diese Bezeichnungen erfaßt werden können. So nutzt z. B. ein sehr beliebter Vierröhrenempfänger nur 2 Röhren doppelt aus.

Aus diesen Darlegungen ist zu ersehen, daß es auch nicht annähernd möglich ist, eine vollständige Übersicht über die möglichen mehrstufigen Reflexschaltungen zu geben. Für den Hochfrequenzverstärkerteil können

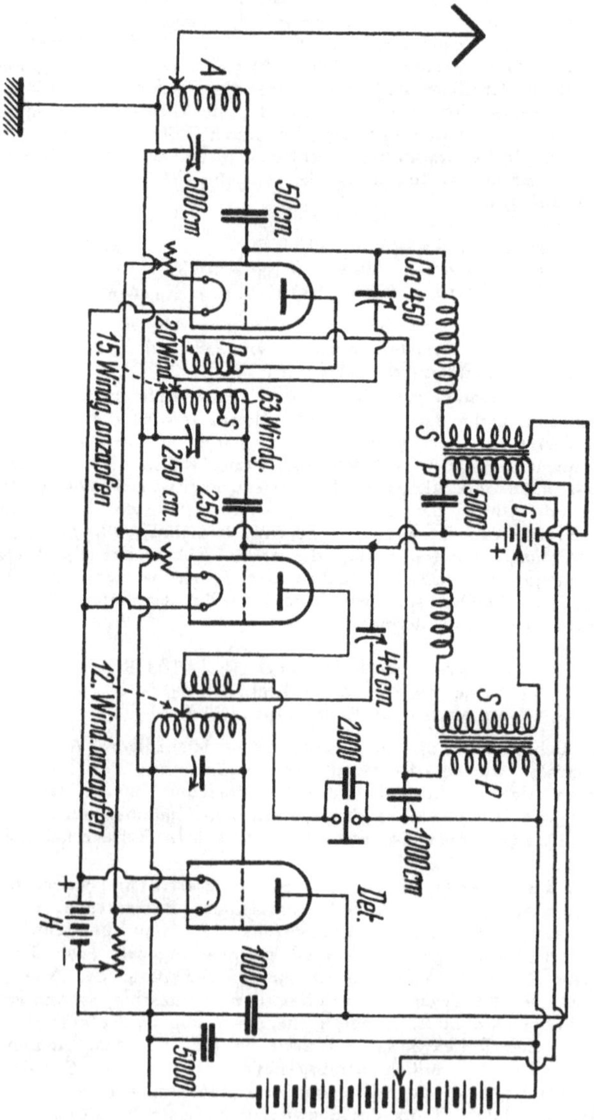

Fig. 241.

alle in § 1 dargestellten Hochfrequenzverstärkerschaltungen und deren Ableitungen benutzt werden, für den Niederfrequenzverstärkerteil alle Kunstgriffe, die bisher im 4. Kapitel angedeutet wurden. Es sollen deshalb im folgenden nur einige typische Falle möglichst verschiedenartiger Reflexempfänger herausgegriffen und behandelt werden. Zunächst zeigt Fig. 241 einen Dreiröhrenreflexempfänger, der einige bemerkenswerte Eigenheiten aufweist. Die beiden ersten Röhren dienen der Hochfrequenz verstärkung, und zwar handelt es sich um einen gewöhnlichen Neutrodyneempfänger nach Hazeltine. Die dritte Röhre ist als Audion geschaltet. Im Anodenkreis der letzteren befindet sich die Primärspule des Niederfrequenztransformators, welcher die niederfrequenten Ströme dem Gitterkreis der ersten Röhre zuführt. Ferner dient die zweite Röhre noch einmal der Niederfrequenzverstärkung. Hoch- und niederfrequente Gitterspannungen

Fig. 242.

werden in der bekannten Weise durch Parallelschaltungen dem Gitter zugeführt. Wesentlich fur die gute Wirkungsweise dieser Empfanger sind die Hochfrequenzdrosseln, die besonders hergestellt werden müssen. In Fig. 242 ist ein sehr einfaches Verfahren angegeben, wie man solche Drosseln herstellt. Auf ein kleines zylindrisches Stückchen Holz von etwa

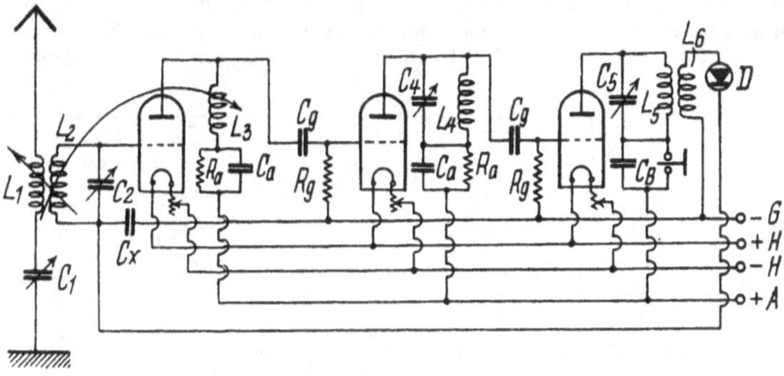

Fig. 243.

2 cm Durchmesser werden 1000 Windungen möglichst dünnen Drahtes in der in der Fig. angedeuteten Weise regellos aufgewickelt. Wir brauchen 2 solche Drosseln. Diese sind sehr handlich und lassen sich durch ein Schräubchen sehr leicht montieren. Die großen für die Kondensatoren sind in der Zeichnung angegeben. Als Hochfrequenzverstärker kann für diesen Empfänger jeder Neutrodyneempfänger mit 2 Stufen Hochfrequenzverstarkung verwendet werden. Die Windungsdaten sind daher aus § 1 ohne weiteres zu entnehmen. Die Niederfrequenztransformatoren wählt man praktischerweise so, daß der erste ein größeres Übersetzungsverhältnis hat als der zweite, weil sich damit auch die Eigenresonanz verändert.

Fig. 243 zeigt eine transformatorfreie Reflexschaltung, bei der 3 Röhren gleichzeitig als Hoch- und Niederfrequenzverstärker dienen und die Gleichrichtung durch einen Kristalldetektor erfolgt. Die Hochfrequenzverstärkung erfolgt durch Sperrkreiskopplung zwischen der zweiten und dritten Röhre, durch einfache Anodenkreisspulenkopplung zwischen der ersten und zweiten Röhre, wobei nur eine Rückkopplung vorgesehen ist. Es handelt sich also um ein T. A. T.-System. Der Anodenkreis der dritten Röhre enthält einen primarseitig abgestimmten Hochfrequenztransformator, an den der Detektorkreis angekoppelt ist. Die Reflexion auf die erste Rohre geschieht durch den Kondensator C_x. Die Niederfrequenzverstärkung durch die drei

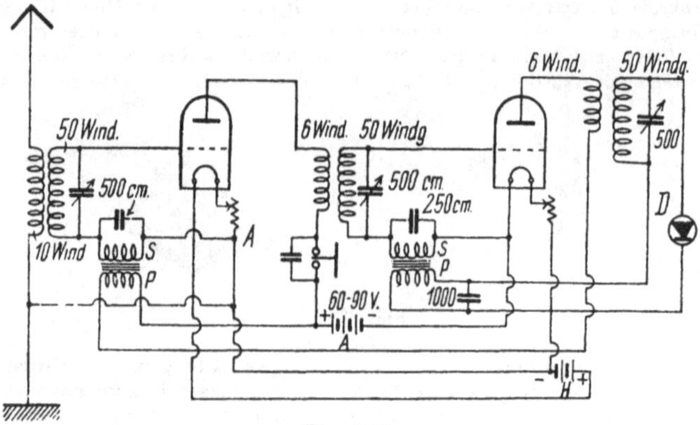

Fig. 244

Rohren erfolgt nun durch Widerstandskapazitatskopplung, wobei die Kopplungskondensatoren zum Gitter und die Gitterableitungswiderstände dieselben sind wie bei der Hochfrequenzübertragung. In den Anodenkreis

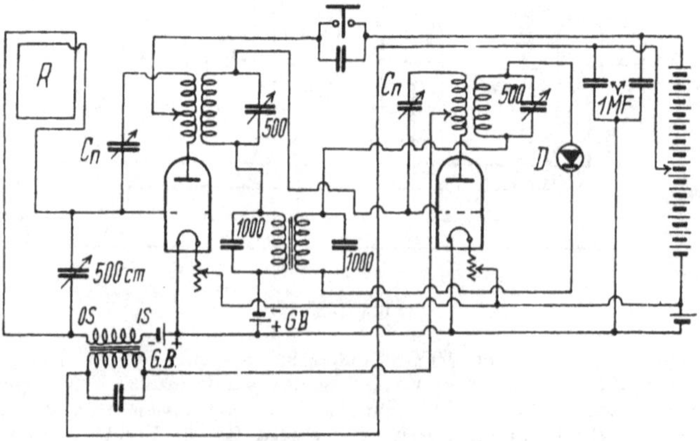

Fig. 245.

jeder Rohre muß dann noch ein großer ohmscher Widerstand R_a eingeschaltet werden, der jedoch für die Hochfrequenz durch Kondensatoren C_a zu überbrücken ist. Die Kopplungskondensatoren C_g müssen deshalb größer bemessen sein, als dies für die Hochfrequenz nötig wäre, da sie ja auch der Niederfrequenzübertragung dienen sollen. Die Kondensatoren C_r und C_t können eine Größe von 1000 cm haben, während C_x etwa 2000 cm besitzt, ebenso wie der Blockkondensator des Fernhörers. Die Widerstande R_a besitzen 1 Megohm, R_g 3 Megohm. Für die Drehkondensatoren sind folgende Größen zu empfehlen: $C_1 = 1000$ cm, $C_2 = C_4 = C_5 = 500$ cm. Für die Rundfunkwellen liefern folgende Honigwabenspulen Empfang des Wellenbereiches 250 bis 700 m:

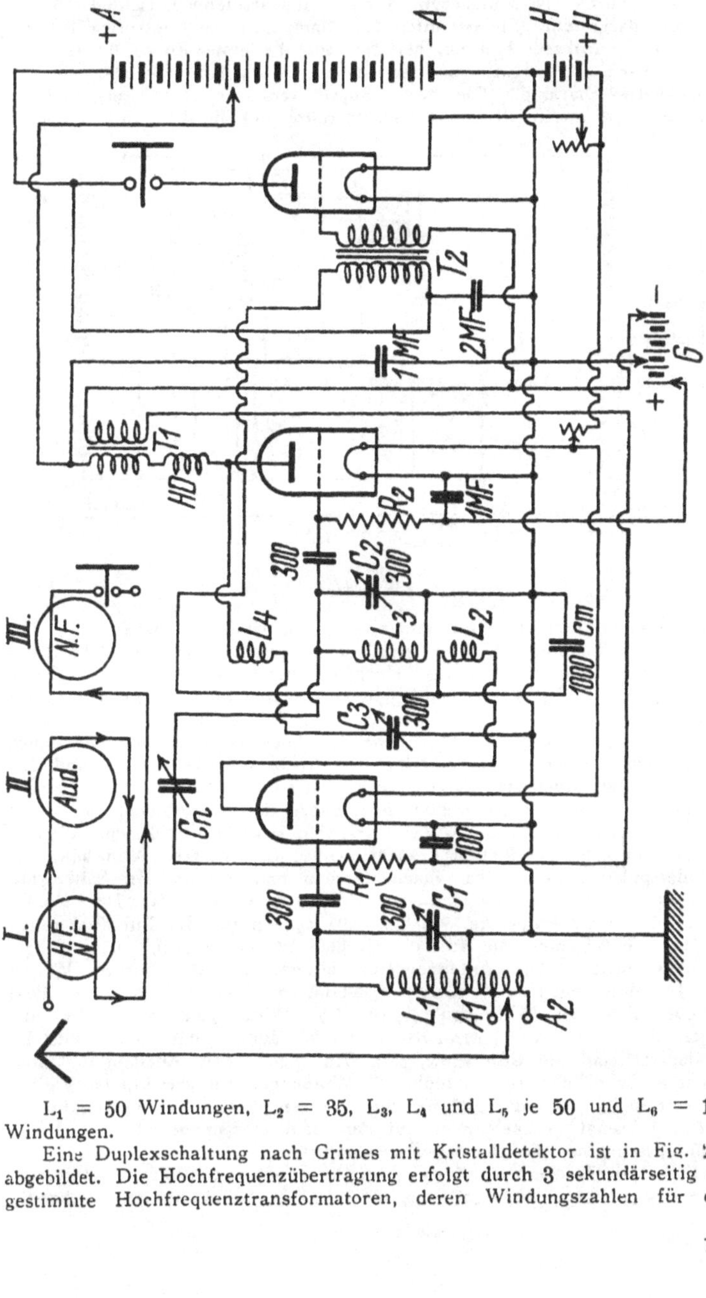

Fig. 246.

$L_1 = 50$ Windungen, $L_2 = 35$, L_3, L_4 und L_5 je 50 und $L_6 = 150$ Windungen.

Eine Duplexschaltung nach Grimes mit Kristalldetektor ist in Fig. 244 abgebildet. Die Hochfrequenzübertragung erfolgt durch 3 sekundärseitig abgestimmte Hochfrequenztransformatoren, deren Windungszahlen für den

Rundfunkwellenbereich angegeben sind. Die Niederfrequenz wird aus dem Detektorkreis zunächst der zweiten Röhre und dann verstarkt der ersten Röhre zugeführt, in deren Anodenkreis der Fernhörer eingeschaltet ist. Es wird also auch hier jede Röhre doppelt ausgenutzt. Dieselbe Schaltung, nur erweitert durch Neutralisierung und Rahmenantennenanschluß, ist in Fig. 245 dargestellt. Sie ist unter dem Namen Grimes-Neutroflex bekannt.

Eine Dreiröhrenschaltung, bei der nur die erste Röhre doppelt ausgenutzt wird, ist in Fig. 246 dargestellt. Es handelt sich also um eine Primo-Reflexschaltung. Die erste Röhre verstarkt Hoch- und Niederfrequenz. Die zweite Rohre ist Detektorröhre und die dritte allein Nieder-

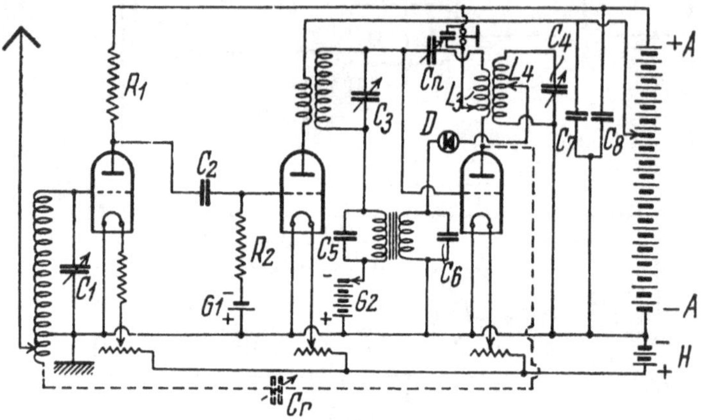

Fig. 247.

frequenzverstarkerröhre. Die Antenne ist aperiodisch angekoppelt. Die Hochfrequenzkopplung zwischen erster und zweiter Röhre geschieht durch den sekundärseitig abgestimmten Hochfrequenztransformator L_2L_3. Durch den Kondensator C_n ist eine Entkopplung vorgesehen. Im Anodenkreis der Audionröhre liegen die Primärspule des ersten Niederfrequenztransformators und eine Hochfrequenzdrossel, welche den hochfrequenten Anodenströmen diesen Weg versperren und sie über die Rückkopplungsspule L_4 und den Rückkopplungskondensator C_3 zum Heizfaden zurückleiten sollen. Es handelt sich hier also um eine dem Reinartzempfanger ähnliche Rückkopplung. Die Spulen werden vorteilhaft als Zylinderspulen gewickelt. Für den Wellenbereich von 250 bis 1800 m braucht man 2 Spulensätze. Man kann die Zylinderspulen auswechselbar machen, wenn man sie an den Seiten mit Steckern versieht. Empfehlenswerte Größen sind folgende: Der Durchmesser der Spulenkörper ist 7,5 cm. Die Spulen für die Rundfunkwellen werden mit 0,5 mm, die für die großen Wellen mit 0,2 mm dickem Draht gewickelt. Die Antennenspule besteht für die kurzen Wellen aus 16 Windungen mit einer Zapfstelle an der achten. An diese schließt sich die Gitterspule mit 65 Windungen an. Für die langen Wellen hat die Antennenspule 50 Windungen mit einer Zapfstelle bei der 25. und die Gitterspule 220 Windungen. Der Anodengittertransformator hat primär 10, sekundär 65 Windungen für die kurzen Wellen und primär 25, sekundär 220 für die längeren Wellen. Beide Windungen werden jedesmal nebeneinander auf den Spulenkörper gelegt. Die Rückkopplungsspule hat die gleichen Dimensionen.

Ein Dreiröhrenreflexempfänger, bei dem die zweite Röhre doppelt ausgenutzt wird, ist in Fig. 247 abgebildet. Diese Schaltung ist gleichzeitig dadurch interessant, daß sie eine der Reinartzschaltung entsprechende kapazitive Rückkopplung enthält. Die Schwingneigung wird dadurch bekämpft, daß die erste Röhre mit der zweiten durch reine Widerstandskopplung verbunden ist und zwischen Anoden- und Gitterkreis der dritten Röhre eine Entkopplung angebracht wird. Der Detektor ist mit einer Zapfstelle der Spule L_4 verbunden. Die drei Spulen werden auf zylindrische Spulenkörper aufgewickelt, deren Ansicht in Fig. 248 dargestellt ist. Hier zeigt Fig. 248a die Antennengitterspule, die 78 Windungen 1 mm dicken doppelt umsponnenen Kupferdrahtes besitzt, mit Zapfstellen bei der 5., 10., 12. und 15. Windung. Der erste Hochfrequenztransformator (Fig. 248b) hat

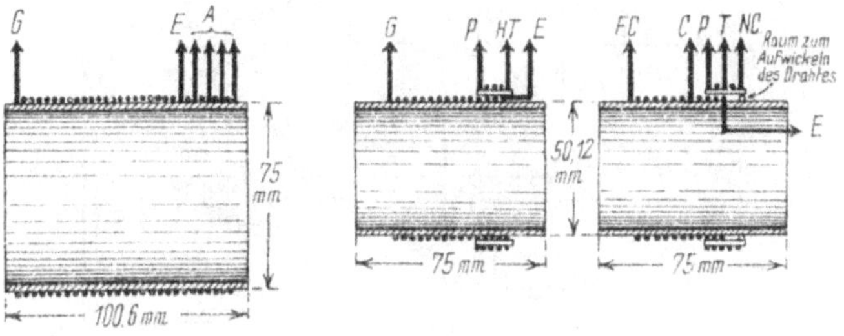

a b c

Fig. 248.

65 Windungen 0,5 mm dicken Drahtes als Sekundärspule, über welche die Primärspule in 20 Windungen 0,3 mm dicken Drahtes gelegt ist. Die Primärspule wird durch 12 Streichhölzchen gegen die Sekundärspule abgestützt, so daß ein Luftzwischenraum besteht. Der Transformator zwischen Anodenkreis der letzten Röhre und dem Detektorkreis besitzt ebenfalls 65 Windungen sekundär, mit einer Zapfstelle an der 20. Windung für den Detektor. Darüber ist in ähnlicher Weise wie bei Fig. 248c die Primär-

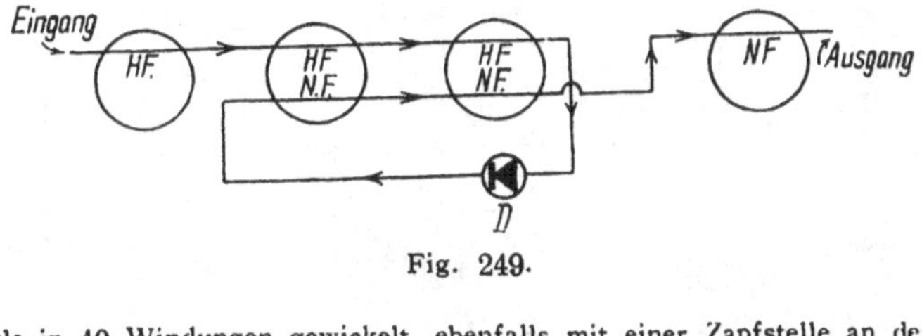

Fig. 249.

spule in 40 Windungen gewickelt, ebenfalls mit einer Zapfstelle an der 20. Dieser Empfänger zeichnet sich, richtig eingestellt, durch außerordentliche Störungsfreiheit und Unempfänglichkeit für Selbsterregung aus, so daß man sehr vorteilhaft Gebrauch von der durch den Kondensator C_r einstellbaren Rückkopplung machen kann.

Fig. 249 zeigt das Schema eines sehr verbreiteten Vierröhrenreflexempfängers, in welchem nur die beiden mittelsten Röhren doppelt ausgenutzt sind. Unter den hierhergehörenden Schaltungen ist z. B. die Acme-Reflexschaltung eine der ältesten. Sie arbeitet mit aperiodischen Hochfrequenztransformatoren.

Wir kommen nun zum Schluß zu einer ganz anderen Art der Mehrröhrenschaltungen, in welchen das Gegentakt- oder Push-Pullprinzip zur Anwendung gelangt. Die Schaltung der Fig. 250 stammt von Jan Adorjàn.

In den beiden Röhren findet Hochfrequenzverstärkung statt. Der Hochfrequenztransformator zwischen der ersten und zweiten Röhre ist primärseitig, der zwischen der zweiten Röhre und dem Detektor ist beiderseitig abgestimmt. Der aus dem Detektorkreis entnommene Niederfrequenzstrom wird dem Gegentakttransformator Tr_1 zugeführt, dessen Sekundärspule in der Mitte angezapft und mit dem Heizfaden verbunden ist. Das eine Ende der Sekundärspule führt zum Gitterkreis der ersten Röhre, das zweite zu

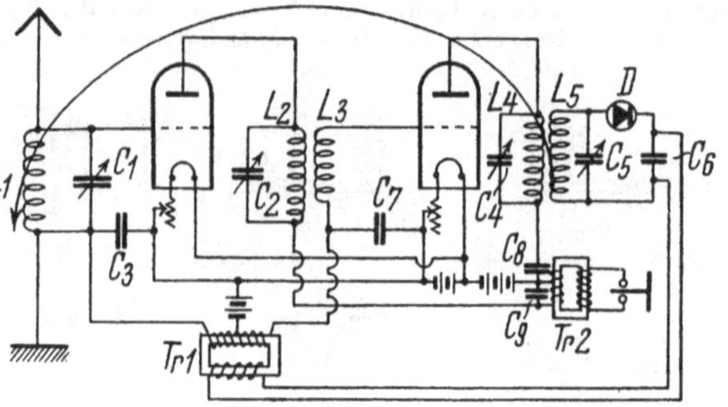

Fig 250.

dem der zweiten, so daß also beide Gitter im Gegentakt erregt werden. Der Anodenkreis jeder der beiden Röhren ist mit einem der beiden Enden der Primärspule eines Ausgangstransformators verbunden, deren in der Mitte angebrachte Zapfstelle zur Anodenbatterie führt. Selbstverständlich

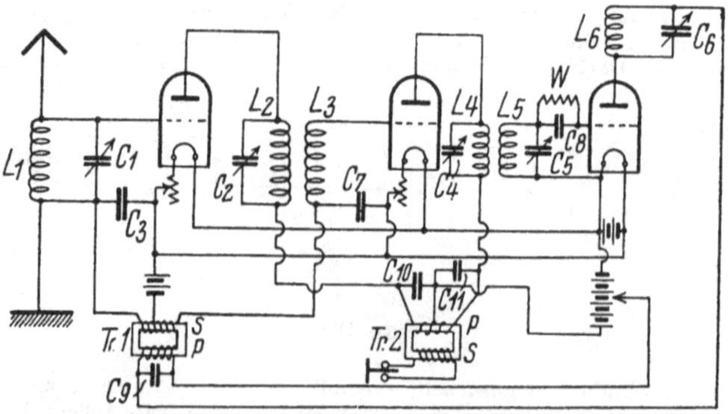

Fig. 251

sind für die Hochfrequenzströme durch Blockkondensatoren Nebenwege geschaffen worden. Durch diese Gegentaktanordnung ist es viel leichter, niederfrequente Störungen zu vermeiden. Sie steht auch in der Lautstärke der Serienschaltung kaum nach. Selbstverständlich kann man statt des Kristalldetektors auch eine Audionröhre anschließen. Die Schaltung ist in Fig. 251 abgebildet. Häufig kann man den abgestimmten Anodenkreis der Detektorröhre mit der Antenne koppeln. Meist wird aber schon durch die Abstimmung allein eine genügend starke Rückkopplung erreicht werden. Sehr interessant ist nun in Fig. 252 die Anwendung des umgekehrten

Verfahrens. Hier arbeiten nämlich die beiden ersten Röhren in bezug auf die Hochfrequenz in Gegentaktschaltung, da die am gemeinsamen Gitterkreis L_1C_1 auftretenden hochfrequenten Wechselspannungen beiden Gittern immer entgegengesetzt gerichtete Impulse erteilen. An die gemeinsame Anodenkreisspule L_a ist der Detektor direkt angekoppelt, welcher die Sprechströme der Primärspule des Transformators abliefert. Die Sekundärspule liegt zwischen Heizfaden und gemeinsamem Gitterkreis der beiden Röhren, so daß diese in bezug auf die Niederfrequenzerregung parallel geschaltet erscheinen. Infolgedessen werden die Niederfrequenzströme von der mittleren Zapfstelle der Spule L_a aus zur Primärspule des Niederfrequenztransformators Tr_2 geleitet, welcher die dritte Röhre als reine Niederfrequenzverstärkerröhre anschließt. Der abgestimmte Kreis L_2C_2 dient lediglich der Trennung der beiden Frequenzen. Diese Schaltung führt den Namen Orthophaseschaltung.

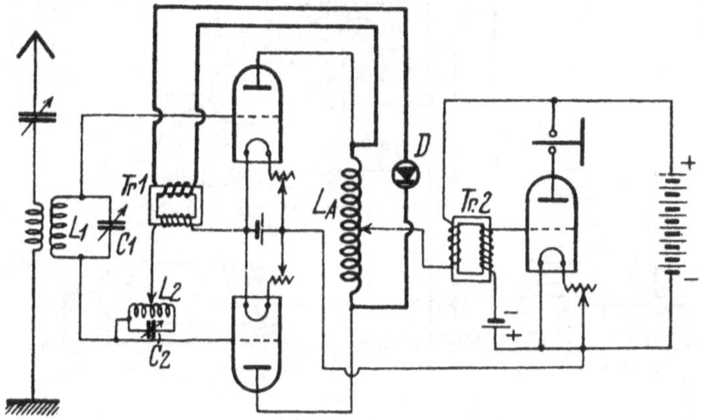

Fig. 252.

Es ist nur natürlich, daß das Reflexprinzip vor allen Dingen bei denjenigen Schaltungen Eingang gefunden hat, die eine ganze Reihe von Röhren benötigen. Hierzu gehören vor allen Dingen die Superheterodyneschaltungen. Wir haben auch bei der Besprechung dieser Schaltungen schon Bekanntschaft mit dem Reflexprinzip gemacht (Fig. 133). In Fig. 253 mag hier beispielsweise noch eine Reflex-Superheterodyneschaltung angegeben sein, die mit reflektierter Gegentaktschaltung arbeitet. Die erste Röhre in dem Schaltbild ist der Überlagerer, die zweite der Empfänger und gleichzeitig der erste Detektor. Die beiden nächsten Röhren dienen der Zwischenfrequenzverstärkung und die letzte der zweiten Gleichrichtung. Die im Anodenkreis dieser Röhre entstehenden Niederfrequenzströme werden dem Gegentakttransformator Tr_1 zugeführt, welcher an die Gitterkreise der beiden Zwischenfrequenzverstärkerröhren angeschlossen ist, so daß diese im Gegentakt niederfrequent erregt werden. In den Anodenkreis beider Röhren ist der Gegentakt-Ausgangstransformator eingefügt, an welchem die Sprechströme abgenommen werden können. Diese letztere Schaltung soll als interessantes, aber keineswegs typisches Beispiel für die Anwendung der Reflexschaltung in Transponierungsempfängern angesehen werden.

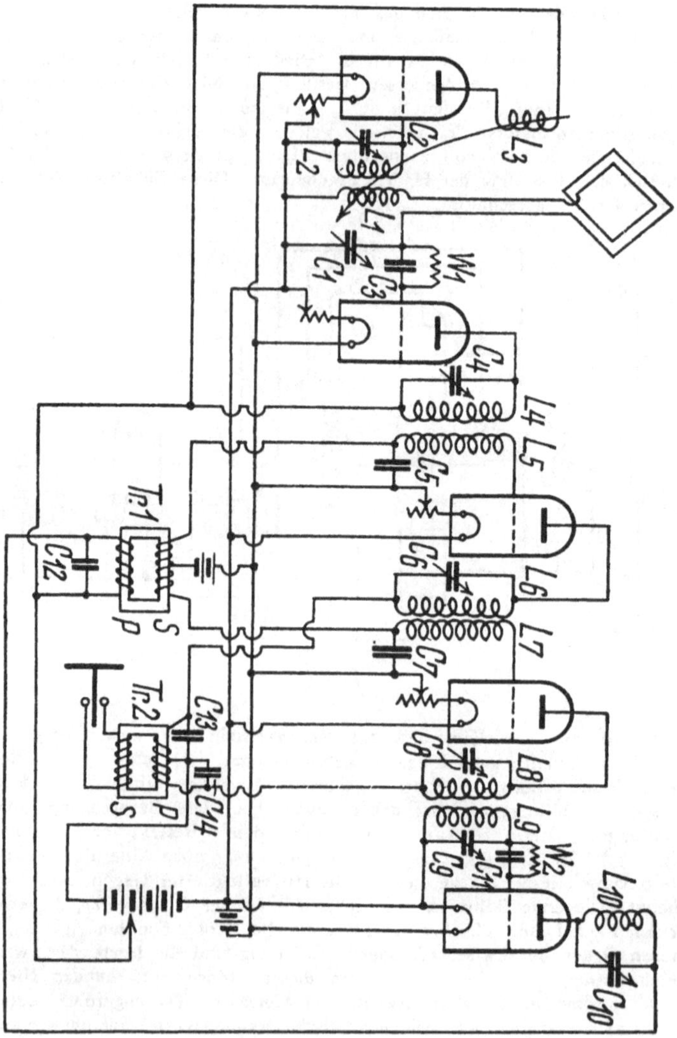

L1
L2
L3
L4
L5
L6
L7
L8
L9
L10
C1
C2
C3
C4
C5
C6
C7
C8
C9
C10
C11
C12
C13
C14
W1
W2
Tr.1
Tr.2
S
P
S
P

Fig. 253.

V. Kapitel.

Die Doppelgitterröhre.

§ 1. Die Doppelgitterröhre als Verstärker.

Die mehrfache Ausnützung einer Röhre ist ein ökonomisches Prinzip. Dasselbe gilt auch von den Verfahren, die dazu führen, den Gleichstrombedarf der Röhren herabzusetzen. Soweit davon die Heizenergie betroffen wird, ist im I. Band, Kap. V, bereits die Rede gewesen. Die Anodenspannung kann ohne wesentliche Gefahr nur vermindert werden, wenn die Verstarkereigenschaften der Röhre bedeutend verbessert werden. Einen Schritt in dieser Richtung bedeutet die Entwicklung der Doppelgitterröhre. (Band I, S 153.) Durch Hinzufugung eines zweiten Gitters, welches eben-

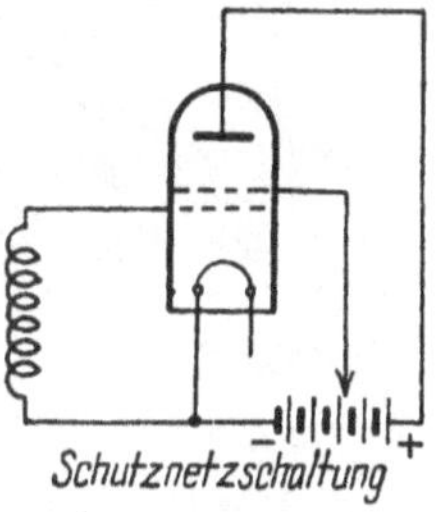

Fig. 254a.

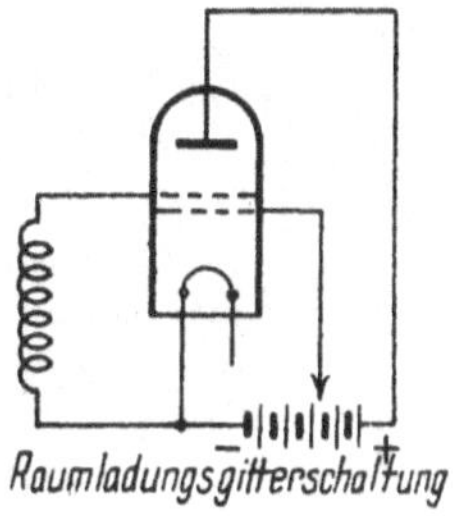

Fig. 254b.

falls wie die Anode eine positive Spannung bekommt, kann man entweder den Durchgriff verkleinern oder die Steilheit vergrößern, je nachdem, ob man das Gitter zwischen Steuergitter und Anode oder zwischen Steuergitter und Kathode anbringt.

Wir wollen zunächst den ersten Fall, der in Fig. 254a dargestellt ist, behandeln. Dazu ist es nötig, auf die Definition des Durchgriffs D näher einzugehen. Nach Band I, Kap V, § 2, denken wir uns in der Höhe des Gitters eine Fläche durch die Röhre gelegt, die überall gegen den Heizdraht dasselbe Potential hat. Dieses nennen wir Steuerspannung. Es setzt sich zusammen aus der Gitterspannung C_g und dem Bruchteil D der Anodenspannung, also D E_a. Diesen Durchgriff können wir nun berechnen. Durch die Elektronenemission sammelt sich auf dem Heizfaden die positive Ladung Q_h an. Die Summe der Ladungen auf dem Gitter Q_g und der Anode Q_a muß der ersteren gleichen:

1) $$Q_g + Q_a = Q_h$$

Nun lassen sich die Ladungen aus der Kapazität und der Spannung nach der Formel $Q = C \cdot V$ berechnen. Danach ist.

2) $$Q_h = C_{g\,k}\, E_g + C_{a\,k}\, E_a.$$

Ersetzen wir wie oben Anode und Gitter durch eine einzige Elektrode, so müßte diese dieselbe Ladung wie der Heizfaden haben. Ihre Kapazität gegen den Heizfaden sei mit C_{eff}, ihre Spannung mit E_{eff} bezeichnet. Dann folgt:

3) $$E_{eff} \cdot C_{eff} = C_{g\,k}\, E_g + C_{a\,k}\, E_a$$

4) $$E_{eff} = \frac{C_{g\,k}}{C_{eff}} \left[E_g + \frac{C_{a\,k}}{C_{g\,k}} E_a \right].$$

Der Bruchteil, mit dem die Anodenspannung wirkt, ist also

$$5) \qquad D = \frac{C_{a\,k}}{C_{g\,k}}$$

Der Durchgriff ist gleich dem Verhältnis der Kapazität zwischen Anode und Kathode zu der zwischen Gitter und Kathode. Den Quotienten

$$6) \qquad \lambda = \frac{C_{g\,k}}{C_{eff}}$$

nennt man die „Steuerschärfe" der Röhre. Er ist ebenfalls eine Röhrenkonstante. Da übrigens die Zahl der Kraftlinien in der fiktiven Kapazität C_{eff} gleich der Summe der zu $C_{g\,k}$ und $C_{a\,k}$ gehörenden Kraftlinien ist, so kann C_{eff} als Parallelschaltung von $C_{g\,k}$ und $C_{a\,k}$ aufgefaßt werden. Danach wäre also

$$7) \qquad C_{eff} = C_{g\,k} + C_{a\,k}$$

$$8) \qquad \lambda = \frac{C_{g\,k}}{C_{g\,k} + C_{a\,k}} = \frac{1}{1 + D}.$$

Gewöhnlich setzt man bei der Schaltungsberechnung

$$9) \qquad E_{eff} = E_{st}$$

also

$$\lambda = 1$$

Um nun den Durchgriff der Doppelgitterröhre mit Schutznetz zu berechnen, bedienen wir uns desselben Kunstgriffes. Wir reduzieren die Wirkung der Anode auf die Fläche des Schutznetzes, welches mit II bezeichnet sein möge. Die Wirkungen der Anodenspannung E_a und der Schutznetzspannung $E_{g\,II}$ sollen einer wirksamen Anodenspannung $E_{a\,eff}$ gleichgesetzt werden. Dann berechnet sich $E_{a\,eff}$ nach Gl. 3) und 4) zu

$$10) \qquad E_{a\,eff} = \frac{C_{a\,k}}{C_{a\,k\,eff}} E_a + \frac{C_{g\,II\,k}}{C_{a\,k\,eff}} E_{g\,II}$$

Hier ist wieder

$$11) \qquad C_{a\,k\,eff} = C_{a\,k} + C_{g\,II\,k}$$

Wir setzen

$$12) \qquad D_{II} = \frac{C_{a\,k}}{C_{g\,II\,k}}$$

$$13) \qquad \lambda_{II} = \frac{C_{a\,k}}{C_{a\,eff}} = \frac{1}{1 + D_{II}},$$

dann wird

$$14) \qquad E_{a\,eff} = \frac{1}{1 + D_{II}} (E_{g\,II} + D_{II} E_a).$$

Damit haben wir die Schutznetzröhre auf eine gewöhnliche Eingitterröhre mit der Anodenspannung $E_{a\,eff}$ und der Anoden-Kathodenkapazität $C_{a\,k\,eff}$ zurückgeführt. Setzen wir diesen Wert an Stelle von E_a in Gl. 4) ein, so bekommen wir

$$15) \qquad E_{eff} = \frac{1}{1 + D_I} \left(E_{g\,I} + \frac{D_I\, E_{g\,II}}{1 + D_{II}} + D_I\, D_{II}\, E_a \right).$$

Der Bruchteil, mit dem die Anodenspannung E_a an der Steuerspannung beteiligt ist, also D_{eff}, ist demnach hier tatsächlich sehr klein.

16) $$D_{eff} = D_I \, D_{II}$$

Bei unverminderter Steilheit S der Röhre wird dann der innere Widerstand.

17) $$R_i = \frac{1}{S \, D_I \, D_{II}},$$

also entsprechend größer

Ganz anders ist die Wirkungsweise der Raumladungsgitterröhren. Die Schaltung ist in Fig. 254b abgebildet. Bei dieser Schaltung soll die Steilheit durch Beseitigung der Raumladung vergrößert werden. Zu diesem Zweck ist das Nahgitter positiv vorgespannt. Am Heizfaden greift dann nahezu die Sättigungsspannung an, so daß der gesamte, den Heizfaden verlassende Elektronenstrom gleich dem Sättigungstrom $\mathfrak{J}_s$ ist. Dieser verteilt sich auf Anode und Gitter. Es ist

18) $$\mathfrak{J}_s = \mathfrak{J}_a + \mathfrak{J}_g.$$

Während es sich also bei der Schutznetzröhre um ein Verteilungsproblem der Kraftlinien handelt, ergibt sich hier ein Verteilungsproblem des Stromes. Der Emissionsstrom einer Eingitterröhre gehorcht dem Langmuir-Schottkyschen Gesetz

19) $$\mathfrak{J}_e = k \, (E_g + D \, E_a)^{\frac{3}{2}}$$

Nehmen wir an, daß für positive Spannung ähnliche Beziehungen für den Anodenstrom wie für den Gitterstrom gelten, also

20) $$\mathfrak{J}_a = k_a \, E_a^{\frac{3}{2}}$$

21) $$\mathfrak{J}_g = k_g \, E_g^{\frac{3}{2}},$$

dann ergibt sich hieraus der Verteilungsquotient.

22) $$\frac{\mathfrak{J}_a}{\mathfrak{J}_g} = \frac{k_a \, E_a^{\frac{3}{2}}}{k_g \, E_g^{\frac{3}{2}}} = \Delta \left(\frac{E_a}{E_g}\right)^{\frac{3}{2}}.$$

Δ ist hier eine Größe, die von den Konstruktionsdaten der Röhren abhängt.

Bei unserer Raumladungsgitterröhre interessiert uns nun das Verhältnis des zu Anode und Steuergitter gehenden Stromes $\mathfrak{J}_{eff}$ zum Raumladungsgitterstrom $\mathfrak{J}_{g\,I}$. Wir gewinnen es aus Gleichung 22)

23) $$\frac{\mathfrak{J}_{eff}}{\mathfrak{J}_{g\,I}} = \Delta \left(\frac{E_{eff}}{\mathfrak{J}_{g\,I}}\right)^{\frac{3}{2}}.$$

Nun ist

24) $$\mathfrak{J}_s = \mathfrak{J}_{eff} + \mathfrak{J}_{g\,I},$$

also.

25) $$\mathfrak{J}_{g\,I} = \mathfrak{J}_s - \mathfrak{J}_{eff}.$$

Dann folgt aus Gleichung 23):

26) $$\mathfrak{J}_{eff} = \mathfrak{J}_s \, \frac{\Delta \left(\frac{E_{eff}}{E_{g\,I}}\right)^{\frac{3}{2}}}{1 + \Delta \left(\frac{E_{eff}}{E_{g\,I}}\right)^{\frac{3}{2}}}.$$

Tabelle der modernen Doppelgitterröhren.

1		2	3	4	5	6	7	8	9			10	11	12a	12b	13	14	15	16	17	18	19	20	21	22
Firma	und Type	Fadenmaterial	Heizstrom	Heizspannung	Heizenergie	Widerstand des Heizfadens	Spannung der Heizbatterie	Zellenzahl der Heizbatterie	Notwendiger Heizwiderstand bei Batterien 2 V	4 V	6 V	Anodenspannung	Anodenstrom	Raumladegitterspannung	Raumladegitterstrom	Anodenstrom bei 0 Volt Gitterspannung und max. Anod.-Span.	Steilheit	Durchgriff	Güte	Absolute Güte	Innerer Widerstand	Vakuum	Mittlere Gitterspannung	Sockel	Verwendungszweck
			A	V	Watt	Ω	V		Ω	Ω	Ω	V	mA	V	mA	mA	mA/V	vH		Ω		V			
Telefunken	RE 26	Wolfram	0,5	4	2	8	6	3	—	—	4	16	1,75	4—16	2,5	1	0,2	30	0,7	0,35	6600	Hoch-Vak.	—5	Spezi l	A.H.N.
	RE 77	Wolfram	1,5	7,5	11,25	5	8	4	—	—	—	100	24	100	20	20	2,2	8,25	26	46,2	5500		—5		E.
	RE 212	Thorium	0,07	3,0	0,21	43	4	2	—	14	44	4—12	5	4—12		4	0,45	35	1,2	22,8	6000		—2		A.H.N.
	RE 87	Oxyd	1,1	2	2,2	1,8	4	2	—	1,8	3,6	220	65	80	70	55	7	4	175	4375	3500		—5		E.
Siemens & Halske	110	Wolfram	0,55	3,2	1,7	5,8	4	2	—	1,5	5,2	24	3	24		2	0,5	15	3,3	3,88	13000	Hoch-Vak.		Spezial	HN.
	SS III (114)	Wolfram	0,55	3,2	1,7	5,8	4	2	—	1,5	5,2	120	3	45[5])		2	0,25	1	25	29,4	400000				
Philips Eindhoven (Holland)	B. VI.	Thorium	0,15	1,7	0,25	11	2	1	3	16	30	2—10	1,25	2—10	1,07	0,9	0,35	30	1,15	4,14	9600	Hoch-Vak.	—1		
	D. VI	Thorium	0,5	3,5	1,75	7	4	2	—	1	5	2—10	1,5	2—10		1	0,25	25	1	0,57	16000		—1	frz[3])	A.H.N.
	Z 1		ca. 1,4	3,8								2—300										Hoch-Vak.			
	A 141		0,06	1	0,06	17	2	1	30			2—20	10	2—20		4,5	1	22	4,5		4500				
	A 241		0,06	2	0,12	34	4	2		60		2—20	10	2—20		4	1	22	4,5		4500				
	A 341		0,06	3	0,18	50	4	2		30		2—20	10	2—20		3	1	22	4,5		4500				
	A 441		0,06	4	0.24	66	6	3			60	2—20	10	2—20		2,7	1	22	4,5		4500				

Tungsram	MR 5		0,15	1,7	0,26	11	2	1	2			2–12	3–4	2–12		1–1,5	0,3	3,5	8,5		100000				
	MR 51		0,06	3,5	0,21	58	4	2		14		3–12	3–4	3–12		1–1,5	0,3	3,5	8,5		100000				
Marconi Osram London	FE$_3$		0,7	4	2,8	5,1	6	3			5	6–15		6–15		2,5	0,4	20	2,1		8—20000				
	FE$_7$		0,4	2	0,8	5	4	2		10		6–15		6–15		2	0,36	28	1,3		8—20000				
Mullard London	DG		0,6	4	2,4	7	6	3			7	10		10		1,2	0,35				12000				
	DGDE		0,4	1,8	0,72	4,5	2	1	1			10		10		1,2	0,35				12000				
Radiotechnique Paris	R 43		0,06	3,8	0,23	63	4	2		10		5–25	4	5–25		1,3	0.5								
Compagnie des Lampes, Paris	Metal DG		0,06	4	0,24	67	6	3			50	5–25	5	5–25											

[3]) Das Raumladegitter ist an eine am Sockel befindliche Kordelklemme geführt, die übrigen Elektroden liegen in normaler Weise am englisch-französischen Sockel.

[5]) Die Röhre S S III (114) ist mit Anodenschutzgitter an Stelle des Raumgitters ausgerüstet.

Wir können nach dieser Gleichung $\mathfrak{J}_{eff}$ in Abhängigkeit von E_{eff} für verschiedene EgI auftragen und uns die steilste Stelle aussuchen. Wir finden, daß je nach Wahl von EgI die Steilheit verschieden ist. Eine der so erhaltenen Kurven verläuft am steilsten. Ihre Steilheit läßt sich auch berechnen. Es ergibt sich:

$$S_{max} = \frac{\mathfrak{J}_S}{E_{g\,I}} \cdot \frac{1}{4} \sqrt[3]{(5\,\Delta)^2}. \tag{27}$$

Hier wird also die Steilheit um so größer, je größer der Sättigungsstrom ist, also je stärker die Röhre geheizt wird. Ferner soll $E_{g\,I}$ möglichst klein sein. Dabei ist aber natürlich zu beachten, daß $E_{g\,I}$ nicht wesentlich unter die Sättigungsspannung heruntersinken darf, denn unsere Schlüsse gelten nur, solange der Sättigungsstrom fließt, es sich also um ein reines Verteilungsproblem handelt.

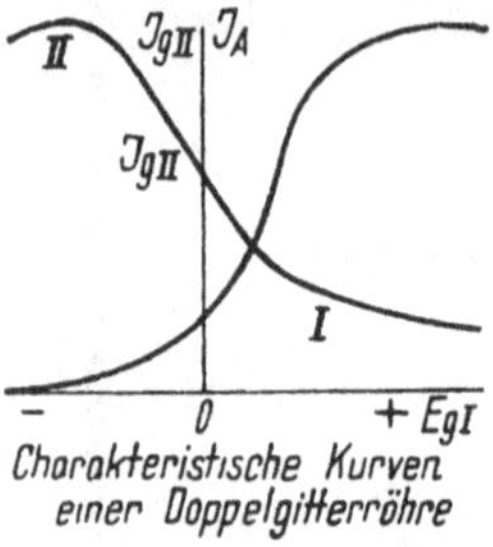

Fig. 255a.

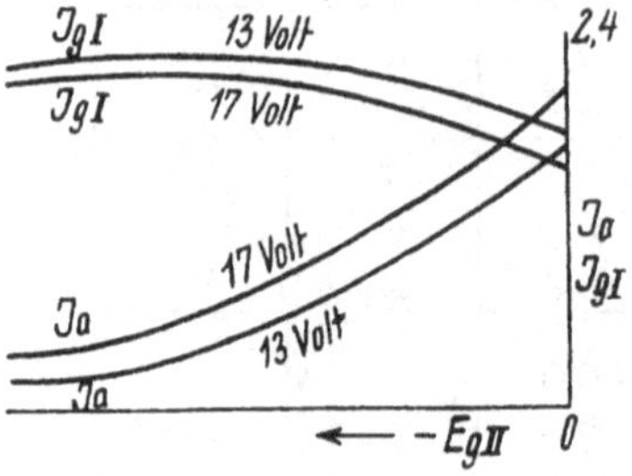

Fig. 255b.

In Fig. 255 sind Charakteristiken für die beiden Typen der Doppelgitterröhren wiedergegeben. Aus Fig. 255b, der Charakteristik der Raumladungsgitterröhre, ist zu erkennen, daß die Summe aus $\mathfrak{J}_a$ und $\mathfrak{J}_{g\,I}$ einen konstanten Wert besitzt. Der Raumgitterstrom ist Null, da das Raumgitter negativ vorgespannt ist. Ein Abnehmen des Schutznetzstromes bei zunehmendem Anodenstrom ist auch bei der Charakteristik der Fig. 255a zu erkennen. Änderungen beider Ströme sind also gegenphasig. Von dieser Tatsache wird bei vielen Schaltungen mit Doppelgitterröhren Gebrauch gemacht.

Praktisch werden die Röhren nun meist so hergestellt, daß die Vorspannung des zweiten Gitters der Anodengleichspannung gleicht, so daß man beide Spannungen direkt der Anodenbatterie entnehmen kann.

Es ist nun nicht gleichgültig, welche der beiden in Fig. 254a und b dargestellten Schaltungen man für den Zusammenbau zu einem Verstärker verwenden will. Handelt es sich um Widerstandsverstärker oder Sperrkreishochfrequenzstufen, so wird man die Schutznetzschaltung wählen, weil auf diese Weise der Durchgriff klein gehalten werden kann. Bei anderen Verstärkerschaltungen ist die Raumladungsgitterschaltung, welche die größte Steilheit ergibt, vorzuziehen. Bei der Audionwirkung schließlich kommt es lediglich auf ein kräftiges Einsetzen des Steuergitterstromes an, so daß man hier am schnellsten durch Probieren zum Ziel kommt.

In der vorstehenden Tabelle sind die marktgängigen Doppelgitterröhren zusammengestellt.

Über die Montage der Doppelgitterröhren ist folgendes zu sagen. Diese Röhren haben 5 Anschlüsse, die ursprünglich mit 5 Steckern verbunden wurden. Da aber hierdurch die normalen Röhrensockel unverwendbar waren, so sind die neueren Doppelgitterröhren alle mit den normalen Europasteckern ausgerüstet, an welche Anode, Steuergitter und Heizfaden angeschlossen sind. Das zweite Gitter wird zu einer Klemme geführt, welche an dem Blechgehäuse der Röhre angebracht wird. Auf diese Weise kann die Doppelgitterröhre in einen normalen Europasockel eingepaßt werden, während der Anschluß an das zweite Gitter an der Klemme angeschraubt wird. Hierdurch wird allerdings das Auswechseln der Röhre etwas erschwert. Man kann sich aber auch hier helfen, indem man nämlich an die Seitenklemme für das zweite Gitter einen 5. Stift anschraubt, für welchen man auf der Schaltplatte eine 5. Steckbuchse passend anbringt,

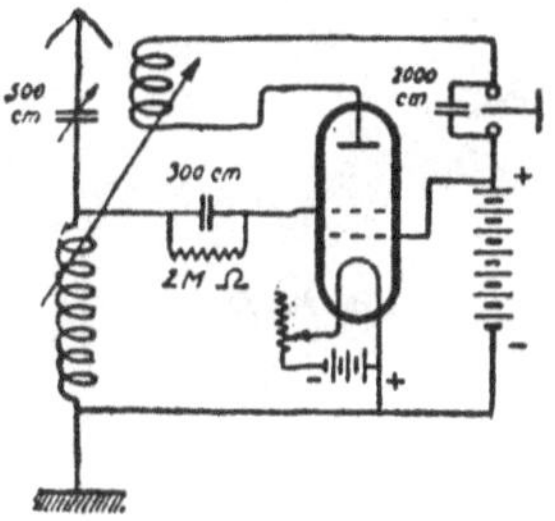

Fig. 256a.

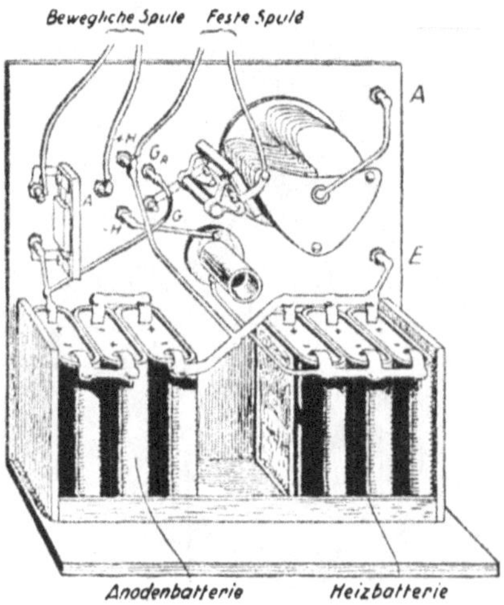

Fig. 256b.

so daß man jetzt die ganze Röhre leicht auswechseln kann. Ist die Röhre durchgebrannt, so kann man auch den Stift an eine andere Röhre anschrauben.

Bei den meisten Doppelgitterröhren kommt man mit so geringer Anodenspannung aus, daß man einige Taschenlampenbatterien als Anodenbatterie benutzen kann. Handelt es sich dabei gleichzeitig noch um eine Sparröhre, so kann auch der Heizstrom einer Taschenlampenbatterie entnommen werden. Auf diese Weise ist es möglich, die Batterien direkt in den Empfangskasten mit einzubauen, wodurch das Problem des Reiseempfängers gelöst wird. Allerdings ist die erzielbare Energie ziemlich klein, so daß brüllender Lautsprecherempfang nicht erwartet werden darf. In Fig. 256 ist die Konstruktion eines einfachen Reiseempfängers wiedergegeben. Die Schaltung, die in Fig. 256a dargestellt ist, zeigt ein einfaches rückgekoppeltes Audion. Fig. 256b zeigt die Innenansicht des Empfangskastens, dessen Schaltplatte etwa 17 cm^2 und dessen Tiefe höchstens 12 cm mißt. Die Drehspulen und Röhre sind außerhalb des Kastens angebracht. Als Röhre ist eine solche mit 5 Steckern vorgesehen. Die Schaltung ist eine Raumladungsgitterschaltung. Selbstverständlich können die Buchsen für die Röhre auch für Doppelgitterröhren mit Europasockel umgeändert werden. Um die Schaltelemente alle auf der Schaltplatte unterzubringen, muß eine besonders kleine Art von Heizwiderstand verwendet werden. (Bd. I, Fig. 325.) Für eine Röhre RE 212 oder RE 82 kann man 3 parallel geschaltete Taschenlampenbatterien für die Heizung und 3 in Serie geschaltete als Anodenbatterie verwenden. In Fig. 256c ist die gefällige Außenansicht des ganzen Empfängers zu sehen.

Will man mit Doppelgitterröhren ohne große Anodenbatterien größere Endlautstärken erzielen, so kann man dies erreichen, wenn man mehrere Doppelgitterröhren parallel schaltet. In Fig. 257 ist ein solcher Reise-

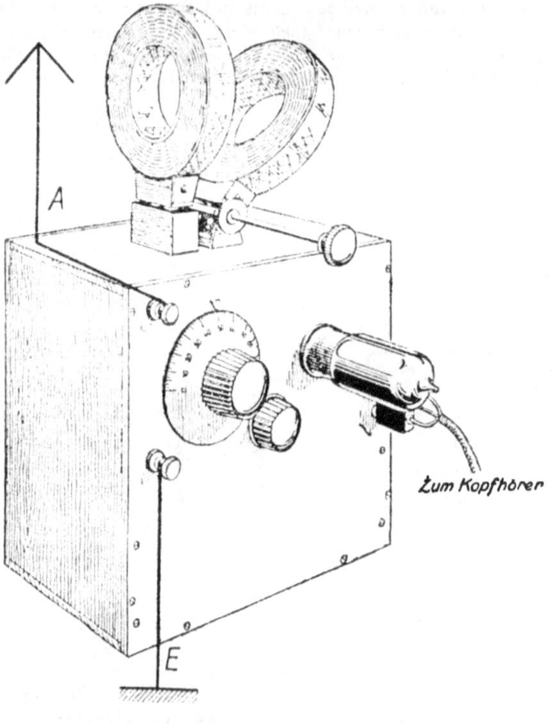

Fig. 256c.

empfänger abgebildet, bei dem die Niederfrequenzverstärkerstufe aus zwei parallel geschalteten Doppelgitterröhren besteht. In dieser Schaltung ist ein sehr praktisches Verfahren verwirklicht, welches eine Umschaltung von kurzen auf lange Wellen gestattet. Für kurze Wellen wird die Antennenspule L_1 und die Rückkopplungsspule L_{1r} benutzt, während für die langen Wellen L_2 und L_{2r} an deren Stelle treten. Durch den doppelpoligen Umschalter wird nun immer das eine Paar eingeschaltet, während gleichzeitig das andere kurzgeschlossen wird. Stellt man den Empfänger für die kurzen Wellen auf den Ortssender und für die langen Wellen auf Königswusterhausen ein, so kann man die Spulen fest im Innern des Kastens unterbringen und hat dann lediglich den Umschalter zu bedienen. Diese einfache Bedienung ist für einen tragbaren Empfänger ein großer Vorteil.

Der bei Schutznetzschaltung erzielbare kleine Durchgriff macht die Doppelgitterröhre in hervorragendem Maße für Widerstandsverstärkung geeignet. Ein dreistufiger Widerstandsverstärker ist in Fig. 258 dargestellt. Die Endröhre ist eine Eingitterröhre, weil es hier auf große Anodenleistung ankommt, während die beiden vorhergehenden Röhren lediglich der Spannungsverstärkung dienen. Die Vorspannung für die ersten beiden

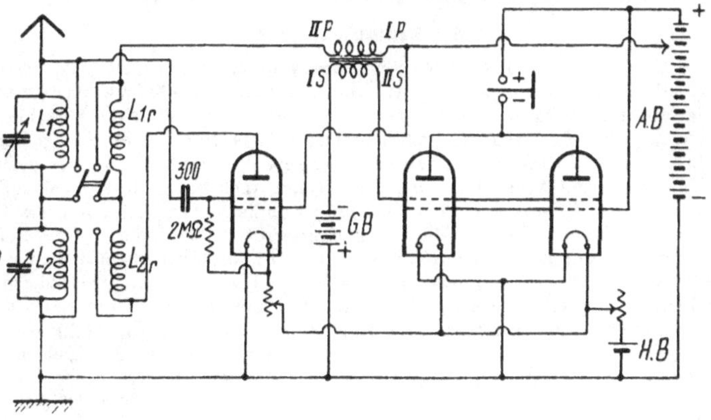

Fig. 257.

Röhren kann durch Potentiometer eingestellt werden, welche einer kleineren Gitterbatterie parallel geschaltet werden. Vielfach kommt es hier auf sehr genaue Einstellung der Vorspannung an. Für die Endröhre wird gewöhn-

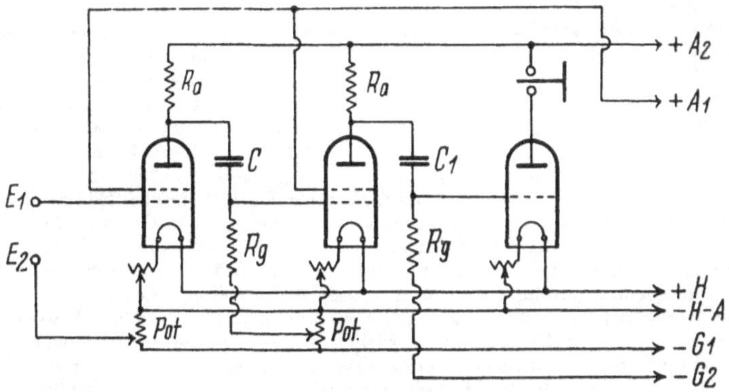

Fig. 258.

lich eine besondere Gitterbatterie nötig sein, da hier auch das Abgreifen der Spannung an den einzelnen Elementen eine genügend feine Reguliermöglichkeit gibt. Die Widerstande R_a betragen 1 Megohm. Wegen des geringeren inneren Widerstandes der Röhren genügt dieser Widerstand im allgemeinen. Für R_g soll der Widerstand 3 bis 5 Megohm betragen, während die Kondensatoren eine Kapazität von 500 cm besitzen. Ein solcher Widerstandsverstärker kann übrigens auch als Ortsempfänger benutzt werden, wenn man die Punkte E_1 und E_2 mit einer abgestimmten Antenne verbindet, so daß die Spule zwischen E_1 und E_2 zu liegen kommt. Etwas

Gleichrichtereffekt ist in den Röhren doch vorhanden, so daß ein Detektor oder Audion für den Empfang des Ortssenders meist unnötig ist.

§ 2. Die Doppelgitterröhre als Empfänger.

A. Audionschaltungen.

Außer den in § 1 behandelten Vorzügen besitzt die Doppelgitterrohre noch den, daß man die beiden Gitter schaltungstechnisch verschiedenartig ausnutzen kann. Man kann also die Röhre auf zwei verschiedene Arten gleichzeitig steuern, indem man die beiden Gitter hierzu heranzieht. Da aber ferner das eine Gitter ebenso wie die Anode positive Gleichspannungen führt, kann man die Röhre auch so behandeln, als ob sie 2 Anoden besäße, was ebenfalls schaltungstechnisch von Bedeutung ist. Das erstere Verfahren macht die Doppelgitterröhre besonders für Reflexschaltungen geeignet, wovon im nächsten Paragraphen ausführlicher die Rede sein wird. Im Folgenden soll eine Reihe von Anwendungsmöglichkeiten gebracht werden, die nur als Auswahl zu betrachten ist, da es unendlich viele Kombinationsmöglichkeiten gibt. In Fig. 259 ist eine Schaltung wiedergegeben, bei der die Röhre zunächst über das Weitgitter hochfrequent gesteuert wird, so daß den Anodenkreis, also die Spule L_2 und der Blockkondensator CB, der verstärkte Hochfrequenzstrom durchfließt. Als Empfängerschaltung ist hier die Sekundärempfangsschaltung gewählt. Es kommt aber darauf nicht an, auch jede andere Antennenschaltung ist brauchbar. Das Weitgitter bekommt eine geringe negative Vorspannung, um Weitgitterströme zu verhindern. Die Spule L_2 induziert nun auf den abgestimmten Schwingungskreis L_3C_3, durch welchen die hochfrequente Schwingung über die Audionschaltung C_g R_g an das Nahgitter gelangt. Kathode, Nahgitter und Anode stellen also ein gewöhnliches Audion dar. Infolgedessen muß der Heizfadenanschluß an den positiven Heizbatteriepol geführt werden. Im Anodenkreis der Röhre fließen nunmehr auch die niederfrequenten Modulationsströme durch das Telefon. Gleichzeitig wird eine Rückkopplungswirkung durch die Kopplung L_2L_3 erreicht. Man sieht hieraus, daß die Röhre gerade so wirkt wie ein Zweiröhrenempfänger, der aus einer Stufe Hochfrequenzverstärkung und einem Audion besteht. Die Kopplung zwischen beiden Röhren geschieht durch den sekundärseitig abgestimmten Hochfrequenztransformator L_2L_3. Ferner ist vom Anodenkreis der Audionröhre eine Rückkopplung auf deren Gitterkreis vorgesehen. Selbstverständlich wird hier die Röhre in bezug auf die Verstärkung nicht die Vorzüge aufweisen, die sonst eine Doppelgitterröhre mit richtig vorgespanntem zweiten Gitter haben muß. Bei dieser Doppelgitterröhre fehlt sowohl die Schutznetz- als auch die Raumladungsgitterwirkung. Die Röhre wird eben nur zweimal gesteuert.

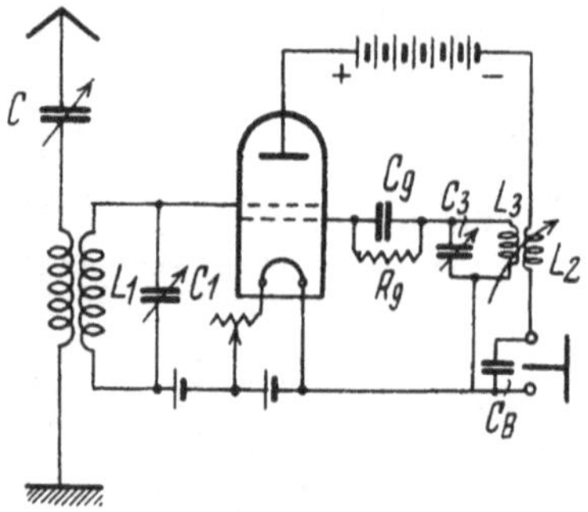

Fig. 259.

In Fig. 260 wird nun die Schaltung gezeigt, die gewissermaßen mit zwei Anoden arbeitet, und zwar dient das Raumladungsgitter gleichzeitig als Anode. Die im Rahmen aufgefangene hochfrequente Welle wird an das Weitgitter der Röhre geleitet, welches als Audion geschaltet ist. Der

Empfangskreis besteht aus dem Rahmen, der Spule L_1 und dem Drehkondensator. Im Anodenkreis der Röhre befindet sich die Spule L_r, welche auf die Spule L_1 rückgekoppelt ist. Im Raumladungsgitterkreise befindet sich der Fernhörer. Man kann von dieser Schaltung sagen, daß sie erstens eine normale Raumgitterschaltung enthält und zweitens einen Anodenkreis für die Hochfrequenz und einen für die Niederfrequenz. Die eigentliche Anode dient hier der Rückkopplung. In der nächsten Schaltung, Fig. 261, wird die Rückkopplung durch das Nahgitter bewirkt, und zwar nicht etwa durch induktive oder kapazitive Wirkung, sondern einzig und allein durch Änderung der Raumladungsgitterspannung, die an dem der Heizbatterie parallel geschalteten Potentiometer abgegriffen wird. Sieht man vom Raumladungsgitter ab, so bleibt eine Reinartzschaltung über, die sich lediglich durch das Fehlen des Rückkopplungskondensators von den normalen Schaltungen dieser Art unterscheidet. Der hochfrequente Anodenstrom fließt durch den Blockkondensator C_r und die Spule L_r, die einen Teil der Gitterspule bildet. Hierdurch wird eine feste, unveränderliche Rückkopplung bewirkt, da sowohl I_r wie C_r unveränderlich sind. Die Rückkopplung wird ausschließlich durch das Potentiometer P einreguliert.

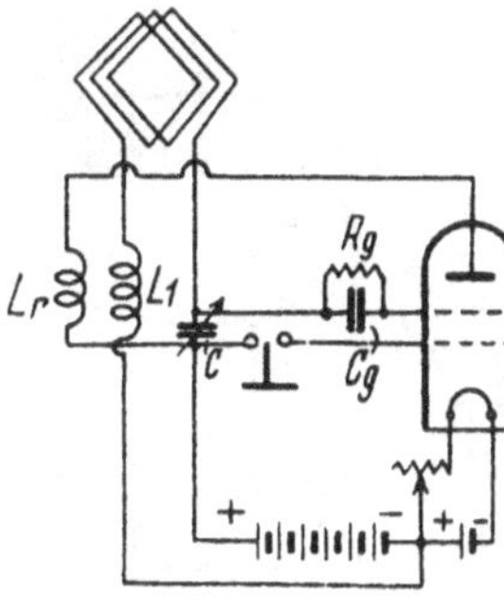

Fig. 260.

An Stelle des Audions kann auch ein Richtverstärker treten. Läßt man die Anodengleichspannung fort, so wird nur während der positiven Halb-

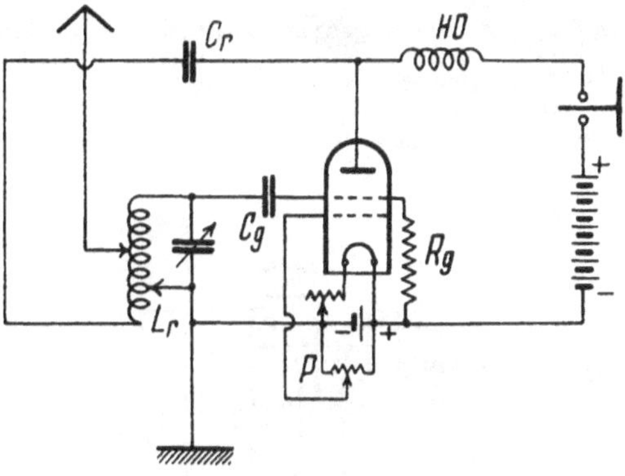

Fig. 261.

periode ein Anodenstrom fließen. Wegen des dadurch hervorgerufenen Gleichrichtereffektes wird der Fernhörer auf die Niederfrequenzströme ansprechen. Eine geringe positive Vorspannung wird durch das Potentiometer abgegriffen. Die Hochfrequenzspannungen werden bei der Schaltung der Fig. 262 dem Nahgitter zugeführt. Das Weitgitter fängt die verstärkten Ströme auf und läßt sie durch die Spule L_1 auf die im Anodenkreis liegende Spule L_2 induzieren. Der Hochfrequenztransformator L_1L_2 kann sekundärseitig oder primärseitig abgestimmt sein. Man kann auch beide Spulen abstimmen, um die Selektivität zu vergrößern. Die verstärkten Hochfrequenzspannungen in der Spule L_2 wirken nun auf die Anode und rufen dort den eben beschriebenen Gleichrichtereffekt hervor. Man bekommt übrigens dieselbe Wirkung, wenn man Anode und Weitgitter vertauscht. Ebenfalls als Richtverstärker wirkt die in Fig. 263 abgebildete Schaltung, die sonst nicht viel Neues bringt. Bei dieser Schaltung sind Anode und Schutznetz vertauscht. Es wird also der Schutznetzstrom sowohl hochfrequent als auch

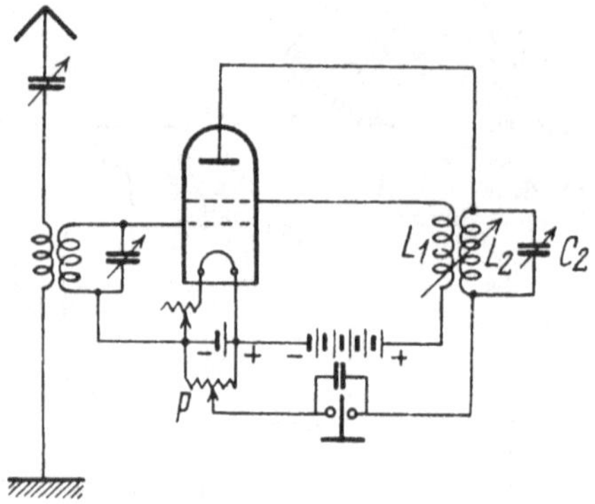

Fig. 262.

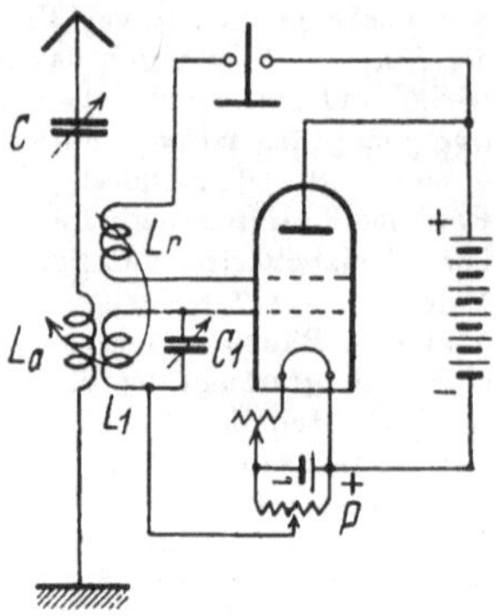

Fig. 263.

niederfrequent ausgenutzt. Die Richtverstärkerwirkung liegt im Nahgitter, welches negativ vorgespannt werden muß. Die nötige Spannung wird am Potentiometer P abgegriffen.

B. Die Negadyneschaltung.

Von dem Hollander Numan ist eine Doppelgitterröhrenschaltung gefunden worden, welche zur Schwingungserzeugung dient, aber keine besondere Rückkopplungsvorrichtung besitzt. Das bei dieser Schaltung zur

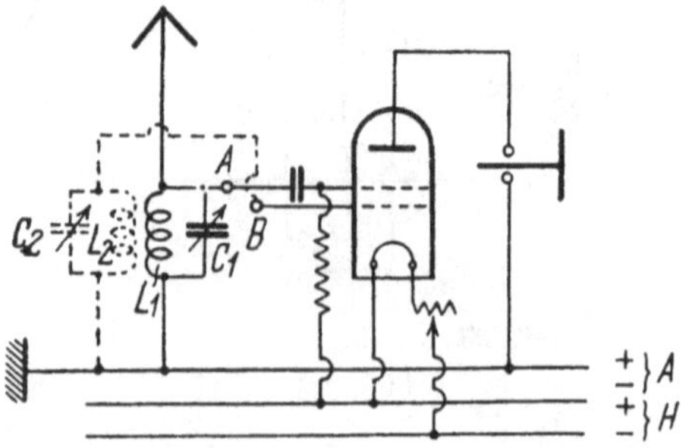

Fig. 264.

Verwendung gelangte Prinzip ist aus der Fig. 264 zu erkennen. Es handelt sich hier um eine Raumladungsgitterschaltung, bei welcher in den Raumladungsgitterkreis ein abgestimmter Schwingungskreis L_2C_2 geschaltet ist, der mit der Antenne gekoppelt wird. Diese Leitung für den Raumladungsgitterstrom ist in der Figur gestrichelt gezeichnet. Es wirkt bei dieser Schaltung das Raumladungsgitter also als Anode für die Hochfrequenzströme, während die eigentliche Anode als Anode für die Niederfrequenzströme dient. In bezug auf die Hochfrequenz handelt es sich also um eine Rückkopplungsschaltung mit abgestimmtem Anodenkreis L_2C_2. Läßt man nun den gestrichelten Teil der Zeichnung fort und verbindet die Punkte A und B miteinander, so erhält man den eigentlichen Numankreis. Bei diesem fallen die beiden Schwingungskreise in einen einzigen zusammen, so daß wir gewissermaßen unendlich feste Kopplung haben. Fig. 265 zeigt den Numankreis zur Schwingungserzeugung, also ohne Fernhörer. Man kann die Wirkungsweise dieser Schaltung aus Fig. 255b auch noch etwas anders erklären. Für wachsende Steuergitterspannungen fällt nämlich der Raumladungsgitterstrom ab, wahrend er für fallende Steuergitterspannungen zunimmt. Da nun in Fig. 265 Raumladungsgitterwechselspannung und Steuergitterwechselspannung übereinstimmen, so haben wir hier den merkwürdigen Fall, daß der Strom gegen die Spannung anläuft. Es läßt sich zeigen, daß dabei stets Energie in den Zwischenkreis hineingebracht wird, da die fallende Charakteristik des Raumladungsgitterstromes einen negativen

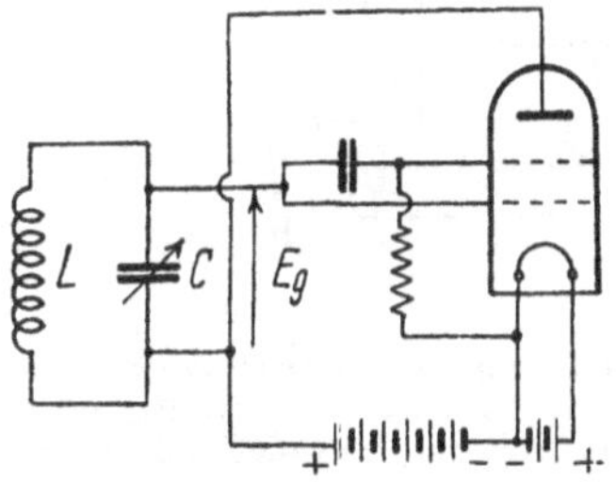

Fig. 265.

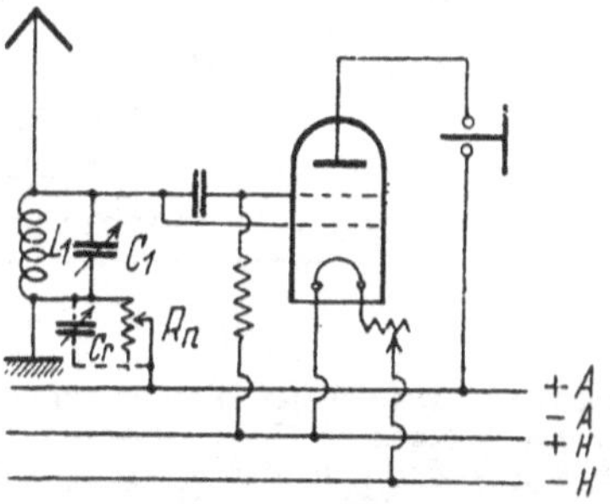

Fig. 266.

Widerstand darstellt. Hierüber vergleiche Kap. III, § I. Dieser negative Widerstand und damit die Energiezufuhr in den Schwingungskreis wird um so größer, je größer die Steilheit der Charakteristiken wird. Nun sahen wir im § 1, daß die Steilheit einer Raumladungsgitterröhre sowohl vom Sattigungsstrom, als auch von der Raumladungsgitterspannung abhangt. Die Schwingungserzeugung kann man demnach durch die Veranderung der Steilheit der Rohre beeinflussen, was einer Regulierung der Rückkopplung gleichkommt. Die Steilheit können wir durch den Heizstrom der Röhre wie auch durch die Raumladungsgitterspannung einstellen. Für beide Fälle geschieht das Einstellen durch die Verwendung von Regulierwiderständen mit Feineinstellung. Letztere kann man dadurch erreichen, daß man dem gewöhnlichen Heizwiderstand einen sehr großen Regulierwiderstand parallel schaltet. Fig. 266 zeigt eine solche Schaltung, bei der die Raumladungsgitterspannung durch einen Widerstand Rr eingestellt wird. Dieser Widerstand sollte ziemlich induktionsfrei sein und 30 bis 50 Ohm betragen. Ihm parallel ist ein großer Blockkondensator C_r geschaltet. Welche der beiden Reguliermöglichkeiten für die Rückkopplung die günstigere ist, muß ausprobiert werden. Die Röhre reagiert schneller auf die Heizung. Mit dem Widerstand R_r kann man feinere Einstellungen erzielen. Aus der eingangs gegebenen Erklarung für die Wirkungsweise folgt übrigens auch die Möglichkeit der Schwingungserzeugung, wenn man die beiden Gitteranschlüsse vertauscht. Allerdings begibt man sich dann der guten Einstellmöglichkeit. Es kommt ganz auf die Röhre an, ob dann Schwingungen zu erzielen sind oder nicht.

Das Bestechende an allen diesen Schaltungen ist der Umstand, daß man den Schwingungskreis direkt nach Wellenlängen oder Frequenzen eichen kann. Durch die Einstellung der Rückkopplung wird die Wellenlänge nicht beeinflußt, und man kann dieselbe Schaltung zur reinen Schwingungserzeugung wie auch zum Empfang, also zur Dampfungsverminderung, benutzen. In der Schwingungserzeugerschaltung wird der Numankreis als Wellenmesser (Kap. XIII) oder als Überlagerer benutzt. Als letzterer wird er mit Vorteil beim Transponierungsempfänger (Kap. II, § 2) verwendet. Als Empfänger führt die Schaltung den Namen Negadyne-

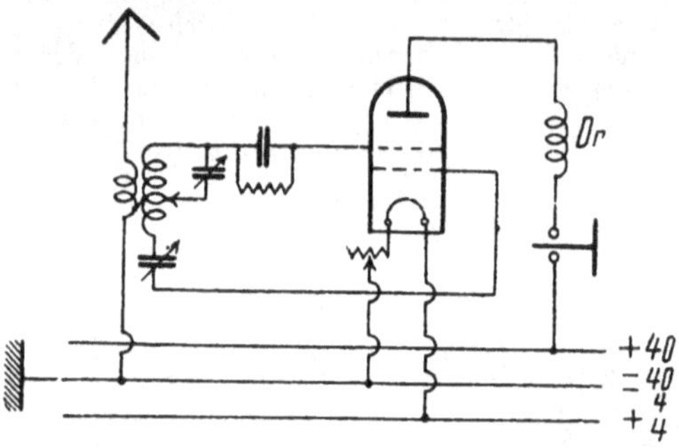

Fig. 267.

schaltung. Die besten Resultate erzielt man dabei mit aperiodischer Antennenkopplung oder mit Rahmen, wobei der Rahmen in Fig. 264 oder Fig. 266 an Stelle der Spule L_1 tritt. Der Apparat schwingt auf einem sehr großen Wellenbereich, so daß mit auswechselbaren Spulen bei außerordentlich leichter Bedienbarkeit doch ein sehr großer Wellenbereich bestrichen werden kann.

Eine sehr gute Wirkung soll auch mit der in Fig. 267 angegebenen Schaltung zu erzielen sein. Hier kommt zwischen den beiden Gittern das Ultra-Audionprinzip zur Anwendung.

C. Pendelrückkopplungsempfänger.

Der naheliegendste Weg, um von der Doppelgitterröhre zur Pendelrückkopplung zu gelangen, ist natürlich der, das eine Gitter zur Erzeugung der Hilfsfrequenz, das andere zur Einstellung der normalen Rückkopplung zu verwenden. Dieses Verfahren ist in Fig. 268 eingeschlagen worden. Das Weitgitter dient zum Empfang und zur Rückkopplung in einer Reinartzschaltung, während das Nahgitter zur Erzeugung der Hilfsfrequenz dient. Die hochfrequenten Anodenströme sollen durch den Rückkopplungskondensator C_r und die Rückkopplungsspule L_r fließen und werden von der Gleichstromseite, in der auch die Niederfrequenz- und Hilfsfrequenzströme fließen, durch eine Hochfrequenzdrossel ferngehalten. Die Schaltung ist besonders für kurze Wellen geeignet. In der Figur bedeuten die neben den Spulen angegebenen Zahlen Windungszahlen normaler Steckspulen. Hochfrequenzseitig sind die Windungszahlen angegeben für etwa 100 m Wellenlange. Diese Schaltung ist sehr empfindlich und kann zuweilen auch ohne die gestrichelt eingezeichnete Antenne mit Vorteil zum Empfang verwendet werden. Erweitert man die Schaltung der Fig. 268 durch eine Hochfrequenzverstärkerstufe und 2 Niederfrequenzverstärkerstufen, so ergibt sich der in Fig. 269 dargestellte sehr selektive und laut-

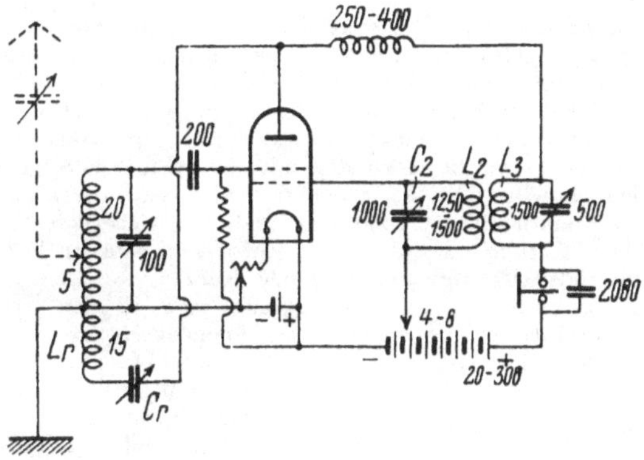

Fig. 268.

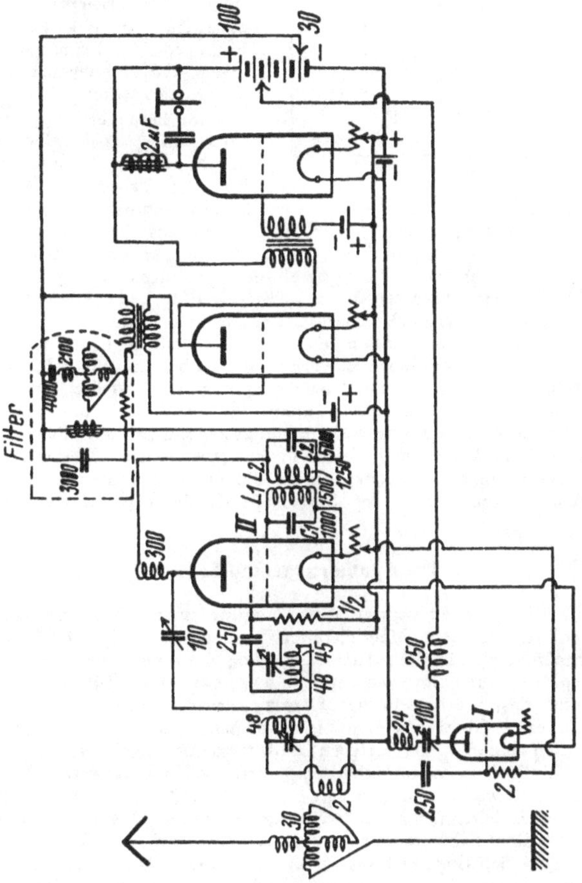

Fig. 269.

starke Vierröhrenempfänger. Die erste Röhre I ist eine Vorrohre und dient zur Hochfrequenzverstarkung. Ein Teil der abgestimmten Gitterspule ist mit der Antenne, der andere Teil mit der Gitterspule der nachsten Röhre gekoppelt. In der Vorröhre ist eine Rückkopplung vorgesehen, in der der Anodenwechselstrom über einen Drehkondensator von 100 cm und eine Selbstinduktionsspule, welche ebenfalls mit der Gitterspule gekoppelt ist, zum Heizfaden abfließt. Die Rückkopplung wird also durch den 100-cm-Drehkondensator einreguliert. Dieselbe Schaltung wiederholt sich bei der II., der Doppelgitterröhre, soweit die Hochfrequenzseite in Frage kommt. Wir haben hier also 2 aufeinanderfolgende Röhren, von denen jede eine Reinartzschaltung enthalt. Die Hilfsfrequenz wird in den Schwingungskreisen L_1C_1 und L_2C_2 erzeugt, die in den Anodenkreis bzw. in den Nahgitterkreis der Doppelgitterröhre eingeschaltet sind. Das Nahgitter hat hier keine positive Spannung, wirkt also nicht als Raumladungsgitter und hat deshalb einen Gleichrichtereffekt. Um die Hilfsfrequenz von den Niederfrequenzverstarkerröhren fernzuhalten, ist ein besonderes Filter vor die Primarspule des ersten Niederfrequenztransformators geschaltet.

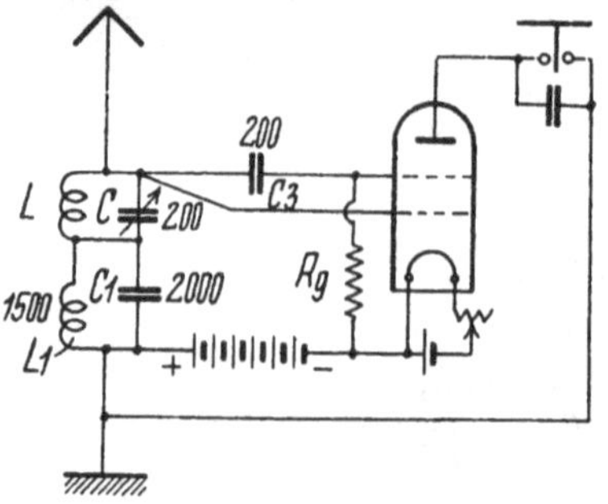

Fig. 270.

Eine besonders elegante Losung liefert auch hier wieder die Negadyneschaltung, die in Fig. 270 dargestellt ist. Der hilfsfrequente Schwingungskreis besteht aus einer Spule von 1500 Windungen und einem Blockkondensator von 2000 cm. Die Einstellung der Rückkopplung für beide Kreise geschieht hier ebenfalls ausschließlich durch den Heizwiderstand, der Feineinstellung haben muß. Diese Schaltung ist vielleicht eine der einfachsten, betriebssichersten und am leichtesten zu bedienenden Pendelrückkopplungsschaltungen überhaupt. Zuweilen ist es übrigens möglich, mit der normalen Negadyneschaltung Pendelrückkopplung zu erzielen, da ja ein Gitter hohe positive Spannungen bekommt. Es liegt dann das Verfahren nach Flewelling vor. Die Pendelrückkopplungsschaltungen sind für Doppelgitterröhren viel mehr zu empfehlen wie für gewöhnliche Eingitterröhren, weil wegen der geringen Anodenspannung die gesamte Schwingungsenergie kleiner und damit die Gefahr der Störungen durch Ausstrahlung geringer wird.

D. Transponierungsempfänger.

Für die Konstruktion von Transponierungsempfangern eröffnet die Doppelgitterröhre zwei neue Möglichkeiten. Einmal kann die Mischung der Empfangsschwingung mit der Hilfsschwingung in einer Doppelgitterröhre sehr einfach bewerkstelligt werden, indem das eine Gitter von der Empfangswelle, das andere von der Überlagererwelle gesteuert wird, zweitens kann das eine Gitter als Empfänger dienen, das zweite als Erzeuger der lokalen Schwingung. Im lezteren Fall wird also auch dieselbe Röhre gleichzeitig Mischröhre, aber außerdem noch Schwingungserzeuger. Ein Beispiel der ersteren Verwendungsart zeigt Fig. 271, wo die Röhre I Empfanger und Richtverstärker ist, während die Röhre II als Oszillator geschaltet wird. Der Schwingungskreis L_2C_1 wird auf die Empfangswelle abgestimmt, der Schwingungskreis L_1C_2 gibt die Überlagererwelle. Die an der Spule L_4 entstehenden Spannungsschwankungen werden nun nicht wie sonst beim Ultradyneempfänger, an welchen die Schaltung anklingt, dem Anodenkreis der Röhre I zugeführt, sondern dem Nahgitter derselben Röhre, so daß nicht nur eine Übertragung, sondern auch eine Verstärkung stattfindet. Der Hochfrequenztransformator ist dann durch den Kondensator C_4 auf die Zwischenfrequenz abgestimmt, die dann dem Schwingungs-

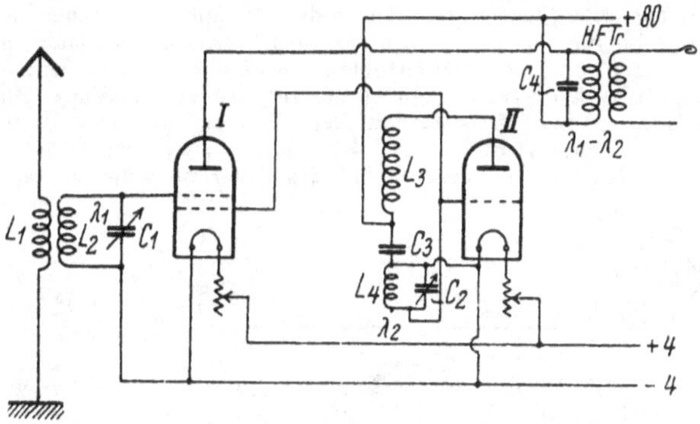

Fig. 271.

verstarker zugeführt wird. Selbstverständlich ist dieses Mischverfahren auch mit jeder anderen Überlagererschaltung ausführbar.

Ein Beispiel für die gleichzeitige Verwendung derselben Röhre als Empfänger und Oszillator liefert Fig. 272. Die Antenne und der

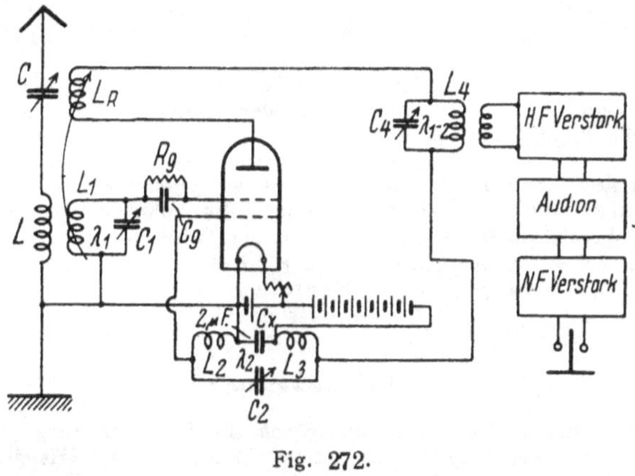

Fig. 272.

Schwingungskreis L_1C_1 sind auf die ankommende Welle abgestimmt. Eine Rückkopplung L_r dient zur Dämpfungsverminderung. Die Empfangswelle wird über die Audionschaltung RgCg dem Weitgitter der Röhre zugeführt. Das Nahgitter ist mit Anode und Kathode durch den Schwingungskreis $L_2L_3C_2$ zu einer Überlagerschaltung zusammengesetzt, die also vom Weitgitter vollkommen unabhängig ist. Im Anodenkreis mischen sich Empfangs- und Überlagererwelle. Die Zwischenwelle $\lambda_1 - \lambda_2$ wird durch den Filterkreis L_4C_4 dem Zwischenfrequenzverstärker zur weiteren Verstärkung zugeführt. Hier ist also dieselbe Röhre gleichzeitig als Oszillator verwendbar, ohne daß die Gefahr besteht, daß durch die Selbsterregung Strahlungsgefahr oder Änderung der Empfangerabstimmung eintritt. Im Notfalle müßte auf die Rückkopplung verzichtet werden. Die kapazitive Kopplung mit der Antenne durch die Röhre selbst ist bei der Doppelgitterröhre außerordentlich gering. Fig. 273 zeigt eine interessante Transponierungsempfängerschaltung, die unter dem Namen „Tetrodyneempfanger" bekannt ist. Hier werden sowohl für die Mischröhre als auch für die Oszillatorröhre, die beide getrennt sind, Doppelgitterröhren verwendet. Die Empfangswelle wird dem als Audion geschalteten Nahgitter der ersten Röhre zugeführt. Der Schwingungskreis ist statt mit der Kathode mit dem Pluspol der Anodenbatterie verbunden. Durch den Silitstab $R_{g\,1}$ wird die positive Spannung etwas herabgemindert, so daß das Gitter nur eine schwache posi-

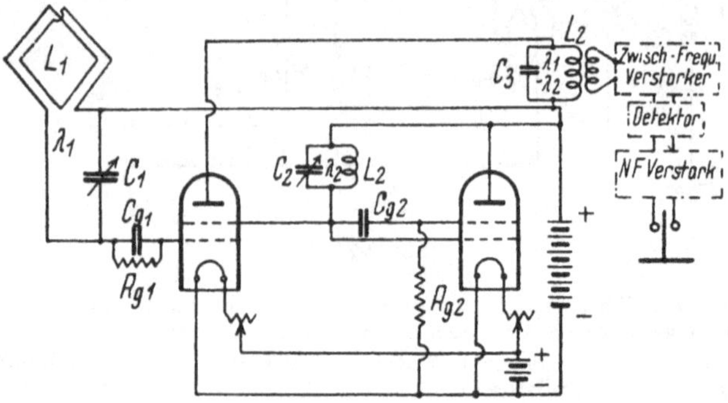

Fig. 273.

tive Vorspannung bekommt, die aber gerade für die Audionwirkung günstig ist. Das Weitgitter bekommt die volle Anodenspannung, ist also als Schutznetz geschaltet. Gleichzeitig wird dem Weitgitter die dem Schwingungskreis C_2L_2 der Überlagererröhre entnommene Überlagererspannung zugeführt. In dem Überlagerer selbst erkennen wir unschwer eine dem Negadyneempfänger ähnliche Oszillatorschaltung. Im Anodenkreis der Mischröhre befindet sich dann der Filterkreis für die Zwischenfrequenz. Der Vorzug dieser Schaltung liegt darin, daß für die 3 Wellen λ_1, λ_2 und $\lambda_1 - \lambda_2$ nur eine Spule nötig ist, was die Herstellung des Gerätes außerordentlich vereinfacht.

E. Reflexschaltungen.

Die Anwendung der Doppelgitterröhren für Reflexschaltungen ist von vornherein sehr naheliegend. Das eine Gitter wird zur Hochfrequenzsteuerung, das andere zur Steuerung durch Niederfrequenz ausgenutzt. Auf diese Weise wird die ganze Schaltung sehr durchsichtig. Fig. 274 zeigt einen Dreiröhrenreflexempfänger, bei dem die beiden ersten Röhren doppelt ausgenutzt werden, während die dritte Röhre lediglich als Audion dient. Die Doppelgitterröhren haben wie immer bei Reflexschaltungen hohe Anodenspannungen, da eine Verringerung der Raumladung oder eine Verkleinerung des Durchgriffes durch die Gitteranordnung nicht eintritt, denn die Gitter werden lediglich zur Steuerung verwandt, und zwar dient das Weitgitter zur Steuerung der Hochfrequenzenergie. Im Anodenkreis der ersten Röhre sind die Primärspulen des Hoch- und Niederfrequenztransformators in Serie geschaltet, wobei der Niederfrequenztransformator durch einen großen Kondensator überbrückt werden muß. Die Anordnung erscheint hier nicht sehr glücklich, weil sie offenbar den wichtigen Grundsatz der Anordnung Hoch- und Niederfrequenz führender Teile verletzt.

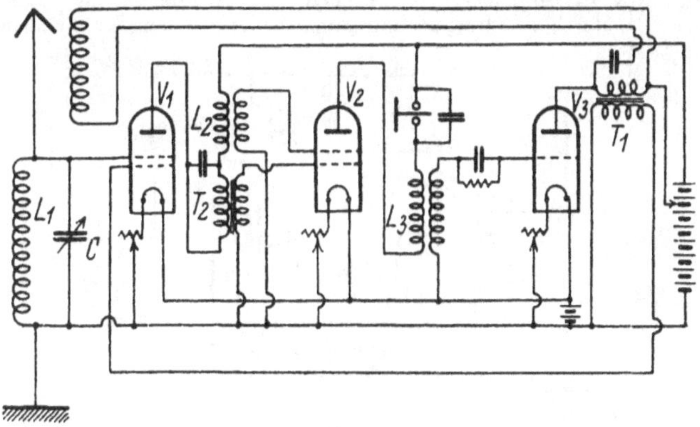

Fig. 274.

Hoch- und Niederfrequenztransformatoren müßten vertauscht werden, so daß der Niederfrequenztransformator mit der Anodenbatterie verbunden ist. Im Anodenkreis der zweiten Rohre ist die Anordnung richtig. Im Anodenkreis der Audionröhre befindet sich der erste Niederfrequenztransformator, der auf das Nahgitter der ersten Röhre zurückreflektiert. Parallel zur Sekundarspule dieses Kondensators liegen ein Blockkondensator und die Rückkopplungsspule. Auf diese Weise wird erreicht, daß den Hochfrequenzströmen ein bequemer Weg verschafft wird, und gleichzeitig, daß niederfrequente Rückkopplungen nicht stattfinden können. Die saubere Trennung von Hoch- und Niederfrequenzströmen durch die Doppelgitteranordnung beseitigt bei dieser Schaltung viele Störungen, unter denen Reflexschaltungen gewöhnlich zu leiden haben. Verallgemeinerungen dieser Schaltung wird der Leser leicht selbst finden können.

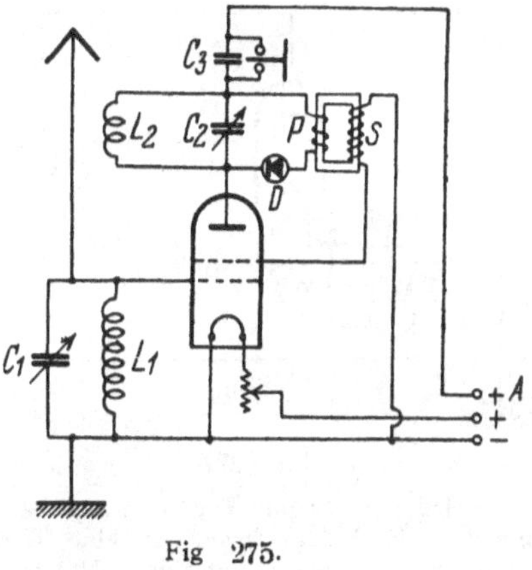

Fig 275.

Bei dieser Anordnung wurde mit Audion und Hochfrequenztransformatoren gearbeitet. Im Gegensatz dazu steht die Einröhrenreflexschaltung der Fig. 275, bei der mit Kristalldetektor und Sperrkreis gearbeitet wird. Das Nahgitter dient zur Hoch-, das Weitgitter zur Niederfrequenzsteuerung. Selbsterregung ist hier wenig zu befürchten, da die Kopplung durch innere Röhrenkapazitäten zwischen den beiden Schwingungskreisen L_1C_1 und L_2C_2

geringer ist als bei Eingitterröhren. Durch diese Verwendung der Doppelgitterröhre werden zwar viele Störungen ausgeschaltet, gleichzeitig fällt aber der Nachteil der größeren Anodenspannung schwer ins Gewicht, da ja die Doppelgitterröhren sich hauptsächlich wegen der Ersparnis an Anodenspannung eingebürgert haben. Die in Fig. 276 dargestellte Anordnung, die mit Fig. 275 zu vergleichen ist, benutzt das Weitgitter als Anodenschutznetz, wodurch Anodenspannung gespart werden kann. Im Schutznetz-

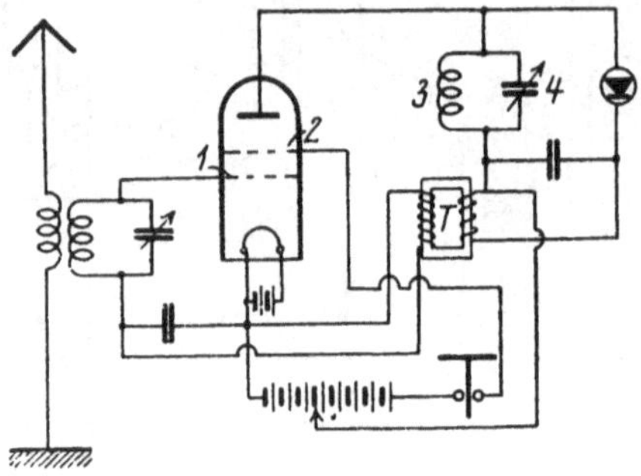

Fig 276.

kreis befindet sich der Fernhörer Die Niederfrequenz wird durch den Transformator T ebenfalls dem Steuergitter zugeführt, so daß dieses die beiden Frequenzen steuern muß. Eine Trennung der Frequenzen findet aber im Anodenkreis statt, indem nämlich der eigentliche Anodenkreis die Hochfrequenzströme ableitet, während das Schutznetz als Anode für die Niederfrequenzströme dient. Eine ähnliche Schaltung, bei der auch wieder das Nahgitter hoch- und niederfrequent gesteuert wird, die beiden anderen Elektroden jedoch gesonderte Funktionen ausüben, ist in Fig. 277 dargestellt. Die eigentliche Anode nimmt die Hochfrequenz auf; da sie aber nur eine ganz schwache, durch das Potentiometer P einstellbare positive Spannung besitzt, wird ein Strom nur während der positiven Halbperioden fließen können. Die Folge davon ist eine Gleichrichtung. Die so entstehende Niederfrequenz wird auf das Nahgitter reflektiert. Der Fernhörer liegt im Schutznetzkreise Zwischen Anodenkreis und Schutznetzkreis ist eine Rückkopplung L_1L_2 vorgesehen.

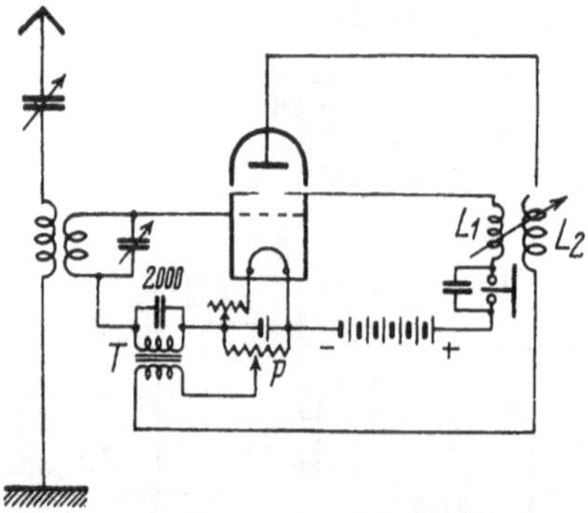

Fig 277.

Diese Schaltungen arbeiten mit Niederfrequenztransformator. Es sind aber auch transformatorfreie Reflexschaltungen mit Doppelgitterröhren möglich. In Fig. 278 wird die durch das Nahgitter gesteuerte Hochfrequenz durch den sekundärseitig abgestimmten Hochfrequenztransformator L_1L_2 dem Detektor D zugeführt. Der Niederfrequenztransformator ist ersetzt durch den Reflexkondensator C_r, der zwischen Kathode und Weitgitter liegt. so daß die niederfrequenten Spannungsschwankungen an seinen Belegungen auf das Weitgitter übertragen werden, welches die Röhre also niederfrequent steuert. Auch die Fig. 279 stellt eine transformatorfreie Reflexschaltung dar. Die Erklarung der Wirkungsweise folgt aus einem Vergleich dieser Schaltung mit der Schaltung der Fig. 277. Die Anode wirkt als Richtverstärker. Die so entstehende Niederfrequenz wird nun statt dem Niederfrequenztransformator direkt dem Nahgitter der Röhre zugeführt.

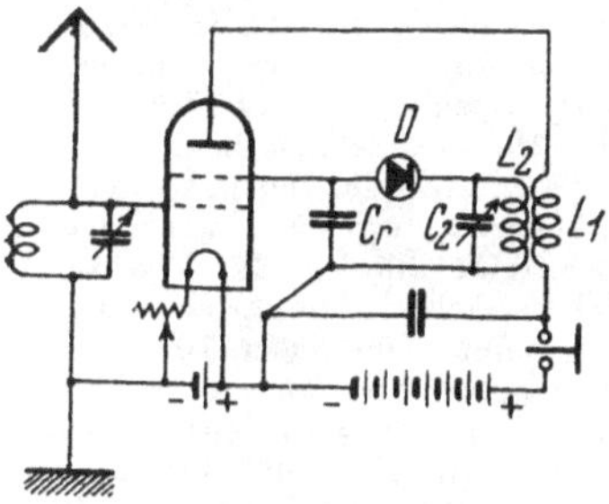

Fig. 278.

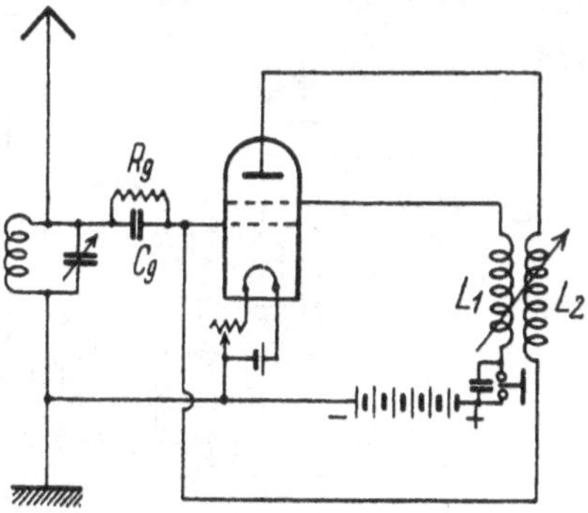

Fig. 279.

Der große Spannungsabfall an dem Widerstand R_g ist die niederfrequente Nahgitterspannung, so daß dieser Widerstand also die Kopplung herstellt. Er muß natürlich fur die Hochfrequenz durch einen Kondensator C_g über-

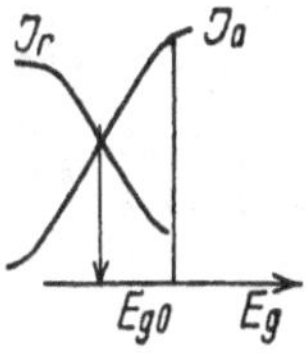

Fig. 280a.

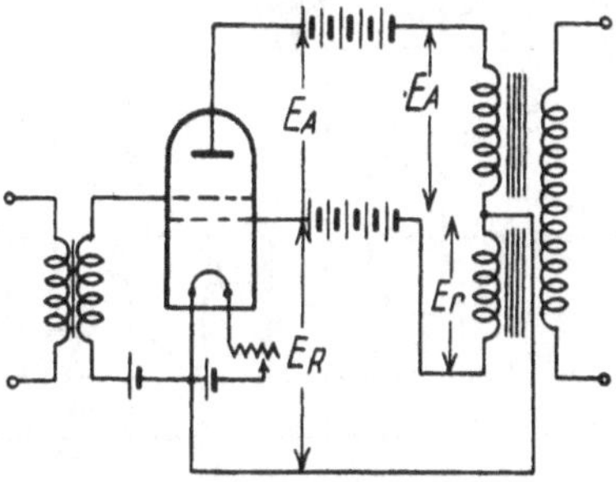

Fig. 280b.

brückt werden. Die Parallelschaltung $C_g R_g$ bedeutet hier also keine Audionschaltung, sondern arbeitet ähnlich wie beim Reflexempfänger.

Die Möglichkeit der doppelten Steuerung einer Doppelgitterröhre kann nun auch für die Niederfrequenzverstärkung nutzbar gemacht werden. Eine solche Möglichkeit besteht darin, daß man ein Gitter und die Anode im Gegentakt arbeiten laßt. In Fig. 280 ist eine Doppelgitterröhre in Raumladungsgitterschaltung aufgezeichnet. Die Charakteristik des Anodenstromes steigt mit der Steuergitterspannung, die Charakteristik des Raumladungsgitterstromes fällt dagegen. (Fig. 280a.) Diese Tatsache kann man verwenden, um die Röhre in Gegentaktschaltung arbeiten zu lassen. Man würde dadurch den Raumladungsgitterstrom, der sonst unausgenutzt bliebe, für die Verstärkung heranziehen. Für solche Schaltungen findet man auch die Bezeichnung Cryptadyne. Voraussetzung für gute Verstärkung ist, daß beide Charakteristiken geradlinig im negativen Gitterspannungsgebiet verlaufen und sich dort schneiden. Der Schnittpunkt liegt bei der negativen Vorspannung Ego. Wird der eine Strom verstärkt, so wird der andere geschwächt. Durch einen Transformator mit Anzapfung in der Mitte der Primärspule, wie man ihn für Gegentaktverstärker verwendet, läßt sich die Schaltung der Fig. 280 verwirklichen. An der Sekundärspule dieses Gegentakttransformators kann dann eine höhere Spannung abgegriffen werden. Man würde auf diese Weise günstigenfalls die doppelte Verstärkungszahl erreichen, was allerdings keine allzu große Verbesserung bedeutet. Immerhin kann aber unter Umständen bei einer Doppelgitterröhre, die ja sowieso nur geringe Anodenwechselstromleistung hat, auf diese Weise doch ein Lautsprecherbetrieb ermöglicht werden. Diese Schaltung läßt sich nun ebenso wie die Gegentaktschaltung mit zwei Röhren weiter ausbauen. Man hat ja hier tatsächlich zwei in Gegentakt gesteuerte Röhren, die in einem einzigen Gehäuse vereinigt sind. Aber auch zur niederfrequenten Rück-

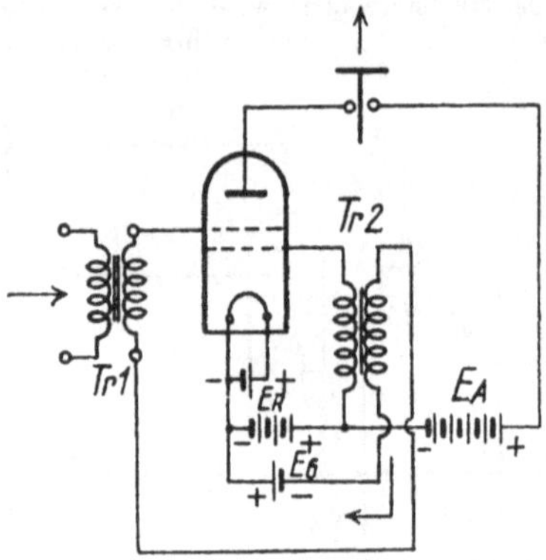

Fig. 281.

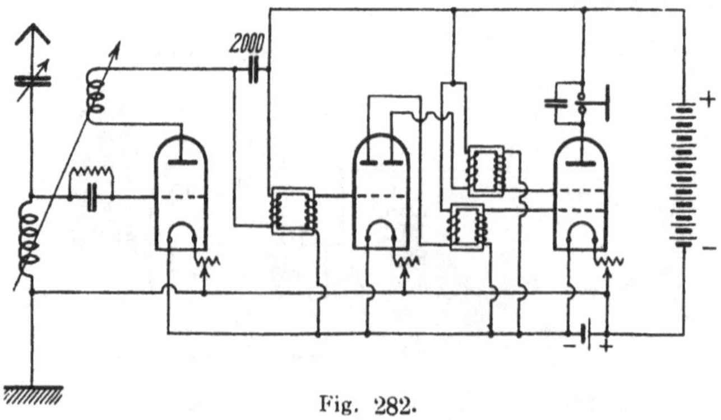

Fig. 282.

kopplung kann die Doppelgitterröhre verwendet werden. In Fig. 281 ist ein Beispiel hierfür angegeben. Auch hier verwenden wir die Röhre in Raumladungsgitterschaltung. Die niederfrequente Wechselspannung wird zunächst dem Steuergitter zugeführt. Da es sich bei dieser Schaltung um ein Verteilungsproblem handelt, so wird bei wachsendem Anodenstrom der Raumladungsgitterstrom abnehmen. Es wird also ein dem Anodenstrom proportionaler Niederfrequenzstrom die Primärspule des Transformators Tr_2 durchfließen. Die Sekundärspule ist mit der Sekundärspule des Transformators Tr_1 in Serie geschaltet, wodurch die sekundäre Wechselspannung dem Steuergitter wieder zugeführt wird. Damit diese niederfrequente Rückkopplung in verstärkendem Sinne auf das Steuergitter wirkt, müssen die

Anschlüsse des Transformators Tr_2 richtig gewählt werden. Die Rückkopplung kann durch die Raumladungsgittervorspannung variiert werden.

Ähnlich wie in Fig. 280 kann nun auch die Röhre mit Schutznetzschaltung verwendet werden. Hätte man in der Röhre statt des Schutznetzes eine zweite Anode, so könnte man aus zwei gleichen Anodenkreisen gleiche Anodenströme entnehmen. Dieses Verfahren ist in Fig. 282 zu einem Niederfrequenzverstarker ausgebaut worden. Die zweite Röhre ist eine Doppelanodenröhre. Jeder Anodenstrom fließt durch die Primärspule eines Niederfrequenztransformators mit dem Übersetzungsverhältnis 1:3 bis 1:5. Die Sekundärspannungen dieser beiden Transformatoren sind an je ein Gitter der letzten Doppelgitterröhre gelegt. Auf diese Weise soll eine ganz bedeutend klangreinere Sprachwiedergabe ermöglicht werden. Verwendet man statt der Doppelanodenröhre nun eine Doppelgitterröhre, so werden die beiden Anodenströme gegenphasig sein und müßten daher die Primärspulen der beiden Transformatoren im umgekehrten Sinne durchlaufen. Mit diesem Verfahren sind die Schaltungsmöglichkeiten der Doppelgitterröhre noch keinesfalls erschöpft. Andere Möglichkeiten lassen sich jedoch aus den hier dargestellten Prinzipien entwickeln.

§ 3. Solodyneschaltungen.

Schreitet man auf dem Wege, die Anodenspannung durch geeignete Bemessung der Konstruktionsdaten der Doppelgitterröhre herabzusetzen, weiter, so ergibt sich von selbst die Tendenz, ganz ohne besondere Anodenbatterie auszukommen. Ohne Anodenspannung wird jedoch ein Empfang kaum möglich sein. Aber es müßte gelingen, die Anodenspannung aus der Heizbatterie zu entnehmen. Da diese ja stets eine größere Spannung hat, als die Röhre braucht, damit man durch einen Vorschaltwiderstand die richtige Heizspannung einregulieren kann, so liegt es nahe, diesen Spannungsüberschuß, der also gleich dem Spannungsabfall am Heizwiderstand ist, für die Anodenspannung auszunutzen. Voraussetzung hierfür ist, daß der Heizwiderstand stets in die positive Zuleitung zur Heizbatterie gelegt wird. Die nach diesem Gedanken entwickelten Schaltungen sind in Amerika unter den Namen „Solodyne- und Unidyneschaltungen" bekannt geworden. In Deutschland wird meist nur der erstere Name geführt. Man darf selbstverständlich nicht erwarten, mit Röhrenschaltungen ohne Anodenbatterie dieselben Ergebnisse erzielen zu können wie mit Anodenbatterie. Denn die maximal abgebbare Anodenwechselstromleistung wird um so kleiner, je geringer der Anodengleichstrom ist. Prinzipiell kann ein schwacher Effekt auch mit Eingitterröhren erzielt werden, aber der Raumladeeffekt wird hier jeden Nutzen ausschließen; man muß zur Doppelgitterröhre greifen, und zwar in der Raumladungsgitterschaltung. Aus der geringen Anodenwechselstromleistung folgt von selbst der Umfang des Anwendungsgebietes. Man darf die Röhre in der Solodyneschaltung nur zur Verstärkung so schwacher Wechselströme benutzen, daß durch die Verstärkung die Leistungsgrenze der Röhre nicht überschritten wird. Das heißt, man muß sich auf Fernempfang mit Kopfhörer beschränken. Dann sind allerdings mit einer solchen Schaltung eine ganze Reihe von außerordentlichen Vorteilen verknüpft. Zunächst einmal wird die Röhre ganz schwache Impulse genau so verstärken, wie eine normale Röhre mit Anodenspannung, so daß man den Vorteil der Ersparnis der Anodenbatterie voll auskosten kann.

Ferner zeigen Rückkopplungsschaltungen jeder Art, die nach dem Solodyneprinzip ausgeführt werden, den Vorteil eines sehr weichen Einsetzens der Schwingungen. Man kann also die Dämpfungsverminderung durch Rückkopplung sehr weit ausnutzen.

Infolge der geringen verstärkten Energie wird eine Ausstrahlung durch die Antenne keinen wesentlichen Schaden anrichten können. Auch wird die selbsterregte Schwingung von den aufgefangenen Senderwellen, wenn sie nicht gar zu schwach sind, mit gesteuert, so daß störende Schwebungen in einem großen Verstimmungsbereich gar nicht auftreten. Diese Erscheinung ist in der unmittelbaren Umgebung der genauen Abstimmung bei Rückkopplungsempfangern bekannt und wird „Mitnahme" genannt. Der Mitnahmebereich ist bei Empfangern ohne Anodenbatterie bedeutend größer, was ebenfalls einen Vorzug bedeutet.

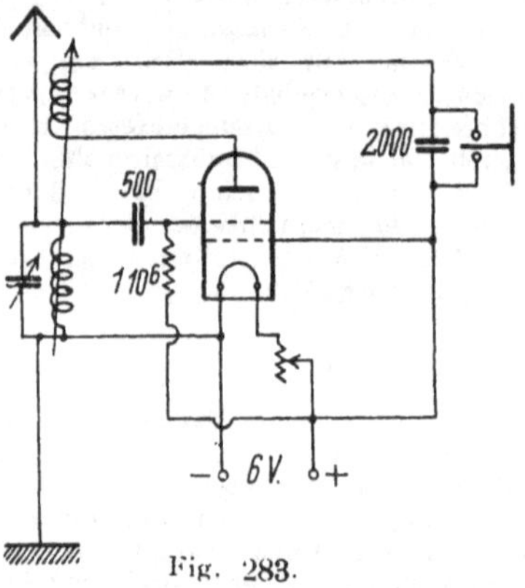

Fig. 283.

Mehrröhrenapparate ohne Anodenbatterie zu konstruieren, ist nicht ratsam, weil bei größeren Verstärkungen dann sicher Verzerrungen eintreten. Für Telegraphieempfang dürfte dieser Einwand unbedenklich sein, Telefonieempfang wäre jedoch nicht möglich. Wohl empfiehlt es sich, bei Mehrröhrenempfangern ohne Anodenspannung zur Hochfrequenzverstärkung vor den Empfanger zu schalten, weil dadurch erstens an Empfindlichkeit nichts verlorengeht, zweitens ein weiches Einsetzen der Schwingungen bei der Rückkopplung erreicht wird, und drittens die Gefahr der Storung durch unbeabsichtigte Strahlung wesentlich vermindert wird.

Die einfachste Schaltung ist das Audion mit induktiver oder kapazitiver Rückkopplung. In Fig. 283 ist die Schaltung angegeben. Sie unterscheidet sich von einer gewöhnlichen Audionschaltung nur durch das Fehlen der Anodenbatterie. Eine Variation zeigt Fig. 284, bei der Raumladungsgitterkreis und Anodenkreis durch einen Niederfrequenztransformator gekoppelt sind. Die Raumladungsgitterspannung wird am Potentiometer P abgegriffen. Diese Schaltung bringt ein Reflexprinzip zur Anwendung. Die Anodenstromschwankungen erzeugen an der Sekundarseite des Transformators Raumladungsgitterschwankungen, die zu einer weiteren Verstärkung des Anodenstromes führen, wenn die Anschlüsse der Sekundarspule richtig gewählt sind. Eine Reflexschaltung zeigt auch Fig. 285, bei welcher die Röhre als Hoch- und Niederfrequenzverstärker geschaltet ist, während die Gleichrichtung durch einen Detektor vorgenommen wird. Die Hochfrequenzverstärkerseite zeigt eine Leithäuser-Reinartzschaltung mit kapazitiver und induktiver Rückkopplung. Durch den eigentlichen Anodenkreis fließt nur niederfrequenter Wechselstrom, wahrend der verstärkte Hochfrequenzstrom durch einen Sperrkreis geht, welcher in den Raumladungsgitterkreis eingefügt ist. Der Sperrkreis ist bei dieser Schaltung durch ein Variometer abgestimmt, was aber mit dem Prinzip der Schaltung nichts zu tun hat. An den Sperrkreis ist dann der Detektorkreis angekoppelt, von

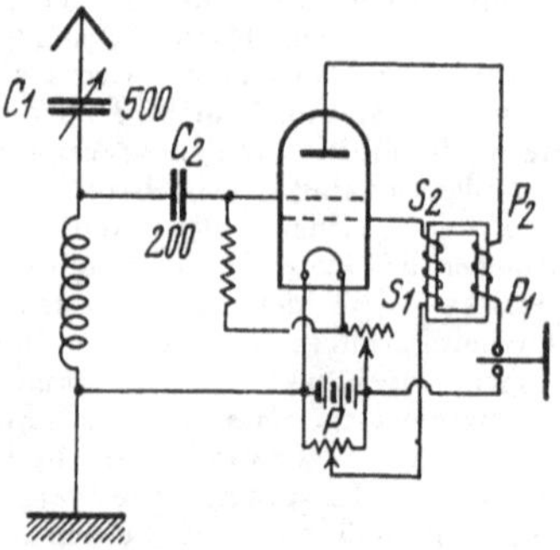

Fig. 284.

welchem die Niederfrequenzspannungen durch den Transformator wieder zum Steuergitter gelangen.

Als Beispiel sei auch eine Pendelrückkopplungsschaltung wiedergegeben.

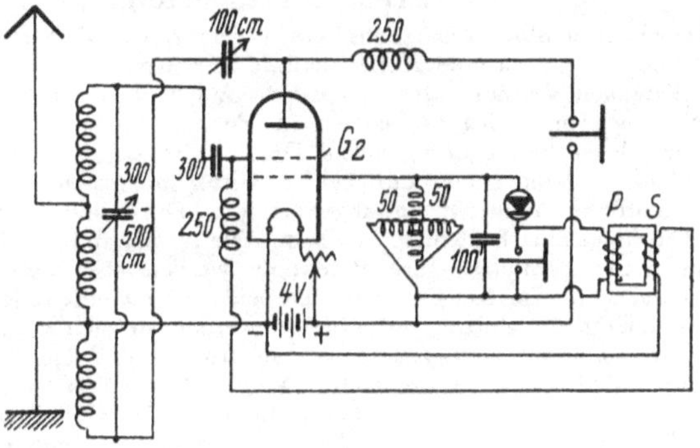

Fig. 285.

In Fig. 286 ist eine Pendelrückkopplungsschaltung nach Armstrong für Rahmenempfang dargestellt. Die Empfangsrahmenschaltung entspricht genau

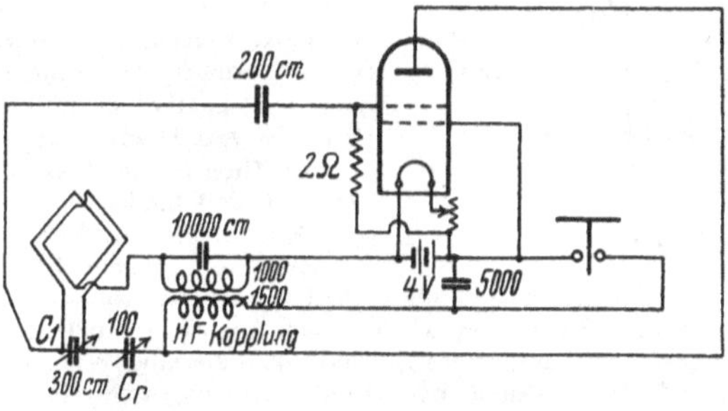

Fig. 286.

der der Hochfrequenzverstärkerschaltung der Fig. 285. Die beiden Spulen von 1500 und 1000 Windungen besorgen die Erzeugung der Hilfsfrequenz. Bei allen Pendelrückkopplungs- und Reflexschaltungen dieser Art ist jedoch zu bemerken, daß man große Lautstärken nicht erwarten darf und mit Verzerrungen zu rechnen hat. Denn gerade diese Schaltungen bedürfen bei der Verwendung von Eingitterröhren schon einer besonders hohen Anodenspannung. Allerdings ist das Experimentieren mit diesen Schaltungen wegen des schon mehrfach erwähnten Vorteils der geringen Strahlungsenergie weniger gefährlich.

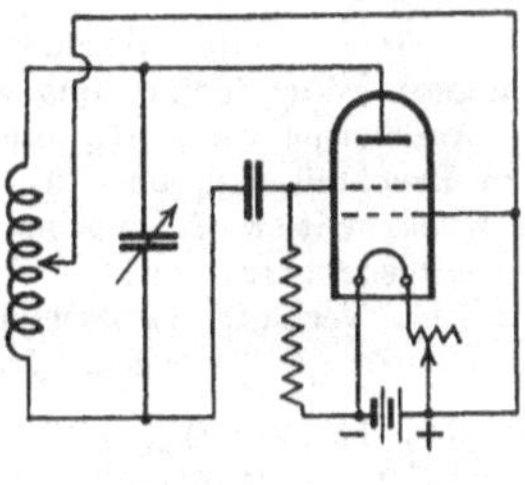

Fig. 287.

Für Transponierungsempfänger ist nur eine außerordentlich geringe im Empfänger erzeugte Schwingungsenergie erforderlich. Bei der Verwendung von Rückkopplungsschaltungen mit gewöhnlichen Röhren liegt immer Strahlungsgefahr vor. Man würde aber mit der Energie, die man mit einem Oszillator nach Fig. 287 erzielen kann, auskommen.

§ 4. Die Freigittersteuerung.

Die Doppelgitterröhre ermöglicht ein Verfahren zur Steuerung der Röhre, dem vielleicht noch eine große Zukunft beschieden ist, da der Steuerkreis keine leitenden Verbindungen mit Anode und Kathode besitzt, wodurch eine ganze Reihe von Störungsursachen in Fortfall kommt. Dieses Verfahren ist die Freigittersteuerung nach Dresla. Es beruht kurz auf folgendem Gedanken: Von einem der beiden Gitter oder dem Anodenblech wird der eigentliche Anodenstrom abgenommen. Die Anode braucht also nicht mit dem Anodenblech identisch zu sein. Die beiden anderen Elektroden erhalten die Steuerspannung. Ihre Potentiale werden also stets entgegengesetzt gerichtet sein. Da die Einflüsse der beiden Steuerelektroden auf den Anodenstrom aber nicht gleich groß sind, so werden sie sich nicht kompensieren können, sondern einen Anodenwechselstrom zur Folge haben. Die beste Wirkung wird erzielt, wenn nach Fig. 288 das Weitgitter zur Anode gemacht wird, das Nahgitter und das Anodenblech zu Steuerelektroden. Die beiden letzteren wollen wir mit G_1 und G_2 bezeichnen. Die zu verstärkende primäre Wechselspannung $\mathfrak{E}_p$ wird dann also zwischen G_1 und G_2 gelegt. Die Einwirkung der beiden Elektroden G_1 und G_2 auf den Anodenstrom ist verschieden. Wird G_1 positiv, so wächst der Anodenstrom Ia, wird G_1 negativ, so fällt Ia ab. Da aber die Anode gitterförmig gestaltet ist, so fließen die Elektronen z. T. hindurch und landen unter Umständen auf dem Blech G_2. Wird G_2 positiv, so wird die Zahl der Elektronen, die nach A gelangen und damit a kleiner; wird G_2 negativ, so werden die durch A hindurchtretenden Elektronen wieder nach A zurückgeworfen, wodurch der Anodenstrom anwächst. Negatives G_2 hat also dieselbe Wirkung wie positives G_1, nämlich Verstärkung des Anodenstromes, während positives G_2 ebenso wie negatives G_1 den Anodenstrom schwächt. Da nun aber G_1 und G_2 stets entgegengesetztes Potential haben, so werden die beiden Elektroden den Anodenstrom besser steuern als eine Elektrode. Unter Umständen kann man die Spule L in der Mitte anzapfen und durch einen hochohmigen Widerstand R mit der Heizbatterie verbinden, um beiden Elektroden eine bestimmte Vorspannung zu geben.

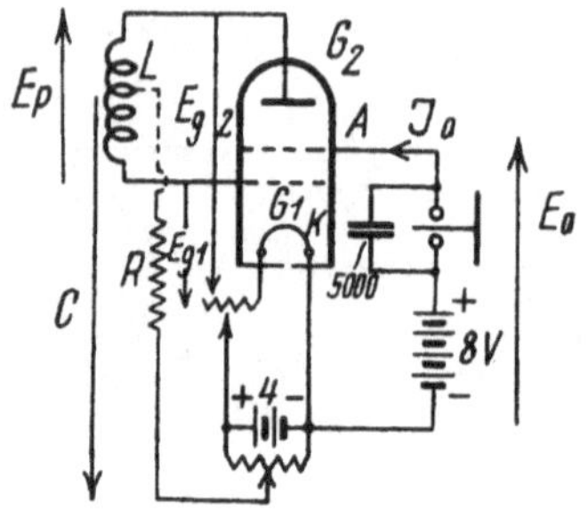

Fig. 288.

Zu einer exakten Fassung der Vorgänge kann man auf folgende Weise gelangen: Wir denken uns Anode und G_2 in die Fläche von G_1 verlegt. Die Anodenspannung $\mathfrak{E}_a$ und die Steuerspannung $\mathfrak{E}_{g_2}$ wirken dann mit ihren Bruchteilen d_1 bzw. d_2, die wir als Durchgriff der beiden Spannungen durch das Gitter G_1 ansehen. Da nun die Spannung $\mathfrak{E}_{g_2}$ der Spannung $\mathfrak{E}_{g_1}$ entgegengesetzt gerichtet wirkt, laßt sich, solange die Charakteristik geradlinig verläuft, I_a darstellen durch:

$$I_a = s\,(\mathfrak{E}_{g_1} + d_1\,\mathfrak{E}_a - d_2\,\mathfrak{E}_{g_2}).$$

Wir ersetzen nun $\mathfrak{E}_{g_1}$ und $\mathfrak{E}_{g_2}$ durch die Primärspannung $\mathfrak{E}_p$ und durch das mittlere Gleichpotential e des Eingangskreises. Dann wird:

$$\mathfrak{E}_{g_1} = e + \frac{\mathfrak{E}_p}{2}, \quad \mathfrak{E}_{g_2} = e - \frac{\mathfrak{E}_p}{2}.$$

Für den Anodenstrom erhalten wir dann:

$$\mathfrak{J}_a = s\left[e + d_1 e_a - d_2 e + \frac{\mathfrak{E}_p}{2} - d_1 \mathfrak{E}_a + d_2 \frac{\mathfrak{E}_p}{2}\right].$$

Der Anodenwechselstrom wird dann:

$$I_a = s\left[\mathfrak{E}_p \frac{1 + d_2}{2} - d_1 \mathfrak{E}_a\right].$$

Setzt man nun:

$$S = \frac{s}{2}(1 + d_2) \quad \text{und}$$

$$D = \frac{2d_1}{1 + d_2},$$

so ist.

$$\mathfrak{J}_a = S\,[\mathfrak{E}_p - D\,\mathfrak{E}_a].$$

Damit hatten wir die Theorie der Freigittersteuerung auf die Theorie der gewöhnlichen Eingitterröhre zurückgeführt. Der Hauptvorteil dieser Schaltungen liegt in der Störungsfreiheit. Infolgedessen ist es hier möglich, eine ganze Reihe von Röhren parallel zu steuern. In Fig. 289 ist eine

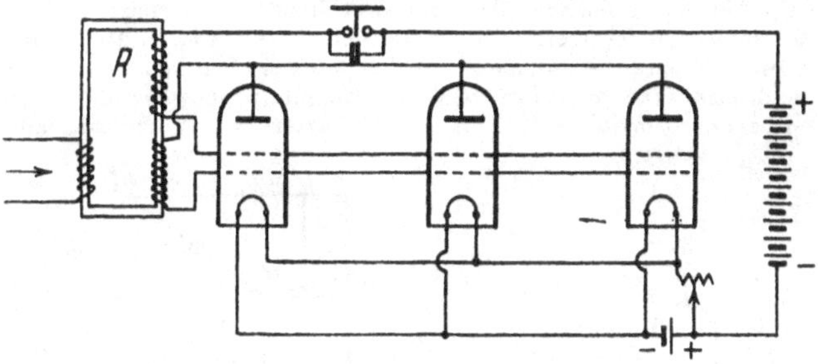

Fig. 289.

Schaltung abgebildet, bei der drei solcher Röhren parallel geschaltet sind. Bei dieser Schaltung ist noch eine niederfrequente Rückkopplung dadurch eingeführt, daß die Anodenstromleitung in einigen Windungen um den Eisenkern des Eingangstransformators gewickelt ist.

Die Störungsfreiheit dieser Schaltung mag auch darauf zurückzuführen sein, daß die kapazitive Kopplung des Steuerkreises mit Anoden- und Heizstromkreis durch die inneren Röhrenkapazitäten außerordentlich klein gehalten werden kann. Dieser Umstand ist für die Hochfrequenzverstärkung von großer Wichtigkeit. An und für sich ist schon bei der gewöhnlichen Doppelgitterröhre in Schutznetzschaltung die kapazitive Kopplung sehr klein, weil die vom Anodenblech ausgehenden Kraftlinien zum großen Teil auf dem Schutznetz enden. Wenn man das Schutznetz nun so anordnet, daß fast alle Kraftlinien der Anode auf seinen Drahten enden, so bekommt man eine für Hochfrequenzverstärkung in hervorragendem Maße geeignete Röhre. Es gibt in der Tat schon solche Konstruktionen.

Es ist übrigens eine leichte Aufgabe, die kapazitive Röhrenkopplung bei einer Röhre in Freigittersteuerungschaltung vollkommen frequenzunabhängig zu kompensieren. Wie alle Kompensationsschaltungen bei Hochfrequenzverstarkern beruht auch dies Verfahren auf einer Brückenanordnung. In Fig. 290 ist eine solche Brücke dargestellt, bei der alle Zweige aus reinen Kondensatoren bestehen. Erfüllen die Kapazitäten die Brückenproportion, ist also.

$$\frac{C_1}{C_2} = \frac{C_3}{C_4},$$

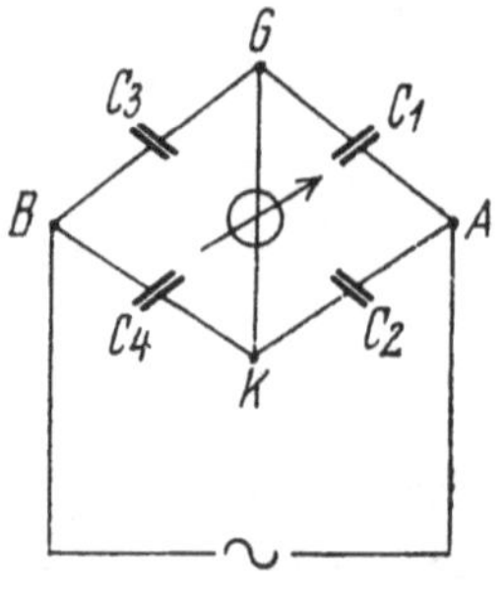

Fig. 290.

so wird das zwischen G und K geschaltete Anzeigerinstrument stromlos bleiben, wenn zwischen A und B eine Wechselspannung angelegt wird, wobei die Frequenz der letzteren vollkommen gleichgültig ist. Eine solche Brückenschaltung ist vom Verfasser bei der Freigittersteuerung angewendet worden. Zwischen den einzelnen Elektroden der Doppelgitterröhre sind sechs Kapazitäten vorhanden, die in Fig. 291 eingezcichnet sind. Von diesen ist die Kapazität C_p zwischen den beiden Steuerelektroden und die Kapazitat C_a zwischen Anode und Kathode meistens je einem Drehkondensator parallel geschaltet, so daß ihre Größe belanglos ist und die Hochfrequenzverstärkung nicht störend beeinflußt. Störende Kopplungen werden nur durch die Kapazitaten C_1 bis C_4 zwischen den Steuerelektroden einerseits und Anode und Kathode andererseits hervorgerufen. In Fig. 292 sind die Elektroden mit ihren Kapazitaten in Form einer Brückenschaltung dargestellt, und man erkennt sofort, daß die Kopplung verschwindet, wenn die obige Brückenproportion erfüllt ist. Das letztere wird nun normalerweise

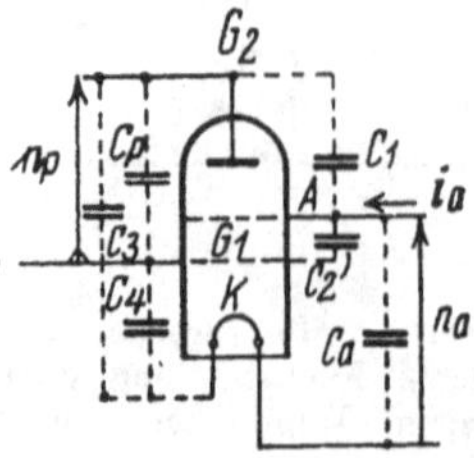

Fig. 291.

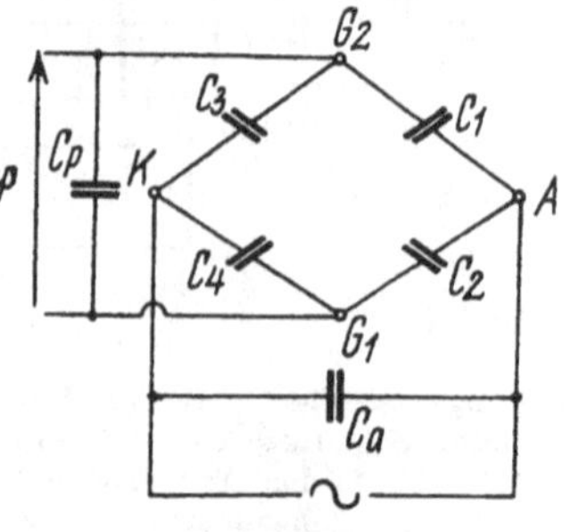

Fig. 292.

nicht der Fall sein. Man kann aber die Erfüllung leicht erreichen, wenn man einem Paar dieser Brückenkapazitäten kleine Kondensatoren parallel schaltet, mit denen man dann die Brückenproportion leicht einstellen kann. In Fig. 293 ist eine solche Schaltung wiedergegeben. Die Entkopplung geschieht hier also durch Einstellen der beiden Kondensatoren C_1 und C_2. Da es aber hier nur auf die Einstellung des Verhältnisses der beiden Kapazitäten ankommt, so kann man statt der 2 Kondensatoren C_1 und C_2 einen nach Fig. 293b gestalteten Kondensator benutzen, der aus 2 festen Platten, von denen die eine mit G_1 und die andere mit G_2 verbunden ist, und aus einer drehbaren Platte, die zur Anode geführt wird, besteht. Durch Drehen der letzteren Platte kann man leicht jedes beliebige Kapazitätsverhältnis einstellen. Man wird die Kapazitäten dieses Kondensators so klein wie möglich halten, damit ihre Gesamtkapazität die Abstimmung des Eingangskreises nicht beeinflußt. In Fig. 294 ist eine Zweiröhrenhochfrequenzverstärkerschaltung mit Transformatorenkopplung wiedergegeben. Die gestrichelten Leitungen, welche die Mitte der Sekundärspulen über die Hochohmwiderstände R mit dem Minuspol der Heizbatterie verbinden, können meist weggelassen werden. Der Hauptvorteil dieser Schaltung liegt darin, daß die Neutralisierung direkt an der Röhre erfolgt, also nicht in die Schaltung eingreift, so daß man bequem auswechselbare Spulen verwenden kann.

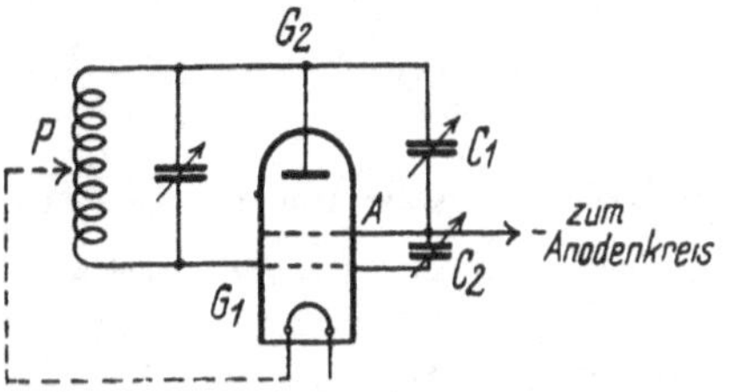

Fig. 293a.

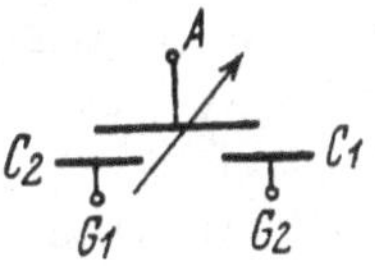

Fig. 293b.

Dieses Entkopplungsverfahren laßt sich auch noch auf eine andere Doppelgitterröhrenschaltung anwenden. Um die Gefahr der Strahlung durch Rückkopplung zu vermindern, setzt man vielfach eine sogenannte Vorrohre vor den Apparat. In Band I, Kap. X wurde gezeigt, daß dies Verfahren nicht sehr wirkungsvoll ist, weil eine Kopplung der Antenne mit dem schwingen-

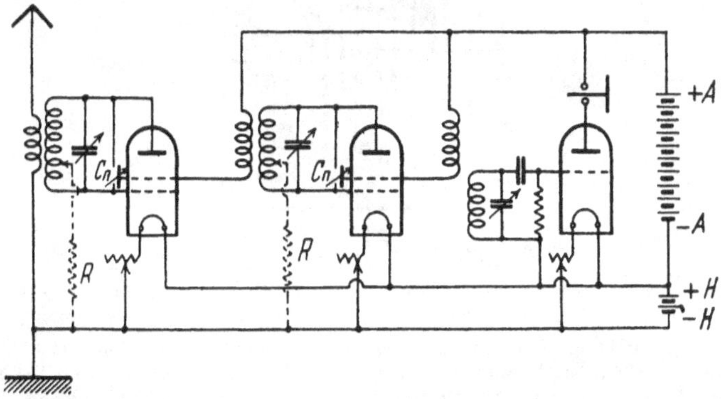

Fig. 294.

den Kreise durch die Rohrenkapazitäten der Vorröhre bewirkt wird. Zwischenröhre und Vorröhre kann man nun in einer Doppelgitterröhre vereinigen. Fig. 313 zeigt eine solche Schaltung. Die Vorröhre besteht aus dem Nahgitter und dem Anodenkreis, während die Schwingröhre aus dem Weitgitter und demselben Anodenkreis besteht. Sobald der Schwingungskreis L_2C_2 zu selbsterregten Schwingungen angefacht wird, werden letztere durch die Röhrenkapazitäten auf den Nahgitterkreis übertragen. Die Aufgabe für die Entkopplung beruht darin, Anode und Weitgitter von Kathode und Nahgitter zu entkoppeln. Diese Entkopplung ist ebenfalls leicht durch einen Neutralisierungskondensator nach Fig. 293b zu bewirken. Er ist in Fig. 295 eingezeichnet. Dieser Kondensator C_n ist so einzustellen, daß das

Verhaltnis der Kapazitaten zwischen Nahgitter und Anode und Nahgitter und Weitgitter dem Verhaltnis der Kapazitaten zwischen Kathode und Anode und Kathode und Weitgitter gleichgemacht wird. Man sieht hieraus, daß man die Anordnung auch so treffen könnte, daß man die feste Platte des Kondensators C_n statt mit dem Nahgitter mit der Kathode verbindet.

Um einen Überblick über den Grad der Entkopplung zu gewinnen, kann man den Kopplungskoeffizienten der beiden zu entkoppelnden Kreise berechnen. Nach Fig. 201 bekommt man einen Kopplungskoeffizienten zwischen Eingangs- und Anodenkreis

$$K \sim \frac{C_2 C_3 - C_1 C_4}{C_1 + C_2 + C_3 + C_4}.$$

Für $K = o$ werden beide Kreise entkoppelt, was der Brückenproportion entspricht. Ist K größer als Null, dann ist $\frac{C_3}{C_4}$ größer als $\frac{C_1}{C_2}$, und wir bekommen Rückkopplung. Wird dagegen K negativ, also $\frac{C_3}{C_4}$ kleiner als $\frac{C_1}{C_2}$, so wird die Kopplung eine Gegenkopplung. Dieselben Verhältnisse sind ohne weiteres auf Fig. 295 zu übertragen. Man kann also den Konden-

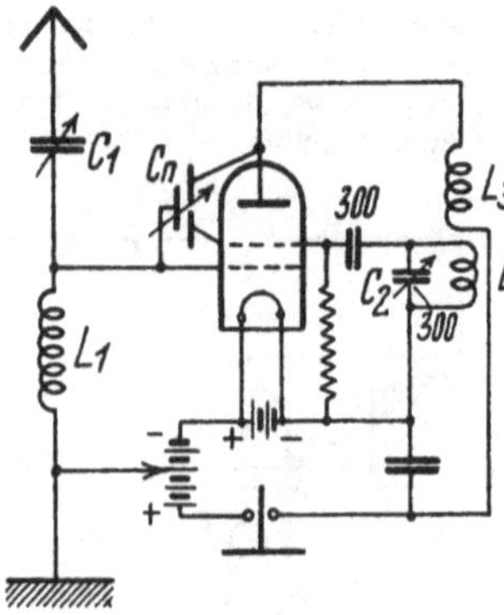

Fig. 295.

sator C_n auch zur Einstellung einer Rückkopplung verwenden. Die Verhältnisse drehen sich nun um, wenn man den Anodenkreis kapazitiv belastet. Dann bekommt man die Wirkung der Ultraaudionschaltung, bei der für negatives K Rückkopplung eintritt.

VI. Kapitel.

Spezialröhren.

§ 1. Röhren mit mehreren Elektroden.

Aus dem vorigen Kapitel ergaben sich allein durch die Einführung eines zweiten Gitters eine ganze Reihe von neuen Schaltungskombinationen und Verwendungsmöglichkeiten der Elektronenröhre. Es liegt daher auf der Hand, daß eine weitere Vergrößerung der Elektrodenzahl die Anwendungsmöglichkeiten der Röhre ins Ungemessene steigern muß. Da aber jede weitere Elektrode die Herstellung der Röhre wesentlich verteuert und der erhöhte Preis in keinem rechten Verhältnis zu den erreichbaren Vorteilen steht, so hat im allgemeinen die normale Eingitterröhre in der Praxis das Feld behauptet. Es gibt einige Spezialröhren mit mehreren Elektroden, die praktisch ausgeführt sind und im Folgenden behandelt werden sollen. Außer diesen sind noch eine ganze Reihe von weiteren Konstruktionen vorgeschlagen und zu Patenten angemeldet worden, die bisher jedoch noch keine praktische Bedeutung erlangt haben.

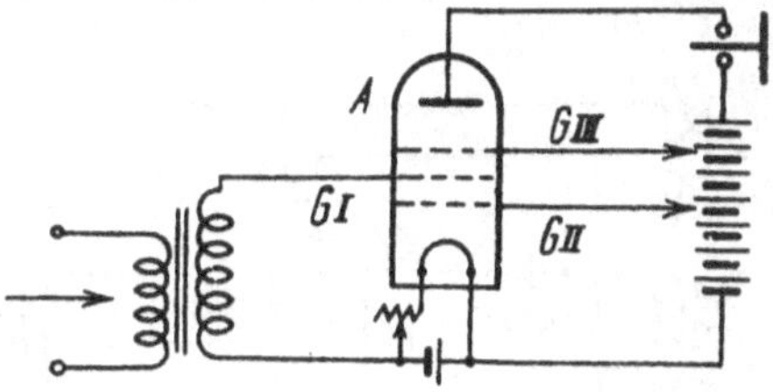

Fig. 296.

Die nächstliegende Erweiterung der Elektrodenzahl ist die Einführung eines dritten Gitters in die Röhre, so daß diese jetzt ein Steuergitter, ein Raumladungsgitter und ein Anodenschutznetz enthält. Das Steuergitter liegt in der Mitte. Raumladungsgitter und Anodenschutznetz bekommen positive Vorspannungen, die von der Anodenbatterie abgegriffen werden. Diese Spannungen sind so zu wählen, daß das Raumladungsgitter eine möglichst große

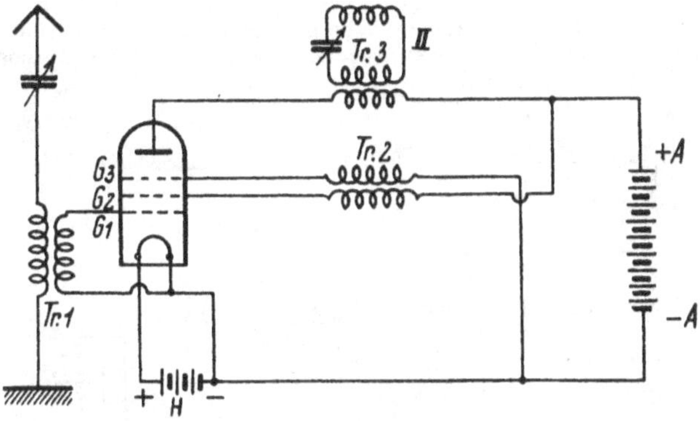

Fig. 297.

Steilheit der Charakteristik hervorruft, während das Schutznetz den Durchgriff verkleinert. Die Güte der Röhre als Verstärker, die sich ja durch den Quotienten $\frac{S}{D}$ ausdrücken läßt, wird dadurch besonders groß. In Fig. 296 ist eine Niederfrequenzverstärkerröhre dieser Art in ihrer Schaltung dargestellt.

Verzichtet man auf die spezielle Verwendung der beiden äußeren Gitter als Raumladungsgitter und Schutznetz, so lassen sich leicht die im vorigen Paragraphen besprochenen Schaltmöglichkeiten noch erweitern. Als Beispiel sei nur die Schaltung der Fig. 297 wiedergegeben, bei welcher das mittelste Gitter als zweite Anode, die beiden andern als Steuergitter dienen, so daß die Röhre als Doppelröhre benutzt werden kann. In der Schaltung ist eine doppelte Hochfrequenzverstärkung dargestellt. Die von der Antenne aufgenommene Welle wird durch den

Transformator Tr_1 dem ersten Gitter, vom Heizfaden an gerechnet, zugeführt. Das nächste Gitter, welches, wie schon gesagt, als Anode dient, leitet die hochfrequenten verstärkten Ströme ab und zwar durch die Primärspule des Hochfrequenztransformators Tr_2, dessen Sekundarspule zwischen Weitgitter und Heizfaden liegt, so daß das Weitgitter ebenfalls mit derselben Frequenz, aber im verstärkten Maße gesteuert wird. Schließlich fließt im eigentlichen Anodenkreis ein doppelt verstarkter hochfrequenter Wechselstrom, der durch den Transformator Tr_3 auf den Schwingungskreis II einwirkt. Dieser kann nun zu einer weiteren Hochfrequenz-

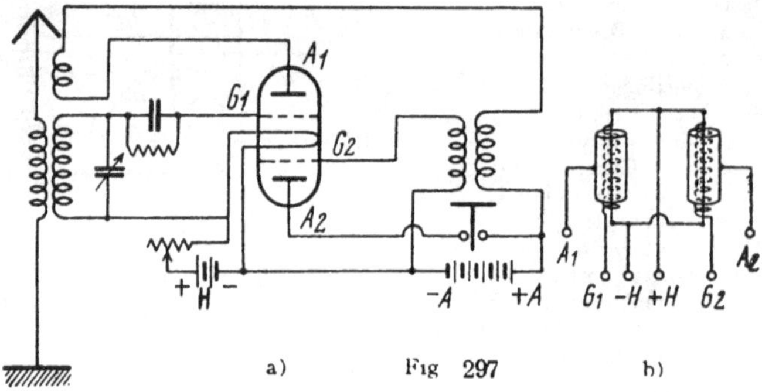

a) Fig. 297 b)

verstärkerröhre oder zum Audion fuhren. Selbstverstandlich sind diese Hochfrequenztransformatoren auch sekundärseitig abstimmbar anzuordnen, wodurch die Selektivität steigt.

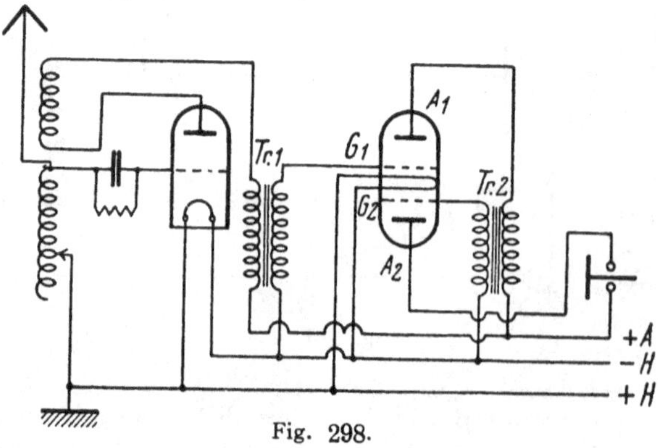

Fig. 298.

Zu einer richtigen Doppelröhre gelangt man, wenn man außer dem Heizfaden zwei Gitter und zwei Anoden anbringt. Je ein Gitter und je eine Anode können zu beiden Seiten des Heizfadens angeordnet werden. Man kann aber auch zwei getrennte zylinderförmige Anodenbleche und darin je ein spiralförmiges Gitter anbringen, durch welche ein einziger Heizfaden hindurchgeführt wird. In Fig. 297 b ist auch der Heizfaden noch aufgespalten, so daß durch jede zylindrische Anordnung ein besonderer Heizfaden hindurchgeht. Beide sind jedoch parallel geschaltet. Wenn der eine Heizfaden durchbrennt, kann die Röhre immer noch als gewöhnliche Dreielektrodenröhre benutzt werden. Man hat also zwei getrennte Röhren in einer einzigen und kann daher jedes Röhrensystem getrennt benutzen. So kann man z. B. die Röhre als zweistufigen Verstärker schalten oder als rückgekoppeltes Audion und Niederfrequenzverstärker und schließlich als Gegentaktverstärker. Die Röhre führt den Namen „Pentatron" wegen der fünf Elektroden, oder „Duotron" wegen der Zusammensetzung aus zwei Röhren. In Fig. 297 ist die eine Hälfte

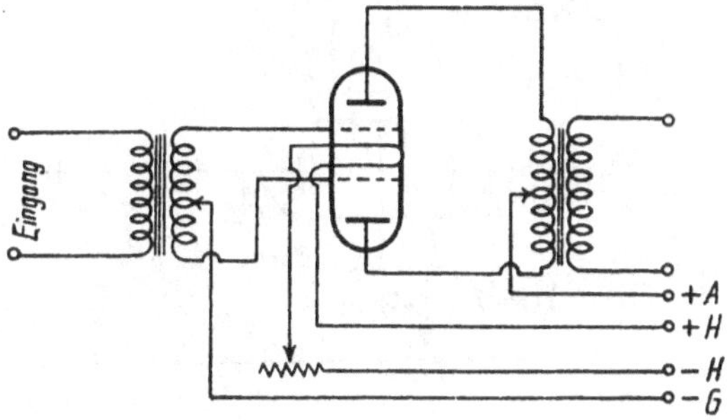

Fig. 299.

der Röhre als rückgekoppeltes Audion geschaltet. Im Anodenkreis dieser Hälfte liegt die Primärspule des Niederfrequenztransformators, dessen Sekundärspule zwischen dem negativen Heizfadenende und dem Gitter der

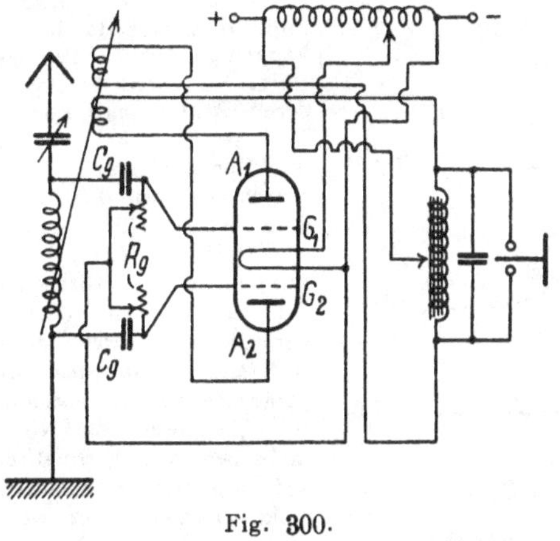

Fig. 300.

anderen Röhrenhälfte liegt. Von der Anode A_2 kann dann im Telephon der verstärkte Niederfrequenzstrom abgenommen werden. Eine zweifache Niederfrequenzverstärkung ist in Fig. 298 abgebildet. Dem Niederfrequenztransformator Tr_1 wird der Anodenstrom eines rückgekoppelten Audions zugeführt. Die Sekundärspule liegt zwischen Gitter G_1 und Heizfaden des Pentatrons. Der Anodenstrom fließt von A_1 durch die Primärspule des Transformators Tr_2 zum positiven Pol der Anodenbatterie. Die Sekundärspule liegt zwischen Heizfaden und G_2. Von der Anode A_2 wird dann der Telephonstrom abgenommen. Fig. 299 zeigt schließlich die Verwendung des Pentatrons in einer Gegentaktschaltung oder Kraftverstärkerschaltung. Die Schaltung ist ohne weiteres verstandlich. Naheres findet der Leser in Band I, Kapitel 6. Für solche Gegentaktschaltungen ist das Pentatron besonders gut geeignet. Es ist daher auch verwendbar überall da, wo das Gegentaktprinzip in Frage kommt, wie z. B. bei der Speisung der Röhre durch Wechselstrom, die sich ebenfalls mittels des Pentatrons in besonders eleganter Weise durchführen

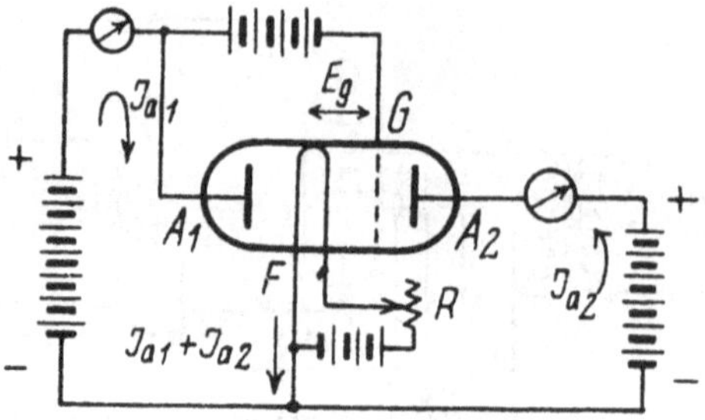

Fig. 301.

laßt. Auch für Anschluß an das Gleichstromnetz ist die Verwendung des Pentatrons in Gegentaktschaltung vorzuziehen. Fig. 300 zeigt eine solche Schaltung, und zwar handelt es sich um ein rückgekoppeltes Audion. Beide Röhrenhälften sind für sich als rückgekoppeltes Audion geschaltet. Wir haben also zwei Gitterkondensatoren, zwei Gitterwiderstände und zwei Rückkopplungsspulen. Die beiden Anoden liegen an den Enden einer Drossel, deren Mittelpunkt mit dem positiven Pol des Gleichstromnetzes verbunden ist. Der negative Pol des Gleichstromnetzes ist mit dem einen Heizfadenende verbunden. Von einem Spannungsteiler wird die Heizspannung abgenommen. Die Gitterableitwiderstände sind ebenfalls mit dem Minuspol verbunden. Durch Regulierung der Ableitwiderstände kann man die Maschinengeräusche wirksam bekämpfen. An und für sich treten die Netzschwankungen ja in beiden Röhrenhälften gleichmäßig auf und können daher im Fernhörer nicht wahrgenommen werden, da dieser an zwei Punkten der Drossel angeschlossen ist, welche entgegengesetztes Potential haben. Die beiden Gitter werden von den Antennenwechselströmen im Gegentakt gesteuert. Sie veranlassen nach Gleichrichtung den Fernhörer zum Ansprechen. Bei der in Fig. 300 abgebildeten Schaltung muß darauf geachtet werden, daß die Rückkopplungsspulen sich in ihrer Wirkung nicht gegenseitig aufheben.

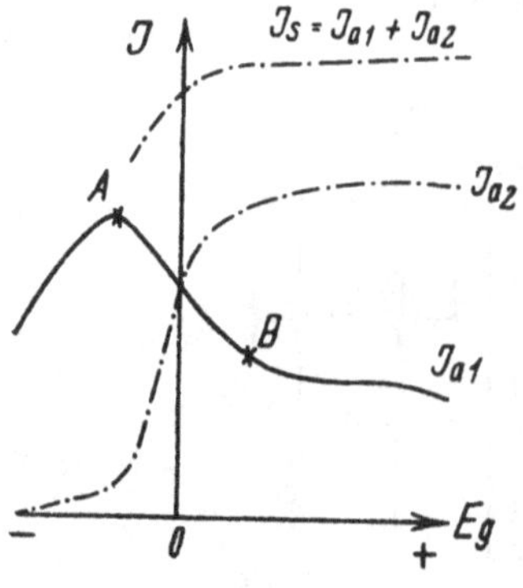

Fig. 302.

Zum Schluß ist noch eine Verwendungsmöglichkeit zu streifen, nämlich die Parallelschaltung der beiden Röhrenhälften. Man verbindet Gitter mit Gitter und Anode mit Anode und erreicht damit einen höheren Anodenstrom und eine bedeutend größere Steilheit. Auf dieser Tatsache beruht die Konstruktion der Deltaröhren DV 52/2 und DV 52/4, bei denen in der Röhre schon die beiden Gitter und die beiden Anodenbleche miteinander verbunden sind, so daß nur vier Stecker nötig sind.

Die in Fig. 301 abgebildete Röhrenanordnung ist unter dem Namen „Negatron" bekannt. Sie enthält neben den drei üblichen Elektroden, Heizfaden, Gitter und Anode, noch eine zweite Anode, die auf der anderen Seite des Heizfadens angeordnet ist. Die letztere Anode ist mit A_1, die erstere mit A_2 bezeichnet. Die Röhre ist so eingestellt, daß der Sättigungs-

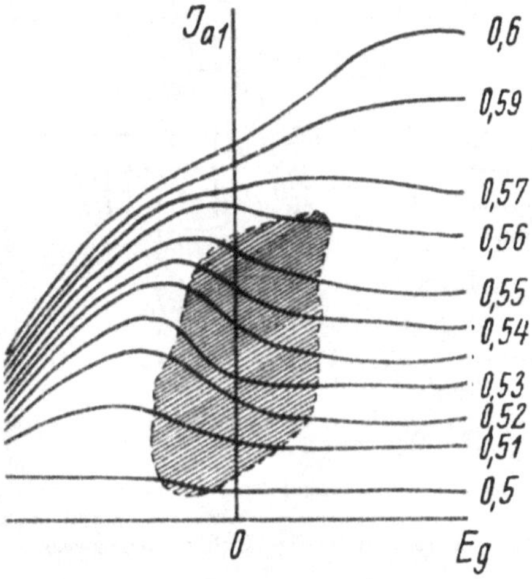

Fig. 303.

strom fließt. Dann gehorchen die beiden Anodenströme einem Verteilungsgesetz. Ihre Summe $I_{a1} + I_{a2}$ ist immer gleich dem Sättigungsstrom I_s. Wenn man nun die Gitterspannung verändert, und zwar zu positiven Werten anwachsen laßt, so wird der Strom I_{a2} zunehmen, I_{a1} dagegen

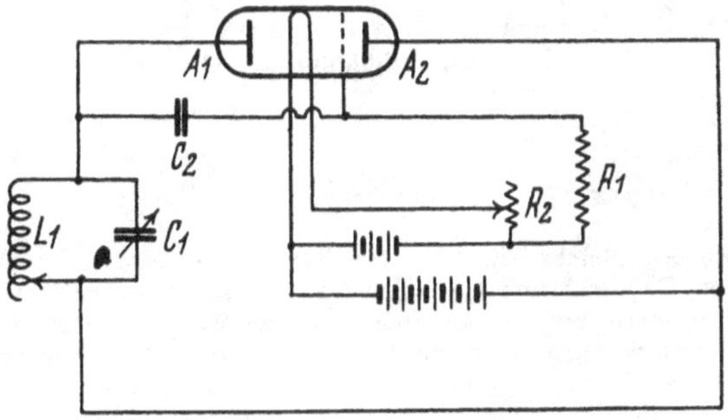

Fig. 304.

abnehmen. In Fig. 302 ist die Abhängigkeit der beiden Anodenströme und ihrer Summe von der Gitterspannung aufgezeichnet. Der Strom I_{a1} hat zwischen den Punkten A und B eine fallende Charakteristik. In diesem Bereich würde dann die Röhre die Eigenschaft eines negativen Widerstandes haben (s. Kap. III, § 1). Allerdings hangt die Neigung und die Länge des Stückes der Charakteristik, das man als fallend bezeichnen kann, sehr von der Einstellung ab. In Fig. 306 ist gezeigt, wie die Charakteristik von I_{a1} in Abhängigkeit von der Gitterspannung sich mit dem Heizstrom ändert, und zwar ist hier eine Änderung des Heizstromes von 0,5 bis 0,6 Ampere angenommen. Das Gebiet, in welchem die Charakteristik fallt, ist schraffiert gezeichnet. Man muß also in diesem Bereich arbeiten, wenn man die Eigenschaft des negativen Widerstandes ausnutzen

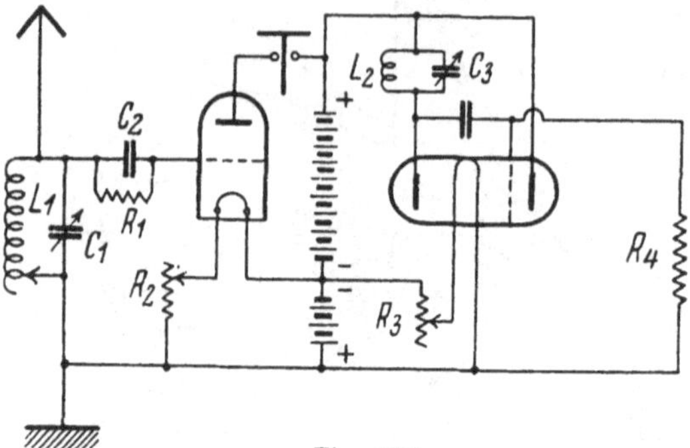

Fig. 305.

will. Diesen kann man zur Schwingungserzeugung benutzen; in Fig. 304 ist ein Schaltungsbeispiel wiedergegeben. Der Schwingungskreis $L_1 C_1$ liegt zwischen Anode A_2 und Heizfaden. Die Hochfrequenzspannungen, die an ihm

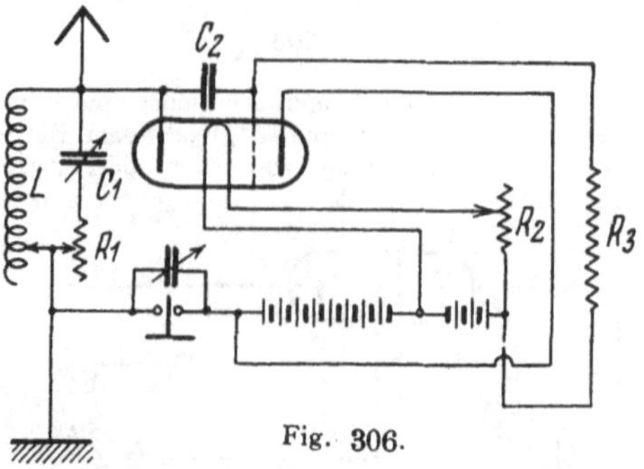

Fig. 306.

entstehen, werden gleichzeitig über den Blockkondensator C_2 auch an das Gitter geleitet. Da der Strom I_{a1} gegen die Gitterspannung anläuft, wird die im Schwingungskreis verbrauchte Energie immer wieder ersetzt, so daß ungedampfte Schwingungen aufrechterhalten bleiben. Die Schwingungszahl ist einzig und allein gegeben durch die Kreiskonstanten L_1 und C_1. Auf diese Weise ist ein Schwingungsbereich von 500 m bis 20 000 m Wellenlänge erreichbar. Der Widerstand R_1 ist ein Hochohmwiderstand und dient lediglich zur Ableitung der Gitteraufladungen. Der Widerstand R_2 muß Feineinstellung haben, weil durch ihn der negative Widerstand selbst eingestellt wird. D. h., wir suchen mit seiner Hilfe diejenige Stelle in dem Diagramm der Fig. 303 auf, wo die Charakteristik am steilsten abfallt. Die selbsterregte Schwingung setzt dann ein, wenn der negative Widerstand gerade so groß oder größer gemacht wird wie der Verlustwiderstand des

Kreises. Das Negatron ist also für größere Wellen ein idealer Überlagerer zum Empfang von Telegraphie mittels ungedampfter Wellen. In Fig. 305 ist diese Anwendung illustriert. Dieser Zweiröhrenempfanger besteht aus dem Audion, welches in der Figur links von den Batterien liegt und dem rechts davon befindlichen Negatron, welches nach Fig. 304 geschaltet ist.

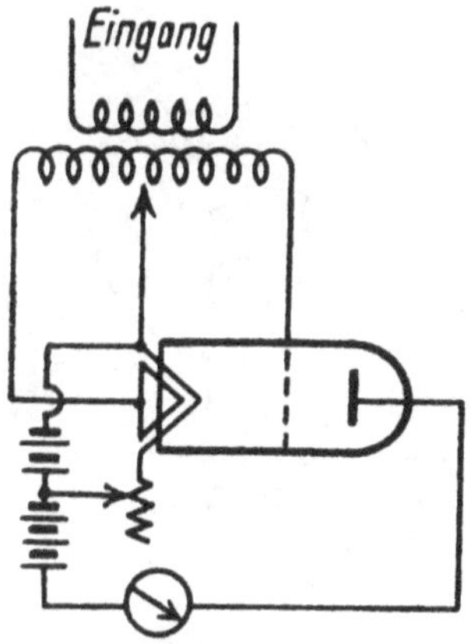

Fig. 307a.

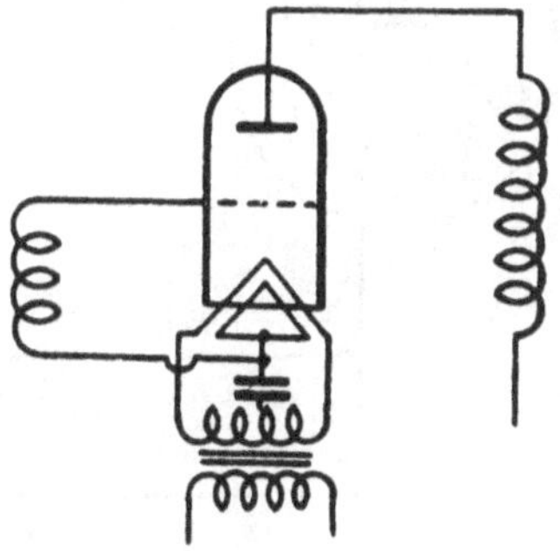

Fig. 307b.

Man kann auch hier Überlagerer und Audion zusammenlegen und auf diese Weise das Negatron als Schwingaudion benutzen. Die Schaltung zeigt Fig. 306. Der Antennenkreis ist gleichzeitig Schwingungskreis des Nega-

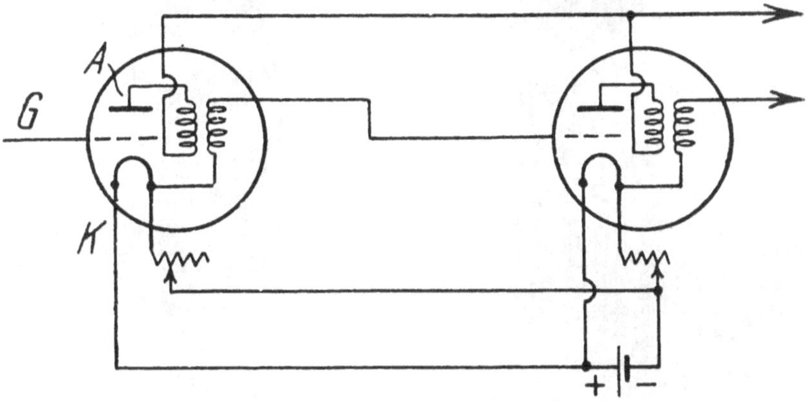

Fig. 308.

tron. Diese Schaltung kann auch zum Empfang von Telephonie benutzt werden. Man muß dann verhindern, daß selbsterregte Schwingungen entstehen. Es geschieht dadurch, daß man den Widerstand des Schwingungskreises künstlich vergrößert, bis die Selbsterregung aufhört. Dazu dient der Widerstand R_1.

Dieselbe Elektrodenanordnung findet man bei einer Röhre, die kürzlich in Amerika konstruiert worden ist. Dieses sogenannte „Quadrotron" soll aber andere Aufgaben erfüllen wie das Negatron. Die zweite Anode oder vielmehr Hilfselektrode ist dreieckig gestaltet und in den unter einem spitzen Winkel ausgespannten Heizfaden hineingeschoben. Dadurch wird zwischen dieser Elektrode und dem Heizfaden eine verhältnismäßig große

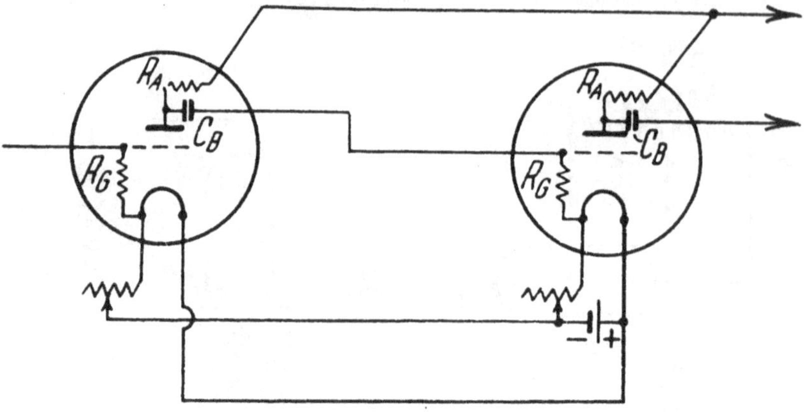

Fig. 309.

Kapazität erzeugt, die beabsichtigt ist und eine leitungslose Hochfrequenzzuführung zum Heizfaden darstellt. Die Anwendungsmöglichkeiten

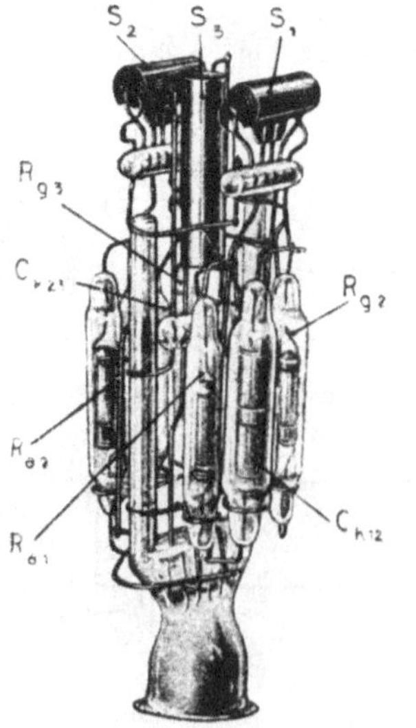

Fig. 310a.

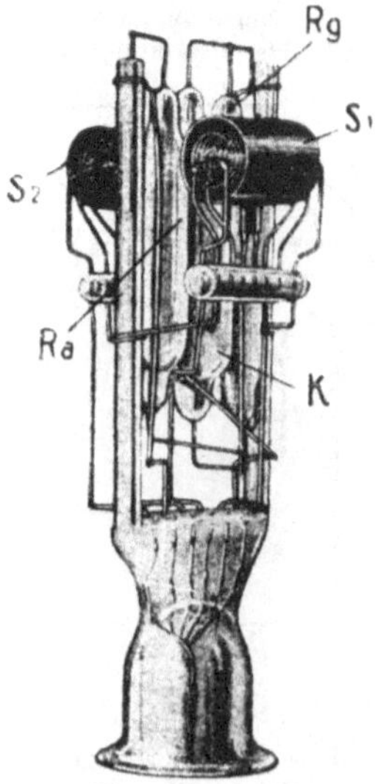

Fig. 310b.

dieser Röhre sind sehr vielseitig. So ist in Fig. 307a eine Push-Pull-schaltung dargestellt. Hier würde die Dreieckselektrode als zweites Gitter arbeiten. Fig. 307b gibt ferner eine sehr vorteilhafte Methode an, wie man den Gitterkreis bei Wechselstromheizung an den Heizfaden anschließen kann. Hier wird also die Kapazität zwischen Dreieckselektrode und Heizfaden direkt ausgenutzt. Andererseits kann man aber auch diese Elektrode zur Kompensation der anderen Röhrenkapazitäten heranziehen.

§ 2. Einbau von Apparateteilen in Empfangsröhren.

Es liegt nahe, nicht nur Elektroden, sondern ganze Empfängerteile in die Elektronenröhren einzubauen. Das hat verschiedene Vorteile. Zunächst kann man auf diese Weise Verbindungsleitungen kurz und kapazitätsfrei halten. Dann ist der Einbau solcher Teile zu empfehlen, die unter

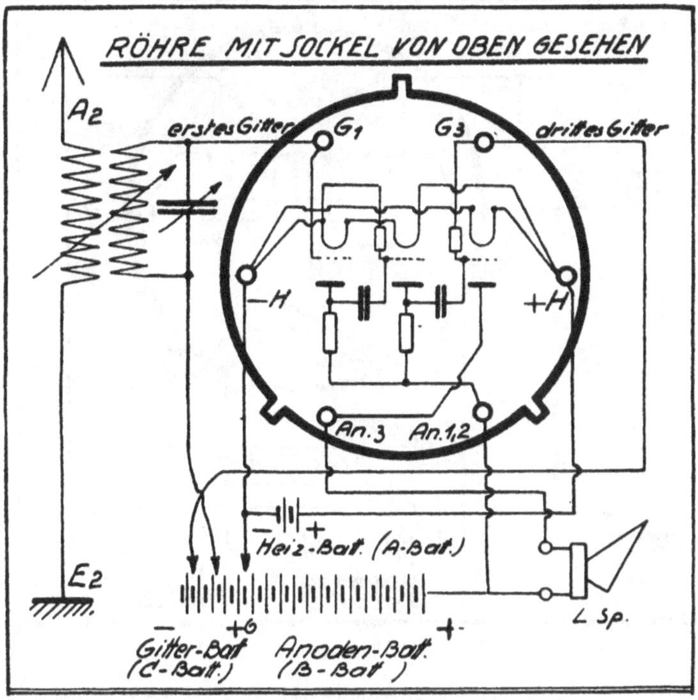

Fig. 311a.

dem Einflusse von Luft, Staub und Feuchtigkeit ihre elektrischen Eigenschaften verändern. Dazu gehören z. B. auch gewisse Arten von Hochohmwiderstanden und Blockkondensatoren.

So sind in Fig. 308 zwei Röhren abgebildet, in welche die Hochfrequenztransformatoren gleich miteingebaut sind. Ein zweistufiger Hochfrequenzverstärker läßt sich demnach schaltungstechnisch außerordentlich einfach gestalten. Es ist auch versucht worden, Anode und Gitter gleichzeitig als Spulen auszubilden. Man hat sogar schon den Versuch gemacht, ein ganzes Antennensystem mit in die Röhre einzuschließen.

Von praktischer Bedeutung scheint aber bis jetzt nur der Einbau von Widerstandsverstärkerstufen in eine Röhre geworden zu sein, den Fig. 309

zeigt. Hier spielt das Vakuum für die Güte der Hochohmwiderstände und Blockkondensatoren eine ausschlaggebende Rolle.

Geht man noch einen Schritt weiter, so kommt man zum Zusammenbau mehrerer Röhren zu einer einzigen. Eine solche in jüngster Zeit entwickelte Mehrfachröhre ist die von S. Loewe. Auch bei dieser wird die Widerstandskapazitätskopplung angewandt. Sowohl die Hochohmwiderstände wie auch die Blockkondensatoren sind Spezialfabrikate. Es gibt zwei Ausführungen, eine dreistufige Niederfrequenzverstärkerröhre, die sogenannte

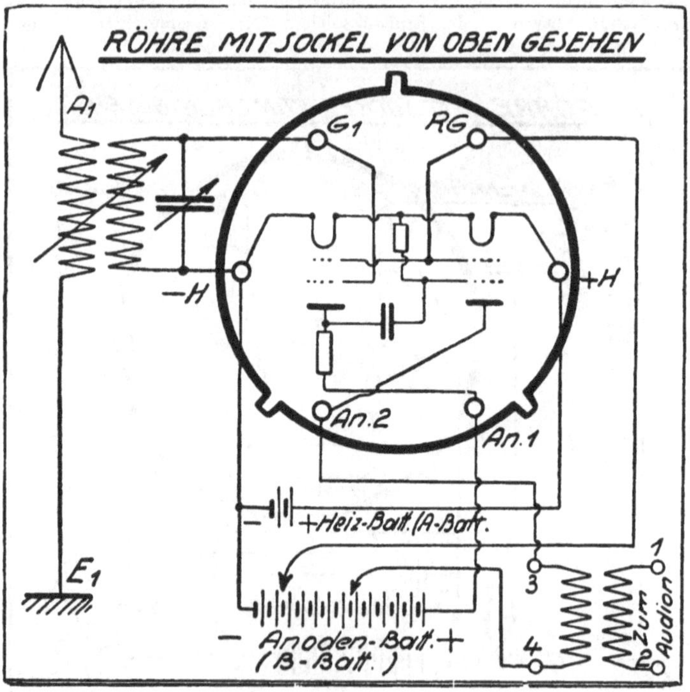

Fig. 311b

Nahröhre, Fig. 310a, und eine zweistufige Hochfrequenzverstärkerröhre, die Fernröhre, Fig. 310b.

Die Nahröhre enthält in den ersten beiden Stufen eine Röhre LA. 77 mit 3% Durchgriff, in der letzten Stufe eine Lautsprecherröhre mit 17% Durchgriff. Nach der in Fig. 311a dargestellten Schaltung kann man die Röhre als Ortsempfänger verwenden. Bei geeigneter Wahl der Gitterspannungen kann die Nahröhre auch als Niederfrequenzverstärker hinter die Fernröhre geschaltet werden.

Die Schaltung der letzteren ist in Fig. 311b dargestellt. Um die Hochfrequenzverstärkung bis zur 300-m-Welle wirksam gestalten zu können, werden zwei Doppelgittersysteme in Raumladeschaltung verwendet. Über einen Transformator kann die Fernröhre vor jeden Audionapparat geschaltet werden.

Durch die Hintereinanderschaltung dieser beiden Röhrentypen kann man also einen Fünfröhrenapparat bekommen, welcher einen äußerst gedrangten Aufbau ermöglicht. Eine solche Schaltung ist in Fig. 312 ausgeführt. Bei Fernempfang wird die Antenne an A_1 angeschlossen, für Ortsempfang an A_2. Das Audion fällt hier vollständig fort, weil die Niederfrequenzröhre genügend Gleichrichtereffekt aufweist.

Natürlich werden die Kosten aller solcher Röhren mit komplizierterem Einbau ganz erheblich größer sein wie die von Einfachröhren mit ge-

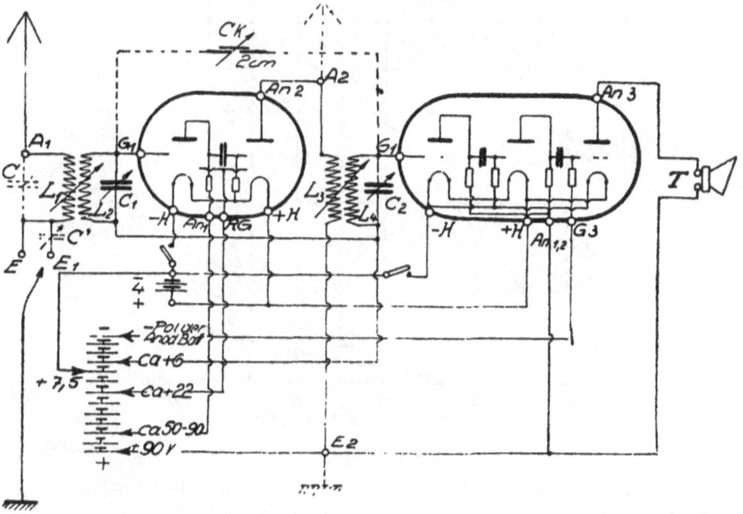

Fig. 312.

sonderten Schaltelementen, und man muß abwarten, ob es gelingt, die Kosten so weit herunterzudrücken, daß sie der Käufer um der erreichten Vorteile willen nicht zu scheuen braucht.

§ 3. Röhren mit ungewöhnlicher Steuerung.

Die bisher besprochenen Röhren wurden alle durch ein Gitter gesteuert, dessen Spannungen den Anodenstrom formgetreu verändern. Es sind jedoch auch andere Steuerverfahren möglich. Zunächst einmal kann nach

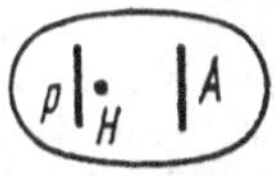

Fig. 313a.

Fig. 313b.

Fig. 313 das Gitter ersetzt werden durch eine Steuerplatte P, die der Anode A gegenüber auf der anderen Seite des Heizfadens angeordnet ist. Diese Anordnung ist so alt wie die Gitteranordnung, hat aber mehrere Nachteile. Die Steuerwirkung der Platte wird um so größer, je näher die Platte an den Heizfaden heranrückt. Die zu verstärkende Spannung ist dabei zwischen Platte und Heizfaden zu legen. Der Nachteil dieser Anordnung besteht darin, daß der Steuerplattenstrom sehr schnell mit der Steuerplattenspannung anwächst und schon bei 4 Volt die Hälfte des zugehörigen Anodenstromes ausmacht. Dieses starke Anwachsen des Steuerstromes ist unzweifelhaft ein großer Nachteil. Von der Firma Dr. Erich F. Huth ist eine Zweiplattenlampe entwickelt worden, bei der der Heizfaden in einer Delle der Steuerplatte liegt. Hierdurch wird erreicht, daß der Steuerplattenstrom erst bei etwa + 3 Volt Steuerplattenspannung beginnt und dann langsamer ansteigt. Die Kurve I, Fig. 313c, entspricht der Röhre

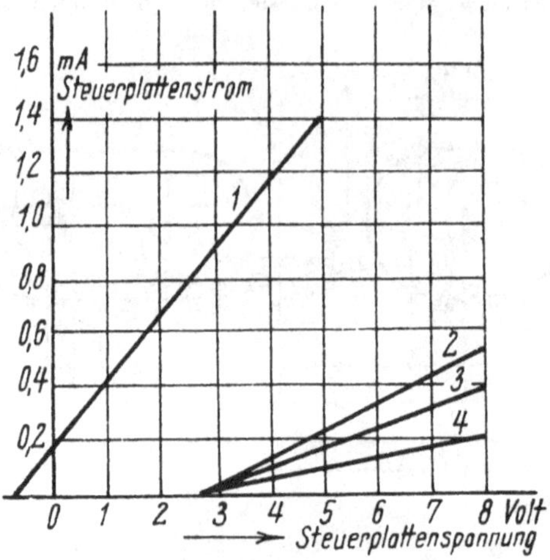

Fig. 313c.

Fig. 313a. Die Kurven II, III und IV der Rohre 313b. Diese Röhre wird unter dem Namen „Plation" in den Handel gebracht. Sie ist genau so verwendbar wie jede Eingitterröhre, hat dazu den Vorteil, daß sie wegen des spaten Einsetzens des Steuerplattenstromes keine Gittervorspannung braucht. Will man sie als Audion verwenden, so muß allerdings eine positive Vorspannung von etwa 3 Volt angewendet werden.

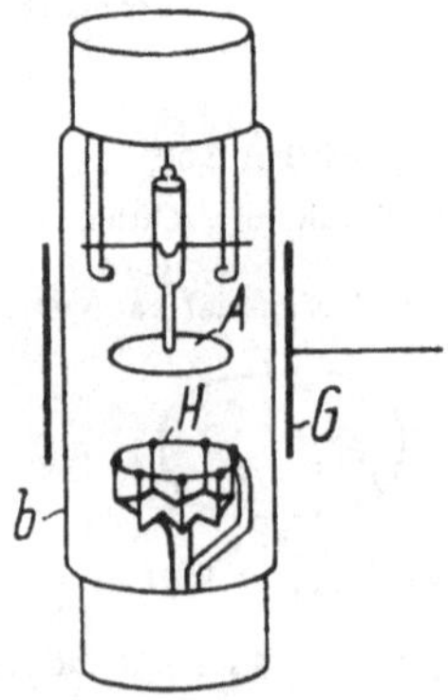

Fig. 314.

Etwas anders arbeitet die Außensteuerungselektrodenröhre von R. Weagand, die in Fig. 314 abgebildet ist. In der Röhre befinden sich die Anode A und Kathode H. Um das Glasgefäß herum wird ein Blech gelegt, welches als Steuerorgan G dient. Eine zwischen G und H angelegte Wechselspannung wird die vom Heizfaden zur Anode fliegenden Elektronen durch elektrostatische Einwirkungen aus ihren Bahnen ablenken und auf diese Weise den Anodenstrom beeinflussen. An Stelle des Steuerbleches kann auch ein auf die Glaswand aufgebrachter metallischer Niederschlag dienen. Die Röhre ist jedoch nicht so wirkungsvoll, daß sich diese Röhre in der Praxis hätte einbürgern können.

An die Stelle der elektrostatischen Einwirkung der Steuerelektrode auf den Elektronenstrom, der vom Glühfaden zur Anode übergeht, kann auch eine magnetische treten. Die Elektronen sind als sich bewegende Elektrizitätsteilchen sowohl von elektrostatischen Anziehungs- und Abstoßungskräften als auch von magnetischen Anziehungskräften beeinflußbar. Der Einfluß eines Magnetfeldes ist allerdings nicht so leicht zu übersehen. Bekanntlich läßt sich das Magnetfeld eines Stromes durch Kraftlinien veranschaulichen, die sich ringförmig um die Stromachse lagern. Wird nun ein biegsamer, stromdurchflossener Leiter in ein Magnetfeld gebracht, so wird sich dieser Leiter von selbst eine solche Form geben, daß seine magnetischen Kraftlinien mit den Kraftlinien des Magnetfeldes parallel laufen. Nähert man z. B. einen stabförmigen Magneten einem stromdurchflossenen Stanniolband, so wird sich dieses um den Magneten herumschlingen. In

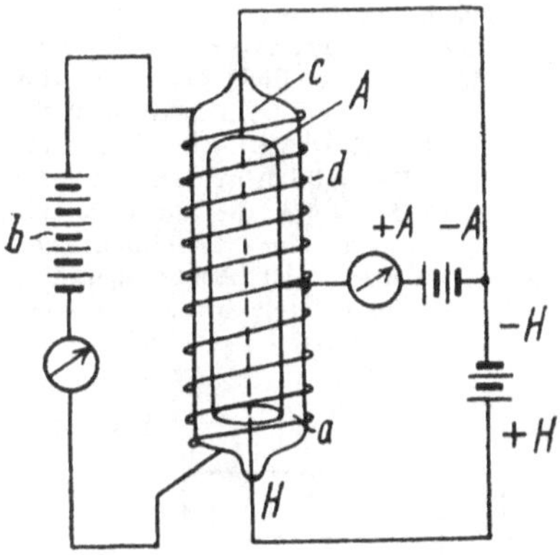

Fig. 315a.

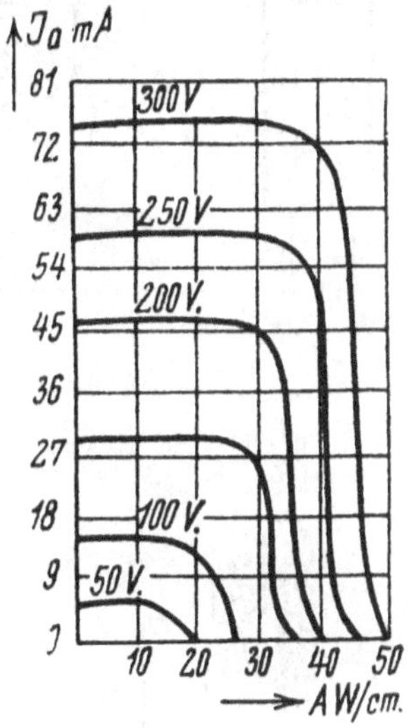

Fig. 315b.

Fig. 315a ist eine Röhre gezeichnet, welche aus einem Heizfaden H und einem zylindrischen Anodenblech A besteht. Die Elektronen treten dann aus dem Heizfaden aus und wandern strahlenförmig zur Anode. Nun wird um die ganze Röhre herum eine Spule gelegt, deren Windungsfläche ebenfalls wie die Anode zylindrisch um den Heizfaden angeordnet ist. Wird nun durch diese Spule ein Strom geschickt, so entsteht ein Magnetfeld, dessen Kraftlinien in der Röhre parallel zum Heizfaden laufen. Die Elektronen werden dann nicht mehr strahlenförmig zur Anode fliegen, sondern ihre Bahnen werden Kreise bilden, die den Drahtwindungen parallel liegen und durch deren Mittelpunkte die Heizfadenachse geht. Das Magnetfeld hängt ab von der Amperewindungszahl pro cm Spulenlange, die also hier die Gitterspannung der gewöhnlichen Röhren vertritt. In Figur 315b ist eine Schar von Charakteristiken abgebildet. Hierunter verstehen wir Kurven des Anodenstroms in Abhängigkeit von der Amperewindungszahl pro cm. Die Kurven sind für verschiedene Anodenspannungen aufgezeichnet. Man sieht aus diesen Charakteristiken, daß die Steilheit außergewöhnlich hohe Werte besitzt. Man wird also, wenn man durch die Spule Wechselströme hindurchschickt, im Anodenkreis verstärkte Wechselströme derselben Kurvenform bekommen, sofern man auf dem geradlinigen Teil der Charakteristiken bleibt. Diese Röhrenform wird „Magnetron" genannt und hat sich neuerdings auch in Deutschland eingebürgert.

§ 4. Sekundärelektronenröhren.

Die den Anodenstrom bildenden Elektronen treffen bei den gebrauchlichen Glühkathodenröhren mit größerer Geschwindigkeit auf die Anode und dringen in die Oberfläche des Anodenmetalles ein. Dabei wird ihre Bewegungsenergie in Wäremeenergie umgewandelt. D. h., das auftreffende Elektron gibt seine Bewegungsenergie an die im Anodenblech befindlichen Elektronen weiter. War die Bewegungsenergie des einfallenden Elektrons groß genug, so sind diejenigen Elektronen, denen sie zunachst mitgeteilt wird, imstande, die Leiteroberfläche zu verlassen. Man nennt diese durch Elektronenstoß vom Metall losgelösten Elektronen Sekundarelektronen. Eine Loslösung von Sekundärelektronen ist erst möglich, wenn die auftreffenden Elektronen eine Spannung von 10 Volt durchlaufen haben. Solange also Gitter- und Anodenspannung kleiner sind als 10 Volt, werden keine Sekundarelektronen erzeugt.

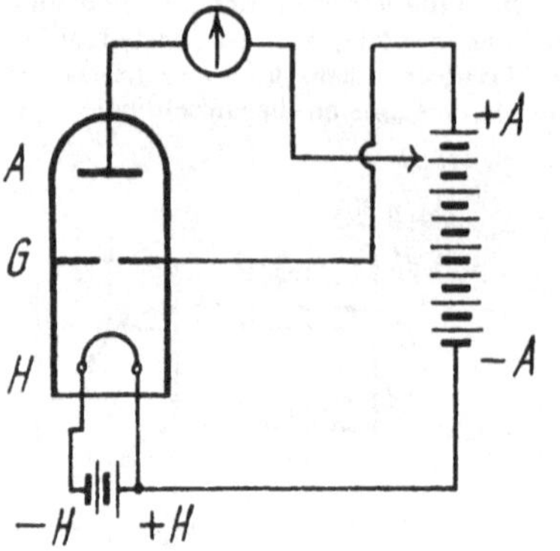

Fig. 316.

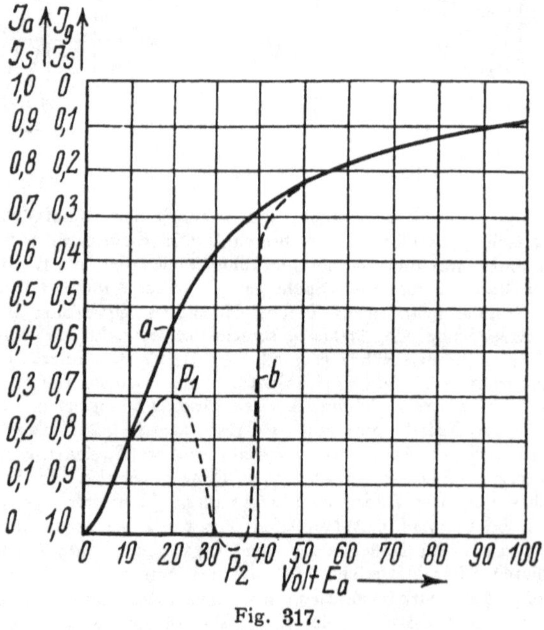

Fig. 317.

Sobald jedoch eine dieser beiden Elektroden eine größere Spannung als 10 Volt hat, wird von ihr eine Sekundärelektronenemission ausgehen. In gewöhnlichen Dreielektrodenröhren wird also die Anode stets Sekundaremission aufweisen. Diese kann aber nur in Erscheinung treten, wenn es den Sekundärelektronen gelingt, bis zum Gitter vorzudringen, und das ist nur möglich, wenn der Unterschied von Anoden- und Gitterspannung kleiner als 10 Volt ist. Sobald die Anodenspannung größer wird, gelangen die Sekundärelektronen nicht mehr zum Gitter, sondern fließen zur Anode zurück. Etwas Ähnliches gilt nun für die Gitterspannung. Wenn sie größer ist als 10 Volt, die Anodenspannung aber kleiner, so emittiert das Gitter Sekundärelektronen, die zur Anode gehen, sobald die Potentialdifferenz zwischen Gitter und Anode kleiner ist als 10 Volt. Wird jedoch die Gitterspannung sehr groß, so können die Sekundärelektronen nicht zur Anode gelangen, sondern fallen auf das Gitter zurück. Man sieht also, daß unter gewissen Umstanden die Stromverteilung in einer gewöhnlichen Röhre durch die Sekundaremission sehr erheblich beeinflußt werden kann. Macht man die Gitterspannung groß gegen 10 Volt und tragt den Anodenstrom in Abhangigkeit von der Anodenspannung in ein Diagramm ein, wobei die Meßschaltung der Fig. 316 zu benutzen wäre, so bekommt man das in Fig. 317 dargestellte Diagramm. Hierbei zeigt die ausgezogene Kurve den Verlauf ohne Sekundärelektronen, wahrend die gestrichelte Kurve den Verlauf unter Berücksichtigung der Sekundärelektronen darstellt. Mit wachsender Anodenspannung nimmt zunächst der Anodenstrom zu. Bis 10 Volt emittiert allein das Gitter Sekundarelektronen. Aber diese können nicht zur Anode gelangen, beteiligen sich also nicht an der Stromverteilung. Sobald die Anodenspannung 10 Volt übersteigt, wird auch die Anode Sekundärelektronen aussenden. Diese gelangen zum Gitter, weil die Gitterspannung höher ist und sie anzieht. Der Anodenstrom wird also sinken, trotzdem die Anodenspannung steigt. Es verlassen die Anode mehr Elektronen als auftreffen. Sobald jedoch die Anodenspannung sich bis auf 10 Volt der Gitterspannung nahert (Punkt P_2 des Diagramms), verlassen die Sekundärelektronen auch das Gitter und gehen zur Anode über, so daß der Gitterstrom fallt und der Anodenstrom anwächst, bis er für außerordentlich hohe Anodenspannungen in den Sättigungsstrom übergeht. In dem Diagramm ist angenommen, daß von Anfang an die Gitterspannung so hoch ist, daß für die Anodenspannung 0 Volt der Sättigungsstrom zum Gitter fließt. Dann stellt die aufgezeichnete Kurve die Verteilung von Gitter- und Anodenstrom dar. Es ist also immer die Summe von Gitter- und Anodenstrom gleich dem Sättigungsstrom.

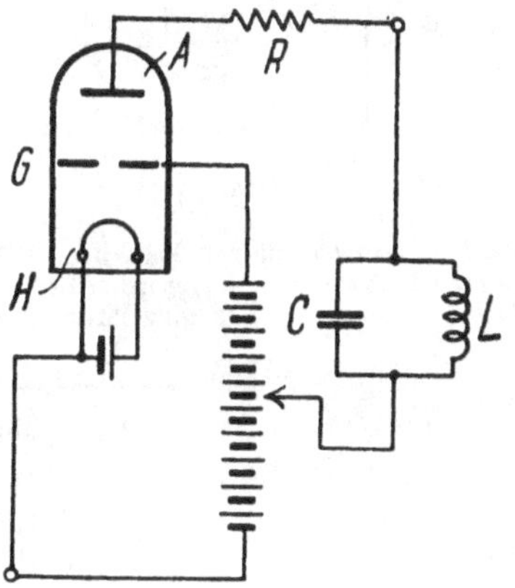

Fig. 318.

Das Interessante an der Charakteristik der Fig. 317 ist nun der zwischen den Punkten P_1 und P_2 liegende fallende Teil der Charakteristik. Hier nimmt also der Anodenstrom ab, trotzdem die Anodenspannung zunimmt. Der Anodenstrom läuft gegen die Anodenspannung an. Wir haben also hier wieder die Erscheinung eines negativen Widerstandes, die zur Schwingungserzeugung ausgenutzt werden kann. Der negative Widerstand liegt in der Röhre zwischen Anode und Kathode, und wir brauchen diese Strecke nur parallel zum Schwingungskreis LC zu schalten, um in diesem ungedampfte Eigenschwingungen zu erzielen, Fig 318. Schaltet man in den Anodenkreis noch einen Widerstand R ein, so kann man mit diesem den positiven Widerstand und damit die Schwingungserzeugung einregulieren Die eben beschriebene Wirkung läßt sich bei allen Dreielektrodenröhren hervorrufen. Die Röhre, die indessen speziell diese physikalische Erscheinung ausnutzt, ist das sogenannte Dynatron. Es hat kein eigentliches Gitter, sondern dafür eine in der Mitte mit einer großen Öffnung versehene Platte

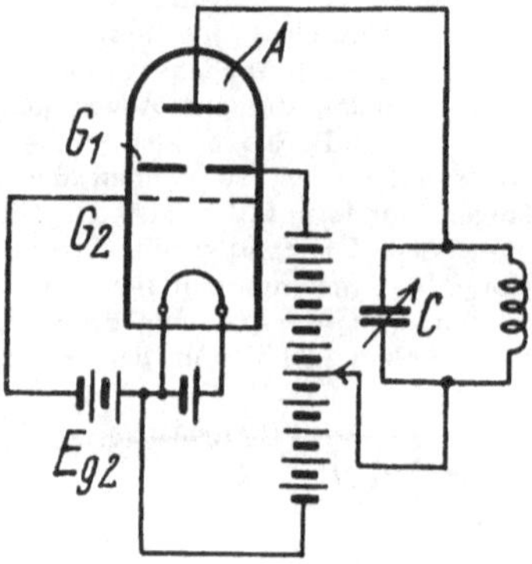

Fig 319

Die Größe des negativen Widerstandes hangt ab von der Neigung des Kurvenstückes P_1 P_2. Man kann nun die Regulierung auch so bewirken, daß man statt des positiven Widerstandes den negativen, also die Neigung des Kurvenstückes P_1 P_2 verandert. Dies geschieht dadurch, daß man ein zweites Gitter in die Röhre einbaut und an dieses verschiedene Vorspannungen legt, Fig. 319. Dadurch wird die Steilheit der fallenden Charakteristik außerordentlich stark beeinflußt. Dieses Verfahren ermöglicht auch eine sehr gute Modulation. Wenn man eine niederfrequente

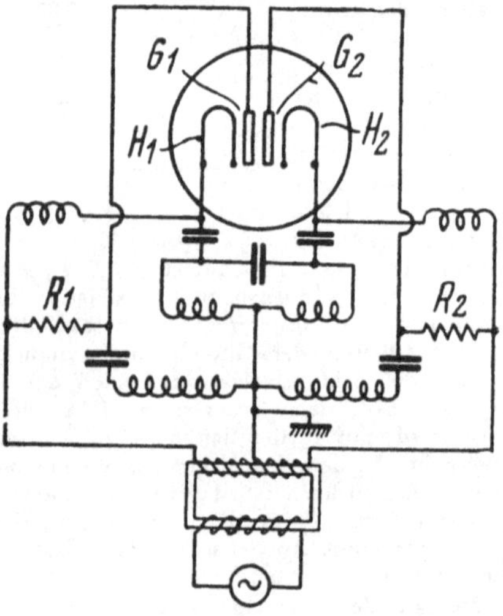

Fig. 320.

Wechselspannung an das Gitter G_2 legt, so wird dadurch der negative Widerstand in demselben Rhythmus beeinflußt und dementsprechend auch die Amplitude der selbsterregten Schwingung. Die Schaltung heißt Pliodynatron.

Eine sehr eigenartige Anwendung der Sekundäremission stellt die in Fig. 320 wiedergegebene Schaltung dar. Hier wird eine Röhre mit vier

Elektroden verwendet, von denen die beiden mittelsten zwei gleichartige Gitter darstellen, während die beiden äußeren Heizfaden sind, welche räumlich eine etwas größere Ausdehnung haben. Von außen wird jedoch nur der Faden H_1 durch eine Batterie geheizt. Der Heizfaden H_1 liegt mit dem

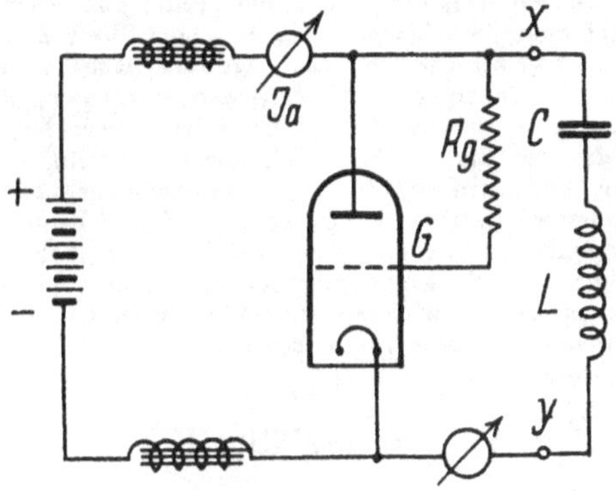

Fig. 321.

Gitter G_1 in einem Schwingungskreis, während H_2 und G_2 einem anderen angehören, der ihm gleich dimensioniert ist und zu ihm symmetrisch liegt. Die Röhre wird durch Wechselstrom betrieben. Hat der Schwingungskreis F_2 H_2 hohes positives Potential gegen G_1, so entstehen in dem Schwingungskreis G_2 H_2 ungedämpfte Schwingungen. Gleichzeitig wird jedoch durch das Auftreffen der Elektronen H_2 so stark erhitzt, daß es selbst Elektronen aussendet. Jetzt wird die hohe positive Spannung an H_1 liegen, so daß sich der ganze Vorgang umkehrt und der Schwingungskreis G_1 H_1 ungedämpft schwingt. Dann wird wieder mit dem Wechsel der aufgedrückten Wechselspannung das andere Heizorgan Kathode u. s. f. Schwingungskreis und Rückkopplungskreis wechseln in demselben Tempo wie die Heizorgane ihre Funktionen. Die Widerstände R_1 und R_2 regulieren die Erhitzung durch das Elektronenbombardement. Man kann auf diese Weise also die Röhre mit einer Anodenwechselspannung betreiben. Dieses Verfahren sei hier nur der allgemeinen Übersicht wegen angeführt, um die Verwendungsmöglichkeit der Sekundäremission zu beleuchten. Praktische Verwendung wird die Schaltung der Fig. 320 wegen der Kompliziertheit und der eigenartigen Spezialröhrenkonstruktion wohl kaum erlangen.

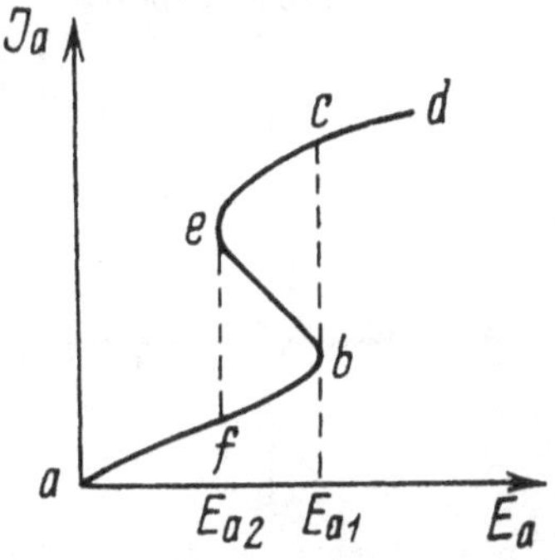

Fig. 322.

Eine weitere interessante Erscheinung, die wahrscheinlich ebenfalls auf Sekundäremission zurückzuführen sein wird, ist die folgende. Wenn man in der Schaltung der Fig. 321 bei x und y L und C abschaltet und dann den Anodenstrom in Abhängigkeit von der Anodenspannung aufzeichnet, so gelangt man zu einem Diagramm, welches in Fig. 322 abgebildet ist. Steigert man die Anodenspannung langsam, so nimmt der Anodenstrom zu, bis plötzlich bei einer bestimmten Anodenspannung E_{a2} der Anodenstrom vom Werte b auf einen höheren Wert c hinaufschnellt. Steigert man die Anodenspannung weiter, so wächst auch der Anodenstrom weiter bis zur Sättigung an. Wenn man jedoch jetzt mit der Anodenspannung zurückgeht, so nimmt der Anodenstrom ab, unterschreitet den Wert c und fällt dann plötzlich bei einer Anodenspannung E_{a2} vom Wert e auf den Wert f ab. E_{a2} ist von E_{a1} verschieden. Es liegt nun nahe zu vermuten, daß die Punkte e und b eigentlich verbunden werden müssen, daß aber das Stück eb der Charakteristik, weil es fallend ist, einem labilen Zustande entspricht. Ob das der Fall ist, läßt sich leicht ermitteln, wenn man die Versuchsschaltung entsprechend Fig. 321 vervollständigt. In dem Bereich eb muß es dann unter Umständen möglich sein, den Schwingungskreis LC zu Eigenschwingungen anzuregen, was tatsächlich möglich ist. Von L. Kühn ist dies Verfahren Schwingungserzeugung durch Feldzerfall genannt worden. Allerdings ist es bisher nicht möglich gewesen, diesem Schwingungskreis irgendwelche Energie zu entziehen, die Schwingungen also praktisch auszunutzen.

§ 5. Gasgefüllte Röhren.

Negative Widerstande, d. h. also fallende Charakteristiken, beobachtet man auch bei gasgefüllten Röhren. Enthält die Röhre Gas, so ergibt der Gitterstrom in Abhängigkeit von der Gitterspannung den in Fig. 322 dargestellten Verlauf. Bei negativen Gitterspannungen beginnt der Gitterstrom und steigt zunächst bis b zu negativen Werten an und nimmt dann ab, geht mit der Gitterspannung durch Null und wächst bis zum Punkt C

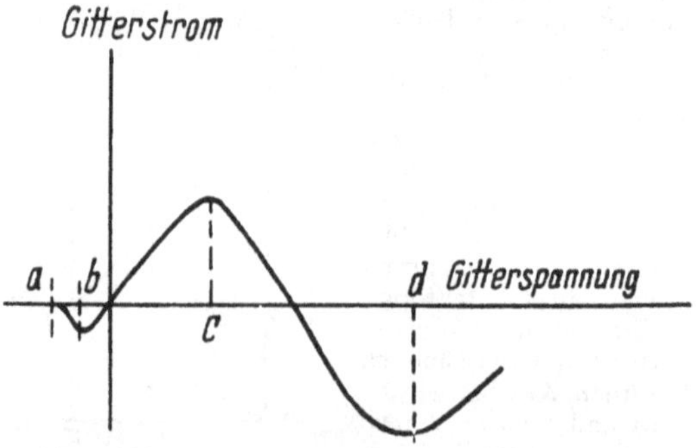

Fig. 322.

mit der Gitterspannung an. Bei weiterer Steigerung der letzteren von c bis d fällt der Gitterstrom und nimmt wieder negative Werte an. Erst von d an steigt er mit der Gitterspannung dauernd weiter. Wir erhalten also an zwei Stellen fallende Charakteristiken, nämlich von a bis b und von c bis d. Schaltet man bei einer Gitterspannung, die einen von diesen Bereichen trifft, einen Schwingungskreis parallel zur Strecke Gitter—Kathode der Röhre, so entstehen selbsterregte Schwingungen. Die Röhre wird diese Schwingungen verstärken und ein im Anodenkreis befindlicher, auf den Gitterkreis abgestimmter Schwingungskreis wird wie ein fremdgesteuerter Sender in Schwingungen geraten. Man sieht hieraus, daß die Schwingungserzeugung nach dem Verfahren Huth-Kühn noch weitere zwei Modifikationen zuläßt, die durch die Schaltungen der Fig. 323a und b dargestellt werden. Dabei ist in Fig. 323a das Gitter negativ, in Fig. 323b positiv vorgespannt. Voraussetzung ist, daß im ersteren Fall die Gitterspannung zwischen a und b liegt, im zweiten Falle zwischen c und d. Bei absoluter Gasfreiheit können selbsterregte Schwingungen nicht auftreten, wenn die Röhrenkapazität irgendwie neutralisiert ist und die beiden Schwingungskreise auch nicht induktiv aufeinander einwirken können. Solche Entkopplungen würden aber die nach Fig. 323 erzeugten Schwingungen nicht unterdrücken können.

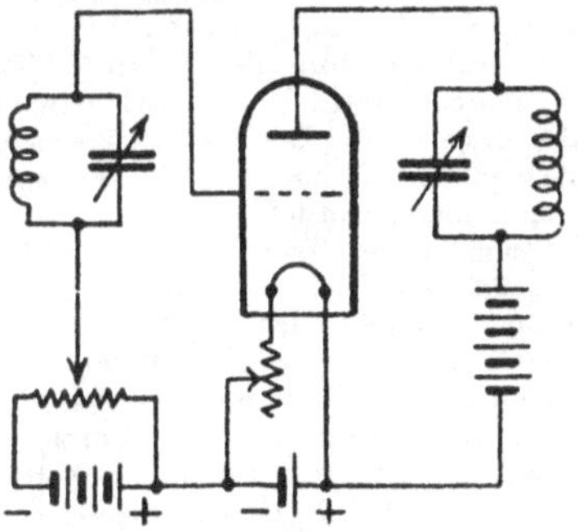

Fig. 323a.

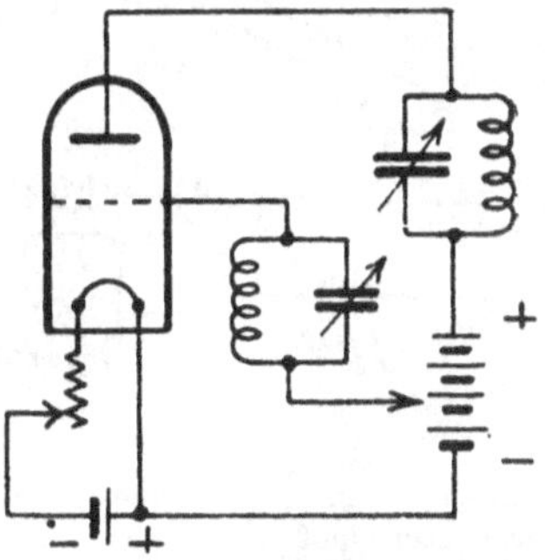

Fig. 323b.

Die negative Charakteristik tritt überhaupt häufig bei Gasentladungen auf. Es besteht eine gewisse Ähnlichkeit zwischen Gasentladungen und dem Lichtbogen. Diese Eigenschaft der Gasentladungsstrecken ist schon ziemlich früh von Hittdorf erkannt und zur Schwingungserzeugung ausgenutzt worden. Solchen Entladungen haftet jedoch meist der Mangel an, daß die Vorgänge nicht stabil sind. Man hat in dieser Richtung viel versucht. Man hat z. B. unsymetrische Entladestrecken verwendet und die Energie durch erhöhten Gasdruck zu steigern versucht. In Fig. 324 ist eine solche Röhre aufgezeichnet, wie sie zu Schwingungserzeugungen benutzt werden kann. Die Röhre stellt einen negativen Widerstand dar, der parallel zu L und C liegt und eine Selbsterregung dieses Kreises verursacht. Der Kondensator C_1 dient als Puffer. Die Schwingungszahl selbst ist jedoch hier nicht allein durch L und C bestimmt, sondern auch durch den Widerstand. In neuerer Zeit sind für diese Zwecke die Quecksilberdampflampe, die Wehneltröhre und die Neonglimmlampe verwendet worden.

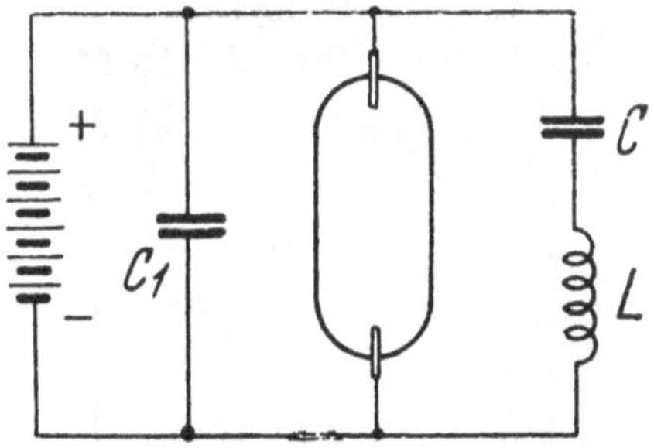

Fig. 324.

Das merkwürdige Verhalten der gasgefüllten Entladungsstrecken hat seinen Grund in der Ionisation. Röhren, in denen keine merklichen Spuren von Gas mehr vorhanden sind, nennen wir hart, gasgefüllte weich. In solchen weichen Röhren nimmt der Anodenstrom von einer bestimmten Spannung an sehr stark zu. Diese Spannung liegt verhältnismäßig tief, bei den Edelgasen z. B. zwischen 18 und 25 Volt, bei den Metalldämpfen liegt sie noch tiefer. Diese plötzliche Zunahme des Stromes erklärt sich aus der Stoßionisation. Die aus dem Heizfaden austretenden Elektronen werden durch das Feld beschleunigt und sind, sobald sie genügende Bewegungsenergie besitzen, imstande, im Entladungsraum befindliche Gasatome zu zertrümmern, indem sie eine oder mehrere Elektronen aus dem Verband der Atome auslösen. Entstehen dann aus dem Atom positive und negative Ionen, von denen das positive Ion nichts anderes ist wie das Atom ohne ein Elektron, während das negative Ion ein Elektron ist.

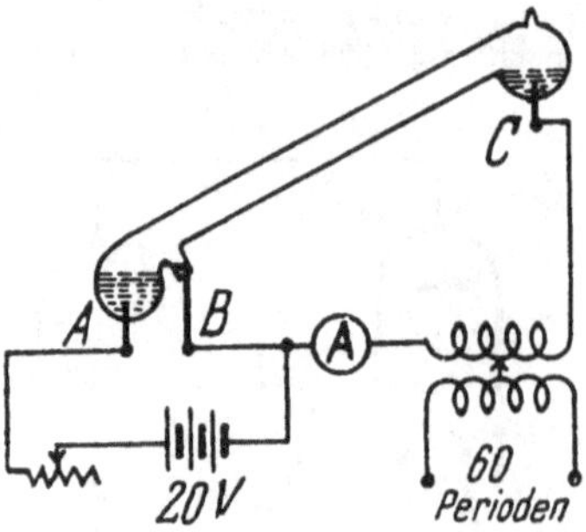

Fig. 325.

Durch diese Stoßionisation wird also erstens die Zahl der Elektronen, die von der Kathode zur Anode wandern, außerordentlich stark vergrößert, zweitens werden positive Ionen in der umgekehrten Richtung, also von der Anode zur Kathode wandern. Die Wanderung in beiden Richtungen bedeutet eine Erhöhung des Anodenstromes. Damit die Stoßionisation eintreten kann, ist zunächst eine bestimmte Inonisationsspannung nötig. Dann aber muß auch das Gas eine gewisse Dichte haben, damit das Elektron auf dem Wege zur Anode auch wirklich ein Atom trifft. Leider

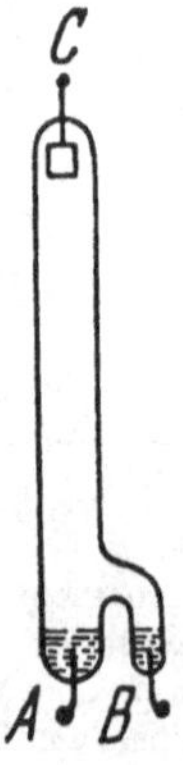

Fig. 326.

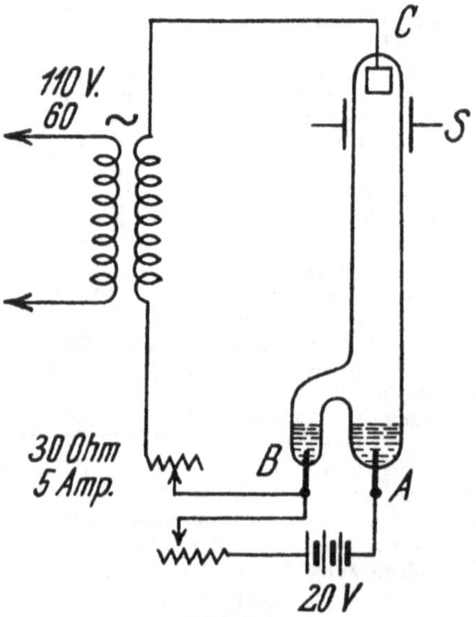

Fig. 327.

sind diese Vorgänge in gasgefüllten Röhren im allgemeinen recht unbeständig, so daß es für Empfangszwecke an der nötigen Betriebssicherheit fehlt. Der Grund liegt gewöhnlich in der chemischen Einwirkung zwischen Gas und Elektroden. Dieser Nachteil wird beseitigt durch die Verwendung der Edelgase Helium, Argon, Neon, Krypton, Xenon, von denen jedoch nur die ersten drei praktische Bedeutung erlangt haben.

Ein weiterer Vorteil dieser Edelgase ist der Umstand, daß sie einatomig sind, wodurch sie leichter ionisierbar werden.

Das plötzliche Anwachsen des Stromes beim Einsetzen der Stoßionisation legt es nahe, solche Rohren als Detektor zu benutzen. Die beste Detektorvorspannung ist dann nicht gerade die Ionisierungsspannung. Sie liegt vielmehr um etwa 40 % höher. Dann bekommt man aber ganz ausgezeichnete Detektoren, deren Empfindlichkeit Audion und Kristalldetektor bei weitem übersteigt. Noch bessere Wirkungen lassen sich erzielen, wenn man statt der Edelgase Metalldampfe verwendet. Dazu eignen sich Quecksilber, Natrium, Kalium und Caesium. Diese haben noch bedeutend geringere Ionisationsspannungen, sind ebenfalls einatomig und und haben außerdem den Vorteil, daß sie von den Elektroden des Entladungsgefäßes nicht absorbiert werden. Die Ionisationsspannung von Quecksilber beträgt nur 10,5 Volt.

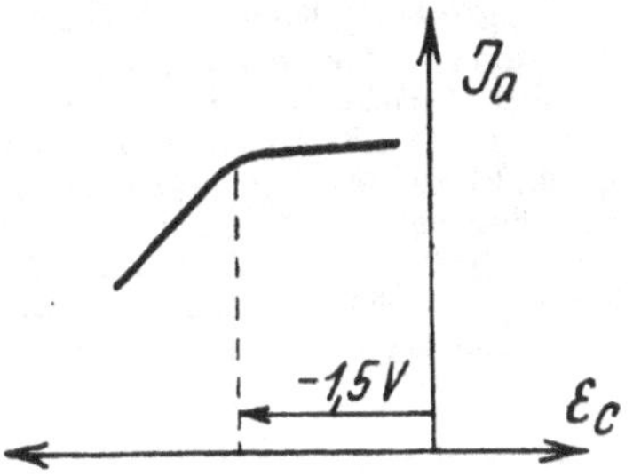

Fig. 328.

Die Vorgänge in einer solchen Quecksilberrohre sind auch sonst interessant. Wir betrachten eine gewöhnliche Quecksilberdampflampe.

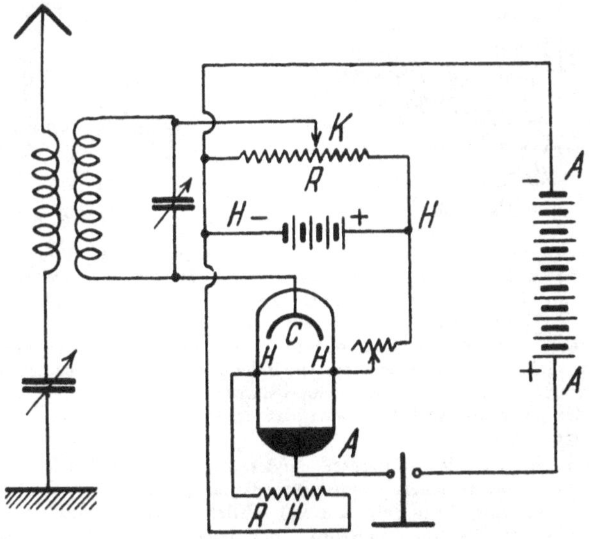

Fig. 329.

Eine solche ist in Fig. 325 abgebildet. A ist die eine Elektrode, sagen wir einmal die Kathode, C ist die Anode. B ist eine Hilfselektrode, die gegen A eine Spannung von 20 Volt aufweist. Sobald man zwischen A und B durch einen dünnen Quecksilberfaden leitende Verbindung hergestellt hat, bildet sich eine Entladung zwischen A und B in Form eines Lichtbogens aus. Wenn man jetzt C positiv gegen

A und B macht, so können die in dem Lichtbogen zwischen A und B entstehenden Elektronen nach C fliegen und auf diesem Wege durch Stoß ionisieren. Man kann auf diese Weise ziemlich große Ströme zwischen A und C entstehen lassen. Führen wir nun eine Wechselspannung zwischen A und C ein, so kann offenbar ein Strom nur fließen, während C positiv ist, also während der positiven Halbperioden, denn nur die Elektronen besitzen ionisierende Eigenschaften, nicht die positiven Ionen, die wegen ihrer Größe viel zu träge sind. Man bekommt auf diese Weise also einen Gleichrichter für große Energien, der im Grunde aber nichts anderes ist als eine Glühkathodenröhre. Dabei ist nicht einmal notwendig, daß die Elektrode C aus Quecksilber besteht. Sie kann auch aus festem Metall bestehen, z. B. Eisen, wodurch die ganze Lampe handlicher wird. In Fig. 326 ist eine Lampe in dieser Form abgebildet. In Fig. 327 sehen wir eine entsprechende Gleichrichterschaltung. In dieser ist noch eine neue Elektrode hinzugefügt worden, die aus einem ringförmigen

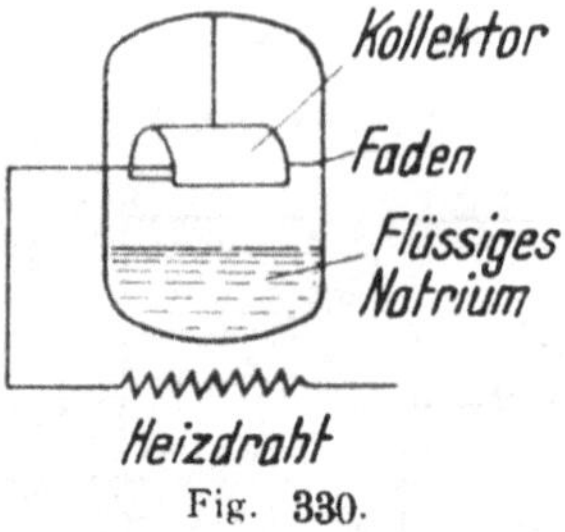

Fig. 330.

Fig. 331.

Blech besteht, welches in der Nähe der Anode außen um die Röhre herumgelegt wird und mit dem Buchstaben S bezeichnet ist. Wenn diese Kontrollelektrode auch nur um einige Zehntel Volt positiv oder negativ gegen C ist, ganz gleichgültig wie hoch die Spannung an C auch sein mag, so wird damit entschieden, ob ein Strom durch die Röhre hindurchgeht oder nicht. Durch einen verschwindend geringen Energiebetrag ist man hier also imstande, einen hochgespannten Strom großer Energie zu unterbrechen oder zu schließen, ohne daß irgendwelche störenden Begleiterscheinungen auftreten.

Neuerdings ist das Interesse anderen Metalldämpfen zugewandt worden, die eine geringere Ionisationsspannung besitzen. Es handelt sich dabei um eine Legierung aus 24 Teilen Natrium und 40 Teilen Kalium. Diese ist allerdings außerordentlich feuergefährlich und explosibel. Die Ionisierungsspannung beträgt nur 4 Volt. Die Legierung ist flüssig. Man bringt bei der Herstellung der Röhren, nachdem man diese genau wie Hochvakuumröhren behandelt, kurz vor dem Zuschmelzen einige Tropfen der Legierung hinein und evakuiert darauf. Dann werden in der Röhre lediglich die Dämpfe dieser Metallegierung vorhanden sein. Die Dampfdichte wird durch den Heizfaden einreguliert und bleibt konstant, sobald die Heizfadentemperatur ihren richtigen Wert angenommen hat. Bei solchen Röhren verwendet man gewöhnlich kein Gitter, sondern einen Kollektor, dessen Blech halbkreisförmig um den Heizfaden herumgebogen ist und diesem näher steht als die Anode. In Fig. 328 ist die Abhängigkeit des Anodenstromes I_a von der Kollektorspannung, also die Charakteristik, aufgetragen. Man sieht, daß die Charakteristik einen scharfen Knick bei — 1,5 Volt Kollektorspannung hat. Der Kollektor muß also eine Vorspannung von — 1,5 Volt bekommen, damit eine gute Detektorwirkung gewährleiset wird. In Fig. 329 ist eine Schaltung angegeben, welche zeigt, wie diese Röhre als Detektor benutzt werden kann. Am Potentiometer R, welches der Heizbatterie parallel geschaltet ist, wird die Kollektorspannung eingestellt. Der mit Rh bezeichnete Widerstand ist um das Gefäß herumgeführt und dient zum Erwärmen der flüssigen Legierung. Die Detektorwirkung dieser Röhre ist ganz ausgezeichnet und übertrifft die anderen Verfahren ganz bedeutend. Es ist jedoch unmöglich, mit dieser Röhre Verstärkungen zu erzielen, weil der Kollektorstrom erhebliche Werte annimmt.

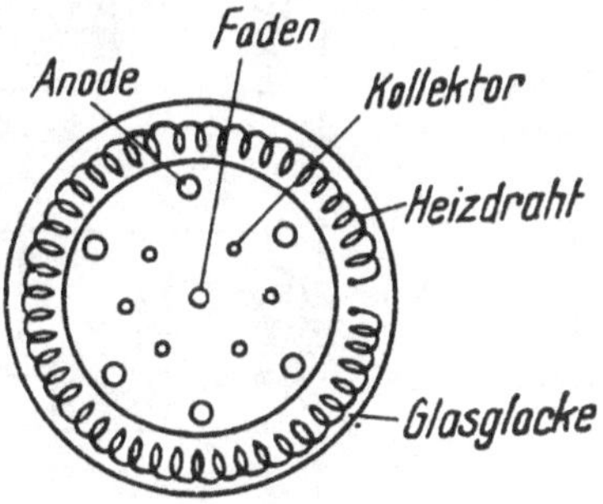

Fig. 332.

Die Natriumröhre ist nun in der neueren Zeit ganz wesentlich verbessert worden, indem man das flüssige Natrium durch Natriumdämpfe ersetzt hat. Fig. 330 zeigt die alte Form, 331 und 332 die neue. In Fig. 332

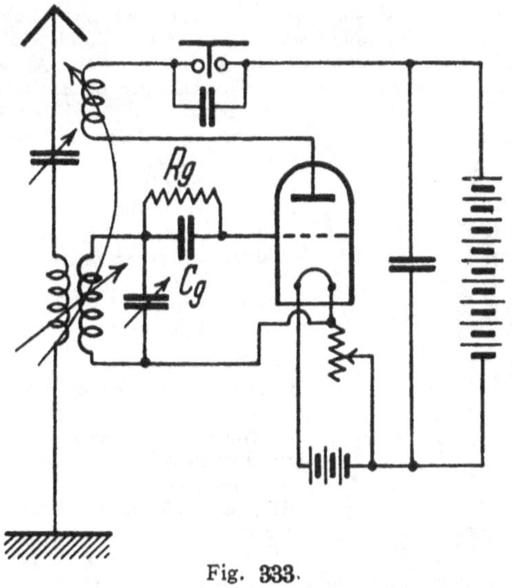

Fig. 333.

ist ein Querschnitt durch die Röhre abgebildet. Hier ist der Heizfaden durch die Mitte gezogen. Um diesen herum ist der Kollektor in sechs Stäben gelegt und um diesen die Anode in ebenfalls sechs Stäben. Man hat hier also eine Annäherung an die zylindrische Konstruktion der normalen Elektronenröhren. Die außen herumgelegte Spirale ist der Heizdraht, der zur Erhitzung des Natriumdampfes dient. Diese Heizspirale ist mit dem Kathodendraht in Serie geschaltet und wird mit etwa ¼ Ampere geheizt. Fig. 331 zeigt die Außenansicht. Sodion ist der englische Name für Natrium. Dieser Natriumdetektor kann nun im Gegensatz zu der ursprunglichen Form auch als Schwingungserzeuger benutzt werden, jedoch

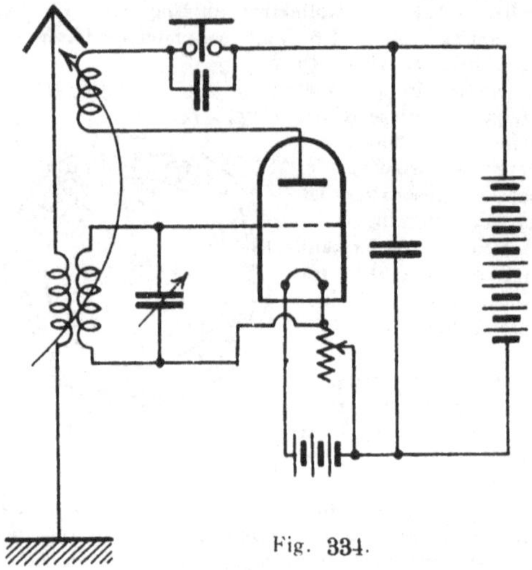

Fig. 334.

nicht als Verstarker. In Fig. 333 und 334 sind zwei Schaltungen der Natriumdetektorrohre D_{21} angegeben, die sich nur durch die Verwendung des Gitterkondensators Cg mit Ableitung Rg in Fig. 333 unterscheiden. Die Einstellungen dieser Röhre sind nicht sehr kritisch, so daß sie also leicht zu bedienen ist. Da sie aber einen sehr kleinen inneren Widerstand besitzt, ist sie als Empfanger nicht sehr selektiv, wird daher am besten hinter einen Hochfrequenzverstarker geschaltet. Die Empfindlichkeit gegen schwache Signale ist außerordentlich groß, wahrend sie bei lauten Signalen etwa einem Audion gleichkommt.

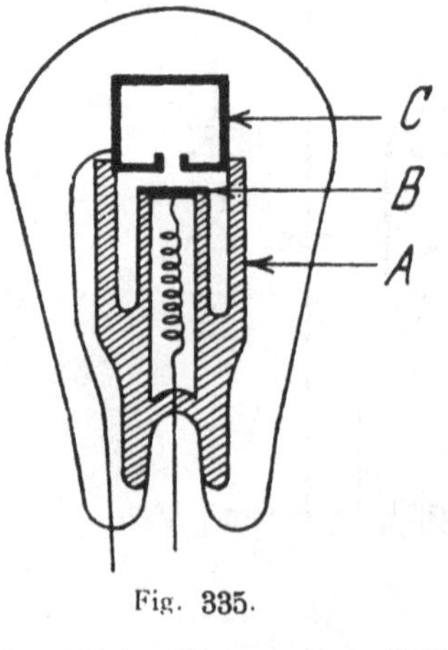

Fig. 335.

Die Ionisierung von Gasen hat neuerdings zur Entwicklung eines Gleichrichterverfahrens geführt, bei welchem kein Heizfaden mehr nötig ist. Aus der ungleichartigen Geschwindigkeit der negativen und positiven Ionen ergibt sich nämlich, daß die Leitfähigkeit eines Gases geandert werden kann, wenn man die Elektroden verschieden groß macht. In Fig. 335 ist die sogenannte S-Röhre abgebildet. Hierin ist C eine kastenförmige Elektrode, die nach unten zu eine kleine Öffnung besitzt. Dieser gegenüber ist eine kleinere plattenförmige Elektrode B angebracht. Die Röhre ist mit Helium angefüllt wegen der leichten Ionisierbarkeit. Da keine Glühelektrode vorhanden ist, muß mit einer Wechselspannung von mindestens 150 Volt gearbeitet werden. Wenn die Kastenelektrode negativ ist, so werden die Elektronen von allen Seiten nach der plattenförmigen

Anode B fliegen, wobei sie durch die enge Öffnung des Kastens treten, also einen ziemlich weiten Weg zurücklegen müssen, wodurch die Stoßionisation gefördert und eine ziemlich hohe Stromstärke erreicht wird. Im umgekehrten Falle, wenn die Kastenelektrode positiv ist, können die schwerfälligen positiven Ionen nicht so leicht den Kastenraum verlassen und lagern sich deshalb als positive Wolke vor die kleine Öffnung. In diese stoßen nun die Elektronen hinein, die von der Platte kommen und werden neutralisiert. Ein Strom wird also nicht entstehen. Man hat mit dieser Röhre tatsachlich einen kalten Gleichrichter für hohe Wechselspannungen. Nach demselben Prinzip arbeitet der Raython-Helium-Gleichrichter, bei dem zwei Anoden vorhanden sind, die als Spitzen in den beiden Öffnungen des Kastens (Fig. 336) liegen. Diese Anordnung ermoglicht eine Vollweggleichrichtung. In Fig. 337 ist die Schaltung wiedergegeben, die gestattet, mit Hilfe eines solchen Gleichrichters die Anodenspannungen fur einen Empfanger aus dem Wechselstromnetz zu entnehmen.

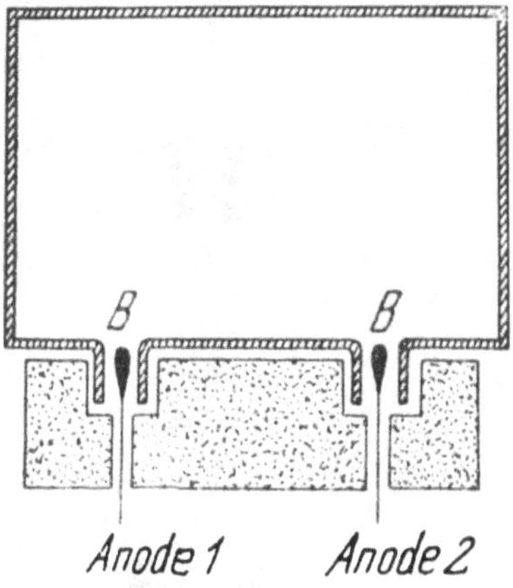

Fig. 336.

§ 6. Röhren mit eigenartiger Heizvorrichtung.

Es ist nicht unbedingt nötig, daß in einer Glühkathodenröhre der Heizfaden gerade durch einen Strom zum Glühen gebracht werden muß.

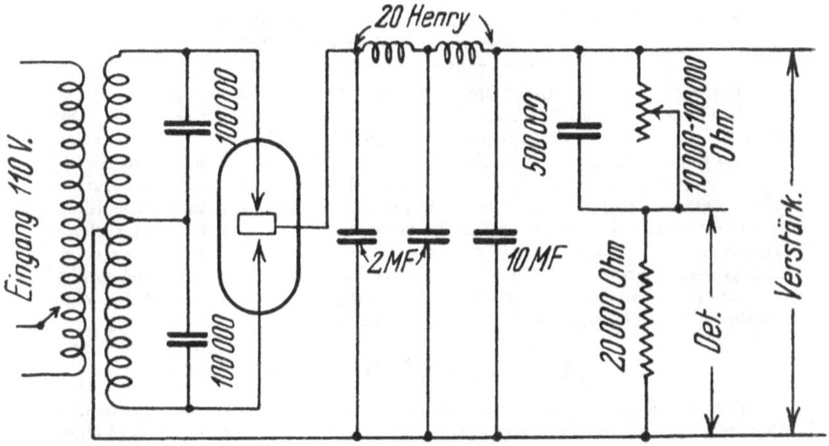

Fig. 337.

Es kommt nur darauf an, daß das Metall der Kathode die nötige Temperatur bekommt, wie das geschieht, ist gleichgültig. Es ist also denkbar, daß man eine stabförmige Kathode, die mit Elektronen emittierenden Substanzen bedeckt ist, durch eine Heizspirale zum Glühen bringt. In Fig. 338 ist eine solche Röhre abgebildet, die direkt an das Lichtnetz angeschlossen werden kann. Dabei ist gleichgültig, ob dies ein Gleichspannungs- oder Wechselspannungsnetz ist. Fig. 338a zeigt das Schema der Anordnung, Fig. 338b, einen Schnitt durch die Röhre.

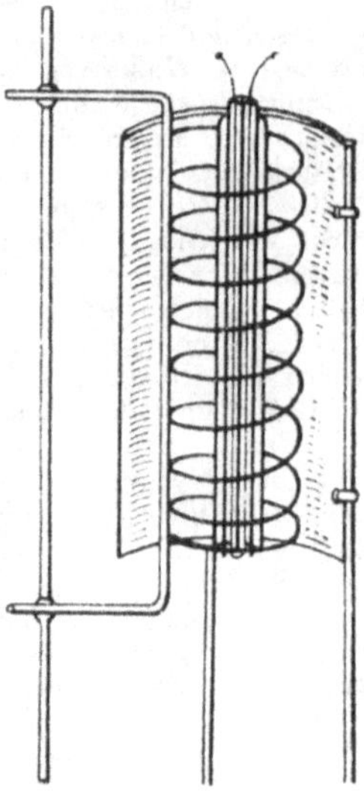

Fig. 338a.

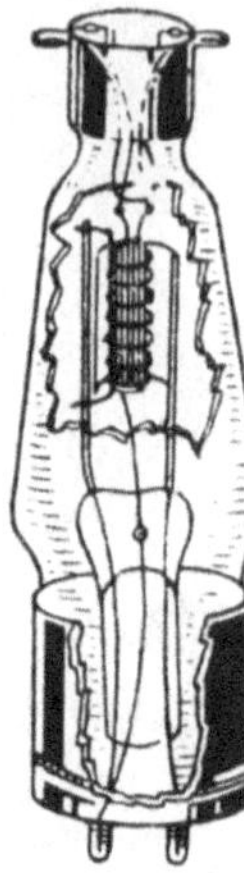

Fig. 338b.

Die Bedeutung dieser Röhre liegt also darin, daß mit ihr das Problem der Heizung aus dem Lichtnetz gelöst ist.

Es ist auch möglich, die Kathode durch Bestrahlung von außen zu heizen. Das kann z. B. durch einen Hohlspiegel geschehen. Dieses Verfahren spielt bei der Bildtelegraphie eine Rolle.

Fig. 339 stellt eine neuartige Röhre mit zwei Heizfäden dar, in welcher die Heizung selbst auf normale Weise durch Batterien bewirkt wird. Der Zweck des linken Heizfadens liegt hier jedoch in der Ableitung der Gitteraufladungen. Der Heizkreis dieses Fadens ist mit dem Gitter verbunden, welches sonst durch einen Blockkondensator vom Schwingungskreis abgeriegelt ist. Durch die sich auf dem Gitter ansammelnden Elektronen bekommt dieses schließlich ein negatives Potential gegen den rechten Heizfaden H. In diesem Augenblick wird auch der linke negativ gegen H, also gewissermaßen zur Glühkohle gegenüber diesem und ist somit imstande, die Ladungen an ihn abzugeben. Wir erhalten also auf diese Weise eine originelle Audionsschaltung.

§ 7. Flüssigkeitsröhren.

Die Vorgänge in einer Glühkathodenröhre finden eine merkwürdige Parallele in einigen Erscheinungen, die man bei kolloidalen Flüssigkeiten beobachten kann. Eine kolloidale Flüssigkeit ist zu unterscheiden von einer Lösung. In der letzteren wird ein hineingebrachter Stoff, z. B. ein Salz, vollkommen in den flüssigen Aggregatzustand übergeführt. Kolloide dagegen lösen sich nicht wirklich in der Flüssigkeit auf, sondern bilden Teilchen, die sich in der Flüssigkeit verteilen. Eine kolloidale Flüssigkeit entsteht z. B., wenn man Gelatine in Wasser bringt. Äußerlich unterscheidet sich eine solche Flüssigkeit nicht von einer gewöhnlichen Salzlösung, nur unter dem Ultramikroskop sind Unterschiede festzustellen. Die kolloidalen Teilchen sind über 1000 mal so groß anzunehmen wie die Moleküle. Sie bewegen sich nun in der Flüssigkeit ähnlich wie die Moleküle oder Ionen in einem Gas und wir können mit ihrer Hilfe einen Strom durch eine kolloidale Lösung schicken, sofern die suspendierten Teilchen metallische Natur haben. Füllen wir eine solche kolloidale Lösung nach Fig. 340 in ein U-förmig gebogenes Rohr, in dessen Schenkel Platin-

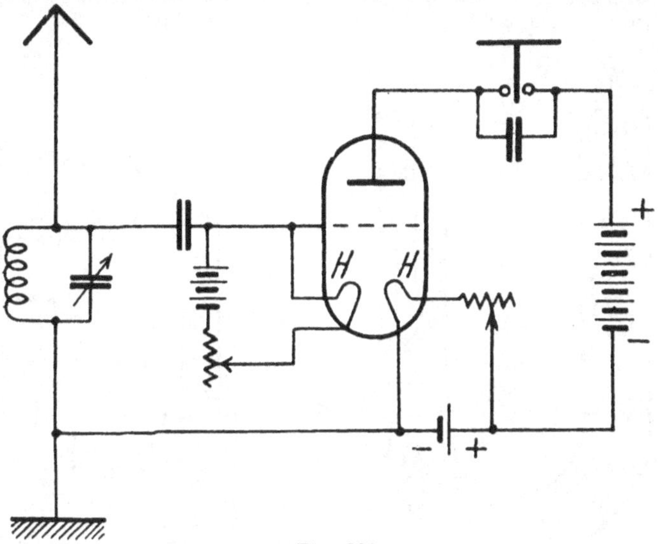

Fig. 339.

Elektroden M und N eingetaucht sind, so kann man bei genügender Spannung einen schwachen Strom feststellen. Dabei kann die Bewegung der Teilchen mit bloßem Auge an der Farbung der Flüssigkeit festgestellt werden.

Schwefel, Selen, Silber und Gold geben die besten kolloidalen Lösungen. Ein kolloidales Präparat aus Blei erhalt man, wenn man reines metallisches Blei einige Wochen in eine Gelatinelösung legt. Nach Fig. 341 ist es möglich, einen Schwingungskreis zur Selbsterregung anzustoßen, wenn man die positive Elektrode mit einem Gitter umgibt. Wegen der Schwerfälligkeit der Teilchen kann es sich bei diesen Versuchen immer nur um Niederfrequenz handeln. Man hat mit solchen kolloidalen Lösungen gute Detektor- und Niederfrequenzverstärkungen erzielt. Zu erwähnen sind hierbei die Arbeiten von Nienhold, Suprin und Roussel. Fig. 342 zeigt einen Niederfrequenzverstärker nach diesem Prinzip. Bei C ist ein Gitter durch die Röhre gespannt. Statt des Gitters könnte man auch, wie beim Magnetron, ein äußeres Magnetfeld auf den Strom einwirken lassen. Es hat sich jedoch gezeigt, daß die Flüssigkeitsröhren Ermündungserscheinungen aufweisen, also ihre Wirkung nach einiger Zeit verlieren.

Da die Versuche sehr leicht auszuführen sind und kaum Kosten verursachen, so wäre zu wünschen, daß der Amateur sich auch mit ihnen befaßte, um auf diese Weise vielleicht doch zu einer sehr billigen Detektor- oder Verstärkerröhre zu gelangen.

§ 8. Die Selbstherstellung von Röhren.

Allgemein ist die Ansicht verbreitet, daß die Herstellung von Glühkathodenröhren ein unumstößliches Monopol der großen Röhrenfabriken sein müßte, weil sehr kostspielige und umfangreiche Apparaturen dazu nötig sind. Im großen und ganzen trifft es auch zu. Doch liegt es, wie die folgenden Zeilen zeigen, durchaus im Rahmen der Leistungsfähigkeit des Amateurs, selbst ganz leidliche Röhren herzustellen. Zur Selbst-

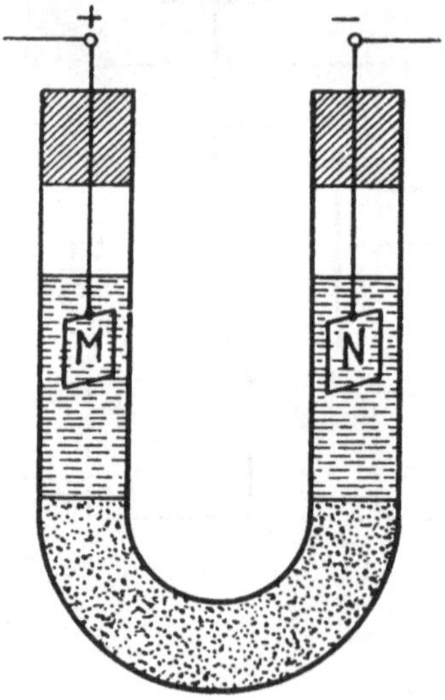

Fig. 340.

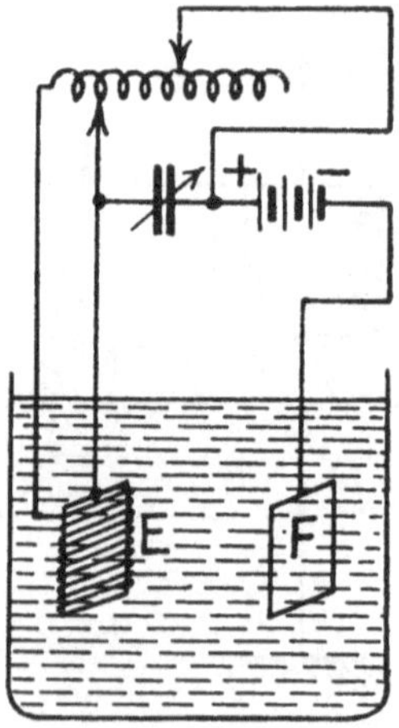

Fig. 341.

herstellung sind vor allen Dingen ein Glasblaseapparat und eine gute Pumpe notwendig. Einen guten Glasblaseapparat kann man sich dadurch herstellen, daß man in das Gasrohr, welches vorn zugespitzt ist, ein dünneres Rohr einführt, durch welches komprimierte Luft mit dem Gas gleichzeitig durch die kleine Öffnung nach außen geblasen wird. Der Luftstrom bekommt seinen Druck durch einen doppelt wirkenden Blasebalg, der am besten mit dem Fuß getreten wird. Dieser Blasebalg muß also so wirken, daß sowohl beim Niedertreten als auch beim Loslassen ein Luftstrom durch die Öffnung des Gebläses getrieben wird.

Brauchbare Röhren benötigen ein ziemlich hohes Vakuum, wozu eine wirksame Pumpe notwendig ist. Man kann aber mit der in Fig. 343 dargestellten Anordnung ganz hübsche Resultate erzielen. D ist ein Glasrohr von 1 m Länge, in welchem Quecksilber aus dem Behälter A in das Gefäß B fließen kann. Etwas über dem unteren Ende des Glasrohrs besitzt das Gefäß B einen Abfluß, aus welchem das Quecksilber heraustreten kann, so daß es ab und zu wieder in das obere Gefäß gebracht werden kann. Praktischerweise befestigt man das Glasrohr durch ein Gummirohr an dem Gefäß A, so daß man durch eine Klammer den Fluß des Quecksilbers regulieren kann. Im oberen Teil des Glasrohrs D ist eine

Gabelung angebracht, durch welche die zu entlüftende Röhre in der durch die Figur dargestellten Art mit dem senkrechten Glasrohr verbunden ist. Das fallende Quecksilber wird jedesmal, wenn es an der Zweigstelle vorbeipassiert, eine gewisse Luftmenge mit nach unten nehmen. Sobald das Quecksilber zu fließen beginnt, beginnt auch die Entleerung. Die senkrechte Röhre wird bald mit Quecksilbertropfen gefüllt sein, die durch kleine Luftblaschen getrennt sind. Luft und Quecksilber konnen durch die Öffnung des Gefaßes B nach außen gelangen. Nach einiger Zeit werden die Luftblasen kleiner und immer kleiner werden, bis schließlich in dem senkrechten Rohr eine gleichmäßige Saule von Quecksilber steht. Dieser Augenblick gibt sich durch ein metallisches Gerausch zu erkennen

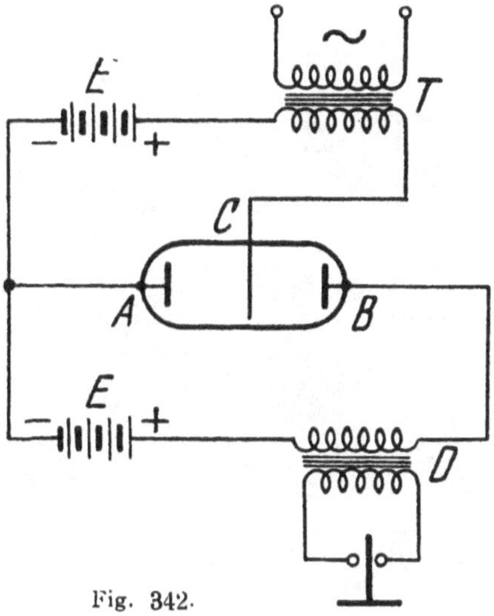

Fig. 342.

und beueutet den vorlaufigen Abschluß des Pumpverfahrens. Mit einer solchen Pumpe allein kann man die Röhre bis zu einem Druck von 0,00045 mm Quecksilber entleeren. Die Pumpe wirkt um so besser, je tiefer die Temperatur ist. Das liegt daran, daß der Dampfdruck des Quecksilbers mit der Temperatur sinkt.

Um die letzten Reste von Quecksilber und Wasserdampf zu beseitigen, muß man besondere Fallen in das horizontale Rohr einbauen. Die Falle E enthält Goldblatt, um die Quecksilberdämpfe aufzunehmen. Der Wasserdampf wird durch Phosphorpentoxyd absorbiert. Um den Gasdruck in der Röhre unter die Pumpgrenze herunterzudrücken, kann man von der Fähigkeit der Holzkohle, Gase zu absorbieren, Gebrauch machen. Auf diese Weise ist es möglich, das Vakuum bis auf 3 mal 10^{-8} mm herabzudrücken. Wenn man Kohle für Absorptionszwecke benutzt, ist eine besondere Falle für den Wasserdampf nicht erforderlich. Der horizontale Teil des Apparates besitzt zwei Einschnürungen G und H zu beiden Seiten der Kohlefalle. Man erhitzt den Heizdraht so weit wie möglich und legt ein ziemlich hohes Potential an die Anode, welche man mit dem Gitter verbindet. Das darf nur kurze Zeit geschehen, und man muß darauf achten, daß die Elektroden nicht schmelzen. Zweck dieses Verfahrens ist die Austreibung der von den metallischen Elektroden absorbierten Gase.

Ebenso müssen die Glaswände der Röhre zu diesem Zweck erwärmt werden und schließlich auch die Kohle. Bei einer Temperatur von 200 bis 300 Grad werden praktisch alle Gasreste aus der Glaswand befreit. Während dieser ganzen Zeit ist die Quecksilberpumpe immer noch in Arbeit, aber nach etwa einer Viertelstunde kann der horizontale Teil an der Einschnürung G abgeschmolzen und die Lampe außer Betrieb gesetzt werden. Nun läßt man die Kohle sich abkühlen, während die Röhre noch

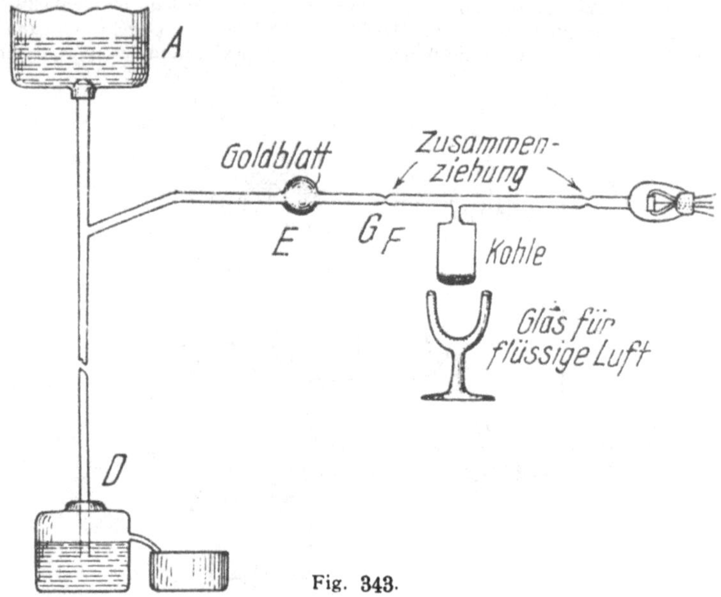

Fig. 343.

erhitzt bleibt. Nach einigen Minuten sollte man, wenn es möglich ist, das Kohlegefäß in ein Glas mit flüssiger Luft eintauchen. Durch diesen Kunstgriff würden die letzten Gasreste von der Kohle absorbiert werden. Nun kann die Röhre selbst an der Einschnürung H abgeschmolzen werden.

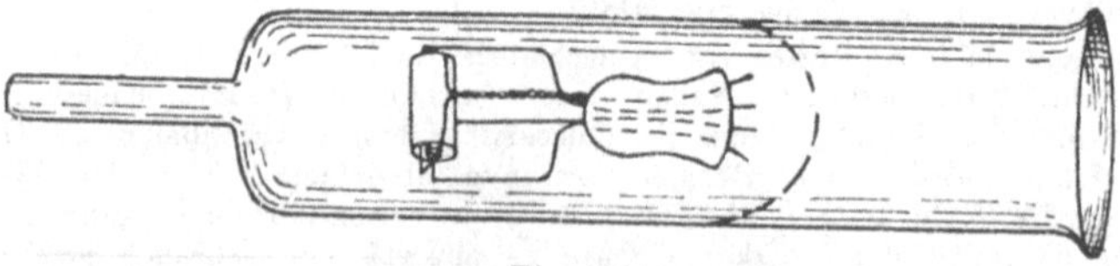

Fig. 344.

Am einfachsten läßt sich natürlich das Verfahren mit einfachen Wolframheizfäden durchführen, doch liegt auch die Herstellung von Sparröhren nicht ganz aus dem Bereich der Möglichkeit. Man kann z. B. Thoriumröhren herstellen, indem man den Heizfaden in Thorium-Nitrat eintaucht und dann schwach erhitzt. Man muß dabei Sorge tragen, daß man in einem nichtleuchtenden Teil der Flamme arbeitet, weil im leuchtenden Teil Kohleteilchen auf den Heizfaden niedergeschlagen würden, welche die Röhre zerstören. Der Prozeß des Thoriierens muß öfter wiederholt werden.

Für die Selbstherstellung empfiehlt es sich, stets alte Röhrenfüße zu verwenden, welche lediglich mit einem neuen Glasmantel zu versehen und zu evakuieren sind. Die Selbstherstellung des Gerüstes für die Elektroden würde bedeutend schwieriger sein. In Fig. 344 ist angedeutet, wie man einen neuen Glasballon auf die Röhre setzt.

VII. Kapitel.

Mehrröhrengeräte.

§ 1. Richtlinien für den Bau von Empfängern.

A. Allgemeine Anleitungen.

Der Aufbau eines Mehrröhrenempfängers stellt an die Sorgfalt, Geschicklichkeit und den funktechnischen Blick des Bastlers außergewöhnlich hohe Anforderungen. Mit dem Nachbau einer gegebenen Schaltung ist es nicht getan, weil die Anordnung der Einzelteile, ihre Qualität und nicht zuletzt die Drahtführung von ausschlaggebender Bedeutung für die Wirkungsweise sind, ganz abgesehen davon, daß häufig auch in der gegebenen theoretischen Schaltung selbst die Reihenfolge der Schaltelemente hochfrequenztechnisch unvorteilhaft ist. Es sind hier die Grundsätze zu beachten, die im Kap. IV bei der Betrachtung des Reflexempfängers eingehend behandelt worden sind. Man wird in allen Fällen gut tun, zunächst einmal das theoretische Schaltbild daraufhin durchzuprüfen, ob die Reihenfolge der Schaltelemente nicht besser geändert werden muß. Diese ist von der Erde aus gerechnet folgendermaßen zu wählen: Erde, Batterien, Gleichstrom, Niederfrequenz führende und schließlich Hochfreqenz führende Teile. Nachdem das theoretische Schaltbild in dieser Weise verbessert ist, wobei noch etwaige gewünschte Schalter einzufügen sind, stellt man zunächst eine Stückliste der zur Verwendung gelangenden Teile auf. Beim Einkauf derselben sind die weiter unten erwähnten Richtlinien zu beachten. Man sollte nur erstklassige Teile kaufen, weil mit dem Versagen eines Einzelteiles die Wirksamkeit des ganzen Empfängers in Frage gestellt werden kann. Eine Kette ist nur so fest wie ihr schwächstes Glied. Das gilt auch hier. Die Einzelteile baut man in übersichtlicher Weise auf einer isolierenden Unterlage auf, z. B. einer Glasplatte, und stellt die Schaltung durch provisorische Leitungen her. Dabei muß man jedoch immer auf elektrisch einwandfreie Kontakte achten. Mit dieser Schaltung geht man zunächst an die Antenne und probiert die Wirkungsweise aus. Die Schaltelemente sind dabei in möglichst großem Abstand voneinander anzuordnen, so daß störende gegenseitige Kopplungen ausgemerzt werden. Dabei können einzelne Teile leicht ausgewechselt werden, so daß man imstande ist, in Zweifelsfällen die beste Größe auszuprobieren, wenn z. B. die Windungszahl der Spulen nicht sicher feststeht, oder wenn man nicht weiß, wie die Rückkopplungsspule gepolt werden muß. Bei der Auswahl der Einzelteile ist darauf zu achten, daß der Drehsinn aller Drehköpfe derselbe ist. Drehung im Uhrzeigersinn bedeutet stets Zunahme, also Zunahme der Kapazität, Zunahme der Heizung usw.

Erst wenn die provisorische Schaltung einwandfrei arbeitet, gehen wir einen Schritt weiter. Wir legen uns jetzt eine Schaltliste an. Das geschieht, indem wir jeder Anschlußklemme oder jedem Anschluß eine Nummer geben. Zu den in der Stückliste aufgeführten Einzelteilen sind dann diese Nummern noch hinzuzufügen. An der Hand dieser Zahlen schreiben wir uns nun auf, welche Leitungen verlegt werden müssen. Diese Liste ist nötig, weil es leicht vorkommen kann, daß man eine Verbindung vergißt, wenn man von der provisorischen Schaltung zum festen Einbau übergehen will. Sodann ist die Montagezeichnung anzufertigen. Diese erfordert viel Gedankenarbeit, bei der das funktechnische Verständnis zur Geltung kommt. Elektrisch dürfen sich die Teile nicht ungünstig beeinflussen. Die Anordnung soll so gewahlt sein, daß die notwendigen Leitungen so kurz wie möglich sind. Ferner soll sie übersichtlich sein, so daß etwaige Fehler leicht aufzufinden sind, und schließlich soll die Anordnung auch gefallig aussehen. Vielfach wird ein Kompromiß geschlossen werden müssen, wenn sich die Forderungen zu sehr widersprechen. Ganz allgemein kann man aber doch wohl sagen, daß ein elektrisch einwandfrei gebauter Empfanger auch das Auge erfreut. Es wird meist möglich sein, auch die Anordnung der Drehknöpfe auf dem Schaltbrett gefallig anzuordnen. Auch das ist eine nicht zu unterschätzende Aufgabe, weil man bedenken muß, daß das Schaltbrett gewissermaßen das Gesicht des Empfangers ist. Es muß das Innere wiederspiegeln; das erleichtert auch die Bedienung. Erhöhte Bedeutung gewinnt die Anordnung der Einzelteile, wenn die Röhrenzahl des Apparates steigt. Je größer die letztere ist, um so gewissenhafter und sorgfaltiger ist die Gesamtanordnung zu überlegen. Nach dieser Arbeit ist es möglich, die Montagezeichnung anzufertigen, welche die genaue Lage der Einzelteile und die notwendigen Befestigungsschrauben enthält. Nach ihr sind die Schaltbretter und das Gehäuse zu bestimmen.

Hierauf kann mit dem Bohren der Schaltplatten begonnen werden. Die Einzelteile bringt man nun nicht alle gleichzeitig auf das Paneel, sondern man beginnt mit Anschlußklemmen und Schaltern. An diese sind sofort die nötigen Leitungsdrahte anzuschrauben oder anzulöten und zwar in einer Länge, die das benötigte Maß wesentlich übersteigt. Dann stellt man die Montage fertig und geht zur Verlegung der Leitungen über. Zum Schluß kommt dann der Einbau in den Kasten.

Was bei der Montage zu beachten ist, läßt sich nicht in starre Regeln bannen; es wird hier also, wie überall, jeder seine eigenen Erfahrungen sammeln müssen. Eindringlicher als positive Regeln sprechen vielleicht die folgenden Warnungen:

1. Übereile dich nicht beim Bohren des Schaltbrettes. Nichts sieht übler aus als ein zerkratztes Schaltbrett.

2. Drücke nicht zu fest auf bei kleinen Bohrern; sie rutschen leicht aus und brechen leicht ab.

3. Zieh den Bohrer nicht zu schnell heraus, wenn das Loch durchbohrt ist, weil er leicht abbricht.

4. Behandle das Schaltbrett nicht wie ein Stück Holz, denn es bricht leicht.

5. Bohre die Löcher nicht von der Rückseite des Schaltbrettes aus, sondern von vorn.

6. Montiere die Drehknöpfe nicht so, daß sie auf der Schaltplatte schleifen.

7. Zieh die Schrauben der Drehknöpfe nicht zu fest an, weil der Kopf sonst leicht abbricht.

8. Montiere Drehkondensatoren nicht, bevor du dich nicht überzeugt hast, daß Drehplatten weder die festen Platten noch andere Schaltteile oder Leitungen berühren.

9. Bilde dir nicht ein, gute Resultate mit schlechten Gitterkondensatoren und Ableitwiderständen zu bekommen.

10. Mache den Einführungsdraht nicht länger als absolut nötig.

11. Öle nicht etwa die Lager drehbarer Teile, weil Öl kein Leiter ist.

12. Behandle den Drehkondensator nicht unsanft, denn er ist das zerbrechlichste Instrument.

13. Schalte den Heizwiderstand nicht schnell an und aus, weil das die Lebensdauer der Röhre herabsetzt.

14. Benutze die Röhre nicht als Beleuchtung.

15. Versuche nicht mit einem schmutzigen Lötkolben zu löten.

16. Versuche nicht zu löten, wenn der Lötkolben nicht sorgfältig verzinnt ist.

17. Versuche nicht den Lötkolben zu verzinnen, wenn er rotglühend ist.

18. Halte nicht die Spitze des Lötkolbens in die Flamme, sondern den Körper; die Spitze wird von selbst warm.

19. Nimm nicht zu viel Lötpaste.

20. Verlege die Leitungen nicht, bevor du nicht genau weißt, welche zuerst kommen.

21. Versuche nicht, Schrauben in Hartholz zu drehen, bevor du Löcher gebohrt hast.

22. Kaufe keine billigen und schlechten Teile.

B. Einzelteile.

I. Drehkondensatoren.

Die gebräuchlichen Kapazitaten für Drehkondensatoren sind maximal 125, 250, 500 und 1000 cm. Diese angegebenen Werte sollen eine Genauigkeit von ± 15% haben. Die Anfangskapazitat soll bei dem kleinsten 20, bei dem größten 50 cm nicht überschreiten. Das am häufigsten verwandte Dielektrikum ist Luft. Wenn keine Eichung verlangt wird, bekommt man ziemlich billige Typen. Das Isoliermaterial ebenso wie die Platten dürfen den Kondensator nicht verziehen. Die Plattenstärke soll mindestens 3 bis 4 mm betragen. Drehkondensatoren mit festem Dielektrikum gibt es kaum in hochwertiger Ausführung. Man soll sie deshalb nur dort verwenden, wo es der Raum unbedingt verlangt. Die Zuführung zum Drehkondensator geschieht häufig durch Spiralfedern. Der Kontakt ist gut, aber durch Berühren der einzelnen Windungen entsteht leicht ein Knattern. Guter Kontakt läßt sich auch durch Druckschrauben erreichen. Als Feineinstellung dient ein verstellbarer Parallelkondensator von 30 cm oder eine Übersetzung von 1 : 40 bis 1 : 50. Der Verband Deutscher Elektrotechniker hat Richtlinien herausgegeben, wie die Einzelteile zu prüfen sind. Für Drehkondensatoren lauten diese folgendermaßen:

Sie werden nach der Feuchtigkeitsprobe, bei der sie 12 Stunden lang in einen mit Wassernebel gefüllten Raum von 20 Grad Celsius zu bringen und dann 24 bis 36 Stunden zu trocknen sind, mit 440 Volt Gleichstrom auf Gleichspannung geprüft und müssen einen Isolationswiderstand von mindestens 10 Megohm haben. Die Zuführung zum beweglichen Teil soll kontaktsicher ausgeführt sein und darf keinen Kontakt mit anderen Metallteilen ermöglichen.

Neuerdings sind vom VDE auch die Normen für Drehkondensatoren vorgeschlagen worden. Das ist sehr zu begrüßen, weil auf diese Weise die Anordnung der Halteschrauben normalisiert wird, so daß man künftighin einen verbrauchten Drehkondensator, ohne daß neue Löcher gebohrt zu werden brauchen, auf dem Schaltbrett durch eine bessere Type ersetzen kann.

II. Blockkondensatoren.

Man braucht Blockkondensatoren zur Antennenverkürzung, zur stufenweisen Vergrößerung der Schwingungskreiskapazität, zur Ueberbrückung von Telephonen und dergl. Gebräuchliche Werte sind 100 bis 2000 cm

Kapazität. Am besten sind Glimmerkondensatoren, die im Vakuum mit Paraffin vergossen werden.

Nach der Feuchtigkeitsprobe sollen sie den gleichen Anforderungen hinsichtlich Durchschlagsfestigkeit und Isolationswiderstand genügen wie die Drehkondensatoren. Die Kapazität soll auf dem Kondensator haltbar angegeben werden. Die Toleranz beträgt unterhalb 500 cm ± 20%, oberhalb ± 10%.

Diejenigen Blockkondensatoren, die zur Verwendung des Lichtnetzes als Antenne oder Erde dienen, sollen nach 24 stündigem Liegen in Luft von 90% Feuchtigkeit und 30 Grad Celsius eine Gleichspannung von 2000 Volt zwischen den Klemmen und gegen Körper aushalten können. Der Anschluß eines Empfangsgerätes an das Starkstromnetz unterliegt den Errichtungsvorschriften für Starkstromanlagen. Bei der Anschaltung und während des Betriebes soll eine Berührung spannungsführender Teile unmöglich sein.

Leider liegt die Normung der äußeren Abmessungen noch vollkommen im argen. Die Vorschläge des Normungsausschusses beziehen sich deshalb lediglich auf die Kapazitätswerte.

III. Spulen.

Bei Spulen muß auf geringe Dämpfung und Eigenkapazität geachtet werden. Das Dielektrikum soll hohen Widerstand und kleine Dielektrizitätskonstante besitzen. Am besten sind Spulen mit viel Luftzwischenraum. Einlagige Zylinderspulen haben die geringste Kapazität. Bei Spulen mit Zapfstellen sind freie Enden und Kurzschlußwindungen möglichst zu vermeiden. Dasselbe gilt für Variometer. Hier kommt es weniger auf Eigenkapazität als auf die Gegenkapazität der beiden Spulenhälften an. Will man die Spulen zur Kopplung benutzen, so muß der gegenseitige Abstand geändert werden können. Schwenksockel sollen leicht beweglich sein und in jeder Lage stehen bleiben. Wichtig ist für alle Hochfrequenzspulen die Unempfindlichkeit gegen Feuchtigkeit, die daran zu erkennen ist, daß ein Wassertropfen nicht aufgesaugt wird und keine Aufquellung hervorruft. Bei Litzenspulen müssen die einzelnen Litzendrähtchen an den Enden durch Löten oder Klemmen so zusammengehalten werden, daß sich einzelne Drähte auch bei längerem Gebrauch nicht loslösen. Wicklungen und Anschlüsse beweglicher Spulen dürfen sich nicht reiben.

Für Steckerspulen sind ebenfalls Normungsvorschläge gemacht worden. Sie betreffen Windungszahlen, Wickelsinn und Steckerabmessungen. Eine weitergehende Normung, die die äußeren Abmessungen der Spulen betrifft, ist in Aussicht genommen. Der Wickelsinn muß bei allen Spulen einheitlich sein. Die Prüfung erfolgt in einfacher Weise durch die Magnetnadel.

IV. Widerstände.

Für Heizwiderstände ist feinstufige Regelung und gutes Federmaterial, welches nicht erlahmt, unbedingt erforderlich. Der Gleitkontakt soll mehrere Windungen berühren, damit keine Stromunterbrechung eintritt. Der Draht darf nicht zu dünn sein, damit er sich durch Erwärmung nicht zu sehr ausdehnt. Der Wicklungsträger soll unentzündbar und feuchtigkeitssicher sein. Widerstände mit Wicklungsträgern aus emalliertem Metall und Wicklungen aus oxydiertem Widerstandsdraht sollen nach zwanzigmaliger Belastung mit dem eineinhalbfachen Heizstrom, wobei Belastungsdauer und Pause jedesmal 10 Minuten betragen, eine Gleichspannung von 100 Volt zwischen Wicklung und Körper sicher aushalten. Bei eingebauten Widerständen ist durch einen Pfeil anzugeben, in welcher Richtung der Strom zunimmt. Der Einbau der Widerstände muß so erfolgen, daß bei Dauerbetrieb im ungünstigsten Falle keine gefährliche Erwärmung stattfinden kann.

Der Entwurf Din VDE 1515 sieht nur drei Widerstandsgrößen vor, und zwar 6, 20 und 40 Ohm. mit einer Toleranz von $\pm$ 10%. Die Abmessungen der Befestigungsschrauben und der Drehachse sind genormt. Die Drehachse ist dieselbe wie für Drehkondensatoren.

Die in der Rundfunktechnik angewendeten Hochohmwiderstande schwanken zwischen 0,01 und 20 Megohm. Brauchbar sind nur sogenannte Konstantwiderstände, da die früher allgemein verwendeten Silitstäbe spannungsabhängig sind und zu mancherlei Störungen Veranlassung geben. Die äußeren Abmessungen dieser Widerstande sollen ebenfalls genormt werden.

Maße in mm

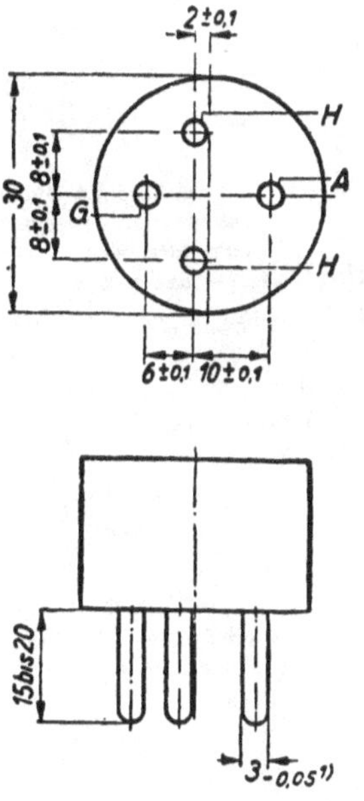

A Stift für Anode
G Stift für Gitter
H Stifte für Heizung

April 1926

[1]) Das Abmaß entspricht der Lehre gW = g1 und gilt für den nicht geschlitzten Stift. Schlitzen oder sonstige Federung der Stifte nicht vorgeschrieben.
Röhrenfassung für feste Buchsen siehe DIN VDE 1502
3 mm Buchse siehe DIN VDE 1503

Fig. 345.

V. Röhrenfassungen.

Die Fassungen für Röhren sollen möglichst kapazitätsfrei sein und hohen Isolationswiderstand haben. Der Isolationswiderstand der Gitter- und Anodenbuchse gegeneinander, gegen die übrigen Buchsen und gegen Körper soll nach erfolgter Feuchtigkeitsprobe mindestens 20 Megohm betragen. Am besten sind diejenigen Fassungen, bei denen eine Federung in den Buchsen vorhanden ist. Auch die Röhrenfassungen sind jetzt normiert.

Die Vorschrift des VDE ist in Fig. 346 niedergelegt, während Fig. 345 den Röhrensockel zeigt. Für die einzelnen Abstände der Stifte und Buchsen ist eine Toleranz von 0,1 mm zugelassen, so daß stets ein guter Kontakt zwischen Stiften und Buchsen gewahrt bleibt.

VI. Niederfrequenztransformatoren.

Die Isolation der Wicklungen gegeneinander und gegen Körper soll mindestens 10 Megohm betragen und 440 Volt Gleichstrom aushalten. Die

Maße in mm

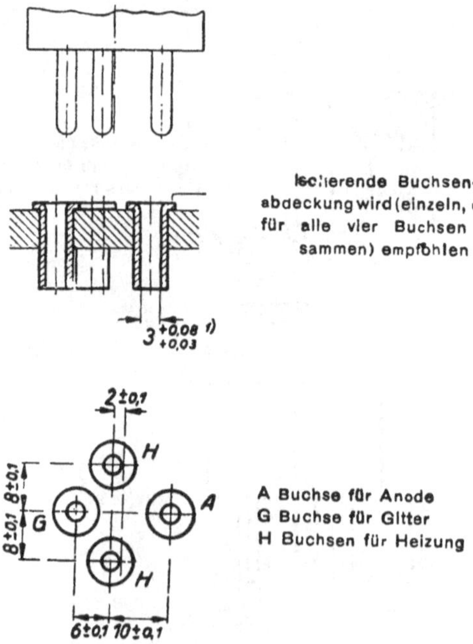

April 1926

1) Die Abmaße entsprechen der Lehre g2
Röhrensockel siehe DIN VDE 1501
3 mm Buchse siehe DIN VDE 1503

Fig. 346.

Anschlüsse dürfen nicht unter 0,3 mm stark sein. Die Windungszahlen der Wicklungen sind anzugeben. Die Spulenanschlüsse sind mit P_1 P_2 bzw. S_1 S_2 zu bezeichnen. Hierfür können auch die Farben weiß, gelb, rot und blau verwendet werden. Die Zahl 1 bezeichnet die Enden, die die größere Kapazität gegen den Eisenkern haben. Sie sind mit den Batterien zu verbinden. In Niederfrequenzverstärkern sind sie mit Tonfrequenzen von 400 bis 3000 Perioden pro Sekunde zu prüfen. Die Verstärkungsziffer der Spannung soll pro Röhre nicht weniger als 3 betragen. Ueber die äußeren Abmessungen der Niederfrequenztransformatorern sind Normungsvorschläge leider noch nicht gemacht.

VII. Drehknöpfe.

Bedienungsgriffe und Skalen sollen sich nicht von den Achsen lösen. Sie müssen zur bequemen Bedienung mindestens 4 cm Durchmesser haben und sollen so gestaltet sein, daß man sie gut fassen kann. Die Skalen sind in Ganzen, Halben, Fünfern und Zehnern der Einheit der gewählten Unterteilung auszuführen. Ferner ist ein Zeiger oder eine Einstellmarke

Maße in mm

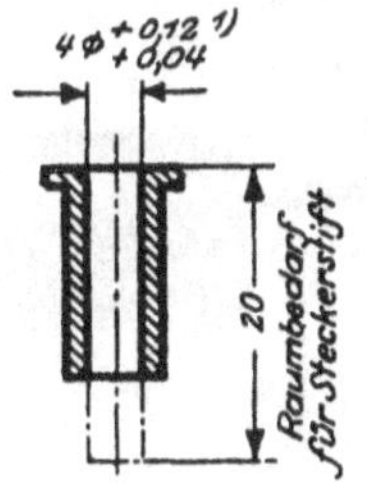

Nur für Röhrenfassungen und einpolige Anodenstecker

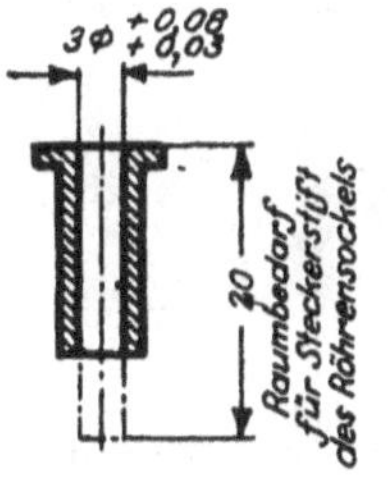

1) Die Abmaße entsprechen der Lehre g 2.

Röhrensockel siehe DIN VDE 1501
Röhrenfassung für feste Buchsen siehe DIN VDE 1502
Stecker siehe DIN VDE 1520

Fig. 347.

anzubringen. Der eindeutige Zusammenhang zwischen der Skalenangabe und der Stellung des beweglichen Teiles soll gegen normale Beanspruchung gesichert sein. Im Normungsvorschlag des VDE für Drehknöpfe ohne Skalen sind sechs verschiedene Größen angegeben. Die beiden kleinsten besitzen eine 3 mm Bohrung und sind als Feinstellknöpfe gedacht.

VIII. Stecker und Buchsen.

Bei der Normung der Stecker für Rundfunkgeräte war es nicht möglich, spezielle Stecker vorzuschreiben, da die Rundfunkindustrie sich auf die in der Starkstromtechnik eingebürgerten Maße eingestellt hat und nicht davon abweichen kann. Es ist also leider möglich, mit einem Rundfunkstecker an Starkstromleitungen zu gehen. Man muß dieselben Maße beibehalten. Nur äußerlich wurde die Form etwas anders gewählt, so daß der Stecker dadurch schon als Rundfunkstecker kenntlich ist. Die Bezeichnung der Anschlüsse für Minuspol, Pluspol der Heizbatterie und Pluspol der Anodenbatterie wurde mit Rücksicht auf ausländische Normen gewählt. Es bedeuten ein senkrechter Strich den gemeinsamen Minuspol, zwei senkrechte Striche den Pluspol der Heizbatterie und drei den Pluspol der Anodenbatterie. Für Steckbuchsen gilt Fig. 347. Werden Steckeranschlüsse und Buchsen durch Farben bezeichnet, so soll man den positiven Pol mit rot und den negativen mit blau bezeichnen. Für Schwachstrom ist leider die umgekehrte Bezeichnung sehr weit verbreitet wegen der Rotfärbung von Polreagenzpapier am Minuspol. Doch ist zu wünschen, daß die eigentliche Bezeichnung nach dem VDE-Vorschlag sich bald einbürgert, da sie mit den Vorschriften in fast allen außerdeutschen Ländern übereinstimmt.

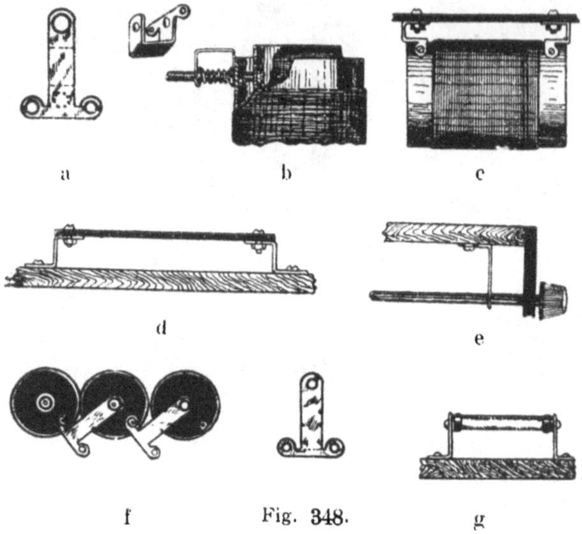

Fig. 348.

IX. Schalter.

Schalter sollen nach 5000 Schaltwechseln noch betriebssicher arbeiten. Für Kontaktstellen dürfen Eisen, Zink, Aluminium und Spritzguß nicht verwendet werden.

X. Empfänger im Ganzen.

Der Bau von Empfängern würde wesentlich erleichtert, wenn die Normung auf alle Einzelteile ausgedehnt werden könnte, die überhaupt beim Empfänger zur Verwendung gelangen. Zum mindesten gilt dies für mechanische Abmessungen. Ein Schaltelement, welches für sehr viele Zwecke Verwendung finden kann, ist das in Fig. 348 aufgezeichnete Blechstück. Mit diesem lassen sich eine ganze Reihe von Montageproblemen elegant lösen, wie die folgenden Figuren zeigen. Man wird demnach gut tun, sich eine größere Anzahl solcher Blechstücke stanzen zu lassen. Wenn man das Blech an den gestrichelten Linien rechtwinklig biegt und das gestrichelte Loch einbohrt, bekommt man einen ausgezeichneten Halter für Variometer. (Fig. 348b.) Fig. 348c zeigt die Verwendung als Führung für lange Drehachsen ist in Fig. 348e dargestellt. Biegt man die beiden Enden des Blechstückes nach entgegengesetzten Seiten, so bekommt man Winkelbleche, die für die Montage von Isoliermaterialplatten und dergl. wirksam verwendet werden können. Die Verwendung als Führung für lange Drehachsen ist in Fig. 348 e dargestellt. Trockenelemente können nach Fig. 348 f miteinander verbunden werden. Einen Halter für Hochohmwiderstände gewinnt man nach Fig. 348 g. Mit diesen Beispielen ist die Verwendungsmöglichkeit des beschriebenen Blechstückes noch keineswegs erschöpft. Es eignet sich vor allen Dingen auch da, wo es darauf ankommt, Schaltelemente ohne Drähte miteinander zu verbinden.

Die Auswahl der Einzelteile für einen Empfänger darf nun nicht nur nach den oben skizzierten Gesichtspunkten erfolgen. Die elektrischen Ausmaße spielen eine ganz außerordentlich große Rolle, und es wäre zu wünschen, daß die Normungsvorschriften noch weitergingen als bisher und möglichst genaue Angaben der elektrischen Größen vorschrieben, so z. B. den Wechselstromwiderstand von Resonanztransformatoren. Der richtige Bau eines jeden Empfangsgerätes, gleichgültig welche Schaltung man dabei verwendet, erfordert zur bestmöglichen Leistungsübertragung, daß jedesmal der Belastungswiderstand dem inneren Widerstand der Energiequelle angepaßt wird. Als Energiequelle kommt zunächst die Antenne in Frage, dann etwaige Hochfrequenzverstärkerröhren, weiter das Audion oder der Detektor und schließlich Niederfrequenzverstärkerröhren. Die Auswahl der Einzelteile, die als Belastungswiderstände Verwendung finden, wie Schwingungskreise, Transformatoren, Fernhörer usw., muß diesen Gesichtspunkt berücksichtigen. Das erfordert große Aufmerksamkeit, weil die inneren Widerstände der verschiedenen Röhren und Detektoren zwischen sehr weiten Grenzen schwanken. Man nennt die Auswahl nach diesem die Leistungsübertragung bedingenden Gesichtspunkt „Anpassung". Wenn man einen Empfänger baut, so muß man also von der Antenne beginnend jedes Schaltelement dem vorangehenden elektrisch anpassen, um in bezug auf Leistung das Beste aus dem Gerät herauszuholen. Das führt jedoch auch nur dann zum Ziel, wenn die erzeugte Leistung wirklich nur an den entsprechenden Leistungsverbraucher abgeführt wird und nicht etwa durch die ganze Art der Montage zerstreut wird. Es darf also keinerlei Energie durch unbeabsichtigte Kopplungen, kapazitive Nebenwege und schlechte Isolation vergeudet werden.

C. Drahtführung.

Drähte sollen so kurz wie möglich sein, ja man kann sagen, die beste Drahtführung ist die ohne Drähte. Denn sehr oft sind die durch Leitungs-

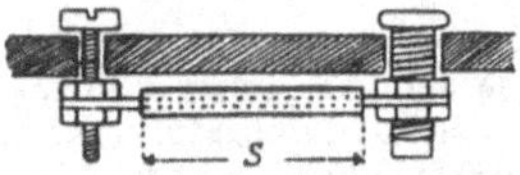

Fig. 349 a.

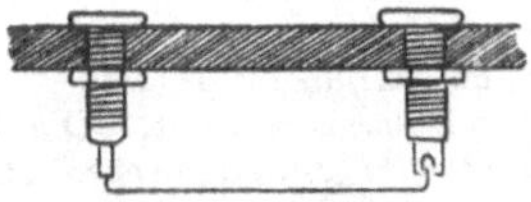

Fig. 349 b.

drähte hervorgerufenen Streukopplungen schuld am schlechten Arbeiten des Gerätes, und leider ist es niemals möglich, die Kopplungen vorherzusagen. Wo Drähte unvermeidlich sind, soll man sie auf dem geradesten Wege führen, sich rechtwinklig kreuzen lassen und parallele Leitungsstücke nicht verwenden. Werden Drähte am Schaltbrett entlang verlegt, so kann man nach Fig. 349 a verfahren, wo der Draht mit Hohlschlauch bekleidet ist. Links in der Figur ist eine gewöhnliche Schraube, rechts eine Steckbuchse gezeichnet. Es gibt Drähte im Handel, die gleich einen Hohlschlauchüberzug besitzen, der sich jedoch leicht entfernen läßt, sonst kann man auch den Hohlschlauch getrennt beziehen und den Draht hindurchstecken. Eine andere Methode ist in Fig. 349 b dargestellt, wo die Steckbuchsen mit Lötösen versehen sind, die es ermöglichen, die Drähte in größerer Entfernung vom

Schaltbrett auszuspannen, so daß sich eine Isolation erübrigt. Empfehlenswert ist auch die Montage von blanken Drähten, die man dort, wo die Gefahr unbeabsichtigter Kontakte vorliegt, nach der Befestigung mit isolierendem Spiritus- oder Zaponlack überziehen kann. Dies Verfahren gestattet, die Drähte farbig zu halten, wodurch die ganze Schaltung übersichtlicher wird. Bei Gleichstrom führenden Leitungen sollte man den DIN-Vorschriften entsprechend positive Leitungen rot und negative blau färben. Bei Versuchsleitungen wird übrigens stets Hohlschlauch zu empfehlen sein. Ein sehr einfacher Kunstgriff, die Leitungen auf kürzestem Wege und übersichtlich verlegen zu können, wird in Fig. 350 gezeigt. Hier wird das Grundbrett auf kleine Leisten montiert, so daß beide Seiten desselben für die Drahtführung zur Verfügung stehen. Die an beiden Seiten freibleibenden Lücken C und C′ dienen zur Durchführung der Drähte. In Fig. 350 b wird die Anordnung im Querschnitt gezeigt.

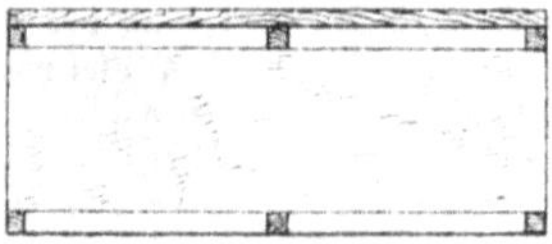

Fig. 350 a.

Fig. 350 b.

Die Befestigung der Drähte an Schrauben und Klemmen hat so zu erfolgen, daß Wackelkontakte nicht entstehen können. Durch einen Farbanstrich oder einen Tropfen Lot kann man verhindern, daß sich Schraubenmuttern lösen. Sollen mehrere Drähte unter dieselbe Schraube geklemmt werden, so bedient man sich besser kleiner Kabelschuhe. Alle Lötungen sind so auszuführen, daß spätere Zerstörungen nicht eintreten können. Insbesondere dürfen keine Reste chlorhaltiger Lötmittel zurückbleiben. Die Anwendung von Kolophonium ist zu empfehlen. Die Richtlinien des VDE sehen eine „Schüttelprobe" für die Prüfung der Leitungsverlegung von

Fig. 351 a.

Fig. 351 b.

Geräten vor. Der zu prüfende Empfänger wird in drei zueinander senkrechten Stellungen auf ein Brett geschnallt und je zehnmal einem Fall aus 1 cm Höhe ausgesetzt. Die Leitungsverlegung soll so durchgeführt sein, daß bei der Schüttelprobe keine störende Lagenveränderung eintritt. Der Isolationswiderstand aller stromführenden Teile gegen Erde und gegeneinander soll nach der Feuchtigkeitsprobe (s. o.) mindestens 5 Megohm betragen.

Von allen Streukopplungen sind die kapazitiven die gefährlichsten. Bei hochwertigen Empfängern versucht man deshalb häufig, unvermeidliche längere Drahtstücke, wie die Heizleitungen und die Zuführungen zur Anodenbatterie, durch große Kondensatoren kurzzuschließen. Diesen kapazitiven Kurzschluß kann man unterstützen, wenn man diese Leitungen isoliert und dann bündelt. Das Drahtbündel wird dann vorteilhafterweise mit Stanniol umwickelt, welches man erdet. Die Beseitigung von Streukapazitäten durch Ausbildung unschädlicher kapazitiver Kurzschlüsse wird noch leichter, wenn man für diese Leitungen nicht Drähte, sondern Blechstreifen verwendet. Dieser Gedanke ist von Flewelling konsequent verfolgt worden und hat zur Erfindung der sogenannten Kapazitätsstreifen geführt. (Fig.

351). Die Leitungen sind breite, lange Blechstreifen, die in gewissen Abständen seitliche Ansätze haben, so daß die Einzelteile hier angeschlossen werden können. Für jede Leitung ist noch ein Streifen erforderlich. Alle liegen, durch eine dünne Isolierschicht getrennt, dicht aufeinander, so daß ein dünnes, breites Band entsteht, welches auf dem Schaltbrett unter der Apparatur verlegt wird. Die Schaltelemente werden an die seitlich herausstehenden Ansätze angeschlossen. Die Verwendung dieser Streifen setzt natürlich eine ganz spezielle Anordnung der Empfängerteile voraus. Aber es dient nicht zum Schaden des Ganzen, wenn die Röhrensockel, Transformatoren usw. in einer Reihe montiert werden. Solche Kapazitätsstreifen kann man sich selbst herstellen, indem man sie nach Fig. 351a aus Kupferfolie schneidet. Die Isolierstreifen müssen etwas breiter sein. Man stellt sie her aus ge-

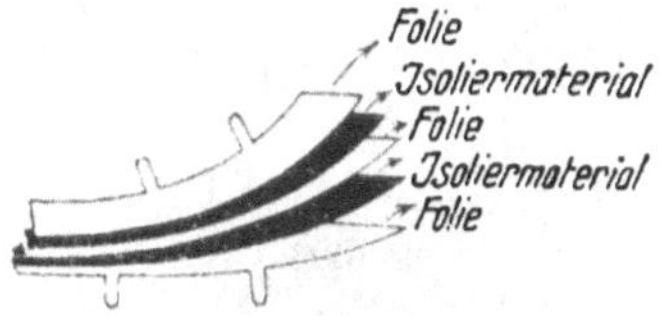

Fig. 351c.

öltem Papier, Filmstreifen und dergl. Unter den ganzen Streifen legt man einen etwas breiteren Filmstreifen. Darüber einen ebensolchen. Die seitlich überstehenden Ränder können mit Azeton festgeklebt werden, so daß der Streifen Halt bekommt. In Fig. 351c ist ein aufgeblätterter Kapazitätsstreifen gezeigt, in Fig. 351b ein Längsschnitt. Mit Hilfe dieses Streifens wird tatsächlich die Streukopplung, die von langen Leitungen ausgeht, unterbunden. Gleichzeitig bedeutet das einen großen Schritt auf dem Wege zur „Drahtführung ohne Draht".

D. Das Gehäuse.

Der Hauptträger der Schaltelemente ist das Schaltbrett oder Paneel, welches an der Vorderseite die Drehknöpfe, Schalter und Anschlußklemmen aufweist. Wie das Paneel anzuordnen ist, muß dem Geschmack

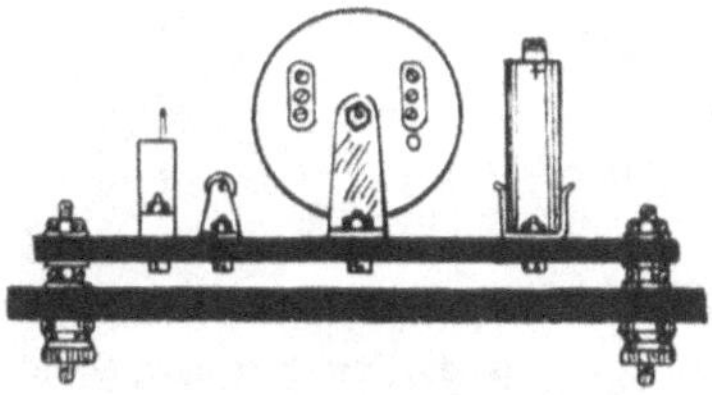

Fig. 352.

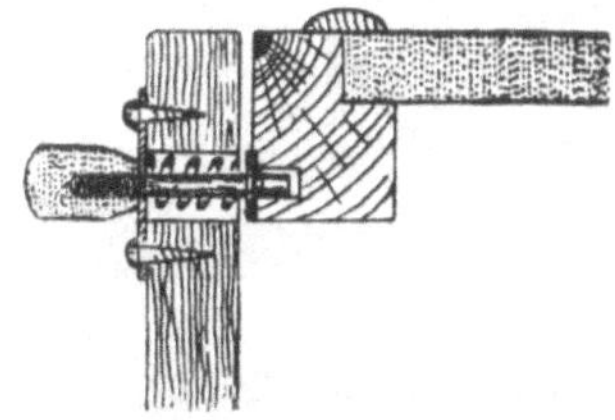

Fig. 353.

des einzelnen überlassen bleiben. Der eine zieht die senkrecht stehende Schaltplatte vor, der andere die horizontal liegende und der dritte gibt dem ganzen Empfänger am liebsten Pultform. Auch bei der Auswahl der Form des Gehäuses sollten in erster Linie elektrische Gesichtspunkte maßgebend sein. Störungsfreie Anordnung der Einzelteile, leichte Montage und gute Erreichbarkeit aller Einzelteile auch nach dem Einbau sollten die Wahl der Form beeinflussen. Am leichtesten werden diese Forderungen erfüllt, wenn man die Schaltplatte senkrecht an ein horizontal liegendes Grundbrett anschraubt und dann beide rechtwinklig zueinander ausnutzt.

Bei horizontal liegendem Paneel ist dringend anzuraten, alle Schaltelemente auf der Rückseite desselben zu befestigen. Sonst würde man Schwierigkeiten beim Auseinandernehmen des Gehäuses haben. Man müßte dann, wenn man auch an anderen Flächen des Kastens Einzelteile befestigen wollte, mit Messerkontakten, biegsamen Litzen oder dergl., arbeiten. Solche Hilfsmittel sind beim Empfängerbau jedoch nach Möglichkeit zu vermeiden, da sie eine unübersichtliche Quelle von Störungen bilden, sei es durch schlechte Kontakte, sei es durch Streukapazitäten oder Isolationsfehler. Diese Anordnung des ganzen Empfängers auf der Rückseite der Schaltplatte wird auch mit Erfolg anzuwenden sein, wenn diese senkrecht steht, nämlich, wenn man die Schaltplatte selbst am Kasten festschrauben

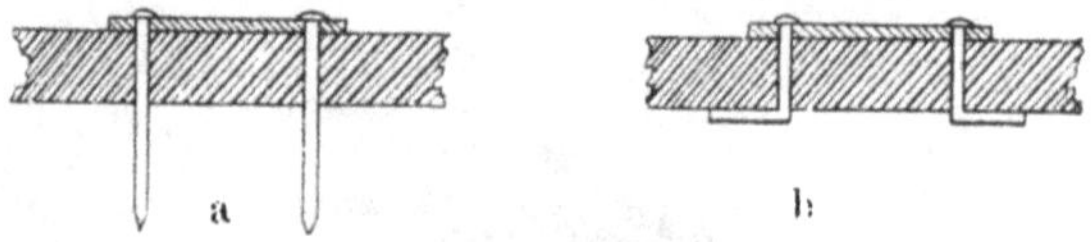

Fig. 354.

will, welcher für sich festgefügt ist. Es ist nämlich leichter, einen Kasten zu bauen, dessen Wände bis auf eine fest ineinandergefügt sind, als einen, der aus Schaltplatte und Grundbrett einerseits, Deckplatte, Seiten- und Rückwand andererseits besteht. Der Nachteil der Anordnung hinter einem einzigen Paneel liegt darin, daß man auf der Vorderwand die Befestigungsschrauben sehen kann. Hier tut oft ein zweites Paneel gute Dienste,

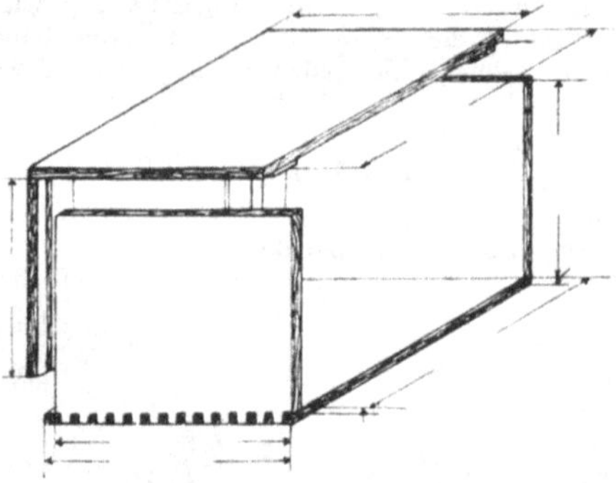

Fig. 355.

welches man nach Fig. 352 auf der Rückwand der eigentlichen Schaltplatte befestigen kann, und welches nun die Einzelteile aufnimmt. Zu diesem Zwecke kann dann eine bereits verbohrte Isoliermaterialplatte benutzt werden.

Die Schaltplatte aus Isolierungsmaterial wird man meist mit Holzschrauben an dem Gehäuse befestigen. Wird der Empfänger oft auseinandergenommen, so sind Holzschrauben nachteilig, weil sich das Schraubgewinde im Holz sehr leicht ausleiert. Hier ist der in Fig. 353 dargestellte Kunstgriff zu empfehlen. Eine Metallschraube wird in das Holz des Kastens eingelassen, so daß das Schraubengewinde nach oben steht. Auf die Schaltplatte schraubt man ein kleines Messingblech, welches für die Metallschrauben durchbohrt wird. Die Vorderplatte wird dann durch eine Flügelmutter am Kasten festgehalten, wobei vorteilhafterweise eine kleine Spiralfeder Gegendruck erzeugt. Die Schaltplatte soll stets ein gutes Aussehen haben. Die Befestigung von Namensschildern wie „Antenne", „Erde" usw. wird deshalb am besten so vorgenommen, daß die Platte möglichst wenig beschädigt wird. Man kann z. B. Papierstreifen auf die Platte kleben und diese mit einem Stückchen Zellon überdecken. Eine sehr einfache Befestigungsart mit Nadeln zeigt Fig. 354. Man bohrt durch Schild und Paneel ganz feine Löcher und steckt nach Fig. 354a die Nadel hindurch und biegt sie nach Fig. 354b rechtwinklig um.

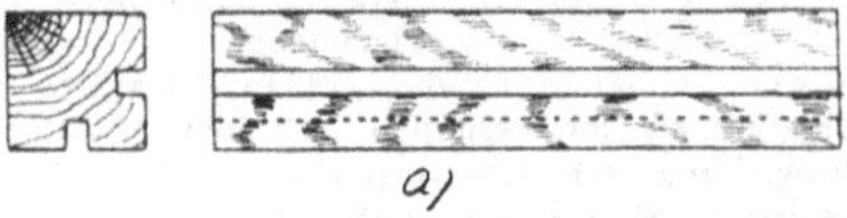

Die Herstellung des Holzkastens gehört zu den schwierigeren Aufgaben. Der Kasten darf sich nicht verziehen, weil sonst die Schaltplatte und die Leitungsführungswände in Mitleidenschaft gezogen werden würde. Man muß deshalb solche Wände, die dauernd miteinander verbunden bleiben sollen, durch Verzahnung zusammenfügen und gut leimen. In Fig. 355 wird gezeigt, wie ein Kasten herzustellen ist, bei dem die Schaltklappe senkrecht steht. Diese wird rechts an Grundplatte und Seitenwände festgeschraubt, so daß der eingeschlossene Raum die Schaltelemente aufnehmen kann. Deckplatte und Rückwand sind rechtwinklig aneinanderzufügen. Schmale Leisten sorgen dafür, daß der Deckel falzartig auf den Kasten aufgepaßt werden kann. Dieser Kasten läßt sich leicht in verschiedenen Größen anfertigen. Die Gefahr des Verziehens wird durch die Konstruktion Fig. 356 vermieden. Hier wird der Kasten aus Holzstäbchen, in die nach Fig. 356a Nuten eingeschnitten sind, und Platten aus Isoliermaterial zusammengesetzt. Die Pfosten werden in Grund- und Deckplatte eingeschraubt, so daß sich die Isoliermaterialplatten leicht in die Nuten einschieben lassen. Ein solcher Kasten läßt sich sehr leicht zusammenfügen und auseinandernehmen. Fig. 356b zeigt die Ansicht. Bei dieser Konstruktion ist es nicht schwer, den Kastenraum zu unterteilen, so daß Abschläge für Batterien entstehen. (Fig. 356c.)

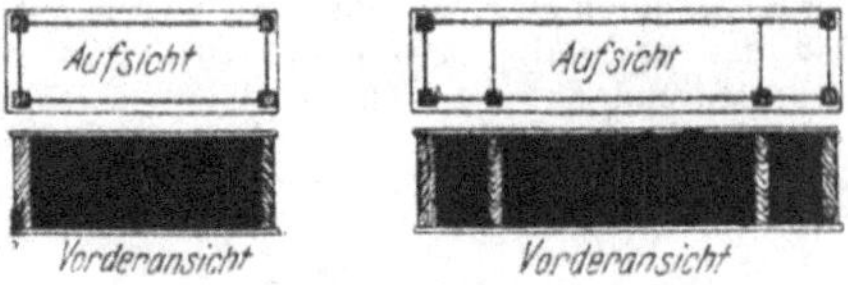

b Fig. 356 c

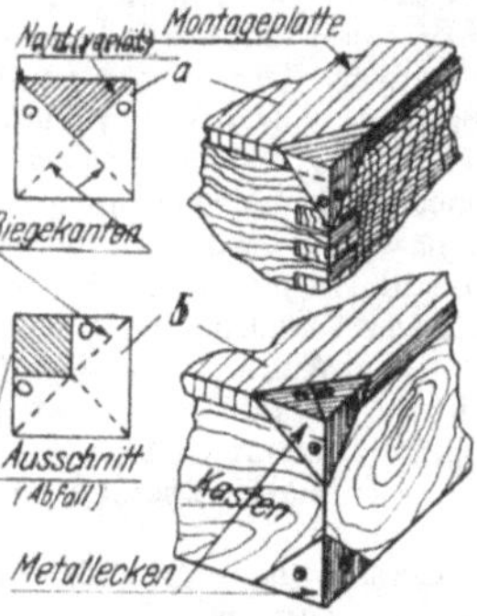

Fig. 357.

Die folgenden beiden Figuren deuten noch einige Kunstgriffe an, die manchem Bastler von Nutzen sein werden. Fig. 357 gibt an, wie man die Ecken von Holzkästen durch Metallbeschlag schützen kann. Fig. 357a und b zeigen zwei verschiedene Konstruktionen. Mit diesen Metallecken ist auch ein leichtes Zusammenfügen der Kastenbretter möglich. Im linken Teil der Figur ist zu sehen, wie man die Blechecken aus quadratischen Blechstückchen schneiden kann.

Fig. 358 endlich gibt eine sehr hübsche Methode wieder, wie man den Empfänger verschließen kann, so daß er für einen Unberufenen unbenutzbar wird. Die Vorrichtung bezweckt nicht etwa, das Kastengehäuse schrankartig zu verschließen, sondern durch einen Schlüssel die Heizung auszuschalten. Aus der Figur ist zu sehen, wie das gedacht ist. Durch

Herumdrehen des Schlüssels wird der Heizkontakt geschlossen. Will man den Empfänger unbenutzbar machen, so schließt man also gewissermaßen den Heizkontakt auf. Die Herstellung ist nach der Fig. 358 sehr einfach.

E. Abschirmung.

Mit dem Zusammenbau der Einzelteile in ein Gehäuse hängt die Frage der Abschirmung eng zusammen. Man versteht darunter die ganze oder teilweise Umkleidung des ganzen Apparates oder einzelner Teile mit Metall. Man hat zu unterscheiden zwischen Abwehrmaßnahmen gegen die störende Einwirkung der Handkapazität und solchen gegen kapazitive Streukopplungen. Im ersteren Fall komm es auf die Abschirmung der Schaltplatte an. Hier wird oft viel gesündigt, indem die ganze Schaltplatte mit einem Stanniolbelag versehen wird, der mit der Erdleitung verbunden ist. Daß das nachteilig sein kann, ist leicht einzusehen. Die Handkapazität wirkt störend da, wo sich die Hand solchen Teilen nähert, die ein hochfrequentes Potential gegen Erde haben. Dann findet nämlich durch den menschlichen Körper eine kapazitive Ableitung zur Erde statt, die das Hochfrequenzpotential herabsetzt und auch verstimmend wirken kann. Wenn man nun in solchen Fällen die ganze Deckplatte des Apparates metallisch überzieht und erdet, so liegt auf der Hand, daß die Hochfrequenzpotential führenden Teile über eine ziemlich große Kapazität mit der Erde verbunden werden. Das erschwert die Ausbildung von größeren Hochfrequenzpotentialen. Es sei dabei an das Beispiel der oben beschwerten Angelrute aus Kap. IV, § 1 B erinnert. Die metallische Abschirmung der ganzen Schaltplatte kann also nur dort empfohlen werden, wo diese Gefahr nicht besteht. Auch die Schaltplatte rechnet, sobald sie metallisch ist, mit zu den Einzelteilen, für die die Reihenfolge: „Erde, Gleichstrom-, Niederfrequenz- und Hochfrequenz führende Teile" gilt. Wenn keine Gefahr besteht, kann man die Schaltplatte direkt durch eine Metallplatte ersetzen (Zink- oder Aluminiumplatte). Platten aus Isoliermaterial lassen sich durch Metallspritzverfahren mit einem gleichmäßigen metallischen Überzug versehen.

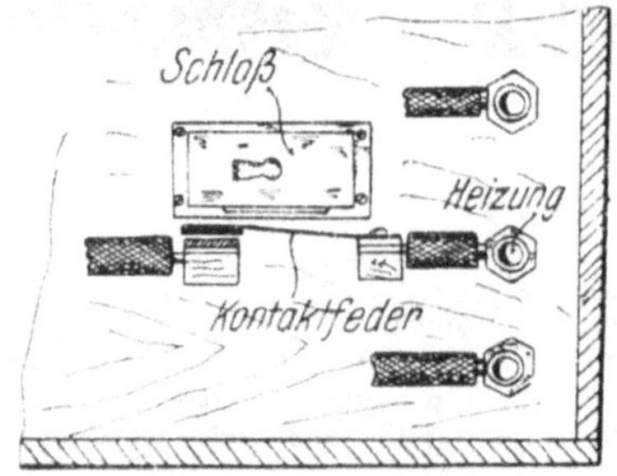

Fig. 358.

Aus dem hier Gesagten geht schon zur Genüge hervor, daß eine metallische Schaltplatte nur dort verwendet werden kann, wo ein Schutz gegen Handkapazität eigentlich gar nicht notwendig wäre. Eine Ausnahme hiervon machen Empfänger für ganz kurze Wellen, bei denen die Handkapazität auf Entfernungen bis zu 1 m störend wirken kann. Hier muß man sowieso die Einzelteile weit hinter die metallische Schaltplatte rücken und hat dann den Vorteil, daß die Erdkapazität wenigstens konstant ist. Um sich sonst vor Handkapazitäten zu schützen, verfährt man am besten so, daß man einen Metallbelag aus Stanniol oder dergl. unter dem Drehknopf auf die Schaltplatte legt, der nicht größer ist als der Drehknopf selbst und die metallische Achse natürlich nicht berühren darf. Dieser Belag darf nicht geerdet werden. Der Schutz gegen Handkapazität ist völlig ausreichend und vermeidet die oben geschilderten Nachteile.

Anders liegt die Sache bei der Abschirmung von Einzelteilen. Hier ist man durch die vollständige Einkapselung in metallische Gehäuse in der Lage, die Streukapazitäten vollkommen zu beherrschen, denn die gegenseitige Kapazität der Gehäuse gegeneinander und gegen Erde läßt sich übersehen. Am besten wird man diese metallisch miteinander verbinden und erden. Wesentlich dabei ist die Vollständigkeit der Einkapselung. D. h., die Öffnungen müssen so klein wie möglich sein, damit die elektrischen Kraftlinien möglichst keinen Weg nach außen finden. Solche Einkapselung kann ganze Stufen umfassen, was z. B. beim Neutrodyneempfänger sehr zu empfehlen ist, wo bloß die Röhrensockel und die Zuführungsdrähte das Gehäuse unterbrechen sollten. Sonst ist die Einkapselung von solchen Apparateteilen zu empfehlen, die besonders empfindlich gegen Streukopplungen sind, wie z. B. Hochfrequenztransformatoren. Besondere Bedeutung gewinnt dies Verfahren beim Zwischenfrequenzverstärker. Das Gehäuse darf nun nicht unmittelbar um die Spulen gelegt werden, sondern muß einen größeren Zwischenraum lassen, weil sonst die Energieverluste durch Wirbelströme zu groß werden würden, vgl. Kap. I § 1. Andernfalls muß man Spulen verwenden, die ein geschlossenes Magnetfeld haben, etwa nach Fig. 3 und 4.

F. Bedienung.

Das Ideal eines Empfängers ist ein Apparat mit einem Schalter zum Einschalten der Energiequelle und einer einzigen Einstellvorrichtung, die gestattet, jede gewünschte Station sofort zu empfangen. Die Einschaltung durch einen einzigen Handgriff ist leicht zu erzielen. Die Röhren lassen sich ein für allemal einstellen, so daß sie später nicht mehr bedient zu werden brauchen. Der in die Minusheizleitung gelegte Schalter schaltet dann gleichzeitig Heiz- und Anodenspannung ein. Allerdings muß hier bemerkt werden, daß eine gleichzeitige Einschaltung von Heiz- und Anodenspannung die Lebensdauer ungünstig beeinflußt. Man erkauft den Vorteil des einen Handgriffs durch einen Nachteil auf der anderen Seite. Um ein Nachstellen der Röhren bei nachlassender Batterie zu vermeiden, könnte man leicht einen kleinen Vorschaltwiderstand in die Heizleitung legen, der bei nachlassender Batterie allmählich auszudrehen wäre. Ein solcher Zusatz würde der Einfachheit der Bedienung kaum Abbruch tun.

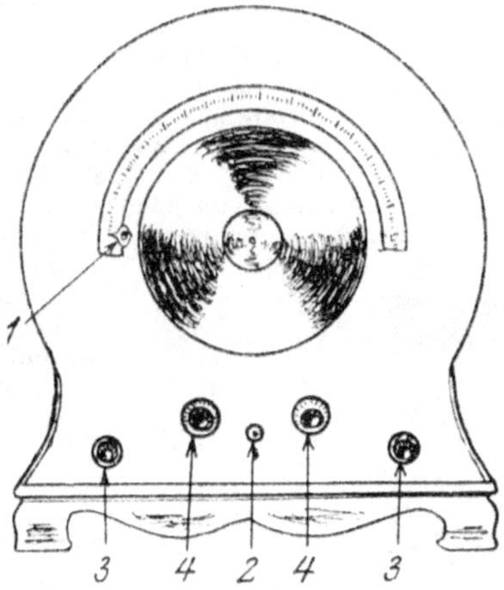

Fig. 359.

Bedeutend schwieriger ist die Bedingung eines einzigen Einstellgriffes für die Welle zu erfüllen. Es sind viele Lösungsversuche in dieser Richtung gemacht worden. Einen zeigt die Fig. 359. Hier ist der Empfänger um den Lautsprecher herumgebaut, dessen Schallplatte der große Kreis in der Mitte darstellt. Auf der Skala läßt sich durch einen Zeiger 1 die gewünschte Wellenlänge einstellen. 2 zeigt den Ausschalter, 3 Heizwiderstände und 4 Bedienungsknöpfe für Ausgleichkondensatoren, die dazu dienen, die Abstimmung auszugleichen. Durch den Zeiger 1 werden nämlich mittels einer Hebelübertragung gleichzeitig 3 Drehkondensatoren betätigt. Sollten kleinere Abweichungen in der Kapazität vorkommen, so werden diese durch die Bedienungsgriffe 4 ausgeglichen.

Noch einfacher ist die Bedienung des in Fig. 360 gezeigten Apparates. Hier läßt sich durch einen Drehknopf die Welle einstellen, die an dem Fensterchen abgelesen werden kann. Die 3 Drehkondensatoren haben eine gemeinsame Achse, auf der sich außerdem noch ein Rad mit der am Fenster zu sehenden Wellenlängeneichung befindet. Der andere Drehknopf schaltet die Stromzuführung ein.

Solche Vereinfachung der Bedienung durch Betätigung verschiedener Drehkondensatoren mittels eines einzigen Drehknopfes setzt natürlich Präzisionskondensatoren voraus, welche genau gleiche Eichkurven besitzen. Man kann mehrere Drehkondensatoren durch eine gemeinsame Achse leicht verbinden, wenn die Achse jedes einzelnen durchgehend ist. In diesem Falle würde man nach Fig. 361a und b verfahren. Man stützt die Grund-

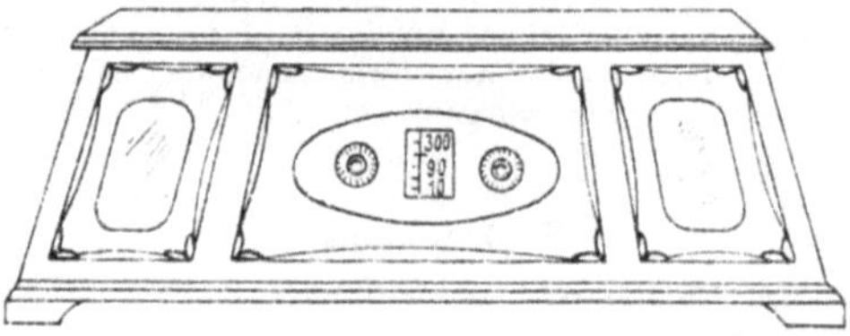

Fig. 360.

platte des einen und Deckplatte des anderen Drehkondensators durch kleine Säulen S aus Isoliermaterial gegeneinander ab. In die untere Fläche der Drehachse des oberen Kondensators feilt man eine Nut ein, in welche das in Fig. 361 b abgebildete Zwischenglied mit seiner Nase eingreift. Das Zwischenstück wird auf die untere Drehachse, die natürlich entsprechend verkürzt werden muß, aufgesetzt und festgeschraubt. Leider gibt es nicht viel Drehkondensatoren mit durchgehender Achse. Trotzdem läßt sich die gemeinsame Achse aber doch herstellen, wenn man Drehkondensatoren mit Feineinstellung verwendet, bei denen die Achse des Feinkondensators durch die Hauptachse hindurchgeführt ist. Hier entfernt man einfach die Feineinstellung und steckt durch den Hohlraum der Achsen einen Stab aus Isoliermaterial, welcher dann alle Rotoren zu gleicher Zeit zu drehen gestattet. Bei mehreren Drehkondensatoren wird das Isoliermaterial zu nachgiebig sein und man würde besser verschiedene Metallstäbe verwenden, die man vielleicht nach Fig. 361 durch Isolierstücke miteinander verbindet. Eine andere Möglichkeit gleichzeitiger Bedienung mehrerer Drehkondensatoren gibt die Verwendung von Zahnrädern oder von Schnüren nach Fig. 362. Selbstverständlich sind diese Verfahren auch anwendbar für die gleichzeitige Bedienung von mehreren Variometern.

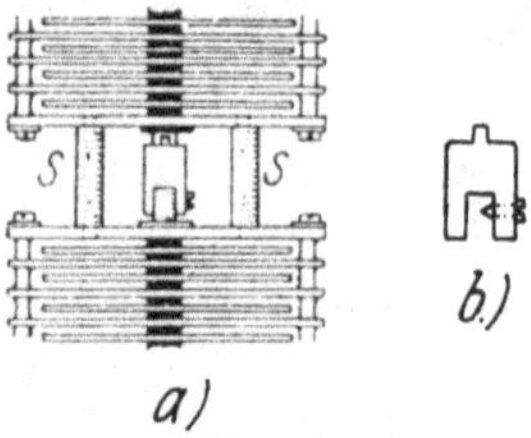

Fig. 361.

G. Röhren.

Die Auswahl der Röhren muß sich auf jeden Fall nach dem Verwendungszweck des Apparates und den zur Verfügung stehenden Stromquellen richten. Für die Auswahl nach dem Verwendungszweck ist Folgendes zu bemerken. Die Leistungsabgabe einer Röhre ist durch ihre Güte bedingt. Hierunter versteht man den Quotienten $\frac{S}{D}$ Die Röhren müssen also große Steilheit und kleinen Durchgriff haben. Leistungsabgabe wird verlangt, wenn es sich um Kopplungen durch Transformatoren zwischen den einzelnen Röhrenstufen handelt, und zwar gilt das für Hoch- und Niederfrequenzverstärkung. Die Belastung des Anodenkreises der Röhre durch einen Lautsprecher, Fernhörer oder Detektor erfordert ebenfalls Leistungsabgabe. Bei Spannungsverstärkung jedoch, bei der die Anodenwechselspannung einer Röhre an das Gitter der nächsten Röhre übertragen wird, hängt die Verstärkung allein vom Durchgriff ab und ist im Idealfall gleich dem reziproken Wert des Durchgriffes. Solche Röhren hat man für Hochfrequenzverstärkung zu wählen, wenn der Anodenkreis einen Sperrkreis, eine Drossel oder einen Hochohmwiderstand enthält. Für Niederfrequenzverstärkung stellen der Widerstands- und Drosselverstärker die gleichen Anforderungen. Will man schließlich eine Röhre ausschließlich als Schwingröhre benutzen, so ist eine große Steilheit erforderlich. Von der Audionröhre wiederum wird nichts weiter verlangt, als daß der Gitterstrom recht scharf einsetzt. Kommt gute Verstärkerwirkung dazu,

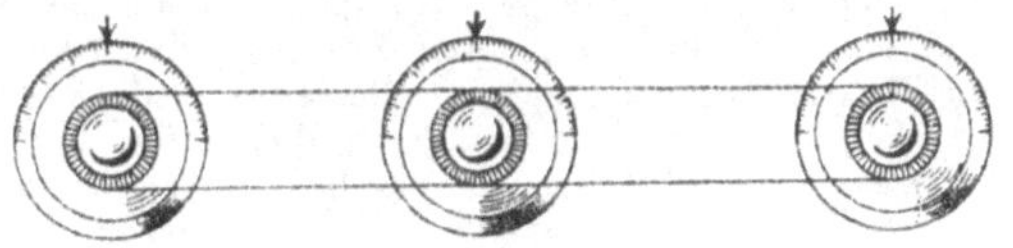

a)

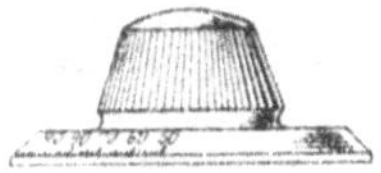

b)

Fig. 362.

so ist das kein Fehler. Man wird also von verschiedenen Audionröhren mit gleichem Gitterstromverlauf diejenige vorziehen, die größte Steilheit und kleinsten Durchgriff hat. Bei Hoch- und Niederfrequenzverstärkerröhren kann man eine Auswahl nach der Charakteristik oder nach dem Sättigungsstrom treffen. Da die Hochfrequenzimpulse kleiner sind, braucht die Charakteristik für Hochfrequenzverstärkerröhren nur ein kleines Stück geradlinig zu verlaufen. Geringerer Sättigungsstrom würde also genügen. Je größer die Gitterspannungen werden, um so länger muß die Charakteristik geradlinig verlaufen, um so größer muß auch der Sättigungsstrom sein. Für Spannungsverstärkung gilt das nicht, weil hier, wie schon gesagt, nichts als der Durchgriff ausschlaggebend ist. Im allgemeinen kann man von der Anodenspannung sagen, daß sie um so höher sein muß, je weiter hinten die Röhre liegt. Die Endröhre wird die größte Anodenspannung haben müssen. Bei der Audionröhre hingegen ist stets eine recht niedrige Anodenspannung vorzuziehen.

Nach dem inneren Widerstand der Röhre müssen die Einzelteile, welche die Belastung des Anodenkreises darstellen, ausgewählt werden. Liegen diese fest, so sind Röhren mit passendem inneren Widerstand zu suchen.

Außer diesen Gesichtspunkten spielen auch die Stromquellen eine Rolle. Man wird sich dabei nach den vorhandenen Heizbatterien richten müssen. Kommt es auf billigen Stromverbrauch an, wird man Sparröhren mit geringem Stromverbrauch verwenden, die man unter Umständen sogar aus Trockenbatterien speisen kann. Für Röhren mit ganz geringem Heizverbrauch könnte man den Heizstrom sogar aus der Anodenbatterie entnehmen. In Fig. 363 ist eine solche Schaltung angegeben. Durch die Widerstände R_1 und R_2 wird der Heizstrom bestimmt. Beide Widerstände werden als Spannungsteiler gebaut, so daß am Widerstand R_2 die Anodenspannung und am Widerstand R_1 die Gittervorspannung abgegriffen werden kann. Die Heizung durch Trockenbatterien kommt vor allen Dingen für Reiseempfanger in Betracht. Will man Anodenspannung sparen, so wird man Doppelgitterröhren wahlen (s. Kap. V).

Für manche Zwecke spielt auch das Heizfadenmaterial eine Rolle. Oxydfäden zeichnen sich durch eine große Temperaturträgheit aus. Deshalb eignen sie sich vor allen Dingen gut für Netzanschlußgeräte, weil infolge der Trägheit die Heizfadentemperatur den störenden Netzschwankungen nicht folgt.

Die Kontrolle der Heizung wird vielfach nach dem Aufleuchten der Röhren vorgenommen. Dazu müssen die Röhren sichtbar sein. Will man sie in das Innere des Gehäuses setzen, so muß dieses Fenster haben. Da aber die verspiegelten Röhren eine seitliche Beobachtung meist nicht zulassen, kann man sich nach Fig. 364 durch eine Spiegelanordnung, die eine Aufsicht auf die Röhren gestattet, helfen. Besser ist jedoch die Kontrolle der Heizung durch ein Voltmeter. Man kann dieses fest in den Apparat einbauen und durch einen Schalter der Reihe nach die verschiedenen Röhren anschließen. Der Heizwiderstand liegt meist in der negativen Zuleitung. Dann wäre der positive Voltmeteranschluß an die positive Heizleitung zu legen, während der negative durch den Schalter der Reihe nach mit den verschiedenen negativen Heizfadenenden zu verbinden wäre. Da aber solche Schalter mit ihren Leitungsführungen sehr häufig Quellen von Störungen sind, ist es viel besser, wenn man die beiden Enden der verschiedenen Heizdrahte zu Klemmen oder Steckbuchsen auf dem Schaltbrett führt, wo von außen durch ein Voltmeter jeder Zeit die Heizspannung kontrolliert werden kann. Man hat dadurch auch den Vorteil, daß man das Voltmeter nicht festlegt und jederzeit anderweitig verwenden kann.

Das Klingen der Röhren laßt sich beseitigen, wenn man unter dem Röhrensockel eine etwa 1 cm dicke Schwammgummiunterlage anbringt. Die Sockel selbst werden am besten durch seitlich angebrachte Blechwinkel, die ebenfalls mit Schwammgummi oder weichem Tuch gefüttert sind, auf dem Schaltbrett befestigt. Auch die Weichgummimäntel für Röhren sind von Vorteil.

§ 2. Schaltprobleme.

A. Antennenankopplung.

Die Art des Antennenanschlusses hat für den Empfänger große Bedeutung. Die Schwingneigung der Röhren, die Selektivität und die Leichtigkeit der Bedienung hängen davon ab. (Ueber Anpassung an die Antenne s. Bd. I, Kap. IV, § 5, über Dampfung der Eingangskreise s. Bd. II, Kap. 1, § 2.) Der wichtigste Gesichtspunkt ist wohl der der Selektivitat. Der direkt an die Antenne angekoppelte Primarempfänger hat die flachste Resonanzkurve. Gute Sektivität bekommt man mit der sogenannten aperiodischen Antennenkopplung. Man kann die Resonanzkurve noch spitzer machen, wenn man zum Sekundär-, Tertiärempfang usw. übergeht. Jedoch wird man über den Sekundärempfang gewöhnlich nicht hinausgehen, weil mit dem Besserwerden der Selektivitat die Lautstarke sinkt. Es wird also je nach den äußeren Umständen die eine oder andere Form des Antennenanschlusses vorzuziehen sein, so daß sich hier ein sehr wichtiges Schaltproblem ergibt. Dieses wird noch verwickelter dadurch, daß für kurze Wellen der Antennenkondensator meist in Serie zur Antennenspule zu legen ist, bei längeren Wellen parallel. Die Ausmaße sind zudem von der Antenne abhängig, so daß zuweilen, wenn man den Apparat wahlweise an verschiedene Antennen anschließen will, mehrere Antennenklemmen notwendig sind, die mit Zapfstellen der Spulen oder Verkürzungskondensatoren verbunden werden. Von der Antenne kann man sich allerdings durch die Verwendung der sogenannten „konstanten Antennenabstimmung" (Fig. 14) nahezu unabhängig machen. Das Wesen dieser Schaltung beruht auf einem kleinen Verkürzungskondensator, der in der Antenne liegt, während der Empfänger mit einem geschlossenen Schwingungskreis verbunden

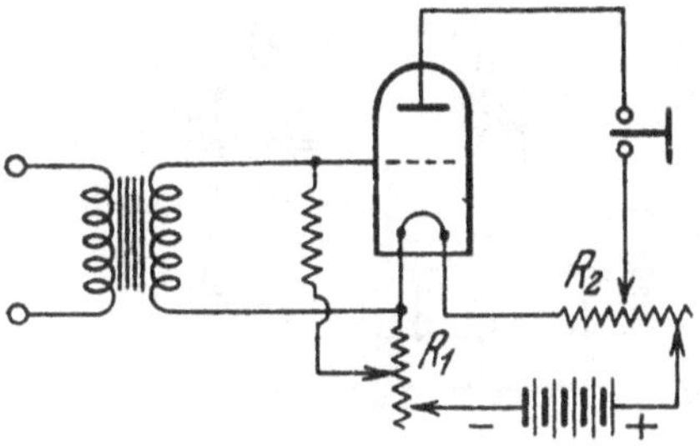

Fig. 363.

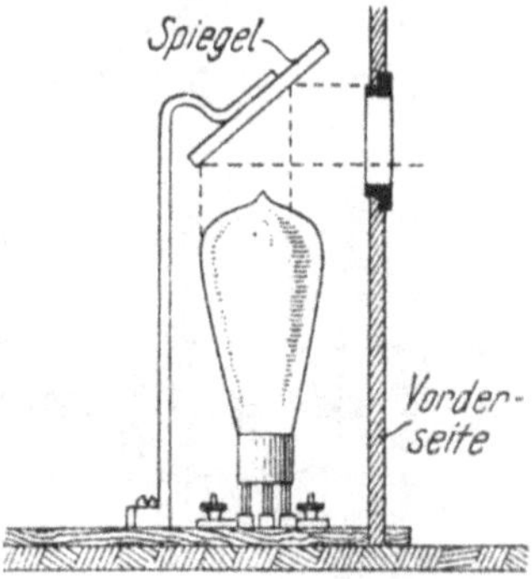

Fig. 364.

wird, der aus einer Antennenspule und einem dieser parallel geschalteten Drehkondensator besteht.

Die Schaltaufgabe besteht nun darin, den Eingangskreis gleichzeitig für verschiedene Antennenankopplungen einzurichten. Die Umschaltung kurz-lang ist im Bd. I, Kap. IV, § 6 A eingehend behandelt. Die durch diese Umschaltung hergestellten zwei Wellenbereiche reichen jedoch praktisch meist noch nicht aus. Einen größeren Bereich kann man bestreichen, wenn man 2 Drehkondensatoren auf eine Spindel setzt und dann nach Fig. 365 a und b schaltet. Der eine Drehkondensator liegt also einmal in Serie zum Antennenschwingungskreis, das andere Mal parallel dazu. Die Umschaltung kann durch jede Kurz-lang-Schaltung bewirkt werden. Die Schaltung Fig. 365 a überdeckt einen weit größeren Wellenbereich durch Drehung eines Kondensators, als die üblichen Schaltungen, bei denen die kürzeste Welle sich zur längsten ungefähr wie 1 : 3 verhält. Reicht auch dieses Verfahren nicht aus, so lassen sich auswechselbare Spulen nicht vermeiden.

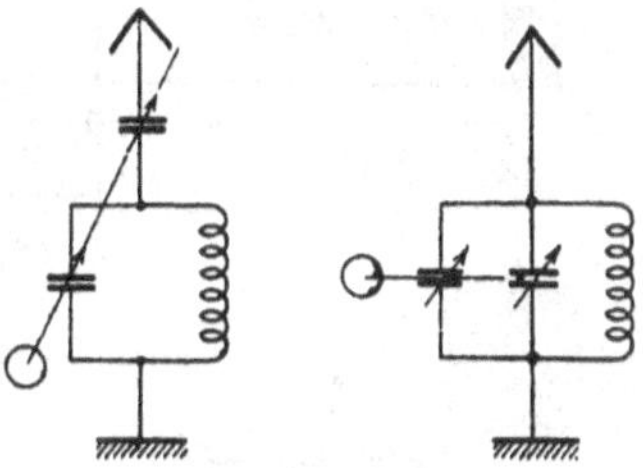

a Fig. 365. b

In Fig. 366 sind zehn gebräuchliche Arten der Antennenankopplung aufgezeichnet. Alle diese Formen sind durch die in Fig. 367 dargestellte Anordnung realisierbar. Um die Schaltungen herzustellen, ist ein Zweispulenhalter notwendig. Will man gleichzeitig eine Rückkopplungsspule vorsehen, so müßte natürlich ein Dreispulenhalter gewählt werden. In der Figur ist die obere Spule die Antennenspule, die mittelste die Sekundärspule und die unterste die Rückkopplungsspule. Ferner werden benötigt zwei Drehkondensatoren und ein 100 cm-Blockkondensator sowie drei einpolige Schalter. In der folgenden Tabelle sind die Verbindungen übersichtlich dargestellt, mit denen die Antennenanschlüsse (Fig. 366 a bis k) hergestellt werden können.

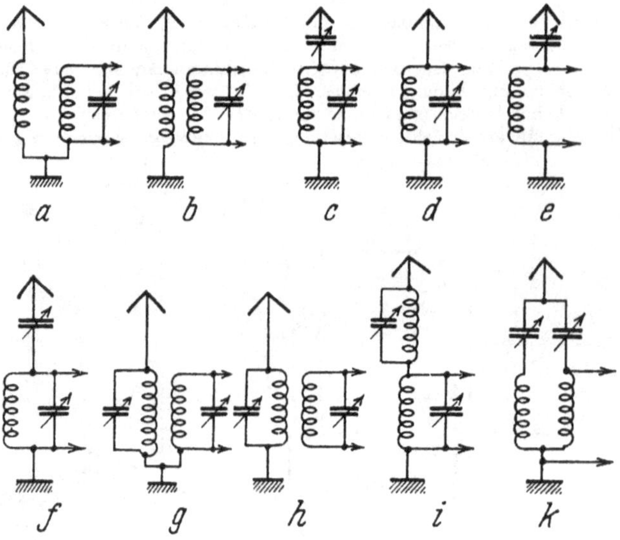

Fig. 366.

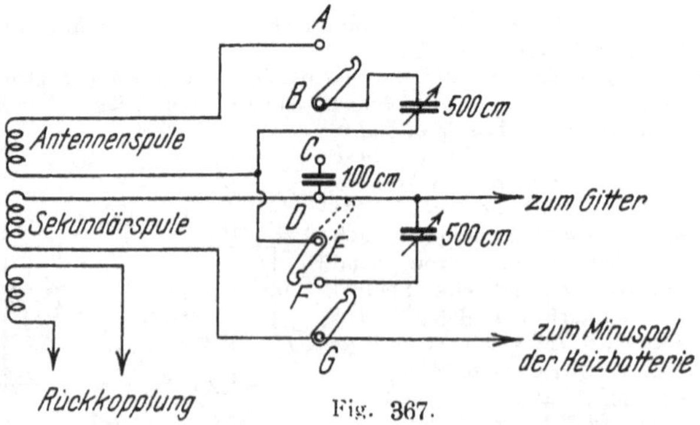

Fig. 367.

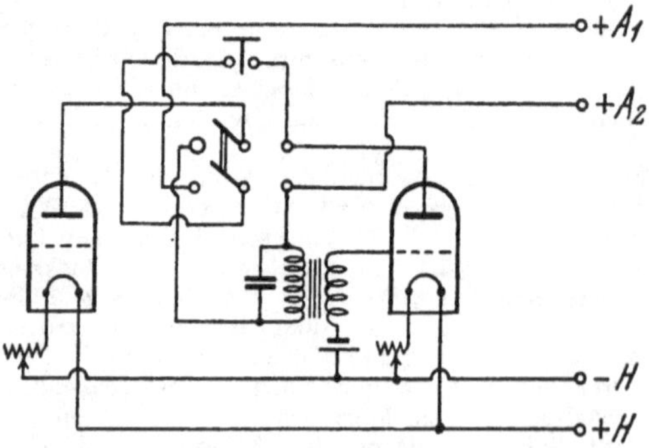

Fig. 368

Tabelle:

Figur 366 . .	a	b	c	d	e	f	g	h	i	k
Antenne . .	A	A	C	D	F	B	A	A	A	F
Erde	G	E	G	G	G	G	G	E	G	G
Verbindungen	E-F-G	F-G	F-G	F-G		D-E, F-G	A-B, E-F-G	A-B, F-G	A-B, D-E, F-G	E-G, B-F

B. Fernhörer und Niederfrequenzverstärker.

Will man mit einem Mehrröhrengerät den Ortssender empfangen, so ergibt sich die Notwendigkeit, eine oder mehrere Niederfrequenzverstärkerstufen abzuschalten, oder den Fernhörer in den Anodenkreis einer vorhergehenden Röhre einzufügen. Auch bei der Feststellung von Fehlern wird man haufig in die Lage versetzt, die Röhren abzuhören. In Fig. 368 wird diese Umschaltung, wenn es sich um einen Zweifach-Niederfrequenzverstarker handelt, durch einen doppelpoligen Umschalter bewirkt. Haufig wird dieses Problem auch dadurch zu lösen versucht, daß man die Enden der Primarspulen der Niederfrequenztransformatoren mit Steckbuchsen verbindet, in welche der Hörer eingestöpselt wird. Er liegt dann parallel zum Transformator. Aber weder die Parallelschaltung, noch die

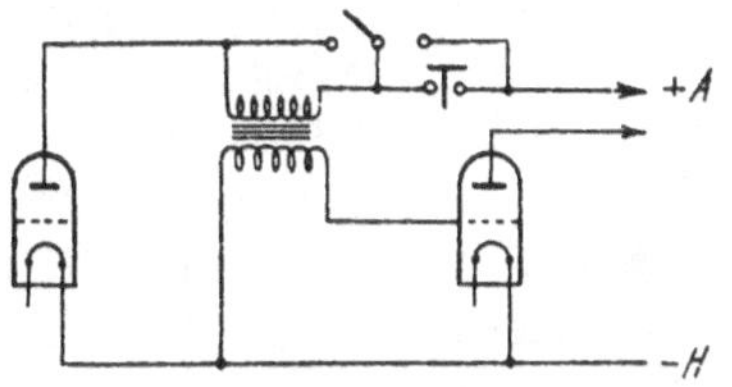

Fig. 369.

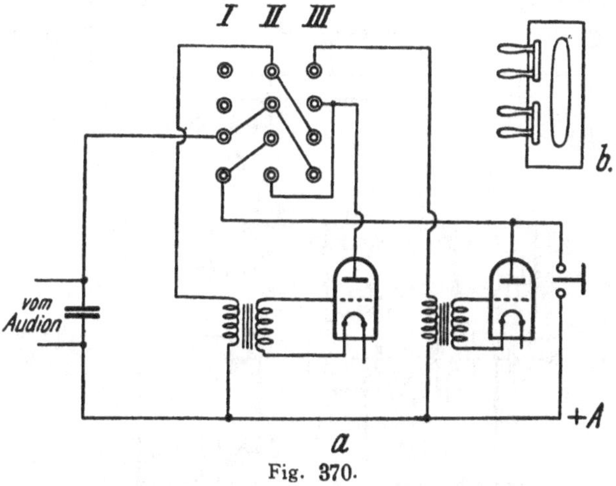

Fig. 370.

Serienschaltung gibt ein richtiges Bild. Der Strom, der durch den Transformator allein gehen würde, ist stets ein anderer als der durch den Fernhörer fließende. Will man dauernd einen Fernhörer für jede Stufe einbauen, so müßte ein Umschalter nach Fig. 369 eingebaut werden, welcher

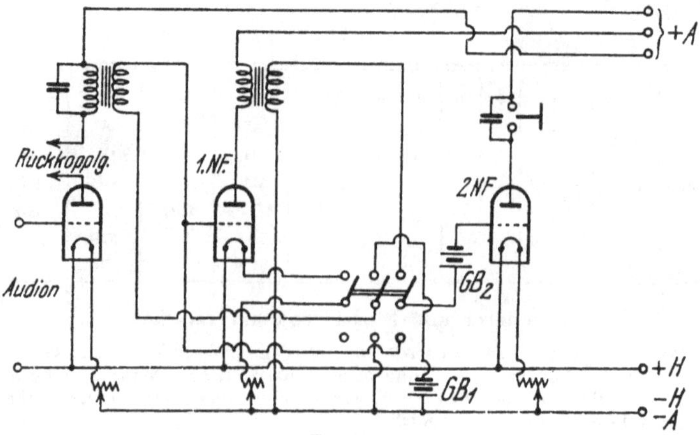

Fig 371

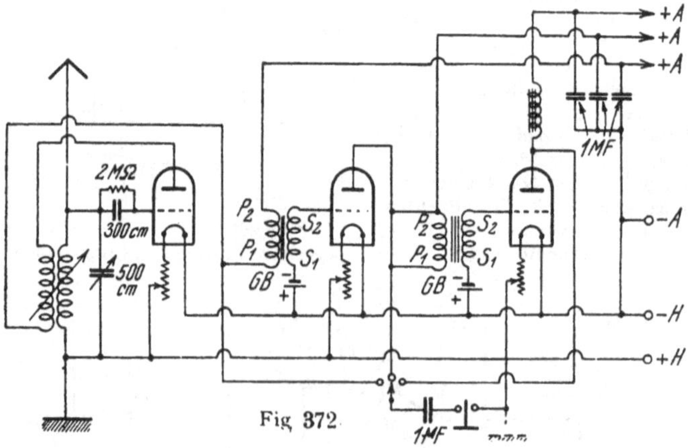

Fig 372

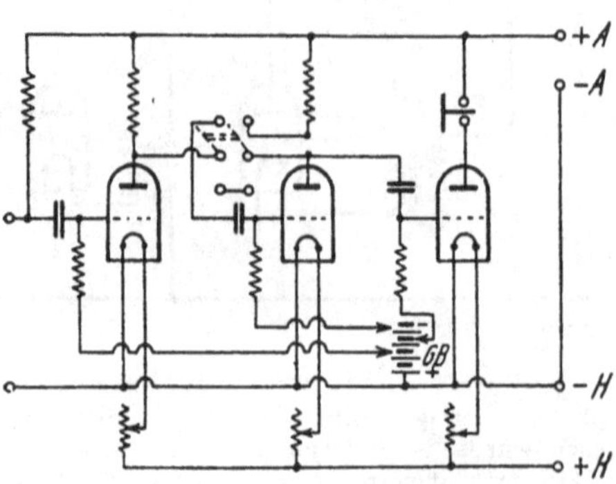

Fig. 373.

wahlweise die Transformatorspule oder den Fernhörer kurzschließt. In sehr eleganter Weise wird das Problem nach dem Schaltsystem der Fig. 370 gelöst. Der Fernhörer kann hier wahlweise direkt hinter das Audion oder den Detektor, hinter die erste oder letzte Niederfrequenzverstärkerstufe geschaltet werden. Die Umschaltung geschieht durch einen Vierfach-Stecker, bei dem nach Fig. 370 b je zwei Stecker leitend miteinander verbunden sind. Dieser wird je nach Bedarf in eine der Steckbuchsenreihen I, II und III eingestöpselt, wodurch man die drei Umschaltungen erreicht.

Wenn die Signale des Ortssenders sehr laut sind, ist es vorteilhaft, den Lautsprecher im Anodenkreis der Endröhre zu belassen und dafür die erste Niederfrequenzverstärkerstufe auszuschalten. In Fig. 371 ist das Schaltschema aufgezeichnet. Ein dreipoliger Umschalter ist dazu erforderlich.

Eine außerordentlich einfache Umschaltung bekommt man, wenn man den Fernhörer so schaltet, daß der Gleichstrom nicht hindurchfließen kann. Das geht, wenn man in Serie zum Lautsprecher einen großen Kondensator und parallel zu beiden eine Drossel und die Batterie anbringt. (Die Schaltung ist in Bd. I, Fig. 429, besprochen worden.) Dann ist durch einen einfachen einpoligen Schalter mit drei Kontaktknöpfen das ganze Schaltproblem nach Fig. 372 zu lösen.

Etwas schwieriger gestaltet sich die Umschaltung bei Widerstandsverstärkern, doch ist es mit Hilfe eines doppelpoligen Schalters nach Fig. 373 ebenfalls lösbar. Hier wird die zweite Röhre übersprungen.

C. Hochfrequenzverstärker.

Bedeutend schwieriger als die Abschaltung von Niederfrequenzverstärkern gestaltet sich nun die Vorschaltung von Hochfrequenzverstärkern. Man muß hier zwei Fälle unterscheiden, nämlich die Abschaltung einer Hochfrequenzverstärkerstufe von einem Mehrröhrenapparat und die Hinzu-

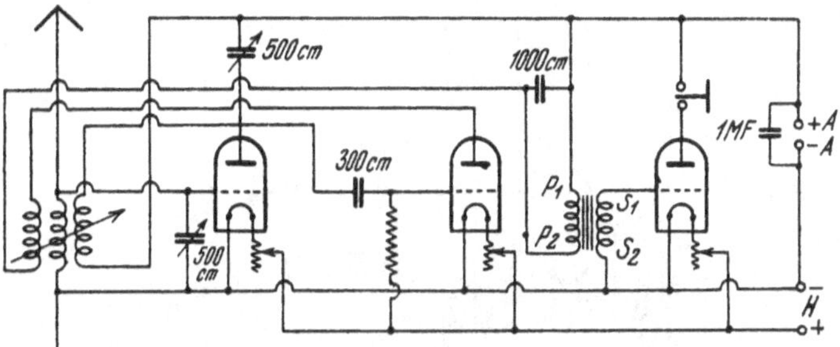

Fig. 374.

fügung einer oder mehrerer Hochfrequenzverstarkerstufen zu einem gegebenen Empfanger. Die erste Aufgabe ist meist viel leichter zu lösen, und zwar ohne Schalter. Beispiele hierfür geben die Neutrodyneschaltungen Fig. 62, 68 und 69, bei denen zur Abschaltung von Hochfrequenzverstärkerstufen die Antenne nur mit dem Anodenanschluß der Primärspule eines Hochfrequenztransformators verbunden und die vorangehenden Röhren ausgeschaltet zu werden brauchen. Eine interessante Schaltung, bei der auch nicht einmal eine Umschaltung der Antenne notwendig ist, ist in Fig. 374 dargestellt. Dreht man hier die erste Röhre aus, so bleibt immer noch ein selektiver Audionempfänger über. Der Sperrkreis der ersten Röhre wird nämlich nun gleichzeitig Gitterkreis der zweiten, so daß wir Sekundärempfang haben. Hochfrequenzverstärkerstufen werden meist entweder durch

Sperrkreis- oder Transformatorenkopplung miteinander verbunden. Einen Uebergang von der einen Schaltungsart zur anderen zeigt Fig. 375. Durch einen dreipoligen Umschalter wird hier eine Sperrkreiskopplung erzielt, wenn der Schalter nach links gelegt wird, wobei die Sekundärspule zur Sperrkreisspule wird. Legt man den Schalter jedoch nach rechts, so bekommt man Transformatorenkopplung, wobei die Primärspule abgestimmt wird.

Für die Vorschaltung von Hochfrequenzverstarkerstufen vor einen gewöhnlichen Rückkopplungsempfanger gibt es kein allgemeingültiges Rezept.

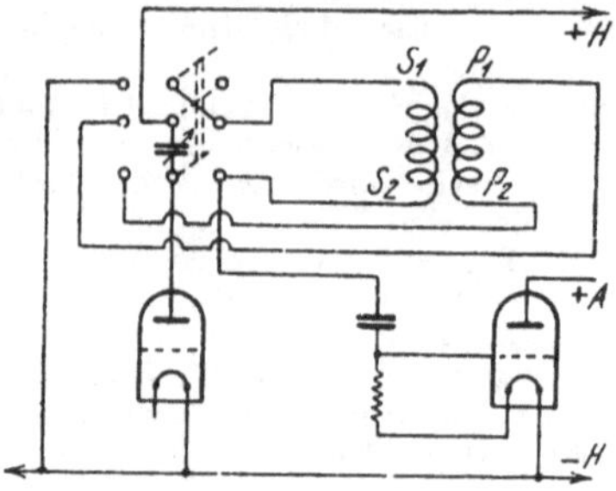

Fig. 375.

Die Hochfrequenzverstarkerstufe kann entweder nach Fig. 376 oder nach Fig. 377 gestaltet sein, wobei der Antennenanschluß nicht bindend ist. Der Audionempfänger wird meist nach Fig. 378 geschaltet sein, wobei rechts der Empfanger ohne Rückkopplungsspule und Antennenanschluß ge-

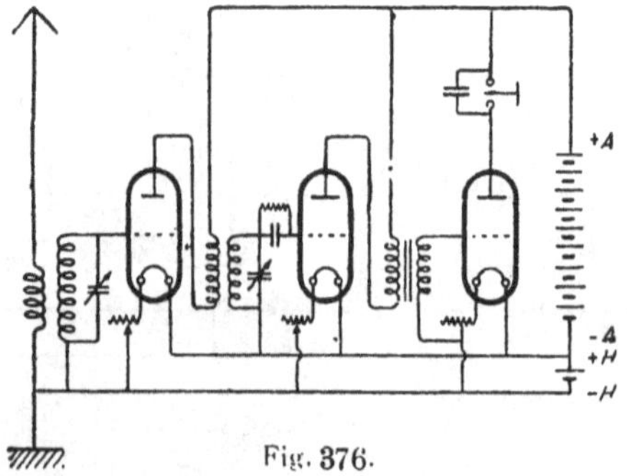

Fig. 376.

zeichnet ist, während links drei mögliche Arten des Antennenanschlusses angedeutet sind. Laßt sich der Empfanger nun so auseinander nehmen, daß nur der in Fig. 378 rechts gezeichnete Teil übrigbleibt, so kann eine Hochfrequenzverstärkerstufe zwischen Antenne und Empfänger sehr einfach und leicht nach Fig. 379 eingeschoben werden. Diese Zwischenstufe enthalt eine Röhre und einen Drehkondensator. Im Empfangsgerät brauchen nur die Anschlüsse für die Rückkopplungsspule kurzgeschlossen zu werden. Die notwendigen Verbindungen sind leicht aus Fig. 379 zu entnehmen.

Bei mehrstufiger Hochfrequenzverstärkung kommt man ohne Neutralisierung nicht aus. Welcher Art diese ist, ist natürlich belanglos. In Fig. 380 ist eine Ergänzung eines Rückkopplungsgerätes durch zwei neu-

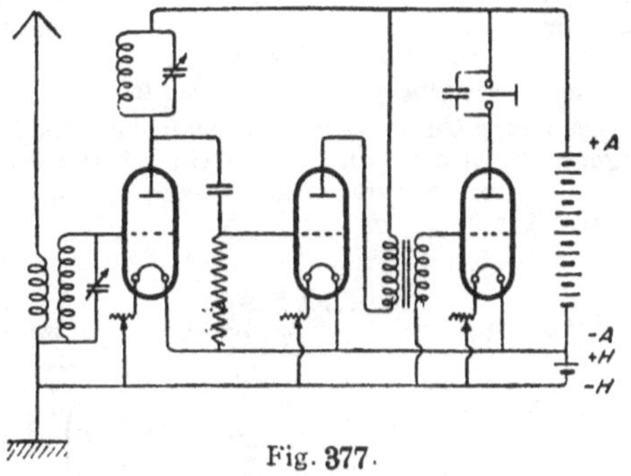

Fig. 377.

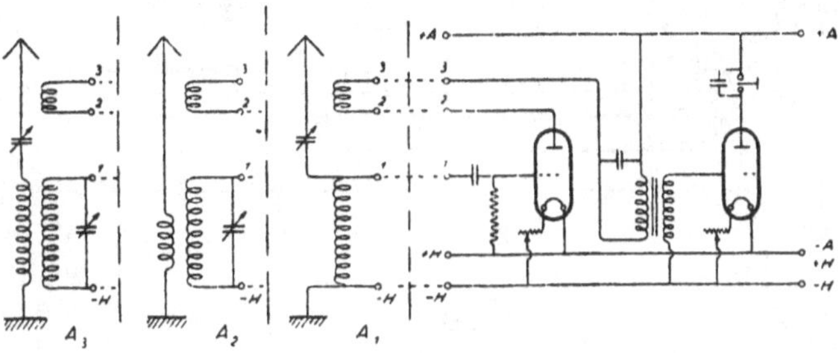

Fig. 378.

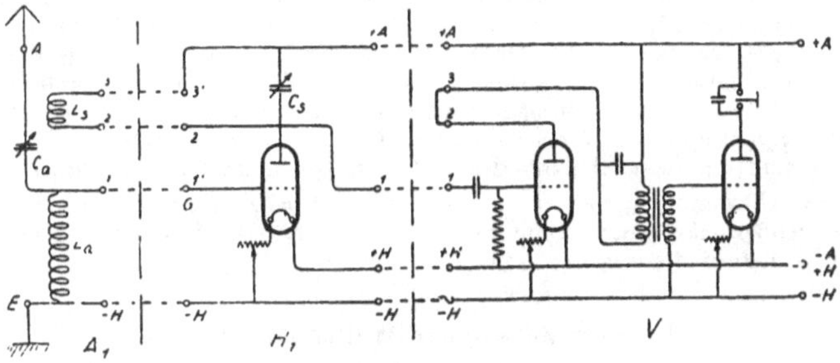

Fig. 379.

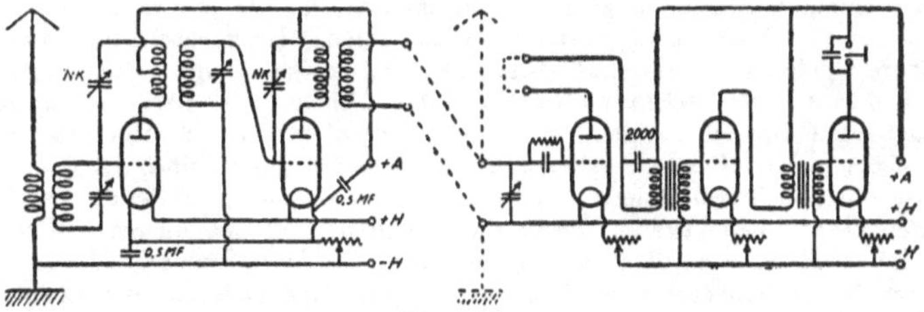

Fig. 380.

tralisierte Hochfrequenzverstarkerstufen anschaulich wiedergegeben. Die zwei Hochfrequenzverstärkerstufen oder auch nur eine davon können als Vorröhrengerät allein gebaut und in der in Fig. 380 angegebenen Weise leicht vor jeden Audionempfänger geschaltet werden.

Handelt es sich nun nicht um einen Rückkopplungsempfanger, sondern um ein Detektorgerät, so ist die Vorschaltung einer Hochfrequenzverstarkerröhre ohne Eingriff in den Apparat möglich, wenn man den in Fig. 213 skizzierten Kunstgriff benutzt.

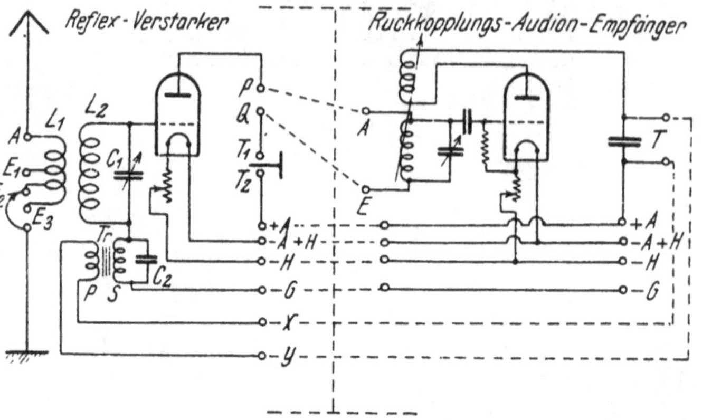

Fig. 381.

Die gleichzeitige Vorschaltung einer Hochfrequenz- und die Dahinterschaltung einer Niederfrequenzverstarkerstufe führt zur Vorschaltung einer Stufe Reflexverstarkung. Es wird also eine Röhre vor den Apparat geschaltet, die gleichzeitig der Hoch- und Niederfrequenzverstarkung dienen soll. Auch diese Aufgabe ist nach Fig. 381 leicht zu lösen. Man kann das Reflexverstarkervorröhrengerat getrennt für sich bauen und vor jeden Rückkopplungsaudionempfänger schalten. Die Fernhörerbuchsen des Audiongerätes sind mit dem Eingang des Reflextransformators zu verbinden.

Die Umwandlung eines gewöhnlichen Rückkopplungsempfangers in einen Pendelrückkopplungsempfänger ist im Kap. III oft gestreift worden. Beispiele liefern die Figuren 149, 151 und 164.

D. Vergrößerung des Wellenbereiches.

Eines der schwierigsten Schaltprobleme, die bei Mehrröhrengeraten auftreten, ist die Vergrößerung des Wellenbereiches. Solange es sich um einen einzigen Abstimmungssatz dabei handelt, ist die Schwierigkeit noch nicht groß. Man schaltet dann durch einen Mehrfachschalter einfach größere Spulen ein, verwendet Steckspulenhalter oder dergl. Komplizierter wird die Aufgabe, wenn es sich um den Umbau von Geräten mit fest eingebauten Spulen handelt, oder um Röhren mit vielen Hochfrequenzverstärkerstufen. Bei fest eingebauten Spulen kann man außen an dem Gehäuse einen Schwenkspulenhalter anbringen und dann in Serie zu den fest eingebauten Spulen passende Steckspulen schalten. Für den kleineren Wellenbereich sind dann in den Steckspulenhalter Kurzschlußstöpsel einzusetzen. So ist der Wellenbereich des Empfängers, Fig. 382, dadurch zu vergrößern, daß an den Stellen X und Y passende Steckspulen eingesetzt werden, die natürlich variabel miteinander gekoppelt werden müssen. Etwas umständlicher ist das Problem bei dem Empfänger, Fig. 383, mit Hilfe eines Dreispulenhalters und in X, Y und Z eingesetzter Steckspulen zu lösen. Bei noch größerer Stufenzahl ist dies Verfahren jedoch wegen seiner Umständlichkeit nicht mehr als gute Lösung anzusehen. Bei mehrstufigen Hochfrequenzverstärkern braucht man für jede Stufe eine ziemlich große

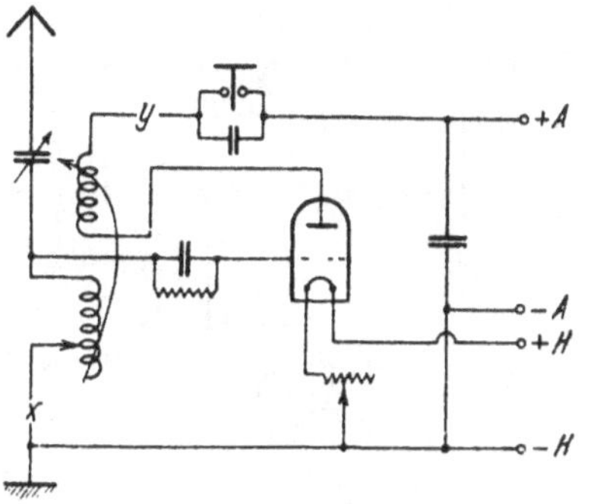

Fig. 382.

Anzahl von Hochfrequenztransformatoren, wenn man den Wellenbereich nicht gar zu klein haben will. Ein einfacherers Schaltverfahren zeigt Fig. 384. Hier sind die Spulen der Hochfrequenztransformatoren an-

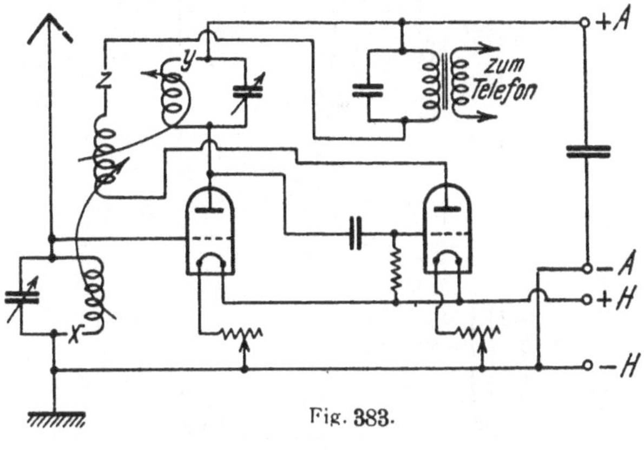

Fig. 383.

gezapft. Für den kleineren Wellenbereich wird ein Teil der Spulen kurzgeschlossen. Da die Spulen alle gleichartig gebaut sind, ist es möglich, dies Kurzschließen durch die in Fig. 384 mit S bezeichnete Leiste auszuführen. Diese besteht aus Isoliermaterial und läuft zwischen zwei Schienen, welche die Kontakte K enthalten. Auf der Leiste sind Metallbügel befestigt, welche zu gleicher Zeit gegen die Kontakte K gedrückt werden, wenn man die Leiste nach links verschiebt. In diesem Augenblick sind die größten Teile der Spulen kurzgeschlossen, womit der kleinere Wellenbereich eingeschaltet ist. Eine Bewegung der Leiste nach rechts gibt den Kurzschluß frei und schaltet den großen Wellenbereich ein. Diese Leiste mit den Kontakten kann am Empfänger so angebracht werden, daß nur ein Knopf aus der Schaltplatte herausragt, der in einfacher Weise bedient werden kann

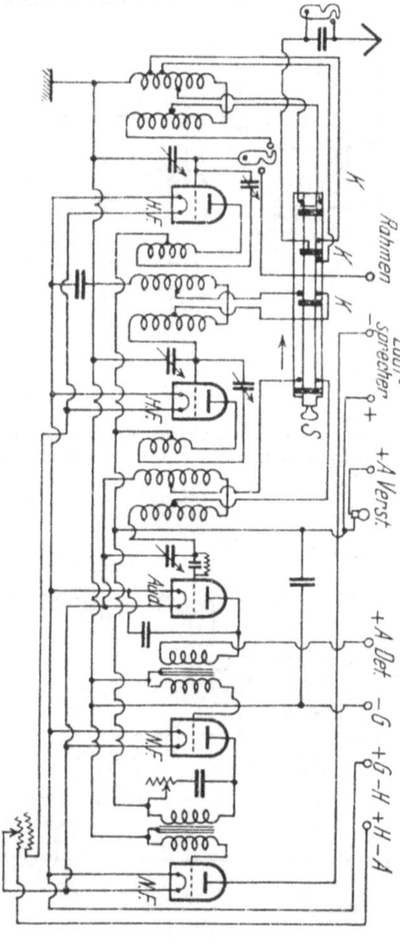

Fig. 384.

Es soll noch ein weiteres Verfahren nicht unerwähnt bleiben, welches physikalisch interessant ist. In Fig. 385 sind zwei eng gekoppelte Schwingungskreise abgebildet, deren Drehkondensatoren auf einer gemeinsamen Achse befestigt sind. Nun ist bekannt, daß zwei abgestimmte Schwingungskreise bei fester Kopplung zwei verschiedene Eigenwellen haben. Man wird also mit einem solchen gekoppelten System immer gleichzeitig zwei Resonanzstellen bekommen, also gleichzeitig zwei verschiedene Wellenbereiche bestreichen können. Die beiden Wellen liegen um so weiter auseinander, je fester die Kopplung ist. Praktisch wird dies Verfahren allerdings zunachst von keiner großen Bedeutung sein können, weil die beiden Wellen doch viel näher zusammenliegen, als es notwendig wäre, um wirklich von einer Erweiterung des Wellenbereiches sprechen zu können.

Der Rundfunkwellenbereich laßt sich nun bei der Ausdehnung nach unten auch nicht mehr durch einen einzigen Drehkondensator bestreichen. Für kürzere Wellen schränkt die Anfangskapazität des Drehkondensators den Bereich immer mehr ein, so daß man zum Beispiel einen Empfänger, der von 150 m bis 600 m reichen soll, in drei Stufen bedienen muß. In Fig. 386 ist ein Schaltschema wiedergegeben, welches einen solchen drei-

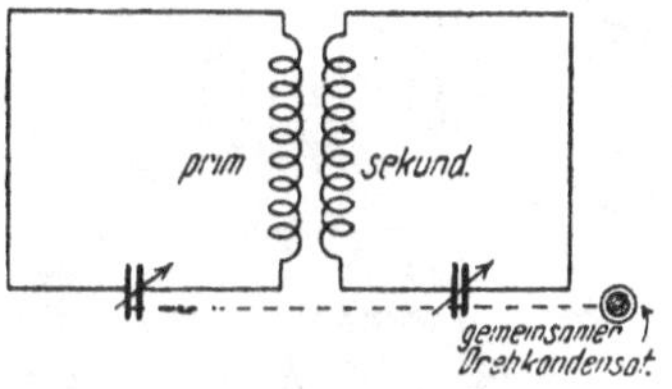

Fig. 385.

fachen Wellenbereich durch einen einfachen Umschalter einzustellen gestattet. Die benutzten Spulen werden auf einen Zylinder von 8 cm Durchmesser gewickelt. Die Sekundarspule hat 30 Windungen mit einer Zapfstelle bei der zehnten. Darüber ist die Antennenspule mit sechs Windungen aufgewickelt. Die Rückkopplungsspule von 16 Windungen ist als Kugel-

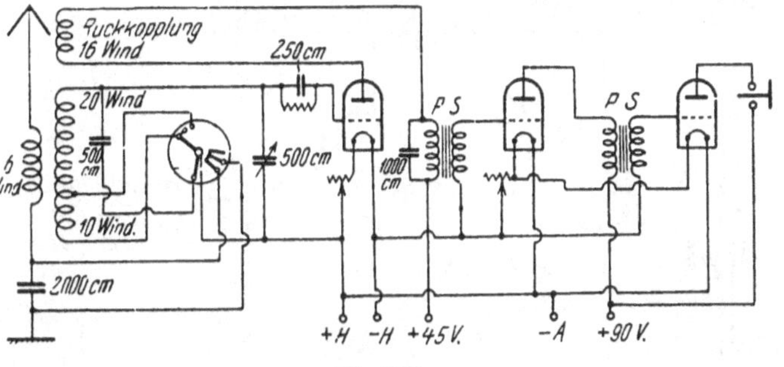

Fig. 386.

variometer im Zylinder drehbar angebracht. Das Wesentliche an dieser Schaltung ist der Umschalter, der nach Fig. 387d hergestellt werden kann. Die drei Schaltungen des Abstimmgerätes sind in Fig. 387 a, b, c dargestellt. Für lange und mittlere Wellen wird der Antennenverkürzungskondensator kurzgeschlossen. Der ganzen Primärspule liegt der 500 cm-Blockkondensator und der 500 cm-Drehkondensator parallel. Der Wellenbereich geht von 400 bis 600 m. Bei mittleren Wellen (Fig. 387 b) von 440 bis 200 m liegt nur der Drehkondensator der Sekundärspule parallel. Bei den kurzen Wellen von 240 bis 140 m wird der Drehkondensator parallel zu den oberen 20 Windungen der Sekundärspule geschaltet. Die Antenne ist verkürzt.

Für noch kürzere Wellen ist es sehr schwer, ein Rückkopplungsaudion zum Schwingen zu bringen. Wenn man daher einen Empfänger bauen will, der für alle Wellen geeignet sein soll, so muß man sich nach einer anderen Schaltung umsehen. Auch der Reinartzempfänger eignet sich wegen

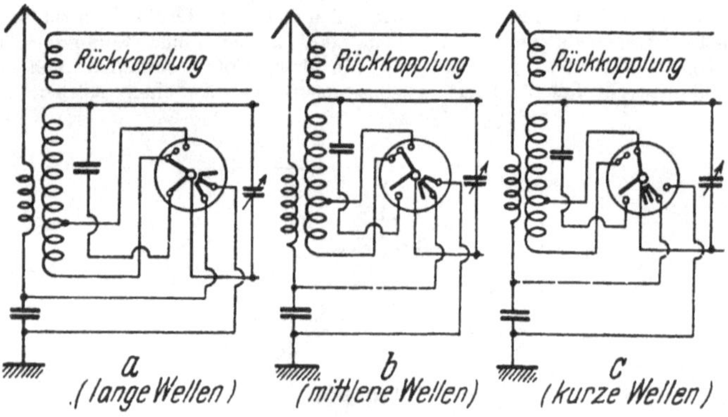

Fig. 387.

der Kapazität, die durch die Zapfstellen verursacht wird, nicht für ganz kurze Wellen. Eine brauchbare Schaltung ist in Fig. 388 dargestellt. Diese Schaltung gibt für jede Welle brauchbaren Empfang. Die Rückkopplung

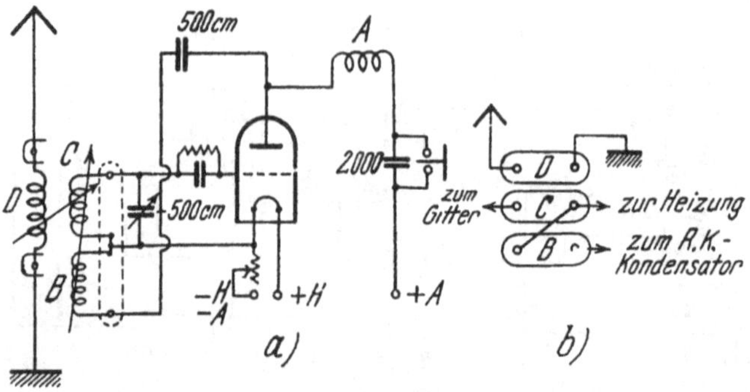

Fig. 388.

ist induktiv und kapazitiv. Man ordnet die drei Spulen B, C und D nach Fig. 388 b auf einem Dreispulenhalter an, so daß man sie auswechseln kann. Auswechselbar muß auch die Anodendrossel A sein, für die ebenfalls eine Steckspule genommen werden kann. Die Spule L ist durch den Wellenbereich gegeben. Die Anodendrossel A und die Rückkopplungsspule L sind gewöhnlich etwas größer, die Antennenspule etwas kleiner. Für kleine Wellen darf man keine Wabenspulen verwenden, sondern nur körperlose Spulen, die sich wegen ihrer geringen Windungszahl leicht aus dickem Draht biegen lassen. Man stellt die Rückkopplung zunächst mit der Schwenkspule ein und reguliert dann mit dem Drehkondensator fein nach.

E. Fernbedienung.

Man will seinen Audionempfänger nicht immer in demselben Zimmer haben. Die Antenne kann nicht beliebig verlegt werden und lange Zuführungsdrähte sind unvorteilhaft. Der Apparat bleibt am besten in der Nahe der Einführung dauernd stehen. Man kann den Lautsprecher durch eine Doppelleitung beliebig weit vom Gerät entfernen. Es ist möglich,

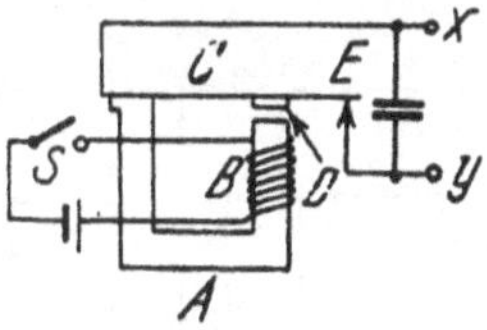

Fig. 389.

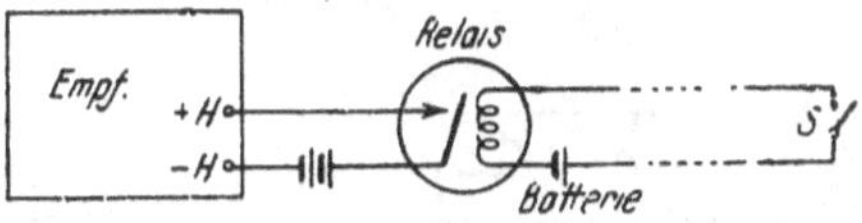

Fig. 390.

durch Steckdosenanschlüsse, die man im Hause verlegt, den Lautsprecher an jeder gewünschten Stelle einzuschalten. Von dort kann man jedoch

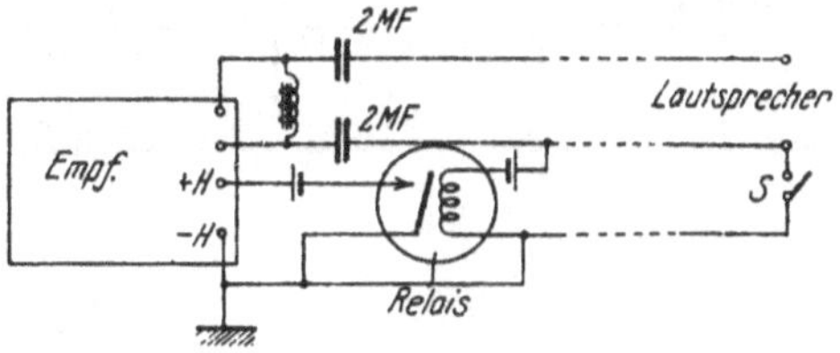

Fig. 391.

den Apparat nicht mehr bedienen. Das kann nun mit Hilfe von Relais erreicht werden. Ein Relais ist ein Elektromagnet, vor dessen Eisenkern eine Feder angebracht ist, die mit einem weichen Eisenstück versehen wird.

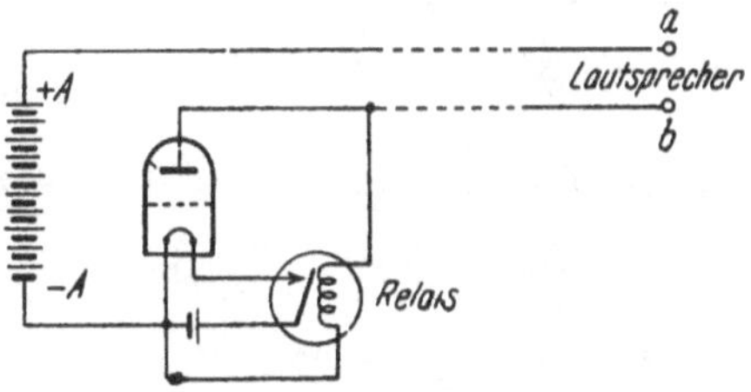

Fig. 392.

Wird ein Strom durch den Elektromagneten geschickt, so wird das Eisenstück angezogen, und die Feder C (Fig. 389) berührt den Kontakt E. Dadurch wird ein mit X und Y verbundener Stromkreis geschlossen. Der Magnetwicklungskreis braucht nur sehr geringe Stromstärken. Man kann also durch kleine Energien große steuern. Der Unterbrechungsfunke, der bei E entsteht, wird durch den Parallelkondensator unschädlich gemacht.

Wie die Heizung eines Empfängers durch ein solches Relais bedient werden kann, ist in Fig. 390 schematisch dargestellt. Der Relaisschalter S kann also ebenso wie der Lautsprecher weit vom Apparat entfernt sein. Doch ist diese Lösung nicht gut, weil zu viele Drähte benötigt werden.

Einen Draht kann man sparen, wenn man den Lautsprecher in bekannter Weise parallel zum Anodengleichstromkreis legt. Dann kann nach Fig. 391 eine Lautsprecherleitung mit einer Relaisleitung zusammengelegt werden. An dieser Schaltung ist noch die Relaisbatterie zu bemängeln, die einen erhöhten Aufwand darstellt. Es wurde schon gesagt, daß die Magnetwicklung nur sehr geringer Ströme bedarf. Einige mA genügen, so daß man den Anodenstrom selbst zur Bedienung des Relais benutzen kann.

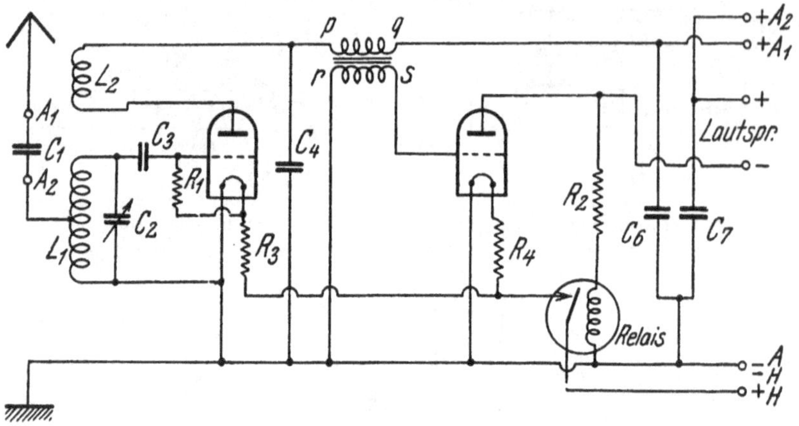

Fig. 393.

Allerdings müßte man dafür sorgen, daß der Relaisstromkreis einen genügend hohen Widerstand hat. Das Schema einer solchen Schaltung zeigt Fig. 392. Hier werden also für das Relais selbst überhaupt keine weiteren Leitungen benötigt. Der Lautsprecher ist zugleich der Schalter. Stöpselt

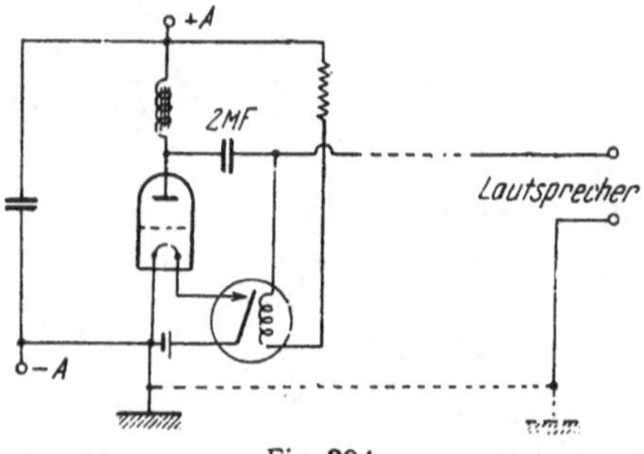

Fig. 394.

man ihn in die Kontakte a und b, so wird damit gleichzeitig der Heizstromkreis der Röhre geschlossen. Dieses Verfahren ist in Fig. 393 durch ein vollständiges Schaltbild erläutert, welches ein Rückkopplungsaudion mit einstufiger Niederfrequenzverstärkung wiedergibt. Mit dem Magnetfeld des Relais ist der Hochohmwiderstand R_2 in Serie geschaltet. Die Heizwiderstände R_3 und R_4 müssen natürlich vorher einreguliert werden. Die Batterien sind dauernd angeschlossen und die Inbetriebsetzung des Apparates erfolgt ausschließlich durch Einstöpseln des Lautsprechers. Fig.

393 ist natürlich nur ein Beispiel, nach welchem leicht alle Empfängerschaltungen umgebaut werden können. Wendet man nun hier ebenfalls die Parallelschaltung des Lautsprechers zum Anodengleichstromkreis an, so gewinnt man damit die Möglichkeit, eine der Doppelleitungen durch die Erde zu ersetzen, so daß für die ganze Fernbedienung einschließlich des Lautsprechers nur ein Draht verlegt zu werden braucht. Fig. 394 zeigt die Schaltung.

Diese Art Fernbedienung ermöglicht nur das Ein- und Ausschalten der Heizung. Man kann aber leicht eine weitere Aufgabe damit verbinden, nämlich die Erdung der Antenne. Zu diesem Zweck braucht man am Relais nur noch einen weiteren Kontakt anzubringen, und zwar so, daß die Feder C (Fig. 389) beim stromlosen Relais diesen zweiten mit der Antenne verbundenen Kontakt berührt. Dann müßte die Leitung X Anschluß an die Erde haben. Wird nun das Relais in Tätigkeit gesetzt, so wird die Antenne enterdet und der Apparat eingeschaltet. Beim Herausziehen des Lautsprechers wird automatisch der Relaiskreis unterbrochen, und die Feder stellt die Verbindungen zwischen Antenne und Erde von selbst wieder her.

Es ist auch versucht worden, die Abstimmung des Apparates durch Fernbedienung zu regulieren. Zu diesem Zweck ist aber eine umständlichere Apparatur notwendig. Man dürfte zunächst nur solche Empfänger verwenden, deren Bedienung nur einen einzigen Drehknopf erfordert. Dieser ist mit einem kleinen Elektromotor durch ein Seil zu koppeln. Solche kleinen Maschinen sind als Kinderspielzeug für wenig Geld erhältlich und können dann durch Fernleitungen gesteuert werden. Ideal ist diese Lösung natürlich noch nicht.

Die Fernbedienung hat jedoch auch mancherlei Mängel, die Streukopplung, Ableitungen und Verringerung der Lebensdauer der Röhren. Die durch die Leitungen verursachten Streukopplungen gegen Erde können allerdings unschädlich gemacht werden, wenn man die ganze Anlage so einrichtet, daß sie sich auf Erdpotential befindet. Ferner treten leicht Ableitungen auf, welche einen rascheren Verbrauch der Anodenbatterie zur Folge haben. Auch diese Gefahr läßt sich bekämpfen, wenn man den Lautsprecher durch große Kondensatoren von 2 MF. vom Anodenkreis trennt. Die größte Gefahr liegt aber darin, daß die plötzliche Einschaltung

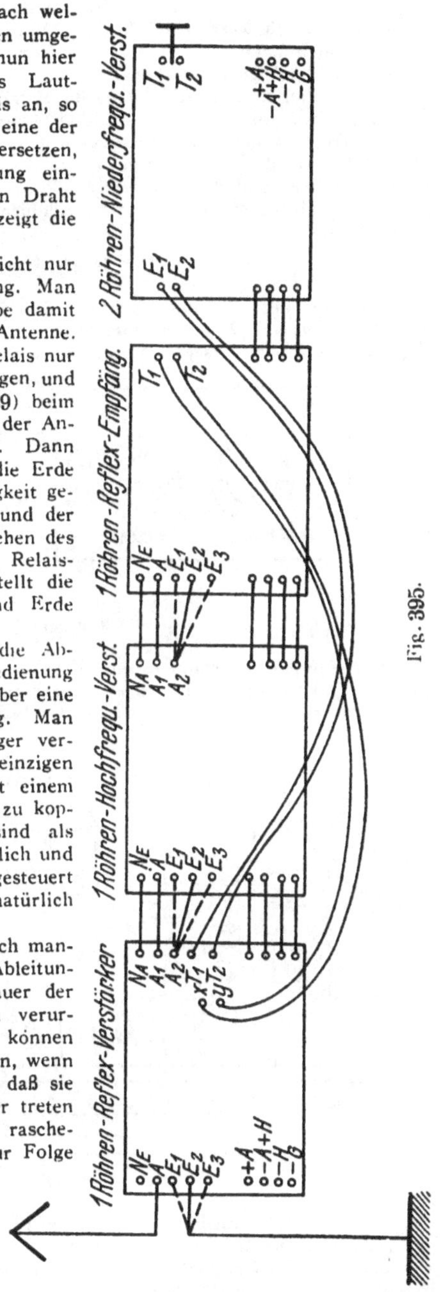

Fig. 395.

der vollen Heizung unter Anodenspannung die Lebensdauer der Röhre herabsetzt. Auch werden durch den plötzlichen Stromstoß in den Anodengleichstromleitungen die Niederfrequenztransformatoren stark beansprucht, so daß sie durchschlagen können. Diese Gefahr läßt sich nur schwer bekämpfen. Man konnte z. B. auf die Relaisanordnung verzichten und die Heizung direkt aus der Ferne durch einen Drehwiderstand einschalten, braucht dann jedoch zwei Leitungen mehr. Ein anderes komplizierteres Hilfsmittel ist die Verwendung eines zweiten Relais, welches im Heizstromkreis liegt und den Anodenstromkreis schließt. Die Anodenspannung wird dann also erst eingeschaltet, nachdem der Heizstrom bereits fließt.

§ 3. Einheitssätze.

Über die Vorzüge und Nachteile der Auseinanderziehung eines Empfängers in mehrere Einheitsgeräte ist bereits im ersten Paragraphen dieses Kapitels das Nötige gesagt. Es kommt aber noch ein sehr triftiger Grund

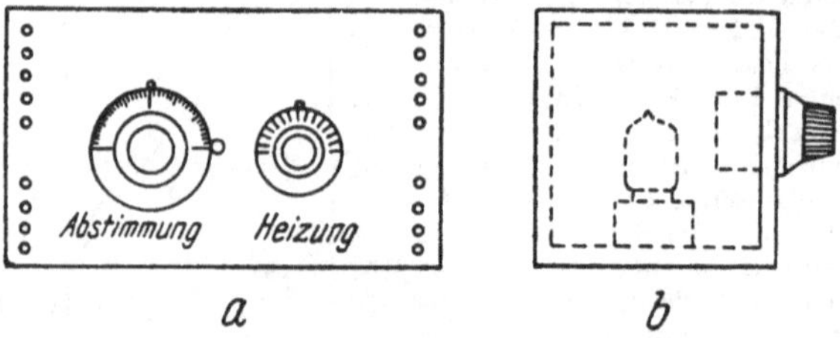

Fig. 396.

hinzu, der unter Umständen den Erbauer zur Wahl von Einheitssätzen zwingt. Das ist die Kostenfrage. Ein Mehrröhrengerät ist teuer. Es erfordert die Festlegung einer größeren Geldsumme auf einmal. Einen Appa-

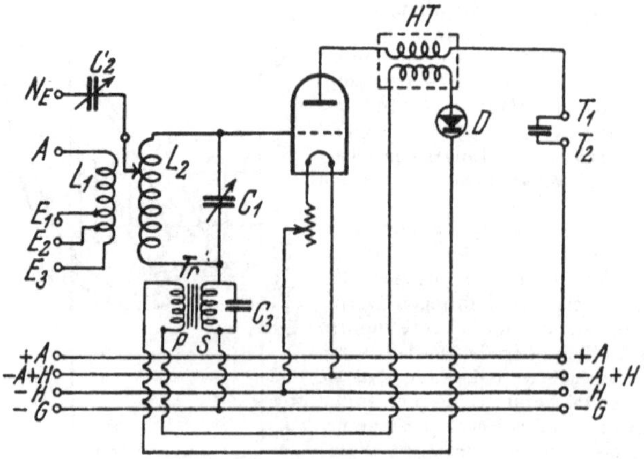

Fig. 397.

rat, den man aus Einheitssätzen zusammenfügt, kann man so konstruieren, daß jeder Einheitssatz nur eine Erweiterung des anderen darstellt, also eine Verbesserung eines einfachen Empfängers nach Reichweite und Lautstärke bedeutet. Eine solche Kombinationsempfängerreihe zeigt Fig. 395. Das fertige Gerät besteht aus 4 Teilen, einem Einröhrenreflexverstärker mit Hoch- und Niederfrequenzverstärkung, einem Einröhrenhochfrequenzverstärker, einem Einröhrenreflexempfänger mit Detektorgleichrichtung und einem Zweiröhrenniederfrequenzverstärker. In der Fig. sind nur die Verbindungen schematisch wiedergegeben. Man wird diese Geräte in folgender Reihenfolge herstellen:

1. Einröhrenreflexempfänger,
2. Einröhrenreflexverstärker,
3. Einröhrenhochfrequenzverstarker oder Zweiröhrenniederfrequenzverstärker.

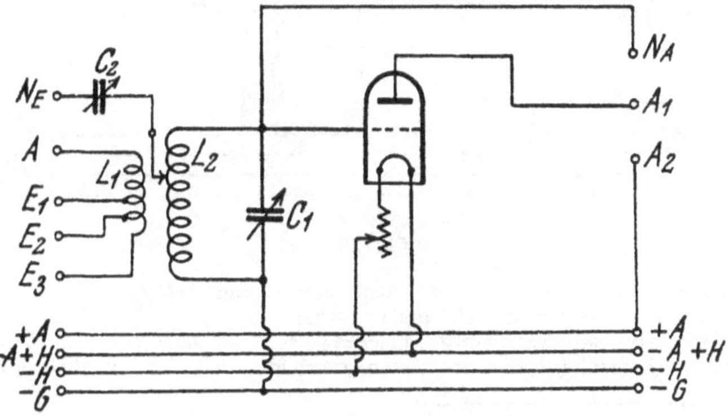

Fig. 398.

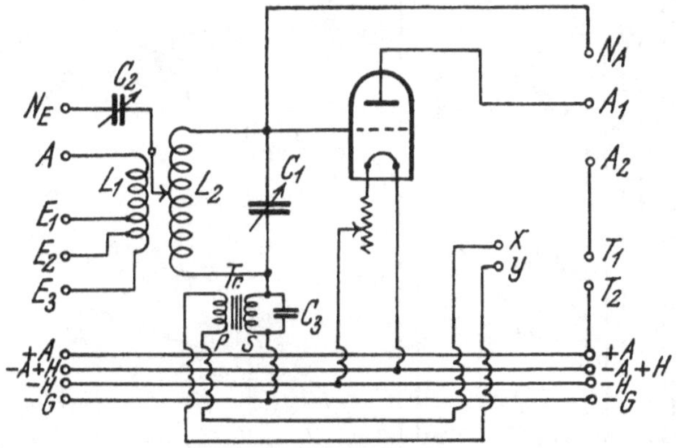

Fig. 399.

Die Kästen sind ganz gleichartig und die Anschlußklemmen müssen sich entsprechen. Fig. 396 zeigt die Anordnung im Schema. Für die Hochfrequenzverstärkung ist die Anbringung einer Neutralisierung unerläßlich. Fig. 379 bis Fig. 400 geben die Schaltungsanordnung in den einzelnen Kästen wieder und zwar 397 den Reflexempfänger, Fig. 398 den Hochfrequenzverstärker, Fig. 399 den Reflexverstärker und Fig. 400 den Niederfrequenzverstärker, der mit Widerstandskapazitätskopplung ausgerüstet ist. Wie man sieht, ist der Hochfrequenzverstärkerteil in den drei ersten

Röhren vollkommen gleichartig ausgebildet. Die Primärspule ist angezapft, um jedes dieser Geräte als erstes benutzen zu können. Die Erde ist dann jeweils mit den Klemmen E_1, bzw. E_2 oder E_3 zu verbinden. Es muß darauf aufmerksam gemacht werden, daß die langen Leitungsschnüre, die zur Herstellung der Reflexverbindungen dienen, Veranlassung zu

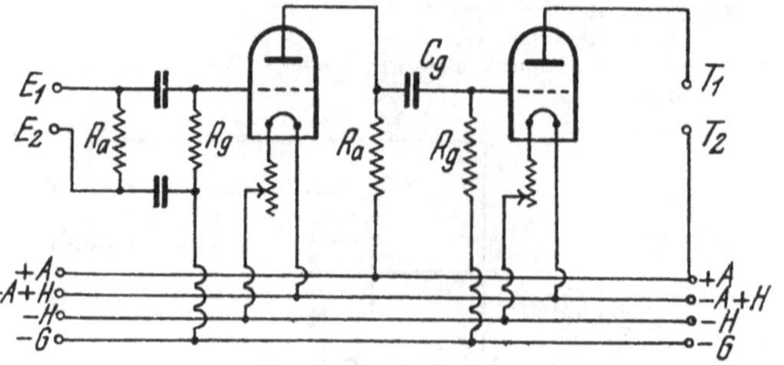

Fig. 400.

Störungen geben können. Nach ähnlichen Grundsätzen ist übrigens die bekannte Arconreihe von Telefunken hergestellt.

Man kann mit der Uniformisierung der Einheitssätze noch weiter gehen, wenn man auf die Bedingung verzichtet, daß jede Einheit gleich-

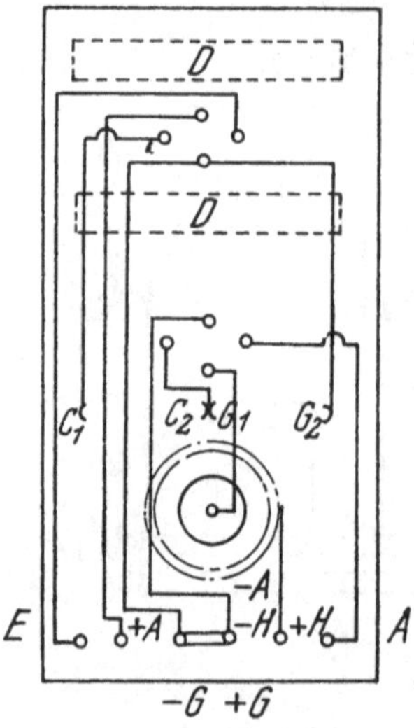

Fig. 401

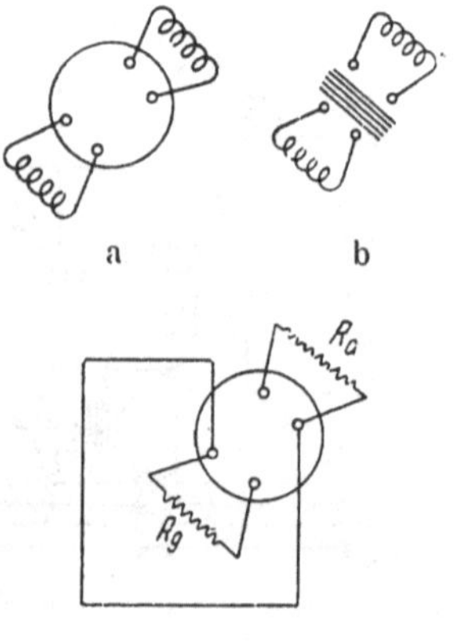

Fig. 402.

zeitig Empfänger sein soll. Man kommt dann zu Einheitsbrettern, auf denen nur die Röhre mit ihren Anschlüssen, einige Steckbuchsen, Klemmen und Leitungen fest verlegt wird. Ein solches Einheitsröhrenbrett ist in Fig. 401 wiedergegeben. Die Leitungen werden praktischerweise unter dem Brett entlang verlegt. Es sind zwei Röhrenfassungen zu sehen. Davon soll aber nur die untere eine Röhre aufnehmen, während die obere zur Aufnahme von stöpselbaren Zusatzteilen dient, welche zweckmäßig auf alte Röhrensockel aufmontiert werden, so daß ein unverwechselbares Einstöpseln gewährleistet wird. In Fig. 402 sind einige solcher Zusatzteile skizziert. Fig. 402 a zeigt einen Hoch-, Fig. 402 b einen Niederfrequenztransformator und Fig. 402 c einen Satz Hochohmwiderstände für Widerstandskapazitätskopplung. Die Zusatzgeräte lassen sich natürlich noch vermehren. Man kann Anschlüsse für Schwenkspulenhalter in die Steckbuchsen der oberen Fassung einstöpseln, auch Hochfrequenzdrosseln usw. Zu beiden Seiten dieser Fassung werden zwei Holzleisten D auf das Röhrenbrett geleimt, welche

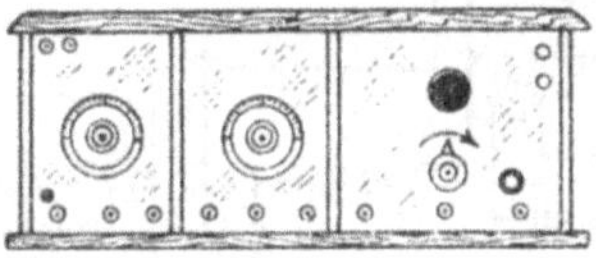

Fig. 403a.

Fig. 403b.

schwerere Einsatzstücke, wie Niederfrequenztransformatoren tragen sollen. Zwischen die Messerkontakte C_1 und C_2 kann ein Gitterblockkondensator und zwischen G_1 und G_2 ein Gitterableitwiderstand eingesetzt werden. Mittels solcher Einheitsbretter läßt sich natürlich ebenfalls ein Mehrröhrenempfänger stufenweise zusammensetzen. Doch gehört eine solche Anordnung schon mehr zu den im nächsten Paragraphen zu besprechenden Experimentiersätzen. Der Zusammenbau solcher Einzelbretter zu einem Empfänger kann so geschehen, daß man jedes einzelne Brettchen mit Holzfüßen versieht, die alle gleich groß sind und durch Klammern miteinander verbunden werden. Ein sehr brauchbares Verfahren, um verschiedene Einzelschaltbretter zu einem Paneel zusammenzusetzen, zeigt Fig. 403 Als senkrechte Stützen verwendet man T-trägerartig gebogene Blechstreifen, die oben und unten durch Deck- und Grundbrett bzw. Holzleisten gehalten werden. Die Konstruktion ist aus Fig. 403 a in der Seitenansicht und Fig. 403 b im Schnitt zu erkennen.

§ 4. Experimentierempfänger.

Wenn man die Wirkungsweise verschiedener Schaltungen ausprobieren will, so ist der jedesmalige Aufbau aus Einzelteilen sehr zeitraubend, auch wenn man sich mit einem provisorischen Aufbau begnügt. Dazu kommt noch, daß jeder nicht sorgfältige Aufbau eine Fülle von Fehlerquellen in sich birgt. Aber gerade, wenn man die Wirkungsweise einer neuen Schaltung ausprobieren will, muß man in elektrischer Beziehung mit großer Sorgfalt vorgehen. Man kommt am besten zum Ziel mit sogenannten Experimentiersätzen.

Abgesehen von reinen Detektorschaltungen ist eine Anordnung mit einer Röhre und einem Detektor die einfachste. Es gibt eine Menge von Schaltungsaufgaben, die die Verbindung einer Röhre mit einem Detektor zum Ziel haben, sei das nun eine Hochfrequenz- oder Niederfrequenzverstärkerschaltung oder eine Reflexschaltung. Ein Erperimentierempfänger, der der Lösung dieser Aufgabe dient, ist in Fig. 404 dargestellt. Die Schaltelemente sind mit 16 Klemmen oder Steckbuchsen verbunden. Die Zahl der Anschlüsse und Einzelelemente läßt sich natürlich leicht vergrößern. Als Beispiel mögen die in Fig. 405 a bis d angedeuteten Verbindungen dienen. Eine Verbindung der Klemmen nach Fig. 405 a ergibt eine Einröhrenreflexschaltung mit Sperrkreis im Anodenkreis, nach

Fig. 405 b ein Detektorempfanger mit Niederfrequenzverstärkung, nach Fig. 405 c ein rückgekoppeltes Audion und nach Fig. 405 d einen Detektorempfänger.

Für Mehrröhrengeräte gibt es verschiedene Wege. Zunächst kann man sich darauf beschränken, nur diejenigen Schaltelemente fest einzu-

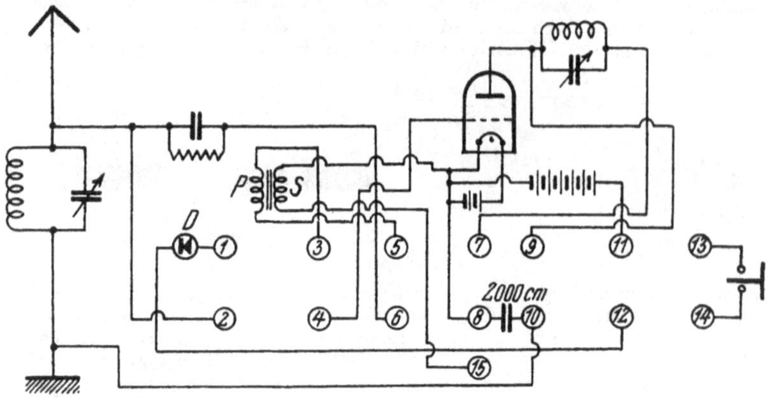

Fig. 404.

bauen, die wirklich bei allen herzustellenden Schaltungen unverändert bleiben, wie Röhren, Heizwiderstände und Verbindungsleitungen. Dieses Verfahren ist in Fig. 406 für einen Sechsröhrenempfänger durchgeführt.

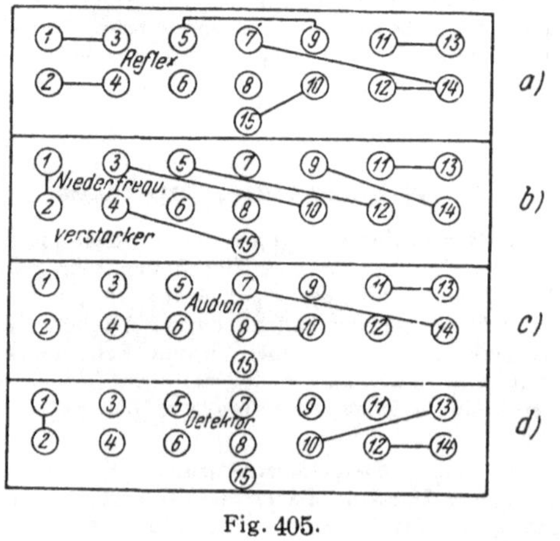

Fig. 405.

Außer den eben genannten Elementen ist noch ein Potentiometer eingebaut, welches je nachdem zur Einregulierung der Vorspannung für Hochfrequenzverstärker oder Detektor dienen kann, außerdem ein Dreispulenhalter A, B, C. In die Gitterleitung wie in die Anodenleitung sind Steckbuchsenpaare eingebaut, die überall den normalen Steckerabstand haben. Das hat den Zweck, solche Schaltelemente, die sich auf gewöhnliche Doppelstecker montieren lassen, wie Steckspulen, Hochohmwiderstände und Blockkondensatoren leicht direkt in die Steckbuchsen einstöpseln zu können. Ebenso empfiehlt es sich für dies Gerät, besondere Doppelstecker anzufertigen, die eine Parallelschaltung, wie auch eine Serienschaltung von anderen Schaltelementen ermöglichen sollen. Größere Schaltelemente, wie Kondensatoren

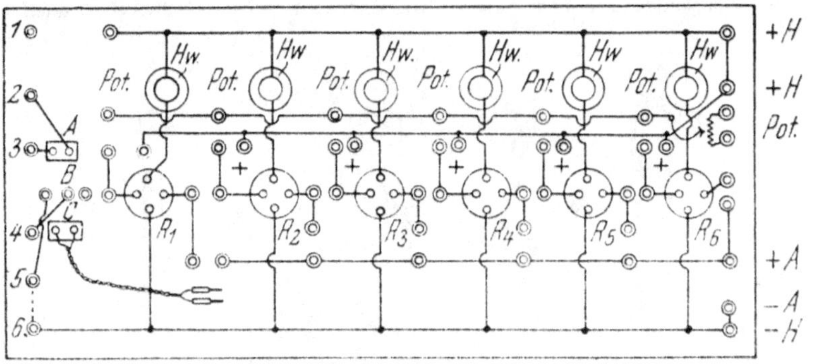

Fig. 406.

und Transformatoren, müssen dann außerhalb des Gerates besonders montiert werden, vielleicht auf kleine Experimentierbrettchen und sind dann durch Steckerschnüre in die entsprechenden Buchsen einzustöpseln. Nach

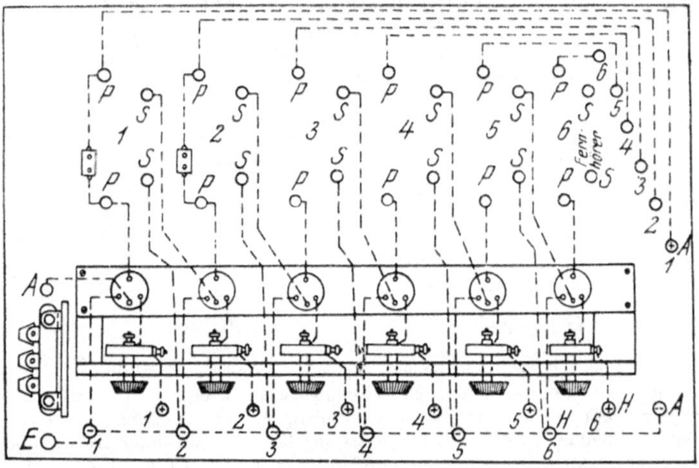

Fig. 407.

ähnlichen Grundsätzen ist das Experimentierschaltbrett der Fig. 407 zusammengebaut. Ebenso finden wir links den Dreispulenhalter wieder. Anders jedoch sind die Steckbuchsen für die Aufnahme von Zusatzteilen eingerichtet. Jede Anodenleitung ist durch das Steckbuchsenpaar PP unterbrochen, jede Gitterleitung durch SS. In die Anodenleitung der ersten beiden Röhren sind Steckspulenhalter eingefügt. Jeder Anode kann man eigene Anodenspannung geben durch die Anschlußklemmen 1 bis 6. Die unsymmetrische Anordnung der Steckbuchsenpaare dient zur Aufnahme kleiner Schaltbrettchen mit häufig vorkommenden Spezialanordnungen, wie sie beispielsweise in Fig. 408 gezeigt sind. Fig. 408 a dient zur Herstellung einer Widerstandskapazitätskopplung, Fig. 408 b einer Sperrkreiskopplung. Die Steckspule wird hierbei direkt auf dem Brettchen befestigt, während der Drehkondensator von außen angeschlossen wird. Selbstverständlich

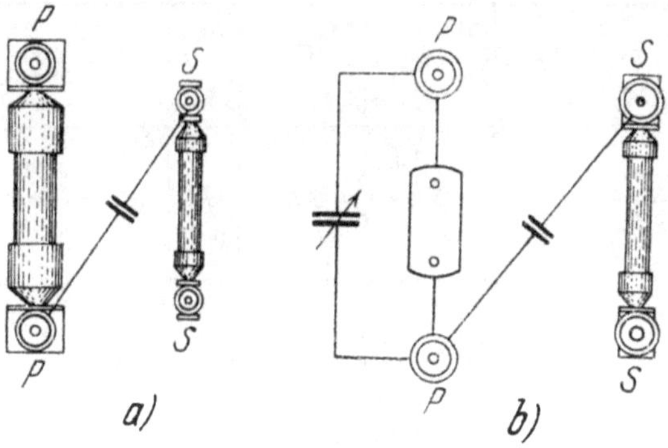

Fig. 408.

können auch Hochfrequenz- und Niederfrequenztransformatoren auf dieselbe Weise auf das Experimentierbrett aufgesetzt werden. Dieses Verfahren der stöpselbaren Zusatzteile erinnert an Fig. 401 und 402.

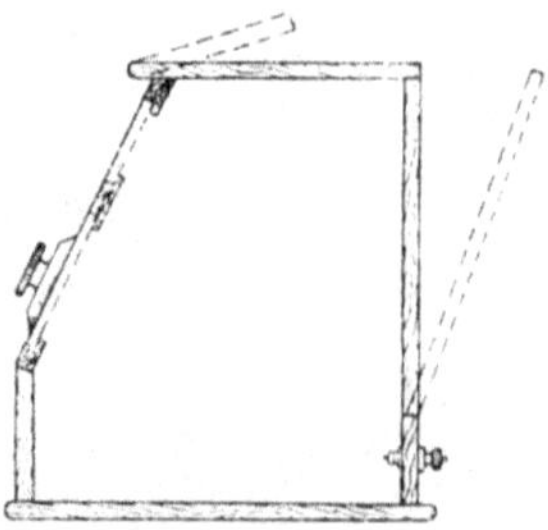

Fig. 409 a.

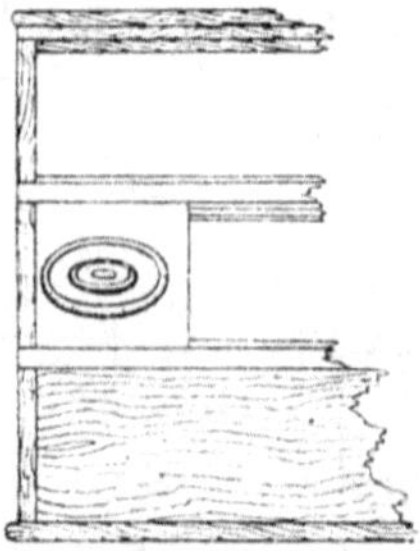

Fig. 409 b.

Ein zweites Verfahren besteht darin, daß man die auszuprobierende Schaltung aus normalisierten Einzelteilen zusammensetzt. Hierbei ist es dann aber notwendig, eine Form zu finden, in der die Zusammensetzung unter Vermeidung von unnötigen Leitungslängen und unter Innehaltung der besten elektrischen Isolation durchgeführt werden kann. Ein Rahmen, welcher sehr geeignet ist, solche Schaltbrettchen aufzunehmen, ist in Fig. 409 angedeutet. Der Rahmen ist in Pultform angeordnet, so daß die Schaltbrettchen einfach auf schmale Führungsleistchen gelegt werden können. Besitzen die Schaltbrettchen alle dieselbe Größe, oder wenigstens dieselbe Höhe, so läßt sich bei einiger Sorgfalt erreichen, daß sie genau in die Führungsleisten hineinpassen, also eine weitere Befestigung nicht brauchen. Die größten Brettchen sind die für Drehkondensatoren. Solche Bretter, die kleinere Einzelteile tragen, macht man halb oder ein viertel so breit, so daß man leicht in verschiedenen Etagen die gleiche Breite erreichen kann. Der Rahmen wird natürlich am besten drei oder vier Etagen haben, so daß man in der Lage ist, die Einzelteile so anzuordnen, wie es die günstigste Leitungsführung erfordert. Wie eine solche Zusammenschaltung geschehen kann, wird im folgenden Schaltungsbeispiel gezeigt. Als Aufgabe liegt die in Fig. 410 a gezeichnete Schaltung vor. Sie wird gelöst durch die Anordnung Fig. 410 b auf dem Rahmen. Man sieht, daß man mit verhältnismäßig wenig Verbindungsleitungen auskommt.

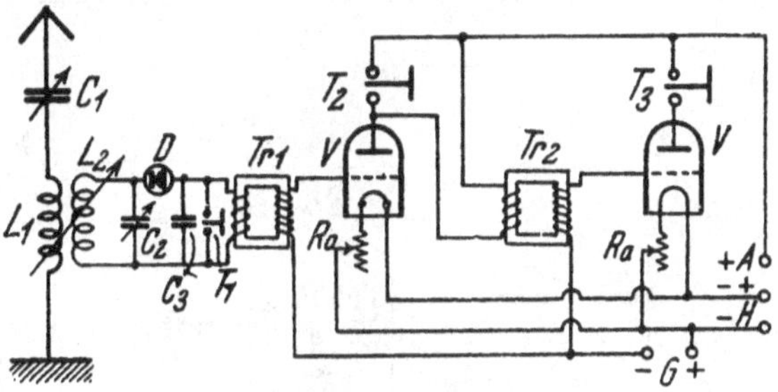

Fig. 410.

Selbstverständlich muß hier jedes einzelne Brettchen für jedes auf ihm enthaltene Schaltelement Anschlußklemmen oder Steckbuchsen haben. Die Anzahl der Buchsen wird dadurch leicht verhältnismäßig groß. Ein sehr

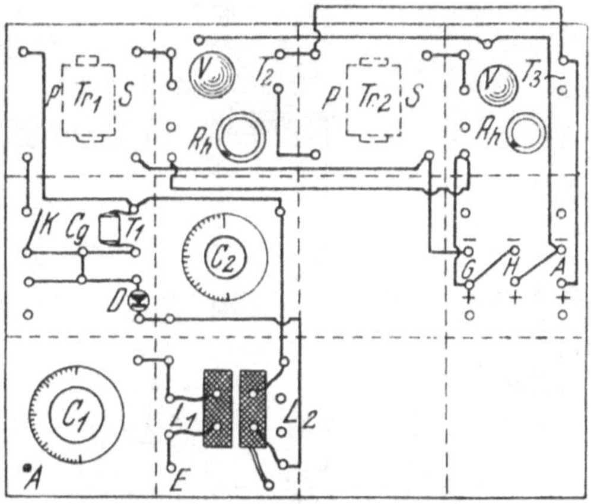

Fig. 410 b.

hübscher Kunstgriff (E. Krüger, R. A. 1926, S. 500), welcher hier Abhilfe schafft, ist die Verwendung von gewöhnlichen Druckknöpfen. Statt der Buchsen dienen Metallschrauben mit versenktem Kopf. Auf den flachen Köpfen dieser Schrauben wird der Unterteil eines mittelgroßen Druckknopfes gelötet. Die Anschlußdrähte bekommen Kabelschuhe, auf deren einer Seite der Oberteil, und auf deren anderer Seite der Unterteil eines solchen Druckknopfes festgelötet wird. Diese Lötung läßt sich sehr einfach mit ganz wenig Lot herstellen. Solche Drahtenden lassen sich nun leicht auf die Unterteile am Schaltbrett andrücken, und zwar kann man von einem Kontakt leicht beliebig viele Schnüre wegführen. Bei diesem

Zusammenbau auf einem Experimentierrahmen kann man übrigens Schwenkspulenhalter vollkommen entbehren. Man stöpselt die Spulen in schmale Hartgummistreifen, die gegeneinander verschoben werden können.

Dieser Schaltrahmen kann natürlich auch durch andere Anordnungen ersetzt werden. Man könnte das schon im vorigen Paragraphen angegebene Verfahren verwenden, bei dem jedes Blättchen mit Holzfüßen versehen wird, die leicht mit Klammern zusammengehalten werden können.

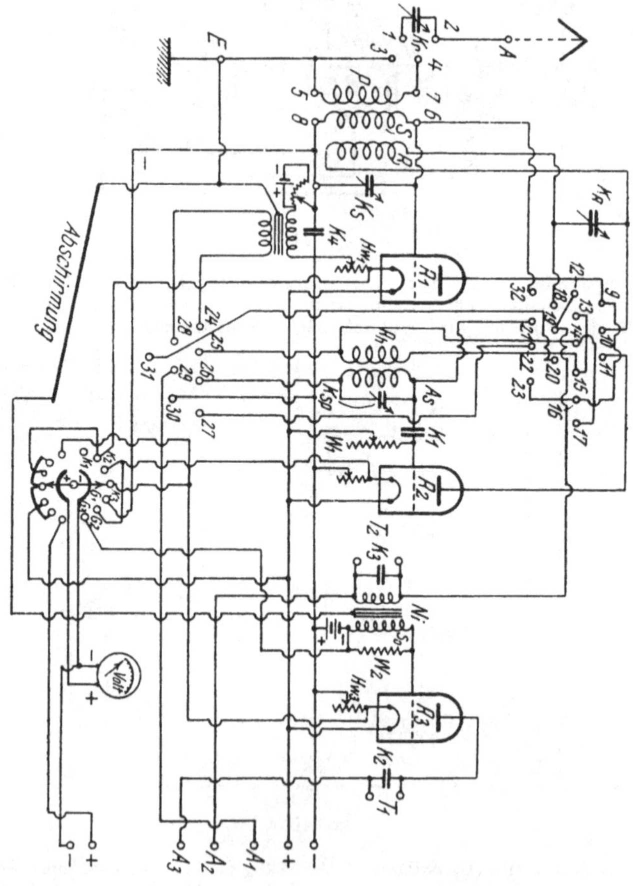

Fig. 411.

Wem die Montage auf Hartgummiplatten zu teuer ist, mag sich dort, wo es geht, mit Montage auf Holz begnügen. Hartgummiunterlage ist für Hochohmwiderstände und dergl. natürlich nicht zu vermeiden.

Der richtige Experimentierempfänger enthält bereits sämtliche Einzelteile, die durch Umschaltungen in beliebig gewünschter Weise miteinander verbunden werden können. Ein solcher Empfänger ist das ideale Bastlergerät von W. Brack, Fig. 411, das für drei Röhren berechnet ist. Eine Reihe von verschiedenen Steckbuchsen ermöglicht die Herstellung aller Schaltungen, die mit Hochfrequenz, Audion und Niederfrequenz hergestellt werden können. Ein eingebautes Voltmeter erlaubt die Heizspannungen und Gitterspannungen jeder Röhre zu kontrollieren. Die Verbindungen können hier durch Kurzschlußbügel hergestellt werden, die den normalen Steckerabstand haben, da alle Steckbuchsen in dem entsprechenden Abstand angeordnet sind. Folgende Tabelle gibt eine Zusammenstellung von 15 wichtigen Schaltungen:

Tabelle:

Schaltung	Steckerverbindungen	Auszuschalten
1) Richtverstärker mit Rückkopplung	9–10, 18–19, P S R T_2 A_2	R_2 R_3 A_1 A_3
2. Richtverstärker mit Rückkopplung u. Niederfrequenzverstärkung	9–10, 18–19, P S R T_1 A_2 A_3	R_2 A_1
3. Audion mit Rückkopplung	10–11, 18–19, 21–32, P S R As T_2 A_2	R_1 R_3 A_1 A
4. Dasselbe mit Niederfrequenzverstärkung	10–11, 18–19, 21–32, P S R As T_1 A_2 A_3	R_1 A_2
5. Hochfrequenzverst. m. Audion u. Niederfrequenzverstärkg. (Sperrkreis u. Rückkopplung vom Audion)	10–11, 18–19, 21–23, 26–29, P S R As T_1 A_1 A_2 A_3	
6. Dasselbe mit abgestimmtem Hochfrequenztransformator	9–13, 10–11, 12–18, 25–29, 26–30, P S R As R_H T_1 A_1 A_2 A_3	
7. Wie 5 mit Rückkopplung in den ersten beiden Stufen	9–10, 11–15, 14–19, 18–21, 26–29, P S R As R_H T_1 L_1 A_2 A_3	
8. Einröhrenreflexschaltung	9–10, 12–18, 19–20, 24–25, 28–31, D 16–17, P S R T_2 A_2	R_2 R_3 A_1 A_3
9. Dasselbe mit Niederfrequenzverstärkung	9–10, 12–18, 19–20, 24–25, 28–31, D 16–17, P S R T_1 A_2 A_3	A_1 R_2
10. Reflex mit Audion	9–10, 11–15, 18–21, 19–22, 24–25, 26–27, 28–29, P S R As R_H T_2 A_1 A_2	R_3 A_3
11. Dasselbe mit Niederfrequenzverstärkung	9–10, 11–15, 18–21, 19–22, 24–25, 26–27, 28–29, P S R As R_H T_1 A_1 A_2 R_3	
12. Detektor mit Niederfrequenzverstärkung	9–10, 14–19, 13–18, 15–20, 29–31 [A_1–A_2] P S R T_1 D 16–17, A_3	A_1 A_2 R_1 R_2
13. Detektor	9–10, 14–19, 13–18, 15–20, 29–31, A_1–A_2' D 16–17 P S R T_2	R_1 R_2 R_3 A_1 A_2 A_3
14. Niederfrequenz - Verstärker hinter ein anderes Gerät	T_1 A_2 A_3 T_2 · T_1	R_1 R_2 A_1
15. Hochfrequenzverstärker mit Audion und Niederfrequenzverstärker, Rückkopplung v. Audion auf Sperrkreis und Antenne	10–14, 11–15, 21–23, 18–19, 26–29 P S R As R_H T_1 A_1 A_2 A_3	

Damit sind die Schaltmöglichkeiten natürlich noch nicht erschöpft. Man kann übrigens leicht das Gerät noch elastischer gestalten, wenn man auch die Audionschaltung und den Niederfrequenzverstärker über solche Steckbuchsenverbindungen einfügt. Dann kann man auch den Fall zweistufiger Hochfrequenzverstarkung in die Kombinationsmöglichkeiten einfügen.

Alle diese Experimentierempfanger haben den Nachteil, wenn man von einem solchen sprechen will, daß jede neu herzustellende Schaltung

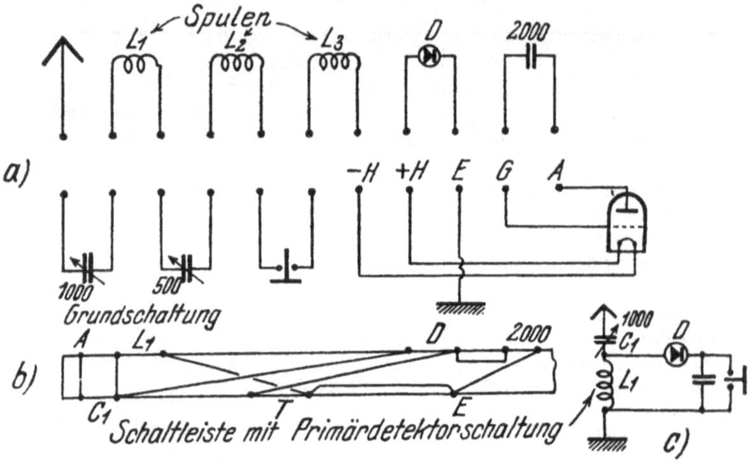

Fig. 412.

die Zerstörung der vorangehenden voraussetzt. Tatsächlich ist es nun durch einen Kunstgriff möglich, auch das zu vermeiden. Ordnen wir z. B. alle Steckbuchsen in zwei Reihen an, wie beispielsweise in Fig. 412a dargestellt ist, so kann man sämtliche Verbindungsleitungen auf einer Schaltleiste 412 b anbringen. Wenn man dann diese Schaltleiste auf die Steck-

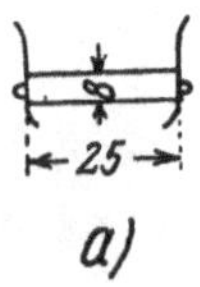

Fig. 413a.

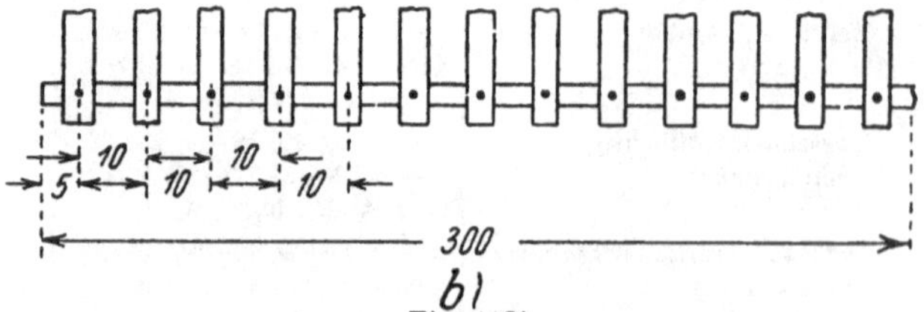

Fig. 413b.

buchsen oder Klemmen legt, so ist die Schaltung hergestellt. Fig. 412 a und b deuten das Verfahren an, das für die Herstellung der Schaltung Fig. 412c eingeschlagen werden muß. Statt der zwei Reihen Steckbuchsen verwendet man besser Federn, die nach Fig. 413 zu beiden Seiten einer Hartgummileiste befestigt werden. An diese Federn sind die entsprechenden Schaltelemente anzuschließen. Fig. 413a zeigt einen Querschnitt, Fig. 413b eine Seitenansicht. Zwischen diese Federn wird die Schaltleiste eingedrückt, nachdem die Drahtverbindungen hergestellt sind, Fig. 413c zeigt einen Querschnitt durch die Schaltleiste. Sie enthält zwei Reihen Löcher, die in demselben Abstand gebohrt sind, den die Federn haben. Auf dieser Schaltleiste werden die eigentlichen Drahtverbindungen hergestellt, indem man die Drähte schleifenförmig durch die entsprechenden Löcher hindurchzieht und dann abschneidet. Man nimmt ziemlich starken Draht, der gut isoliert ist. Dann kann man die Leisten aus Holz herstellen. Wenn alle notwendigen Drähte verlegt sind, werden sie an der äußeren mit einem Pfeil bezeichneten Kante blank geschabt. Sobald man solche Schaltleisten auf die Federleiste drückt, ist die Schaltung hergestellt. Die ganze Schaltung steckt also gewissermaßen in der Schaltleiste. Eine einmal hergestellte Schaltung kann man sich so dauernd aufbewahren und in wenigen Sekunden in Betrieb setzen.

§ 5. Reiseempfänger.

Im Gegensatz zu den sehr ausgedehnten Universal- und Experimentierempfängern steht der Reiseempfänger. Von diesem erwartet man geringstes Gewicht, größte Handlichkeit und Raumersparnis, und damit gedrängten Zusammenbau aller benötigten Teile sowie leichte Bedienbarkeit. Es muß von vornherein gesagt werden, daß man vom Reiseempfänger nichts Unmögliches verlangen darf, z. B. Empfang mit einer in den Kasten ein-

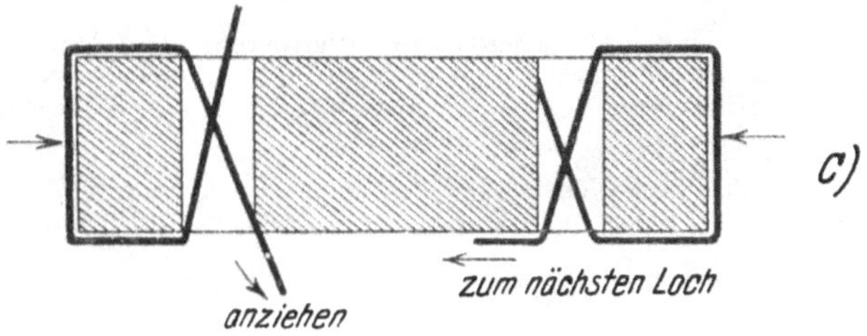

Fig. 413 c.

gebauten Rahmenantenne. Bei gleichem Empfänger gibt der Rahmen ganz bedeutend schwächeren Empfang als die Hochantenne. Dazu kommt, daß der Rahmenempfang selbst sehr schnell mit der Größe des Rahmens zunimmt. Man sollte sich also mit einem zusammenklappbaren Rahmen von mindestens 1 m Seitenlänge begnügen. Aber auch dann ist wirklich brauchbarer Empfang nur mit einem Superheterodyneempfänger zu erwarten.

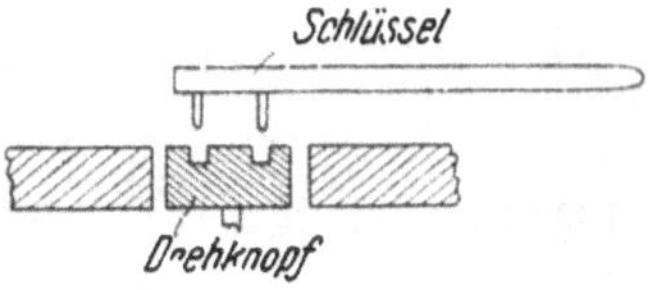

Fig. 414.

Nun kann man einen solchen Empfänger allerdings auf einen ganz außerordentlich kleinen Raum zusammendrängen. Aber selbst wenn man Sparröhren mit nur 50 mA Heizstrom verwendet, muß man bei 8 Röhren doch schon mit einem Strom von 0,4 Ampere rechnen. Die Verwendung von Trockenelementen wird dabei fast unmöglich und das Mitführen eines Akkumulators größerer Kapazität nimmt dem Empfänger das Charakteristische des Reiseempfängers. Die Batterien sollen eingebaut sein. Die Verwendung von Trockenelementen gestattet nicht, die Röhrenzahl über höchstens drei hinauszutreiben. Damit fällt von vornherein die Verwendung des Rahmens fort. Man sollte sich überhaupt von dem Vorurteil freimachen, als wenn es ohne Rahmenantenne nicht ginge. 30 m Gummiaderlitze, die man schnell über einen Baum werfen oder an einem Pfahl anbinden kann, geben unvergleichlich viel besseren Empfang als eine Rahmenantenne. Ferner verbieten sich für den Reiseempfänger Kunstschaltungen wie Reflex- oder Pendelrückkopplungsschaltungen, weil die dazugehörigen Röhren erheblichen Gleichstromenergiebedarf haben. Das normale Reisegerät besteht aus einem Rückkopplungsempfänger mit höchstens ein oder zwei Stufen Niederfrequenzverstärkung. Zu empfehlen sind wegen des

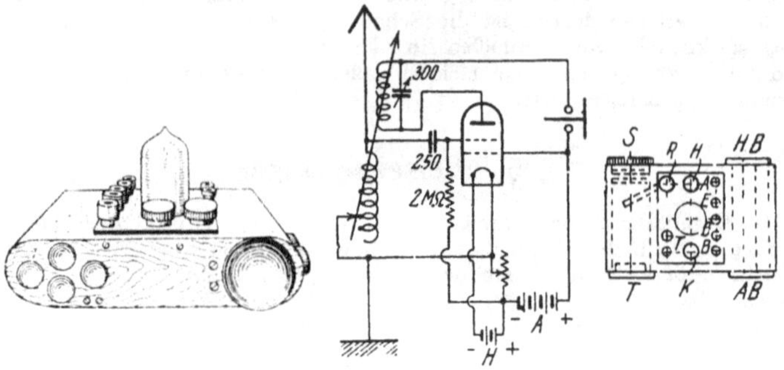

Fig. 415.

geringen Anodenspannungsbedarfes Doppelgitterrohren. Mit diesen lassen sich auch vorzügliche Audionschaltungen herstellen, die nur wenige Schaltelemente brauchen, wie z. B. der Negadyneempfänger, oder der Empfänger der Fig. 256 auf S. 186.

Für die mechanische Konstruktion ist Folgendes zu beachten. Da der Empfänger auf der Reise nicht immer gerade sehr sanft behandelt wird,

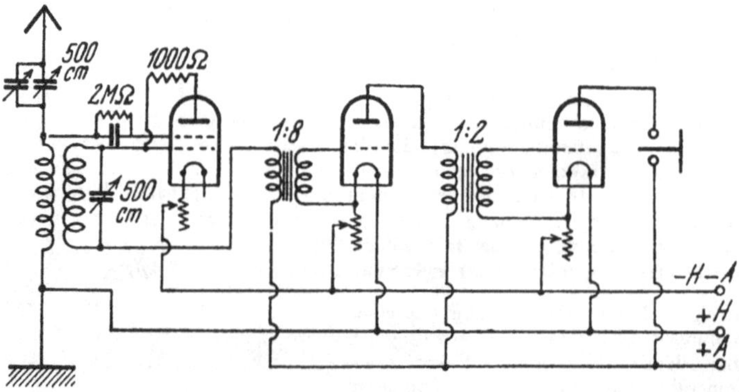

Fig. 416a.

ist poliertes Holz zu vermeiden. Man sollte den ganzen Empfänger in ein kleines Fiberköfferchen einbauen. Die Röhren sind zu schützen, indem die Sockel am besten federnd aufgestellt werden. Eine flache Form des Gehäuses ist vorteilhaft, weil es sich besser transportieren läßt. Zu empfehlen ist zuweilen, sämtliche Drehknöpfe versenkt anzubringen, wie es in Fig. 414 dargestellt ist. Um den Drehknopf bedienen zu können, bohrt man 2 Löcher in ihn hinein und fertigt sich einen Schlüssel an, welcher zwei Zapfen besitzt, die gerade in die Löcher hineinpassen. Mit diesem können dann alle Drehknöpfe bedient werden, wenn die Löcher überall denselben Abstand haben. Dadurch schützt man die Drehknöpfe vor Beschädigungen.

Die folgenden beiden Figuren zeigen einige Musterbeispiele von Reiseempfängern, und zwar zeigt Fig. 415 einen Einröhrenempfänger von außerordentlich kleinen Dimensionen, während der Empfänger der Fig. 416 größere Abmessungen hat und mit drei Röhren arbeitet. Fig. 415a zeigt die Außenansicht des Einröhren-Gerätes, welches in der Form einem photographischen Taschenapparat ähnelt. Die Schaltung ist in Fig. 415b wiedergegeben, Fig. 415c gibt die Aufsicht. In den seitlich angebrachten

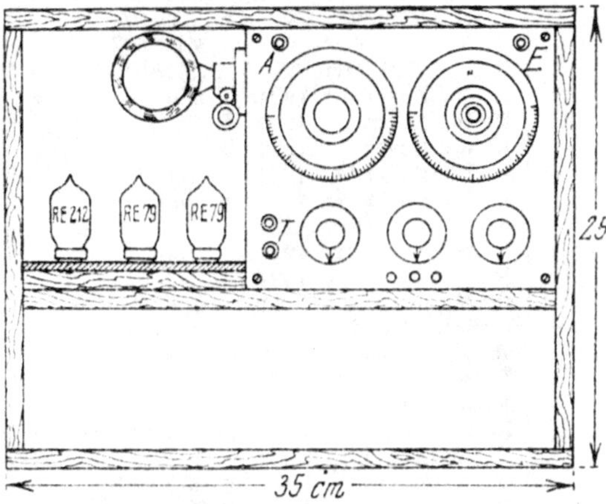

Fig. 416b.

Zylindern befinden sich rechts die Batterien, die aus Stabbatterien zusammengesetzt sind Die Heizbatterie hat vier solche Elemente, von denen je zwei in Serie und beide Paare parallel geschaltet sind. Bei der Anodenbatterie liegen alle vier Elemente in Serie. Wenn die Heizbatterie verbraucht ist, kann sie noch als Anodenbatterie verwendet werden. In dem linken Zylinder befinden sich an dem mit S bezeichneten Ende die Spulen, die je 40 Windungen haben. Die eine ist fest, die andere, die Rückkopplungsspule, wird durch den Drehknopf R bewegt. K ist ein Drehkondensator von besonders kleiner Form und besitzt eine Kapazität von 300 cm. Der Hohlraum im Zylinder, der die Spulen enthält, dient normalerweise zur Aufnahme der Röhre und wird durch das Telephon verschlossen. Die mit B bezeichneten Klemmen sollen zum Anschluß von äußeren Batterien dienen, wenn die eingebauten erschöpft sind. Letztere sind dann natürlich zu entfernen.

Auch der größere Empfänger der Fig. 416 bedient sich in der Eingangsstufe einer Doppelröhre. Die Schaltung zeigt Fig. 416a. Die Anordnung in dem Kasten ist aus Fig. 416b zu erkennen. Mit diesem Empfänger sind größere Reichweiten und auch Lautsprecherempfang zu erwarten.

Zum Schluß mag noch ein Abstimmverfahren erwähnt werden, welches den Drehkondensator vermeidet und dadurch Platz spart. Es beruht auf der Tatsache, daß sich die Selbstinduktion einer Spule ändert, wenn man einen Eisenkern hineinschiebt, so daß ein Schwingungskreis von äußerst geringen Dimensionen dadurch abgestimmt werden kann. Man hat den Empfänger, der dieses Abstimmverfahren benutzt, „Siderodyne"-Empfänger genannt.

Figurenverzeichnis.

Literaturnachweis: R. N. = Radio News, F. B. = Funkbastler, R. A. = Radio-Amateur, W. W. = Wireless World, Rafa = Radio Für Alle, W. C. = Wireless Constructor.

Figur	Zeitschrift
1	R. N., November 1924, S. 688
2	R. N., November 1924, S. 690
3	R. N., Dezember 1925, S. 813
4	R. A., 1926, Heft 35, S. 679, Abb. 4, 5, 6, 7
7	R. N., November 1924, S. 689
8	R. N., November 1924, S. 688
9	R. N., November 1924, S. 689
12	R. N., November 1924, S. 786
13	R. N., November 1924, S. 788
14	R. N., November 1924, S. 788
15	R. N., November 1924, S. 788
16	R. N., Dezember 1924, S. 928
17	R. N., Dezember 1924, S. 929
23	Lübben: Die Neuesten Empfangsschaltungen, Abb. 16
24	R. N., Dezember 1924, S. 929
25	R. N., Dezember 1924, S. 929
26	R. N., Mai 1925
31	Lübben: Die Neuesten Empfangsschaltungen, Abb. 43
47	Woche, Nr. 43, 1925
51	Rafa, Bd. 3, S. 261, Fig. 337
52	Rafa, Bd. 3, S. 262, Fig. 338
53	Woche, 1925, Nr. 43
55	R. N., Dezember 1925, S. 797
56 a, b, c	Rafa, Bd. 3, S. 262, Fig. 339
56 d	Lübben: Kurze Wellen, S. 66, Abb. 24
57	Rafa, Bd. 3, S, 262, Fig. 340
58	Sendung, Heft 46, S. 14, Bild 1, 1925
59	Sendung 1925, Heft 46, S. 15, Bild 12
60 a	Sendung 1925, Heft 46, S. 14, Bild 6
60 b	Sendung 1925, Heft 46, S. 14, Bild 5a
60 c	Sendung 1925, Heft 46, S. 14, Bild 5b
61	W. C., Bd. 1, Nr. 3, S. 204
62	Sendung 1925, Heft 48, S. 12, Bild 1
64	Sendung, 1925, Heft 48, S. 12, Bild 4
65	Sendung, 1925, Heft 48, S. 13, Bild 10
66	Sendung, 1926, Heft 7, S. 6, Bild 4
67	Sendung, 1926, Heft 7, S. 6, Bild 2
69	Woche, 1925, Nr. 50
70, 71	Woche, 1925, Nr. 30
72	R. N., 1925, VII, S. 797, Fig. 4
73	Lübben: Röhrenempfangsschaltungen, S. 114, Schaltbild 9
76	Lübben: Die neuesten Empfangsschaltungen, S. 22, Fig. 44
77	Lübben: Die neuesten Empfangsschaltungen, S. 22, Fig. 46
78	Lübben: Die neuesten Empfangsschaltungen, S. 22, Fig. 45

Figur	Zeitschrift
79	Lübben: Die neuesten Empfangsschaltungen, S. 24, Fig. 47
80	Lübben: Die neuesten Empfangsschaltungen, S. 24, Fig. 48
81	Lübben: Kurze Wellen, S. 71, Fig. 71
83	Lübben: Neueste Empfangsschaltungen, S. 10, Fig. 20
84	Lübben: Röhrenempfangsschaltungen, S. 98, Schaltbild 72
85	W. W., Bd. XV, S. 449, Fig. 2
86	W. W., Bd. XV, S. 451, Fig. 4
87	Rafa, 1925, Heft 10, S. 292, Abb. 380
89	W. C., Vol. I, Nr. 4, S. 302, Fig. 3
90	Schneiders Selbstbaumappe, Nr. 7, Abb. 14
91	Lübben: Röhrenempfangsschaltungen, S. 121, Fig. 104
92	Medinger: Superheterodyne, S. 26, Abb. 12
93	Montu u. Marzell: Radiowellen, S. 242, Fig. 30
94	Medinger: Superheterodyne, S. 27, Abb. 13 u. 14
95	Montu u. Marzell: Radiowellen, S. 244, Fig. 31
96	Superhuth (Prospekt)
97	Medinger: Superheterodyne, S. 27, Abb. 15
98	R. A., 1925, S. 1004, Abb. 18
99	Medinger: Superheterodyne, S. 60, Fig. 46
100	Medinger: Superheterodyne, S. 52, Abb. 37
101	R. A., 1925, S. 1118, Fig. 16
102	R. A., 1925, S. 1118, Fig. 17
103	Medinger: Superheterodyne, S. 52, Abb. 38
104 a	Medinger: Superheterodyne, S. 52
104 b	Rafa, Bd. IV, Fig. 298
105	R. A., 1925, S. 1079, Fig. 9
106	R. N., VII, 1925, S. 445
107	W. W., 1925, S. 564, Fig. 3
108	Lübben: Neueste Empfangsschaltungen, S. 27, Fig. 53
109	Jahrbuch für drahtlose Telegraphie, Bd. 25, S. 85, Fig. 1
110	R. N., 1924, S. 1059, Fig. 1
111	Lübben: Neueste Empfangsschaltungen, S. 29, Bild 58
112	R. N., 124, S. 1060, Fig: 6
113	Lübben: Neueste Empfangsschaltungen, S. 30, Bild 59
114	W. W., 1925, S. 521, Fig. 4
115	Lübben: Neueste Empfangsschaltungen, S. 28, Bild 55
116	W. W., 1925, S. 489, Fig. 1
117	W. W., 1925, S. 401, Fig. 4
118	Medinger: Superheterodyne, S. 57, Abb. 43
120	Medinger: Superheterodyne, S. 36, Abb. 19
121	R. N., 1925, I, S. 2078
122	Medinger: Superheterodyne, S. 38, Abb. 20
123	Medinger: Superheterodyne, S. 42, Abb. 24
124	Medinger: Superheterodyne, S. 41, Abb. 22
125	Medinger: Superheterodyne, S. 45, Abb. 27
126	Medinger: Superheterodyne, S. 44, Abb. 25 und 26
127	Schneiders Selbstbaumappe, S. 11, Abb. 6
128	Medinger: Superheterodyne, S. 47, Abb. 28
129	Schneiders Selbstbaumappe, S. 12, Abb. 7

Figur	Zeitschrift
130	R. N., VI, S. 492, Fig. 3
131	R. N., VI, S. 493, Fig. 5
132	W. W., 1925, Vol. XVII, Nr. 14, S. 443
138	R. A., 1923, S. 105, Abb. 6
139	R. A., 1923, S. 105, Abb. 8
140	R. N., I, 1926, S. 977, Fig. 1
141	R. A., 1925, S. 335, Abb. 9
142	R. A., 1923, S. 105, Abb. 5
143	R. A., 1923, S. 105, Abb. 9
144	Scott-Taggart: Thermionic Tubes in Radio Telegraphy and Telephony, S. 432, Fig. 362
145	Lübben: Röhrenempfangsschaltungen, S. 150, Fig. 141
146	Lübben: Röhrenempfangsschaltungen, S. 149, Fig. 140
147	Lübben: Röhrenempfangsschaltungen, S. 148, Fig. 138
148	Lübben: Röhrenempfangsschaltungen, S. 150, Fig. 142
149	R. A., 1925, S. 331, Fig 1
150	R. A., 1926, S. 67, Fig. 12
151	R. A., 1925, S. 336, Fig. 10
153	Lübben: Röhrenempfangsschaltungen, S. 149, Fig. 139
154	Lübben: Röhrenempfangsschaltungen, S. 151, Fig. 143
155	Lübben: Röhrenempfangsschaltungen, S. 151, Fig. 144
156	Lübben: Röhrenempfangsschaltungen, S. 152, Fig. 145
161	Lübben: Röhrenempfangsschaltungen, S. 153, Fig. 147
162	Lübben: Röhrenempfangsschaltungen, S. 157, Fig. 155
163	R. A., 1924, S. 76, Abb. 4
164	100 Radio Hookups, by F. Webb, S. 25, Fig. 35
165	R. N., 1925, VII, S. 633
166	Hanns Günther: Schaltungsbuch, S. 121, Abb. 302
167	Lübben: Röhrenempfangsschaltungen, S. 155, Fig. 152
168	R. N., 1926, S. 1221, Fig. 147
169	Lübben: Röhrenempfangsschaltungen, S. 156, Fig. 154
173	Lübben: Röhrenempfangsschaltungen, S. 154, Fig. 150
174	Lübben: Röhrenempfangsschaltungen, S. 154, Fig. 148
175	Lübben: Die neuesten Empfangsschaltungen, S. 38, Fig. 76
176	R. A., 1925, I, S. 336, Fig. 11
177	Lübben: Röhrenempfangsschaltungen, S. 155, Fig. 151
178	Lübben: Röhrenempfangsschaltungen, S. 156, Fig. 153
179	R. A., 1924, S. 951
180	R. A., 1924, S. 381, Fig. 12
181	Montu und Marzell: Radiowellen, S. 228, Fig. 23
182	W. W., Bd. X, S. 713, Fig. 2
183	Mod. Wireless, S. 247
184 a u. b	R. A., 1925, I, S. 332, Abb. 2 und 4
185	R. A., 1925, I, S. 332, Abb. 3
186	R. A., 1925, I, S. 333, Abb. 5
187	R. A., 1926, S. 128, Abb. 2
188	Lübben: Die Neuesten Empfangsschaltungen, S. 39, Bild 77
189	R. A., 1923, S. 106, Abb. 10
190	R. A., 1925, II, S. 1150, Abb. 4
191	Antenne, 1925, S. 28, Abb. 1
192	Antenne, 1925, S. 29, Abb. 2

Figur	Zeitschrift
193	Antenne, 1925, S. 29, Abb. 3
194 a u. b	R. N., VI, 1924, S. 320, Fig. 7 und Fig. 8
195	R. N., 1925, I, S. 1416, Fig. 18
196	R. N., 1925, I, S. 1884, Fig. 32
197	R. N., 1925, I, S. 1176, Fig. 10
198	R. N., 1925, I, S. 1177, Fig. 12
199	R. N., 1925, I, S. 1416, Fig. 17
200	R. N., 1925, I, S. 1416, Fig. 20
201	R. N., 1925, I, S. 1417, Fig. 22
202	R. N., 1925, I, S. 1885, Fig. 41
203	R. N., 1925, I, S. 1885, Fig. 42
204	R. N., 1925, I, S. 1885, Fig. 49 bzw. 44
205	W. W., 1926, Nr. 8, S. 307, Fig. 1
206	R. N., 1925, I, S. 1886, Fig. 50 bzw. 45
207	Lübben: Röhrenempfangsschaltungen, S. 130, Fig. 116
208	Lübben: Röhrenempfangsschaltungen, S. 131, Fig. 117
209	W. W., 1924, Vol. XV, S. 247, Fig. 1
210	W. W., 1924, Vol. XVII, S. 762, Fig. 1
211	R. N., VI, 1925, S. 49
212	W. W., 1925, Vol. XVII, S. 897, Fig. 1
213	W. W., 1926, Vol. XVIII, Nr. 1, S. 3, Fig. 1
214	Lübben: Röhrenempfangsschaltungen, S. 128, Fig. 113
215	R. A., 1926, Heft 2, Fig. 7, S. 139
216	Lübben: Röhrenempfangsschaltungen, S. 139, Fig. 128
217	Lübben: Röhrenempfangsschaltungen, S. 141, Fig. 132
218	Lübben: Röhrenempfangsschaltungen, S. 140, Fig. 129
219	Lübben: Röhrenempfangsschaltungen, S. 140, Fig. 130
220	Lübben: Röhrenempfangsschaltungen, S. 141, Fig. 131
221	Lübben: Röhrenempfangsschaltungen, S. 143, Fig. 136
222	R. N., Januar, 1926, S. 985
223	R. A., 1925, S. 211, Fig. 1
224	W. W., 1925, S. 38, Fig. 2
225	W. W., 1924, S. 247, Fig. 2
226	R. A., 1926, H. 15, S. 297, Fig. 1
227	R. A., 1925, S. 1154, Fig. 23
228	R. A., 1925, S. 1154, Fig. 24
229	R. N., 1926, Januar, Fig. 6A
230	F. B., 1926, H. 19, S. 225
231	R. N., 1925 I, S. 1646, Fig. 24
232	R. N., 1925 I, S. 1647, Fig. 30
233	R. N., 1925 I, S. 1646, Fig. 28
234	Lübben: Neueste Empfangsschaltungen, S. 36, Fig. 71
235	Lübben: Neueste Empfangsschaltungen, S. 36, Fig. 72
236	R. A., 1925 I, S. 540, Fig. 10
237	R. A., 1925 I, S. 541, Fig. 11
238	R. A., 1926, H. 21, S. 433, Fig. 22
239	R. A., 1926, H. 21, S. 433 Fig. 23
240	R. A., 1296, H. 2, S. 32, Fig. 1
241	R. N., 1926, Februar, S. 1147, Fig. 3
242	R. N., 1926, Februar, S. 1206, Fig. 4
243	R. A., 1925 II, S. 697
244	R. N., 1925 VII, S. 70, Fig. 107
245	W. W., Vol. XVII, S. 601, Fig. 1

Figur	Zeitschrift
246	W. W., 1926, H. 5, S. 155, Fig. 2
247	W. W., 1926, H. 2, S. 36, Fig. 1
248	W. W., 1926, H. 2, S. 38, Fig. 4 und 5
249	Reflex Radio Receivers, S. 37
250	R. A., 1925 II, S. 696, Fig. 2
251	R. A., 1925 II, S. 696, Fig. 3
252	R. A., 1926, H. 13, S. 274, Abb. 23
253	R. A., 1925 II, S. 696, Fig. 4
254 a u. b	F. B., 1925, S. 636, Fig. 12 u. 13
255 a	R. A., 1925 II, S. 932, Abb. 5
255 b	W. W., 1925, S. 773, Fig. 2
256 a	Sendungsschaltung 17, Bild 1
256 b	Sendungsschaltung 17, Bild 4
256 c	Sendungsschaltung 17, Bild 7
257	W. W., 1926, H 14, S. 512, Fig. 1
258	Sendungsschaltung 37, Bild 11
259	Lübben: Röhrenempfangsschaltungen, Fig. 137, S. 144
260	Lübben: Neueste Empfangsschaltungen, Fig. 31, S. 16
261	Lübben: Neueste Empfangsschaltungen, Fig. 21, S. 11
262	Lübben: Neueste Empfangsschaltungen, Fig. 35, S. 18
263	Lübben: Röhrenempfangsschaltungen, S. 73, Fig. 40
264	R. A., 1926, H. 1, S. 11, Fig. 2
265 u. 266	R. A., 1925 II, S. 984, Fig. 24
267	R. A., 1926, H. 1, S. 11, Fig. 3
268	Lübben: Neueste Empfangsschaltungen, S. 17, Fig. 33
269	Lübben: Neueste Empfangsschaltungen, S. 17, Fig. 34
270	Lübben: Neueste Empfangsschaltungen, S. 15, Fig. 30
271	R. A., 1926, H. 23, S. 470
272	Lübben: Neueste Empfangsschaltungen, S. 29, Fig. 57
273	R. A., 1925, S. 1037, Fig. 2
274	W. W., 1922, Vol. X, Fig. 15, S. 233
275	R. A., 1926, H. 21, S. 416, Abb. 6
276	R. A., 1926, H. 23, S. 476, Abb. 22
277	Lübben: Neueste Empfangsschaltungen, S. 12, Bild 23
278	Lübben: Neueste Empfangsschaltungen, S. 13, Bild 26
279	Lübben: Neueste Empfangsschaltungen, S. 12, Bild 24
280	F. B., 1926, H. 6, S. 66, Abb. 4
281	F. B., 1926, H. 14, S. 165, Abb. 2a
282	R. A., 1926, H. 25, S. 512, Abb. 10
283	R. A., 1924, S. 178, Abb. 1
284	R. A., 1925, S. 12, Abb. 7
285	R. A., 1925, S. 13, Abb. 11
286	R. A., 1925, S. 13, Abb. 12
287	R. A., 1925 II, S. 983, Abb. 23
288	Radio-Woche, S. 133, Fig. 68
289	Radio-Amateur, 1926, H. 21, S. 434, Fig. 26
290	Ing.-Zeitung Nr. 9, S. 158, Fig. 2
291	Ing.-Zeitung Nr. 9, S. 158, Fig. 4
292	Ing.-Zeitung Nr. 9, S. 158, Fig. 5
293	Ing.-Zeitung Nr. 9, S. 159, Fig. 6
294	Ing.-Zeitung Nr. 9, S. 159, Fig. 8
295	R. A., 1925, S. 249, Abb. 10
297	W. W., X, S. 201. Fig. 8

Figur	Zeitschrift
297	W. W., XVIII, H. 23, S. 854, Fig. 2
298	W. W., X, S. 378, Fig. 2
299	W. W., XVIII, H. 23, S. 854, Fig. 2
300	R. A., 1924, S. 511, Fig. 2
301	Scott-Taggart: Thermionic Tubes, Fig. 366, S. 437
302	Scott-Taggart: Thermionic Tubes, Fig. 367, S. 438
303	Scott-Taggart: Thermionic Tubes, Fig. 369, S. 441
304	Scott-Taggart: Thermionic Tubes, Fig. 368, S. 440
305	W. W., X, S. 232, Fig. 13
306	W. W., X, S. 232, Fig. 14
307	R. N., 1926, Juli, S. 51, Fig. 3—7
308	R. A., 1925, S. 1192, Abb. 29
309	R. A., 1925, S. 1192, Abb. 30
310	F. B., 1926, H. 19, S. 220, Abb. 2
313	Die Antenne, Bd. 24, S. 63, Abb. 1
314	Nesper: Radio-Amateur, S. 411, Abb. 374
315 a	Nesper: Radio-Amateur, S. 412, Abb. 376
315 b	Ollendorf, S. 147, Abb. 95
316	Günther u. Kroncke: Die Elektronenröhre, S. 173, Abb. 131
317	Ollendorf, S. 160, Abb. 105
318	Nesper: Radio-Amateur, S. 409, Abb. 369
319	Nesper: Radio-Amateur, S. 409, Abb. 370
320	R. A., 1916, H. 17, S. 359, Abb. 19
321	W. W., 1926, H. 12, S. 468, Fig. 6
322	F. B., 1925, S. 599, Abb. 4
323 a	F. B., 1925, S. 599, Abb. 5
323 b	F. B., 1925, S. 598, Abb. 6
324	F. B., 1925, S. 598, Abb. 3
325	R. N., VII, 1925, S. 274, Fig. 2A
326	R. N., VII, 1925, S. 274, Fig. 2B
327	R. N., VII, 1925, S. 275, Fig. 3
328, 329	R. N., VII, 1925, S. 604, Fig. 3 a, b
330	R. A., 1925 II, S. 1186, Fig. 1
331	R. A., 1925 II, S. 1186, Fig. 2
332	R. A., 1925 II, S. 1186, Fig. 3
333	R. A., 1925 II, S. 1181, Abb. 4
334	R. A., 1925 II, S. 1181, Abb. 5
335	Rafa, II, S. 37, Abb. 30
336	R. N., 1925 VII, S. 746, Fig. 5
337	R. N., 1925 VII, S. 746, Fig. 6
338 a u. b	R. N., 1925 VII, S. 25
339	R. A., 1926, H. 35, S. 691, Abb. 12
340	W. W., XIV, S. 363, Fig. 1
341	W. W., XIV, S. 364, Fig. 3
342	W. W., XIV, S. 365, Fig. 5
343	W. W., XVI, S. 293, Fig. 3
344	W. W., XVI, S. 294, Fig. 4
345	R. A., 1926, H. 34, S. 667, Abb. 1
346	R. A., 1926, H. 34, S. 667, Abb. 2
347	R. A., 1926, H. 35, S. 681, Abb. 5
348	R. N., VII, 1926, S. 1444, Fig. 1—7
349 a u. b	Rafa, IV, S. 43, Abb. 60 u. 61

Figur	Zeitschrift
350 a u. b	R. N., VII, 1926, S. 994
352	W. W., XV, S. 112
353	W. W., XVI, S. 460
354	W. W., XVI, S. 405
355	W. W., XIII, S. 439
356 a—c	R. N., VII, 1926, S. 1445, Fig. 1—3
357 a u. b	F. B., 1926, H. 17, S. 207
358	F. B., 1926, H. 1, S. 13
359	R. N., VII, 1926, S. 960
360	R. N., VII, 1926, S. 1115
361	Sendung 1926, H. 30, Sendungsschaltung 40, Bild 6a und b
362	R. N., 1925 I, S. 2259
363	W. W., 1926, H. 10, S. 384
364	R. A., 1926, H. 1, S. 13, Abb. 2
365 a u. b	W. W., XV, S. 406, Fig. A, B
366	W. W., XVII, S. 772, Fig. 2
367	W. W., XVII, S. 772, Fig. 1
368	W. W., XVII, S. 808
369	W. W., XVII, S. 771
370	Staßfurter Licht- und Kraftwerke
371	W. W., XVIII, H. 7, S. 261, Fig. 1
372	W. W., XVIII, H. 11, S. 434, Fig. 2
373	W. W., XVIII, H. 10, S. 373, Fig. 1
374	W. W., XVII, S. 564, Fig. 2
375	W. W., XVIII, H. 20, S. 728
376	Sendung, Jahrg. 2, H. 44, Bild 1
377	Sendung, Jahrg. 2, H. 44, Bild 2
378	Sendung, Jahrg. 2, H. 44, Bild 3
379	Sendung, Jahrg. 2, H. 44, Bild 4
380	Sendung, Sendungsschaltung 25, Bild 1
381	Rafa, IV, S. 290, Abb. 418
382	W. W., XIV, S. 493, Fig. 4
383	W. W., XIV, S. 494, Fig. 5
384	R. N., 1926, S. 1416
385	R. N., 1926, S. 1287, Fig. 1
386	R. N., VII, 1925, S. 120
387	R. N., VII, 1925, S. 32
388	R. A., 1926, H. 10, S. 191, Fig. 1
389	W. W., XVIII, Nr. 20, S. 729, Fig. 1
390	W. W., XVIII, Nr. 20, S. 730, Fig. 2
391	W. W., XVIII, Nr. 20, S. 730, Fig. 3
392	W. W., XVIII, Nr. 20, S. 730, Fig. 4
393	W. W., XVIII, Nr. 21, S. 756, Fig. 1
394	W. W., XVIII, Nr. 21, S. 730, Fig. 5
395	F. B., 1926, H. 1, S. 7, Abb. 6
396	F. B., 1926, H. 1, S. 8, Abb. 1
397	F. B., 1926, H. 1, S. 8, Abb. 2
398	F. B., 1926, H. 1, S. 8, Abb. 3
399	F. B., 1926, H. 1, S. 8, Abb. 4
400	F. B., 1926, H. 1, S. 8, Abb. 5
401	W. W., X, S. 760, Fig. 1
402	W. W., X, S. 760, Fig. 2

Figur	Zietschrift
403	R. N., 1924 V, S. 1091, Fig. 1 u. 2
404	W. W., XIII, S. 735, Fig. 1
405	W. W., XIII, S. 736, Fig. 2
406	R. A., 1926, H. 21, S. 423, Abb. 1
407	W. W., XIV, S. 189, Fig. 1
408	W. W., XIV, S. 190, Fig. 2 u. 3
409	W. W., XV, S. 70
410 a u. b	R. A., 1925 II, S. 1024, Abb. 3a u. b
411	F. B., 1925, S. 385
412	F. B., 1924, S. 317, Abb. 1
413 a u. b	F. B., 1924, S. 318, Abb. 3
413 c	F. B., 1924, S.319, Abb. 9
415	R. A., 1926, H. 18, S. 370, Fig. 2, 3, 4
416 a	F. B., 1926, H. 18, S. 211, Abb. 1
416 b	F. B., 1926, H. 18, S. 211, Abb. 3

Sachregister.

A.

B.

C.

D.

E.

F.

G.

H.

I.

K.

L.

M.

N.

O.

P.

Q.

R.

S.

T.

U.

V.

W.

Z.

Bezugsquellen-Verzeichnis

ANHANG

zum Rundfunktechnischen Handbuch

II. Teil

VERLAG VON M. KRAYN
BERLIN W 10

Anodenbatterien:
Diamant Gasglühlicht A.-G., Abt. B., Batteriefabrik, Berlin, O 34, Gubener Str. 47 III

Batteriefabriken:
Diamant Gasglühlicht A.-G., Abt. B., Batteriefabrik, Berlin, O 34, Gubener Str. 47 III

Detektoren-Kristall (Neutron):
Pettigrew & Merriman (1925) Ltd. London, Berlin NW 7, Unter den Linden 53 .. . . . : IV

Drehknöpfe:
Rheinisch - Westfälische Sprengstoff - Actien - Gesellschaft, Troisdorf (Rhld.) I

Drehkondensatoren:
Ritscher & Tölken G. m. b. H., Berlin SO 26, Adalbertstr. 82 . . II

Grundplatten:
Rheinisch - Westfälische Sprengstoff - Actien - Gesellschaft, Troisdorf (Rhld.) I

Hörermuscheln:
Rheinisch - Westfälische Sprengstoff - Actien - Gesellschaft, Troisdorf (Rhld.) I

Isoliermaterial:
Rheinisch - Westfälische Sprengstoff - Actien - Gesellschaft, Troisdorf (Rhld.) I

Lampensockel:
Rheinisch - Westfälische Sprengstoff - Actien - Gesellschaft, Troisdorf (Rhld.) I

Lautsprecher (Phonos, Brunet):
Pettigrew & Merriman (1925) Ltd. London, Berlin NW 7, Unter den Linden 53 IV

Skalenscheiben:
Rheinisch - Westfälische Sprengstoff - Actien - Gesellschaft, Troisdorf (Rhld.) I

Technische Lehranstalten:
Ingenieur-Akademie Oldenburg i. O. II

Transformatoren (Ferranti, Brunet):
Pettigrew & Merriman (1925) Ltd. London, Berlin NW 7, Unter den Linden 53 IV

Trolit:
Rheinisch - Westfälische Sprengstoff - Actien - Gesellschaft, Troisdorf (Rhld.) I

Zwischenfrequenz-Transformatoren:
G. Rohland & Co. G. m. b. H., Berlin N 58, Stargardter Str. 74 . II

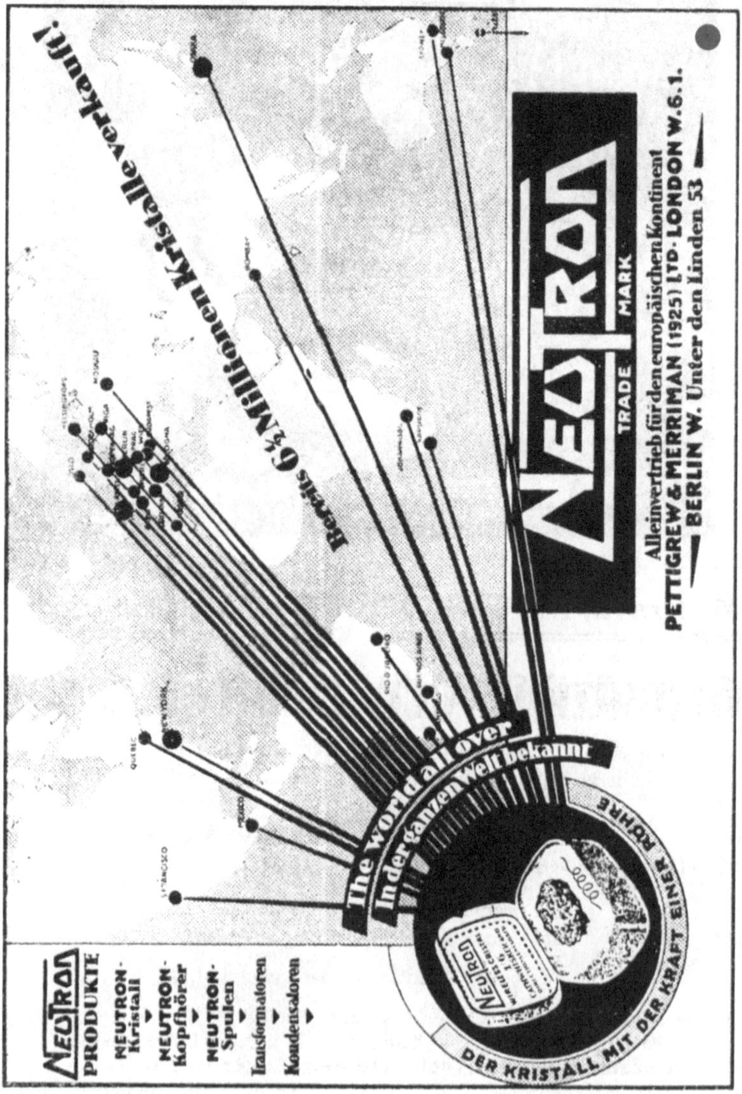
NEUTRON
PRODUKTE
NEUTRON-Kristall
NEUTRON-Kopfhörer
NEUTRON-Spulen
Transformatoren
Kondensatoren
Bereits 6½ Millionen Kristalle verkauft!
The world all over
In der ganzen Welt bekannt
NEUTRON
TRADE MARK
Alleinvertrieb für den europäischen Kontinent
PETTIGREW & MERRIMAN (1925) LTD. LONDON W.6.1.
BERLIN W. Unter den Linden 53
DER KRISTALL MIT DER KRAFT EINER RÖHRE

Kolibri 360 GmbH
Ferdinand-Jühlke-Straße 7
99095 Erfurt, Deutschland
produktsicherheit@kolibri360.de